U0218203

普通高等教育"十二五"规划教材
山东省高等学校精品课程配套教材

电机拖动与控制

ELECTRIC MACHINERY DRIVE AND CONTROL

（第2版）

王进野　张纪良　主编

傅运钢　主审

天津大学出版社
TIANJIN UNIVERSITY PRESS

内容提要

本书将"电机学"、"电力拖动基础"和"工厂电气控制"三门课程中的有关内容整合成"电机拖动与控制"一门课程,密切了电机、电力拖动与电气控制之间的联系,实现了原理、方法与控制实现的有机结合,节省了学时,提高了知识传授的效率。

本书主要包括电力拖动系统的基本知识、直流电机及拖动控制、变压器、三相异步电动机及拖动控制、同步电机、驱动与控制微特电机、典型生产机械的电气控制及电气控制系统的设计等内容。附录中有 MATLAB 仿真与编程计算的实例及自主研究性学习项目,以供读者选用。

本书以应用系统性确定其体系结构和内容,注重理论与工程应用的紧密结合,简化了繁琐的数学推导,力求深入浅出,通俗易懂。

本书可作为高等学校自动化、电气自动化、机电一体化等应用型本科专业以及成人高等教育和高等职业教育相关专业的教材,也可作为工程技术人员的参考书。

图书在版编目(CIP)数据

电机拖动与控制/王进野,张纪良主编. —天津:天津大学出版社,2008.2(2018.9重印)

普通高等教育"十二五"规划教材

ISBN 978-7-5618-2624-9

Ⅰ.电⋯ Ⅱ.①王⋯ ②张⋯ Ⅲ.①电机-电力传动

②电机-控制系统 Ⅳ.TM30

中国版本图书馆 CIP 数据核字(2008)第009974号

郑重声明:未经作者同意和授权,任何人不得借用本书各章节(含附录)编排的体系结构。否则,将追究侵权者相应的责任。

出版发行　天津大学出版社

地　　址　天津市卫津路92号天津大学内(邮编:300072)

电　　话　发行部:022-27403647

网　　址　publish. tju. edu. cn

印　　刷　天津市蓟县宏图印务有限公司

经　　销　全国各地新华书店

开　　本　169mm×239mm

印　　张　24

字　　数　492千

版　　次　2008年2月第1版　2011年2月第2版

印　　次　2018 年 9 月第 14 次

印　　数　37001—40000

定　　价　45.00元

2 版前言

本书是为了适应现代高等教育的改革和发展,根据应用型本科和高等职业教育教学要求而编写。在编写过程中,充分考虑了应用型本科和高等职业教育的特点,坚持科学性、先进性、实用性、综合性和新颖性。

本教材将"电机学"、"电力拖动基础"和"工厂电气控制"三门课程有关内容整合成"电机拖动与控制"一门课程,密切了电机、电力拖动与电气控制之间的联系,实现了原理、方法与控制实现的有机结合,加强了知识的应用。这不仅避免了不必要的重复,紧缩了传统内容的教学学时,而且提高了知识传授的效率。学生在学习"电路"等前续课程的基础上进行本课程学习,为"交直流调速系统"、"可编程控制器"等后续课程打好基础。通过本课程的学习:熟悉电力拖动系统的基本知识;掌握直流电机、变压器、异步电动机、同步电机和微特电机工作原理、结构特点及电磁能量关系;掌握交、直流电动机启动、调速、制动的工作原理和控制方法;掌握典型生产机械的电气控制线路的工作原理和分析方法;具有对一般电机、电器、电气控制系统的维护、选择、设计及故障排除能力。

对自动化、电气自动化、机电一体化等专业的学生来说,正确选择、使用电机以构建电力拖动及其控制系统,是该专业工程应用型人才应具备的基本能力。基于此,本教材以知识应用系统性确定其体系结构和内容,力求理论与实际紧密结合,强化知识的应用。

本书具有如下特点。

(1)本着实用原则,简化了理论推导,注重物理概念的阐述和分析。

(2)着重于电机在电力拖动控制系统中的应用,并将电机学、电力拖动技术和基本电气控制有机融为一体,节省了学时,提高了知识传授的效率。

(3)将维护和故障分析与理论教学内容进行了结合,以加强理论的实际应用。并编入了较成熟的技术,如自控式同步电动机、电动机软启动、感应同步器等。

(4)增加了 MATLAB 仿真实例,通过仿真实践,加深对相关知识的理解。

(5)为进一步提高学生学习的主动性和探索性,增加了自主研究性学习项目。

本书第 2 版对原教材体系结构作了部分调整,将同步电机单列一章,并对相关章节内容进行了适当增减或拓宽,以满足不同专业的要求。本书可作为高等学校自动化、电气自动化、机电一体化等应用型本科专业以及成人高等教育和高等职业教育相关专业的教材,也可作为工程技术人员的参考用书。

本书共分 9 章,王进野、张纪良任主编,吴士涛、李英健、纪兆毅任副主编。王进野编写绪论、第 4 章、第 5 章和附录 C,并负责教材的体系结构和统编工作;张纪良编写第 8 章、第 9 章;吴士涛编写第 1 章、第 2 章、第 6 章;李英健编写第 3 章;纪兆毅编写第 7 章;孟凡祥编写 MATLAB 仿真与计算实例。在编写过程中参阅了许多专家、学者的著作和教材,在此向他们表示衷心感谢。

本书由山东科技大学傅运钢教授主审,审阅中提出了许多宝贵的意见和建议。于志强、赵宏志老师一直给予本教材极大的关注和指导,对此一并向他们表示由衷的谢意。

由于编者水平有限,本书难免出现某些错误和不妥之处,欢迎各位读者批评指正。(作者的电子信箱为 jywsa@163.com)

编 者

2011 年 1 月

目　　录

绪　　论

一、电机及电力拖动系统的概述

电机是指依据电磁感应定律实现电能与机械能之间转换或电能与电能之间转换的装置。电机种类繁多,其类别与分类方法有关。

如果按功能用途分类,电机可分为力能电机(包括发电机、电动机、变压器三大类)和控制电机。前者主要是进行能量转换,人们关心其力能指标,如功率、转速、转矩及效率等等;后者主要是指自动控制系统中用于信号的转换或传递的微型电机,人们只关心其控制性能即可靠性、快速性及信号的精度等。

按电机中电流的形式分类,电机可以分成直流电机和交流电机。交流电机又可分为同步电机和异步电机两大类,现代电力工业几乎都是采用交流同步发电机,而交流异步电机主要用做电动机。异步电动机中又有三相异步电动机和单相异步电动机两类;因转子结构不同又有鼠笼异步电动机和绕线式转子异步电动机。

按运动与否分类,电机可分为静止的电机和运动的电机。静止的电机主要是变压器,变压器属于交流电机,主要是用在供电系统作为电力变压器,其他用途的变压器称作特殊变压器;运动的电机大多是转子作旋转运动的普通旋转电机,应用在特殊场合也有转子作直线运动的直线电机。

电动机广泛应用于工业和农业生产中,作为原动机去拖动各种生产机械,如机床、电动机车、轧钢机、起重机、抽水机、鼓风机和各种农业机械等;在自动控制技术中也大量应用电动机,各种小巧灵敏的控制电动机广泛地作为检测、放大、执行和解算组件。在日常生活中家用电器应用也越来越广泛,如电风扇、洗衣机、吸尘器、空调、冰箱和电动自行车等,同样是应用电动机。

目前,电机制造业的发展主要有如下几大趋势。(a)大型化:单机容量越来越大。(b)微型化:为适应设备小型化的要求,电机的体积越来越小,重量越来越轻。

(c)新原理、新工艺、新材料的电机不断涌现,如无刷直流电机、直线电机、开关磁阻电机等。

以电动机作为原动机来拖动生产机械运行的拖动方式,称为电力拖动。与蒸汽机、水轮机、内燃机等其他拖动方式相比较,电力拖动具有调节性能好、效率高、控制简单、能实现远距离控制和自动控制等优点,因而被大多数生产机械所采用,逐渐取代了其他拖动方式。电力拖动系统主要由电动机、传动机构和控制设备三个基本环节组成。

二、电力拖动控制系统的发展概况

从结构上看,电力拖动经历了"成组拖动"(即单台电动机拖动一组机械)、"单电机拖动"(即单台电动机拖动单台机械)、"多电机拖动"(即单台设备中采用多台电动机)三个阶段。

从控制上看,电力拖动控制系统的控制方式经历了仅采用继电-接触器组成的断续控制系统,到采用电动机扩大机、磁放大器构成的连续控制以及目前普遍采用由电力电子变换器供电的连续控制系统几大阶段。继电-接触器控制系统是由各种有触头的接触器、继电器、按钮、行程开关等组成的控制电路来实现对电力拖动控制系统的启动、制动、反转和调速的控制。该控制的输入、输出信号只有通、断两种状态,不能反映信号的变化,故称为断续控制。电力电子变换器供电的连续控制系统包括由相控变流器或斩波器供电的直流电力拖动控制系统和由变频器或伺服驱动器供电的交流调速系统两大类。连续控制系统不仅能反映信号的通与断,而且能反映信号的大小和变化,使控制系统获得更好的静态与动态特性,完成更复杂的控制任务。

随着电力电子技术、控制理论以及微处理器技术的发展,电力电子变换器供电的连续控制系统使电力拖动控制系统的性能指标上了一个大台阶,不仅可以满足生产机械快速启、制动以及正、反转的要求(即四象限运行状态),而且可以确保整个电力拖动控制系统工作在具有较高的调速、定位精度和较宽的调速范围内。这些性能指标的提高,使得设备的生产率和产品质量大大提高。除此之外,随着多轴电力拖动控制系统的发展,过去许多难以解决的问题也变得迎刃而解,如复杂曲轴、曲面的加工,机器人、航天器等复杂轨迹的控制和实现等。

目前,电力拖动控制系统正朝着网络化、信息化方向发展,包括现场总线、智能控制策略以及因特网技术在内的各种新技术、新方法均在电力拖动领域中得到了应用。

尽管电力拖动控制系统已可以实现无触头、连续控制、弱电化、微机控制,但由于继电-接触器控制系统具有结构简单、价格低廉等优点,仍能够满足各种生产机械的不同工艺的过程控制,目前仍然广泛应用于工程之中。

三、课程的性质和任务

"电机拖动与控制"是自动化、机电一体化等专业的一门主要课程,学生在学习"电路"等前续课程的基础上可进行本课程的学习。它是将原属于"电机学"、"电力拖动基础"和"工厂电气控制"三门课程的内容进行了有机融合,形成了包含电机原理、电力拖动和继电-接触器控制系统基本知识的"电机拖动与控制"课程。不难看出,它是一门兼有基础理论性和专业实践性的、介于专业基础课与专业课之间的课程。

本课程的任务是讲授电机学、电力拖动和继电-接触器控制方面的基本知识,使学生了解交直流电机、电力变压器的基本结构与工作原理,熟悉机、电、磁相结合的综合性问题的分析方法;掌握电力拖动控制系统中电动机的运行性能和基本控制方法,通过对典型机械设备电气控制系统的分析,起到举一反三的作用;熟悉和掌握工厂常用的继电-接触器电气控制技术。一方面是为培养学生的职业技能与素质 ,为毕业后从事本专业实际技术工作奠定必要的基础并具有适应技术发展的能力;另一方面也为学习"交直流调速系统"、"可编程控制器"、"数控机床"等后续课程准备必要的基础知识。本课程应配以一定的实验课、综合性的课程设计与工程实践等教学环节,力求理论联系实际。

学习本课程后,应达到的具体要求有下面几点。

(1)熟悉常用低压电器的功能及用途,了解其基本结构、工作原理,具有正确使用和选择的能力。

(2)掌握直流电机、变压器、三相异步电机的基本结构、工作原理、工作特性、基本分析方法以及使用和维护方面的知识;了解常用特殊变压器、其他交直流电机及控制电机的结构、性能、用途和特点等知识。

(3)掌握直流电动机和三相异步电动机的机械特性及电力拖动控制系统的分析计算方法;掌握其启动、制动、调速的原理和控制方法。

(4)掌握电机与电力拖动控制系统的基本实验方法和技能。

(5)熟练掌握继电-接触器控制系统基本环节的组成、功能和分析方法。

(6)掌握典型生产机械的继电-接触器控制电路的原理,具有系统的安装、调试和排除故障的能力。

(7)具有设计和改进一般生产机械电气控制电路的基本能力。

1

电力拖动系统的基础

1.1　概述

本章只介绍在学习不同电力拖动系统时必须首先了解的一些具有共性的基础知识,包括系统的组成、电力拖动系统的运动方程式、机械负载的机械特性、常用控制元件、控制系统的基本控制环节以及涉及的一些基本概念等。

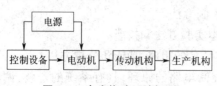

图 1.1　电力拖动系统框图

电力拖动系统主要由电动机、传动机构和控制设备三个基本环节组成。图 1.1 是电力拖动系统的框图。

所谓电力拖动系统,是指采用电动机拖动机械负载的传动系统。在目前的工程实际中,采用三相异步电动机和直流电动机的电力拖动系统应用最多。而所谓的控制是指对电力拖动系统中的电动机进行控制,这种控制是由手动控制方式逐步向自动控制方式发展的。继电-接触器控制是应用最早的控制系统,它是由各种有触头的接触器、继电器、按钮、行程开关等组成的控制电路,对电力拖动系统的启动、制动、反向和调速进行控制,从而实现对电力拖动系统的保护和生产过程的自动化。

电力拖动系统的运行状态根据转速是否变化可分为静态和动态:静态也称稳定运行状态或稳态;动态也称暂态或过渡状态,即不稳定运行状态。在电力拖动系统中,电动机的工作状态是静态还是动态,取决于电动机所产生的电磁转矩与负载转矩是否平衡。当系统转矩平衡时电动机的转速恒定,即工作于静态,此时可以采用电动机的机械特性和生产机械的负载转矩特性进行运行状态的分析;当系统中的转矩不平衡时,电动机转速则处于变化中,即工作于动态,此时必须用动力学平衡条件建立数学模型即系统的运动方程式,作为分析系统运行状态的工具。

在电力拖动系统中,电动机将取自电网的电能转换成机械能,拖动生产机械实现生产工艺过程。电动机带动生产机械工作时,向负载传递功率和转矩。电动机与生产机械的工作机构之间如果采用直接连接,称为单轴拖动系统;如果电动机通过各种传动机构变速后与生产机械的工作机构之间相联接,则称为多轴拖动系统。单轴系统是最简单、最基本的拖动系统,因为单轴系统中只有一个负载转矩和一个转动惯量,数学模型最为简单,便于从动力学角度研究整个系统的运动规律。多轴系统经过转速和转动惯量的"折算"即可以看成是等效的单轴系统,因此在研究电力拖动系统运动规律时,虽然不同生产系统的具体结构和负载特性各不相同,但都可以将电动机、传动机构和生产机械的工作机构的系统抽象为一个等效的单轴系统。本节首先讨论单轴拖动系统的运动方程式。

1.1.1　电力拖动系统运动方程式

所谓电力拖动系统的运动方程式,实质上就是牛顿第二定律表达式的应用形式。

根据力的平衡原理,在直线运动中,作用力总是由阻力及由速度变化引起的惯性力所平衡,这就是牛顿第二定律。在直线运动中,牛顿第二定律表达式即系统的运动方程式为

$$F - F_L = m\frac{\mathrm{d}v}{\mathrm{d}t} \tag{1.1}$$

式中:F——作用在直线运动部件上的拖动力,N;

　　　F_L——作用在直线运动部件上的阻力,N;

　　　v——直线运动部件的线速度,m/s;

　　　m——直线运动部件的质量,kg。

与直线运动相似,在旋转运动中,电动机产生的电磁转矩总是由负载转矩及由速度变化引起的惯性转矩所平衡,牛顿第二定律表达式或系统的运动方程式为

$$T - T_L = J\frac{\mathrm{d}\Omega}{\mathrm{d}t} \tag{1.2}$$

式中:T——电动机的电磁转矩,N·m;

　　　T_L——生产机械的负载转矩,N·m;

　　　J——转动部分的转动惯量,kg·m^2;

　　　Ω——转动部分的机械角速度,rad/s。

虽然方程式(1.2)的形式较简洁,用来分析和说明问题比较方便,但目前的工程计算中一般不用转动惯量而常采用飞轮矩 GD^2 表示惯性的大小;一般也不用角速度而用转速即每分钟的转数表示旋转速度。

转动惯量表示转动部分的惯性,转动惯量越大,其惯性越大,改变其角速度就越困难。转动惯量表达式为

$$J = m\rho^2 = \frac{G}{g}\left(\frac{D}{2}\right)^2 = \frac{GD^2}{4g} \tag{1.3}$$

式中:m——转动部分的质量,kg;

ρ——转动部分的惯性半径,m;

G——转动部分的重量,N;

D——转动部分的惯性直径,m;

g——重力加速度,$g = 9.81 \text{ m/s}^2$。

GD^2作为一个整体,称为飞轮矩,单位为 N·m²,在数值上等于 G 和 D^2 的乘积,表示转动部分的惯性。电动机的飞轮矩在产品目录中给出。

角速度 Ω 与转速 n 的关系为

$$\Omega = \frac{2\pi n}{60} \tag{1.4}$$

将转动惯量 J、角速度 Ω 的表达式代入方程式(1.2)中,即得电力拖动系统运动方程式的另一种形式,即

$$T - T_{\text{L}} = \frac{GD^2}{375}\frac{dn}{dt} \tag{1.5}$$

式中:$\frac{dn}{dt}$——电动机转速的变化率,r/(min·s);

375——具有加速度量纲的系数。

利用方程式(1.5)可以判断电力拖动系统的运行状态:

①当 $T > T_{\text{L}}$ 时,转速变化率 $dn/dt > 0$,则拖动系统加速运行;

②当 $T < T_{\text{L}}$ 时,转速变化率 $dn/dt < 0$,则拖动系统减速运行;

③当 $T = T_{\text{L}}$ 时,转速变化率 $dn/dt = 0$,则拖动系统处于稳态运行状态。

1.1.2 电力拖动系统中转速和转矩的正方向

在电力拖动系统中,各物理量与电路中的电流、电压、电动势等量类似,如式(1.5)中的转速 n、电磁转矩 T、负载转矩 T_{L} 等是有方向的,但是只有非此即彼的两个方向,即要么顺时针方向,要么逆时针方向。由于电动机运行状态的不同和生产机械负载类型的不同,电动机的电磁转矩 T、负载转矩 T_{L} 和转速 n 均为变量,不仅大小经常变化,且方向也可能变化。为此,在列写和应用运动方程式时,必须首先按所谓"电动机惯例"规定转速和各种转矩的正方向。正方向一旦规定了,当转速或某转矩为正值时,就说明其实际方向与正方向相同;当它们为负值时,就说明其实际方向与正方向相反。

由于各转矩正方向的确定与转速的正方向是相关联的,按"电动机惯例"规定正方向,也就是按电动机正常运行时转速与各转矩方向的相应关系来规定正方向。在首先选定转速 n 的正方向以后,分别根据电磁转矩 T 和负载转矩 T_{L} 与转速 n 的方向关系确定它们各自的正方向。

①规定电磁转矩 T 的正方向与转速 n 的正方向相同,即认为电磁转矩是驱动转动的力矩。

②负载转矩 T_L 的正方向与转速 n 的正方向相反,即认为负载转矩是阻碍转动的力矩。

电力拖动系统各量的正方向规定如图 1.2 所示。显然,电动机在正常的电动运行时各量均为正值,符合人们在讨论电动机问题时的习惯,故称"电动机惯例"。

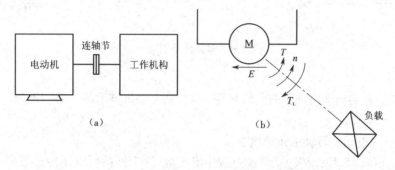

图 1.2　电力拖动系统转速、转矩的正方向规定

关于转速 n 的正方向的规定,原则上可以任意选取。在实际工程应用中也有一些习惯上的规定方法,如习惯上规定沿顺时针方向转动时转速为正值,沿逆时针方向转动时为负值;对于起重机,习惯上规定提升重物时的方向为正方向;对于龙门刨床,规定工作台切削时的方向为正方向,等等。

1.2　多轴电力拖动系统的等效

上节介绍的是电力拖动系统运动方程式即(1.5)式只适用于单轴拖动系统,但实际的拖动系统一般是多轴拖动系统,如图 1.3 所示,这是因为许多生产机械要求低速运转,而电动机一般具有较高的额定转速。这样,电动机与生产机械之间就得装设减速机构,如减速齿轮箱或蜗轮蜗杆、传动带等减速装置。在这种情况下,为了列出这个系统的运动方程,必须先将各转动部分的转矩和转动惯量或直线运动部分的质量都折算到某一根轴上,一般折算到电动机轴上,即把多轴系统等效成图 1.2 所示的最简单的典型单轴系统。折算的基本原则是,折算前的多轴系统同折算后的单轴系统在能量关系上或功率关系上保持不变。

1.2.1　负载转矩的折算

负载转矩是静态转矩,可根据静态功率守恒原则进行折算。

对于旋转运动,如图 1.3(a)所示,当系统匀速运动时,生产机械的负载功率为

$$P'_L = T'_L \omega_L$$

式中:T'_L——生产机械的负载转矩;

ω_{L}——生产机械的旋转角速度。

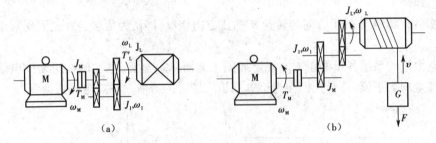

图1.3 多轴拖动系统

(a)旋转运动 (b)直线运动

设 T'_{L} 折算到电动机轴上的负载转矩为 T_{L},则电动机轴上的负载功率为

$$P_{\text{M}} = T_{\text{L}}\omega_{\text{M}}$$

式中:ω_{M}——电动机转轴的角速度。

考虑到传动机构在传递功率的过程中有损耗,这个损耗可以用传动效率 η_{C} 来表示,即

$$\eta_{\text{C}} = \frac{P'_{\text{L}}}{P_{\text{M}}} = \frac{T'_{\text{L}}\omega_{\text{L}}}{T_{\text{L}}\omega_{\text{M}}}$$

式中:P'_{L}——输出功率;

P_{M}——输入功率。

于是可得折算到电动机轴上的负载转矩为

$$T_{\text{L}} = \frac{T'_{\text{L}}\omega_{\text{L}}}{\eta_{\text{C}}\omega_{\text{M}}} = \frac{T'_{\text{L}}}{\eta_{\text{C}}j}. \tag{1.6}$$

式中:η_{C}——电动机拖动生产机械运动时的传动效率;

j——传动机构的速比,$j = \omega_{\text{M}}/\omega_{\text{L}}$。

对于直线运动,如图1.3(b)所示的卷扬机构就是一例。若生产机械直线运动部件的负载力为 F,运动速度为 v,则所需的机械功率为 $P'_{\text{L}} = Fv$。

它反映在电动机轴上的机械功率为 $P_{\text{M}} = T_{\text{L}}\omega_{\text{M}}$,$T_{\text{L}}$ 为负载力 F 在电动机轴上产生的负载转矩。

如果是电动机拖动生产机械旋转或移动,则传动机构中的损耗应由电动机承担,根据功率平衡关系,有 $T_{\text{L}}\omega_{\text{M}} = \dfrac{Fv}{\eta_{\text{C}}}$,将 $\omega = \dfrac{2\pi}{60}n$ 代入该式可得

$$T_{\text{L}} = \frac{9.55Fv}{\eta_{\text{C}}n_{\text{M}}} \tag{1.7}$$

式中:n_{M} 电动机轴的转速。

如果是生产机械拖动电动机旋转(例如在卷扬机下放重物时,电动机处于制动状态),则传动机构中的损耗由生产机械的负载来承担,于是有

$$T_L \omega_M = F v \eta'_C$$

或
$$T_L = \frac{9.55 \eta'_C F v}{n_M} \tag{1.8}$$

式中：η'_C——生产机械拖动电动机运动时的传动效率。

1.2.2 转动惯量和飞轮转矩的折算

由于转动惯量和飞轮转矩与运动系统的动能有关，因此，可根据动能守恒原则进行折算。对于旋转运动（见图 1.3(a)），折算到电动机轴上的总转动惯量为

$$J_Z = J_M + \frac{J_1}{j_1^2} + \frac{J_L}{j_L^2} \tag{1.9}$$

式中：J_M、J_1、J_L——电动机轴、中间传动轴、生产机械轴上的转动惯量；

j_1——电动机轴与中间传动轴之间的速比，$j_1 = \omega_M / \omega_1$；

j_L——电动机轴与生产机械轴之间的速比，$j_L = \omega_M / \omega_L$；

ω_M、ω_1、ω_L——电动机轴、中间传动轴、生产机械轴上的角速度。

折算到电动机轴上的总飞轮转矩为

$$GD_Z^2 = GD_M^2 + \frac{GD_1^2}{j_1^2} + \frac{GD_L^2}{j_L^2} \tag{1.10}$$

式中：GD_M^2、GD_1^2、GD_L^2——电动机轴、中间传动轴、生产机械轴上的飞轮转矩。

当速比 j 较大时，中间传动机构的转动惯量 J_1 或飞轮转矩 GD_1^2，在折算后占整个系统的比重不大。为计算方便起见，实际工程中多用适当加大电动机轴上的转动惯量 J_M 或飞轮转矩 GD_M^2 的方法，来考虑中间传动机构的转动惯量 J_1 或飞轮转矩 GD_1^2 的影响，于是有

$$J_Z = \delta J_M + \frac{J_L}{j_L^2} \tag{1.11}$$

或
$$GD_Z^2 = \delta GD_M^2 + \frac{GD_L^2}{j_L^2} \tag{1.12}$$

一般 $\delta = 1.1 - 1.25$。

对于直线运动（见图 1.3(b)），设直线运动部件的质量为 m，折算到电动机轴上的总转动惯量为

$$J_Z = J_M + \frac{J_1}{j_1^2} + \frac{J_L}{j_L^2} + m \frac{v^2}{\omega_M^2} \tag{1.13}$$

总飞轮转矩为

$$GD_Z^2 = GD_M^2 + \frac{GD_1^2}{j_1^2} + \frac{GD_L^2}{j_L^2} + 365 \frac{G \times v^2}{n_M^2} \tag{1.14}$$

依照上述方法，就可把具有中间传动机构带有旋转运动部件或直线运动部件的多轴拖动系统，折算成等效的单轴拖动系统，将所求得的 T_L、GD_Z^2 代入式（1.5）就可得到多轴拖动系统的运动方程式

$$T_{\text{M}} - T_{\text{L}} = \frac{GD_{\text{Z}}^2 \, \mathrm{d}n_{\text{M}}}{375 \ \mathrm{d}t} \tag{1.15}$$

以此可研究机电传动系统的运动规律。

1.3 负载的转矩特性

生产机械运行时常用转矩标志其负载的大小。在电力拖动系统中存在着两个主要转矩,一个是机械的负载转矩,一个是电动机的电磁转矩。这两个转矩与转速之间的关系分别称为生产机械的负载转矩特性 $n = f(T_{\text{L}})$ 和电动机的机械特性 $n = f(T)$。由于电动机轴和生产机械轴是相连接的,它们的特性必须适当配合才能得到合理的工作状态。因此,为了满足生产工艺过程要求,正确选择电力拖动系统,就需要了解生产机械的负载转矩特性和电动机的机械特性。本节只讨论生产机械的负载转矩特性(简称负载特性),电动机的机械特性将在后续相关章节讨论。

生产机械的种类繁多,它们的负载特性各不相同,但常见的负载特性可以归纳为恒转矩、恒功率和风机泵类三种典型特性。

1.3.1 恒转矩负载特性

负载转矩 T_{L} 的大小与转速 n 无关,转速 n 变化时,负载转矩 T_{L} 保持恒定不变,这种负载称为恒转矩负载。恒转矩负载又分为反抗性负载和位能性负载两种。

1. 反抗性负载

这类负载的转矩 T_{L} 是由摩擦产生的,所以 T_{L} 总是与转速 n 的方向相反,是反抗运动的。根据运动方程中正方向的规定,当转速为正值时,负载转矩为正值,负载特性曲线在第一象限;当转速为负值时,负载转矩为负值,负载特性曲线在第三象限;当转速为零时,负载转矩也为零。皮带运输机、轧钢机、机床的刀架平移和行走机构(如工作台)等由摩擦力产生转矩的机械都属于反抗性恒转矩负载。

反抗性负载的特点是转矩的大小不变,方向恒与运动方向相反,其转矩特性为位于一、三象限的纵向直线,如图 1.4(a)所示。

2. 位能性负载

位能性负载的转矩一般是由物体的重力产生的,它的大小和方向与转速无关,始终保持不变。如起重机负载,在提升重物时,负载转矩的方向为向下;当下放重物时,由于重力的作用,负载转矩的方向仍为向下,即负载转矩的方向与运动方向无关。若设提升重物时的转速为正,根据转矩正方向的规定,提升重物时负载转矩与转速方向相反,转速与负载转矩均为正值,负载特性曲线在第一象限;下放重物时转速为负值,负载转矩方向不变,仍为正值,负载特性曲线在第四象限。位能性负载的特点是除了负载转矩的大小不变外,负载转矩的方向也是不变的,与运动方向无关。其转矩特性曲线是纵贯一、四象限的直线,如图 1.4(b)所示。

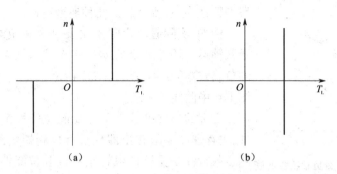

图 1.4　恒转矩负载特性

(a)反抗性负载　(b)位能性负载

1.3.2　恒功率负载特性

这类负载当转速 n 变化时,负载从电动机轴上吸收的功率基本不变,所以称为恒功率负载,即负载功率 P_L = $T_L\Omega$ =恒定值。

此时负载转矩

$$T_L = \frac{P_L}{\Omega} = P_L\frac{60}{2\pi n} = 9.55\frac{P_L}{n} \tag{1.16}$$

例如金属切削机床是典型的恒功率负载,在粗加工时,切削量大,切削力和负载转矩大,通常切削速度较低;精加工时,切削量小,切削力和负载转矩小,但由于对加工精度要求高而使切削速度较高,切削功率则基本

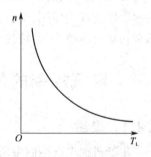

图 1.5　恒功率负载特性曲线

不变。又如轧钢机轧制钢板时,小工件需要高速度低转矩,大工件需要低速度高转矩,这些工艺要求都是恒功率负载特性。

恒功率负载特性曲线呈双曲线。正反转时曲线分别处于一、三象限,如图 1.5 所示,图中只画出了正转时的特性曲线。

1.3.3　风机泵类负载特性

这类负载是按离心原理工作的,如通风机、水泵等。它们的负载转矩与转速的平方成正比,称为风机泵类负载。即

$$T_L = kn^2 \tag{1.17}$$

式中,k 为比例系数。

风机泵类负载的负载特性曲线呈抛物线形状,如图 1.6 中曲线 1 所示,图中只在第一象限画出了转速为正时的特性,当转速为负时,特性应在第三象限,且与第一象限的特性对称。

以上介绍的恒转矩负载特性、恒功率负载特性和风机泵类负载特性都是从实际各种负载中概括出来的典型负载特性。实际生产机械的负载转矩特性可能是以某种

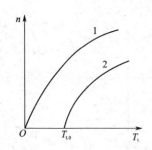

图1.6　风机泵类负载特性曲线

典型特性为主,或是以上几种典型特性的结合。

例如,实际通风机除了主要是风机负载特性外,由于其轴承上还有一定的摩擦转矩 T_{L0},因而实际通风机的负载转矩特性应为 $T_L = T_{L0} + kn^2$,其转矩特性右移,如图1.6中曲线2所示。

实际的起重机械除了主要的位能性恒转矩负载之外,也存在摩擦阻转矩即反抗性恒转矩负载,所以其实际负载特性是反抗性恒转矩负载和位能性恒转矩负载二者的叠加,但是由于比起位能性负载转矩来,反抗性负载转矩很小,重载时可以忽略不计。在提升重物时,二者均为阻碍提升方向相同故相加,叠加后的实际负载转矩有所增大,其曲线右移,一般仍然在第一象限;当下放重物时,由于重力引起的位能性负载转矩是起驱动下放的作用,而反抗性的摩擦阻转矩是起阻碍下放的作用,二者方向相反,故相抵,所以其实际负载转矩比理想的位能性负载转矩有所减小,其特性曲线左移,一般仍然在第四象限。

1.4　电气控制的常用元件

1.4.1　概述

生产机械电气控制中所用的电气元件多属于低压电器,通常是指工作在交流交流1 200 V 或直流1 500 V 以下的电器;特别是电动机的起动、制动、调速等生产工艺过程是自动进行的,依靠接触器、继电器等低压电器按照一定的规律组成的控制系统来实现。低压电器种类繁多,按照其功能常用的低压电器可分为低压配电电器和低压控制电器。前者包括刀开关、转换开关、熔断器和断路器等,主要用于低压配电系统中,实现电能的输送、分配和电气控制系统的电源回路以及系统保护;低压控制电器包括接触器、继电器、起动器、主令电器等,电气控制系统所用的主要就是这一类低压电器。按操作方式分类,低压控制电器又可分为自动电器和手动电器。自动电器依靠电器本身的参数变化或外来信号(如电流、电压、温度、压力、速度、热量等)的变化而自动接通、分断电路或使电动机进行正转、反转及停止等动作,如接触器、断路器及各种继电器等;手动电器一般依靠人直接操作或通过机械的运动使之动作来进行接通、分断电路等,如各种开关和主令电器。按感应环节的原理分类,可以分为电磁式和非电磁式。按执行环节机理分类,又分为有触头电器和无触头电器。

电器的基本结构主要由感应和执行机构两个环节组成,感应机构的主要任务是接收输入信号,如电压、电流、功率、温度、频率等等;执行机构的主要任务是接收中间机构传递来的信号而动作,以实现变换、控制、保护、检测电路等职能。传统低压电器的执行机构一般由接触系统(即触头)与灭弧装置组成。自动控制电器的感应机构与中间机构大多由电磁机构组成。手动控制电器中,感应机构通常为电器的操作手柄。

电磁机构由线圈、铁心和衔铁组成,当线圈通入电流之后,铁心和衔铁的端面上感应出不同极性的磁极,彼此相吸,使衔铁向铁心运动,由连动机构带动触头动作。对于交流的电磁机构,由于交流电流存在过零点,电磁机构的衔铁在一个周期内会发生两次振动。这种振动不仅会产生噪声,也加速了电磁机构和触头的损坏。为了消除衔铁的振动,电磁机构常采用裂极结构,即在部分磁极表面套装上一个导体制作的短路环,亦称为分磁环。由于短路环内能够产生感应电流,感应电流磁通与原来磁通叠加后,使产生的最小吸力不再过零,有效地抑制了振动和噪声。另外交流电磁机构在吸合前磁路的磁阻大,而吸合后磁路的磁阻小,因此使得吸合前的磁动势比吸合后的磁动势要大。所以吸合前的励磁电流大,吸合后的励磁电流小得多。

有触头电器的执行机构是采用接触系统的触点分合来实现对线路的控制作用,接触系统由动触头和静触头组成;触头的接触形式可划分为点接触、线接触和面接触三种。点接触允许通过的电流较小,常用于继电器电路或辅助触头。线接触和面接触允许通过的电流较大,常用于大电流场合,如接触器、断路器的接触系统。

当载流触头间刚分断时,两触头间距离极小,电场强度极大,使气体导电形成了炽热的电子流即电弧。由于电弧能够造成触头烧损或熔焊,必须采取措施灭弧。常用灭弧方法有:电动力灭弧、磁吹灭弧、弧罩与纵缝灭弧、栅片灭弧、喷流熄弧法等。

下面介绍的具体器件都有具体结构说明。

1.4.2 熔断器

1. 功能

熔断器是一种最简单有效的短路保护元件,串联在所保护的电路中。当电路发生短路或严重过载时,熔体中流过很大的故障电流,当电流产生的热量使熔体温度上升到熔点时,熔体熔断,产生电弧,再迅速地将电弧熄灭,切断电路,从而达到保护电气设备的目的。

2. 图形符号与文字符号

熔断器的符号如图 1.7 所示。

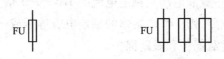

图 1.7 熔断器的图形及文字符号

3. 结构与类型

熔断器从结构上分,有插入式、密封管式和螺旋式,其结构如图 1.8 所示。熔断

器的熔体一般由熔点低、易熔断、导电性好的合金材料制成。常用的插入式熔断器有
RC1 A 系列,螺旋式熔断器有 RLS 系列和 RL1 系列,无填料密封管熔断器有 RM10
系列,有填料密封管式熔断器有 RT0 系列,快速熔断器有 RS0 系列和 RS3 系列。
RS0 系列可作为半导体整流元件的短路保护,RS3 系列可作为晶闸管整流元件的短
路保护。

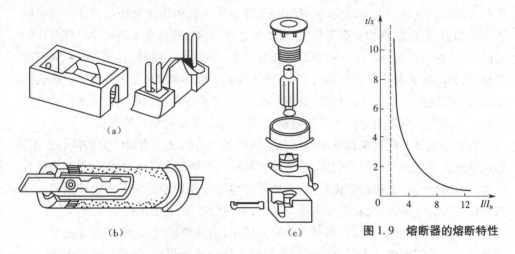

图 1.9　熔断器的熔断特性

图 1.8　熔断器

(a)插入式　(b)密封管式　(c)螺旋式

4. 熔断器的选择

熔断器的熔断时间与通过熔体的电流有关。它们之间的关系称为熔断器的熔断
特性,如图 1.9 所示(电流用额定电流倍数表示)。从特性可看出,当通过的电流 I/I_N
≤1.25 时,熔体将长期工作;当 $I/I_N=2$ 时,熔体在 30～40 s 内熔断;当 $I/I_N>10$ 时,
认为熔体瞬时熔断。所以当电路发生短路时,短路电流使熔体瞬时熔断。

(1)熔断器的额定值选择

熔断器的额定电压应不小于被保护线路的额定电压;熔断器的额定电流应不小
于熔体的额定电流;熔体的额定电流的选择要考虑保护对象的特点。如果保护对象
是电动机,由于存在起动冲击电流,故熔断器只能用于短路保护而不能用于过载保
护。对于单台电动机,一般取电动机额定电流的 1.5～2.5 倍。如果保护对象是照明
线路等电阻性负载的电路,则一般取熔体的额定电流等于或稍大于负载的额定电流,
此时熔断器可以作为过载保护和短路保护。

(2)熔断器的类型选择

选择熔断器的类型主要依据负载的保护特性和预期短路电流的大小。例如,用
于保护照明和小容量电动机的熔断器,一般是考虑它们的过电流保护,这时,希望熔
体的熔化系数适当小些,宜采用熔体为铅锡合金的熔丝或 RC1A 系列熔断器;而大容

量的照明线路和电动机,主要考虑短路保护及短路时的分断能力,除此以外还应考虑加装过电流保护,若预期短路电流较小时,可采用熔体为锌质的 RMl0 系列无填料密封管式熔断器;当短路电流较大时,宜采用具有高分断能力的 RL 系列螺旋式熔断器;当短路电流相当大时,宜采用有限流作用的 RT 系列高分断能力熔断器。

熔断器结构简单、价廉,但动作准确性较差,熔体断了后需重新更换,而且若只断了一相还会造成电动机的单相运行,所以它只适用于自动化程度和其动作准确性要求不高的系统中。

1.4.3 开关元件

1.4.3.1 低压隔离器

低压隔离器也称刀开关,是控制元件中结构比较简单,应用十分广泛的一类手动操作电器,品种很多,主要有低压刀开关、熔断器式刀开关和组合开关三种。刀开关主要作用是电动机停止工作后将控制线路与电源完全断开,保障检修人员的安全。

熔断器式刀开关由刀开关和熔断器组合而成,故兼有两者的功能,即电源隔离和电路保护功能,可分断一定的负载电流。

1. 普通刀开关

刀开关本身只具有切换电路的执行机构,感应机构是由人进行操作来实现的。将刀开关与熔断器组合使用便可实现对电路的切换与保护了,因此,其主要类型有:带灭弧装置的大容量刀开关、带熔断器的开启式负荷开关(胶盖开关)、带灭弧装置和熔断器的封闭式负荷开关(铁壳开关)等。图 1.10 是普通刀开关的图形及文字符号。

图 1.10 刀开关的
图形及文字符号

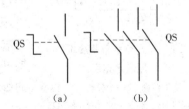

图 1.11 组合开关的图形及文字符号
(a)单极式 (b)三极式

2. 组合开关

组合开关又称转换开关,也是一种刀开关,它的刀片是转动式的。由于采用了扭簧储能,可使开关快速接通及分断电路而与手柄旋转速度无关,因此它不仅可用作不频繁地接通、分断及转换交、直流电阻性负载电路,而且降低容量使用时可直接起动和分断运转中的小型异步电动机。图 1.11 是组合开关的图形及文字符号。(a)图为单极式,(b)图为三极式。

1.4.3.2 自动开关

1. 功能

自动开关又称自动空气低压断路器。若电压正常,可以采用手动或自动操作机构将自动开关合闸并且锁住而接通电路。如果此时电路发生过流、欠压、失压、过载等故障,则通过各种脱扣器能够立即将电路断开。脱扣器包括过电流、欠电压(失电压)脱扣器和热脱扣器等。

2. 图形符号与文字符号

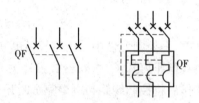

图 1.12 自动开关的图形及文字符号

3. 结构、原理与类型

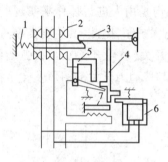

图 1.13 自动断路器工作原理示意图

1—复位弹簧 2—主触点 3—锁扣
4—杠杆 5—电磁(过流)脱扣器
6—失压脱扣器 7—热脱扣器

低压断路器主要由触头和灭弧装置、各种可供选择的脱扣器与操作机构、自由脱扣机构三部分组成。各种脱扣器包括过电流、欠电压(失电压)脱扣器和热脱扣器等。其工作原理可用如图 1.13 所示的示意图说明。断路器的合闸只有靠在供电端有电压的情况下才可能实现,否则失电压脱扣器没有励磁电压,在其弹簧的作用下顶杆向上运动将脱扣钩子顶起,因此合不上闸。供电端有电压,则失电压脱扣器动作而将其衔铁吸下,脱扣钩子在弹簧的作用下回到原位,这时我们如果采用手动或自动操作机构将断路器合闸,其机构杆便被脱扣钩子锁住,电路被接通。如果此时电路发生过电流、欠电压、过载故障,则相应的脱扣器将其衔铁吸下,顶杆向上运动将脱扣钩子顶起,断路器的机构杆在强力释放弹簧的作用下将电路断开。

断路器的结构有框架式(又称万能式)和塑料外壳式(又称装置式)两大类。框架式断路器(主要是 DW 系列)为敞开式结构,适用于大容量配电装置;塑料外壳式断路器(主要是 DZ 系列)常用于电气控制系统作电源进线开关,并对电动机进行过载、短路和失压等保护。

4. 低压断路器的选择

① 额定电流和额定电压应大于或等于线路、设备的正常工作电压和工作电流。

② 热脱扣器的整定电流应与所控制负载(比如电动机)的额定电流一致。

③ 欠电压脱扣器的额定电压等于线路的额定电压。

④ 过电流脱扣器的额定电流大于或等于线路的最大负载电流。

1.4.4 接触器

1. 功能

接触器是能频繁远距离地自动接通或开断主电路或大容量的控制电路的一种自动控制元件。具有较强的灭弧能力,常用于控制电动机或其他负载的大电流电路;具备低电压释放功能,从而起到失压保护作用。

2. 图形符号与文字符号

接触器的图形及文字符号如图 1.14 所示。在原理图中,其触点和线圈常分别画在主电路和辅助电路中。

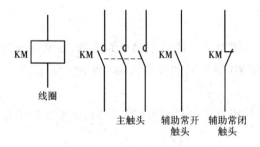

图 1.14 接触器的图形及文字符号

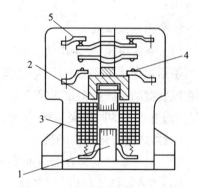

图 1.15 交流接触器原理结构
1—铁芯 2—衔铁 3—线圈
4—常开触点 5—常闭触点

3. 结构

按照控制电流种类的不同,接触器可分为交流接触器(CJ 系列)和直流接触器(CZ 系列)两类。

交流接触器(其结构如图 1.15)主要由以下四部分组成。

(1)电磁系统 用来操作触头闭合与分断,包括线圈、铁心和衔铁、反作用弹簧、缓冲弹簧。

(2)触头系统 起着分断和闭合电路的作用,包括主触头、辅助触头和触头弹簧,主触头用于通断主电路,通常为五对常开触头,辅助触头用于控制电路,起电器联锁作用,一般常开、常闭各两对。

(3)灭弧装置 起着熄灭电弧的作用,容量在 10 A 以上的都有灭弧装置。对于小容量的,常采用双断口触头灭弧、电动力灭弧、相间弧板隔弧及陶土灭弧罩灭弧等,对于大容量的采用纵缝灭弧罩及栅片灭弧。

(4)其他部件　主要包括传动机构及外壳等。

4.工作原理

当交流接触器线圈通电后,在铁芯中产生磁通,由此衔铁气隙处产生吸力,使衔铁产生闭合动作,主触点在衔铁的带动下闭合,于是接通了主电路。同时衔铁还带动辅助触点动作,使原来断开的辅助触点闭合,而原来闭合的辅助触点断开。当线圈断电或电压显著降低时,吸力消失或减弱(小于反力),衔铁在释放弹簧作用下打开,主、辅触点又恢复到原来状态。

简而言之:线圈不通电时,常开触点断开、常闭触点闭合;当线圈通电后,通过电磁机构使常开触点闭合、常闭触点断开。

直流接触器的结构、工作原理与交流接触器基本相同。接触器适用于频繁地遥控接通和断开电动机或其他负载主电路及控制电路,由于具备低电压释放功能,起保护作用。

5.使用注意事项

(1)额定电压、额定电流、接通和分断能力都是针对主触点而言的,线圈的额定电压是指加在线圈上的电压,额定操作频率(每小时的操作次数)要满足需求,进而检查接触器的铭牌数据是否符合要求。

(2)在选择的时候要注意:接触器作用类别的选择、接触器主触点电流等级的选择、接触器线圈电压等级的选择。

(3)从一般应安装在竖直面上,倾斜角不得超过规定值,否则会影响动作特性。

(4)检查接线无误后,在主触头不带电的情况下,先使电磁线圈通电分合数次,动作可靠才能正式投入使用。

(5)应定期检查各部件,要求可动部分无卡住、紧固件无松脱、触头表面无积垢,灭弧罩不得破损,温升不得过高等。

1.4.5　继电器

电磁式继电器是一种根据输入信号的变化来控制触头的动作,实现接通或断开小电流电路的自动控制元件。常用的主要有电压继电器、电流继电器、中间继电器、时间继电器、热继电器和速度继电器等。其输入量可以是电流、电压等电量,也可以是温度、时间、速度等非电量。除了电磁式有触点继电器之外,还有全电子电路的无触点继电器。

1.4.5.1　电压、电流继电器

1.功能

电流继电器是根据线圈电流变化而动作的继电器,又分过电流和欠电流继电器,

常用于电动机的起动控制和保护。过电流继电器的任务是当电路发生短路及过电流时立即将电路切断,因为过电流继电器线圈通过的电流超过整定电流时,继电器动作(常开触点闭合、常闭触点断开)。欠电流继电器也是当电路电流大于动作电流值时动作,小于整定的释放电流值时释放(常开触点断开、常闭触点闭合)。

电压继电器是根据输入电压变化而动作的继电器,可用于电动机控制和失压、欠压保护。

2. 图形符号与文字符号

电压和电流继电器的图形及文字符号如图 1.16 所示。

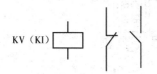

KV (KI)

**图 1.16 电压、电流继电器的
图形及文字符号**

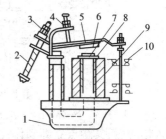

图 1.17 电压、电流继电器结构
1—底座 2—反力弹簧 3、4—调节螺钉
5—非磁性垫片 6—衔铁 7—铁心
8—极靴 9—电磁线圈 10—触点

3. 结构、原理

具体结构见图 1.17,动作原理与接触器类似。

1.4.5.2 中间继电器

1. 功能

中间继电器主要起扩充触头的数量及扩大触头容量作用,就工作原理而言,它仍属于电磁式电压继电器,但其动作参数无需调整。

2. 图形符号与文字符号

其图形及文字符号如图 1.18 所示。

3. 结构、原理

具体结构见图 1.19,动作原理与接触器类似。

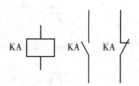

KA KA KA

**图 1.18 中间继电器的
图形及文字符号**

1.4.5.3 时间继电器

1. 功能

当接受外界信号后延时动作的继电器称为时间继电器。按其延时方式又可分为通电延时型和断电延时型两种。前者在获得输入信号后立即开始延时,需待到延时时间后其触点动作;当输入信号消失后,继电器立即恢复到动作前的状态。后者在获

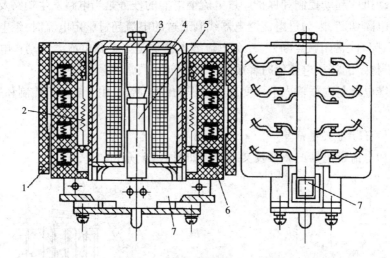

图 1.19 中间继电器的基本结构

1—外壳 2—弹簧 3—挡铁 4—线圈 5—动铁芯 6—动触头支架 7—横梁

得输入信号后,其触点立即动作;当输入信号消失后,继电器却需要经过一定的延时,才能恢复到动作前的状态。需要指出的是,时间继电器一般也有瞬时动作的触点。结合其图形符号也可这样理解,延时的方向是从圆弧到圆心,其余立即动作。

2. 图形符号与文字符号

其图形及文字符号如图 1.20 所示。

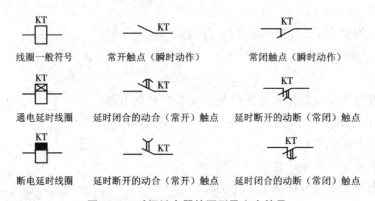

图 1.20 时间继电器的图形及文字符号

3. 结构、原理与类型

使继电器获得延时的方法是多种多样的,目前用得最多的是利用阻尼(如空气阻尼式、电磁阻尼式等)、电子和机械的方法。时间继电器可实现从 0.05s 到几十小时的延时。其中电子式时间继电器最为常用,而电磁式和电动式的时间继电器已基本被淘汰,空气阻尼式的定时器在对定时精度要求不高和定时长度较短的场合还在使用。

电子式的时间继电器除执行器件继电器外,均由电子元件组成;没有机械部件,因而具有寿命长、精度高、体积小、延时范围大、控制功率小等优点,已得到广泛应用。

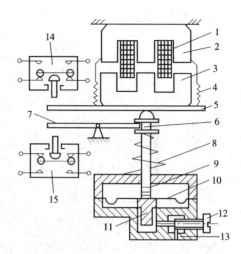

图 1.21　空气阻尼式时间继电器结构

1—线圈　2—铁芯　3—衔铁　4—复位弹簧
5—推板　6—活塞杆　7—杠杆　8—塔形弹簧
9—弱弹簧　10—橡皮膜　11—活塞
12—调节螺丝　13—进气孔　14、15—微动开关

下面以空气阻尼式时间继电器为例,介绍时间继电器的结构与原理。空气阻尼式时间继电器是利用空气的阻尼作用进行延时的,其结构如图 1.21 所示。线圈通电后,衔铁与铁心吸合带动推板使上侧的微动开关立即动作;同时活塞杆由于气囊中空气的阻力不能立即动作,只能缓慢上移,当活塞杆移至最上端时撞击微动开关,从而获得延时。当线圈断电时,微动开关则可以立即复位。

电磁式时间继电器与电子式时间继电器的结构原理由于篇幅所限,不做论述。

4. 时间继电器的选用

对于延时精度要求不高的场合,一般可选用空气阻尼式时间继电器;对延时精度要较高的,可选用电动机式或电子式时间继电器。时间继电器的电源的电流种类和电压等级应与控制电路相同。按控制电路要求选择通电延时型或断电延时型;选择其触点是瞬时动作的还是延时动作的、延时的型式是延时闭合还是延时断开以及每种触点的数量。另外使用时还应考虑操作频率是否符合要求。

1.4.5.4　热继电器

1. 功能

热继电器主要适用于电动机的过载保护,还有断相保护、电流不平衡的保护及其他电气设备发热状态的控制。

电动机短时过载是允许的,但长期过载就会发热烧坏,因此,必须采用热继电器进行保护。热继电器的双金属片接于三相电动机定子电路中,用于电动机的过载保护。当主电路较长时间流过过载电流时双金属片发热弯曲,其常闭触头断开电动机的控制电路。

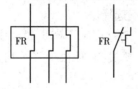

**图 1.22　热继电器的
图形及文字符号**

2. 图形符号与文字符号

图 1.22 为热继电器的图形及文字符号。

3. 结构与原理

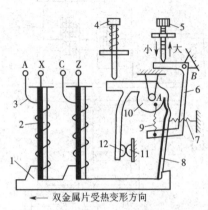

图 1.23　JR14 - 20/2 型热继电器的
原理结构示意图

1—绝缘杆(胶纸板)　2—双金属片　3—发热元件　4—手动复位按钮　5—调节旋钮　6—杠杆(绕支点 B 转动)　7—弹簧(加压于 8 上,使 1 与 8 扣住)　8—感温元件(双金属片)　9—弹簧　10—凸轮支件(绕支点 A 转动)　11—静触头　12—动触头

热继电器是根据控制对象的温度变化来控制电流流通的继电器,即是利用电流的热效应而动作的电器。图 1.23 是 JR14 - 20/2 型热继电器的原理结构示意图。为反映温度信号,设有感应部分——发热元件与双金属片;为控制电流流通,设有执行部分——触点。发热元件用镍铬合金丝等材料制成,直接串联在被保护的电动机电路内。它随电流 I 的大小和时间的长短而发出不同的热量,这些热量加热双金属片。双金属片是由两种膨胀系数不同的金属片碾压而成的,右层采用高膨胀系数的材料,左层则采用低膨胀系数的材料、双金属片的一端是固定的,另一端为自由端,过度发热便向左弯曲。热继电器有制成单个的(如常用的 JR14 型系列),亦有和接触器制成一体、安放在磁力启动器的壳体之内的(如 JR15 系列配 QC10 系列)。

目前一个热继电器内一般有两个或三个发热元件,通过双金属片和杠杆系统作用到同一个常闭触点上,感温元件用作温度补偿装置,调节旋钮用于整定动作电流。

热继电器的动作原理是:当电动机过载时,通过发热元件的电流使双金属片向左膨胀,推动绝缘杆,绝缘杆带动感温元件向左转使感温元件脱开绝缘杆,凸轮支件在弹簧的拉动下绕支点 A 顺时针方向旋转,从而使动触头与静触头断开,电动机得到保护。

目前常用的热继电器有 JR14、JR15、JR16 等系列。

4. **热继电器的选用**

热继电器选用是否得当,直接影响着对电动机进行过载保护的可靠性。通常选用时应按电动机形式、工作环境、启动情况及负荷等几方面综合加以考虑。

(1)原则上热继电器的额定电流应按电动机的额定电流选择。

(2)在不频繁启动场合,要保证热继电器在电动机的启动过程中不产生误动作。通常,当电动机启动电流为额定电流 6 倍以及启动时间不超过 6s 且很少连续启动时,就可按电动机的额定电流选取热继电器。

(3)当电动机为重复且短时工作制时,要注意确定热继电器的允许操作频率。

对于可逆运行和频繁通断的电动机,不宜采用热继电器保护,必要时可以选用装入电动机内部的温度继电器来保护电动机。

1.4.5.5 速度继电器

1. 功能

速度继电器按速度原则动作。速度继电器转子轴与电动机转轴相连接,当转子随电动机转动时,其触点动作。而当电动机转速低于接近零的某一值时,触头在弹簧作用下复位。

2. 图形符号与文字符号

其图形及文字符号如图 1.24 所示。

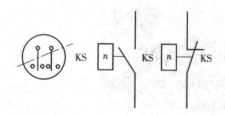

图 1.24　速度继电器的图形及文字符号

3. 结构与原理

感应式速度继电器主要由定子、转子和触点三部分组成。转子是一个圆柱型永久磁铁,定子是一个笼型空心圆环,由硅钢片叠制而成,并装有笼型绕组。

图 1.25 为感应式速度继电器电器原理示意图。其转子的轴与被控电动机的轴相连接,当电动机转动时,速度继电器的转子随之转动,到达一定转速时,定子在感应电流和力矩的作用下跟随转动;到达一定角度时,装在定子轴上的摆捶推动簧片(动触点)动作,使常闭触点打开,常开触点闭合;当电动机转速低于某一数值时,定子产生的转矩减小,触点在簧片作用下返回到原来位置,使对应的触点恢复到原来的状态。

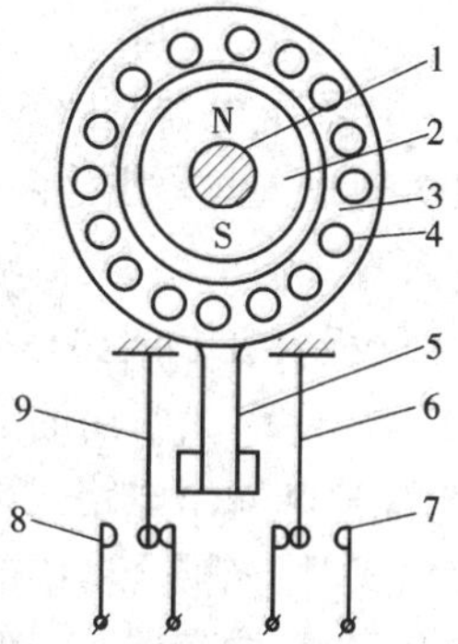

一般感应速度继电器转轴在 120 r/min 左右时触点动作,在 100 r/min 以下时触点复位。

图 1.25　感应式速度继电器的原理示意图

1—转轴　2—转子　3—定子
4—绕组　5—摆锤
6、9—簧片　7、8—静触点

1.4.5.6　固态继电器

1. 功能与符号

固态继电器(SSR,Solid State Relay)是采用固体半导体元件组装而成的一种无触点开关。它利用电子元器件的电、磁和光特性来完成输入与输出的可靠隔离,利用大功率三极管、功率场效应管、单向可控硅和双向可控硅等器件的开关特性,来达到无触点、无火花地接通和断开被控电路。固态继电器与电磁式继电器相比,是一种没有机械运动,不含运动零件的继电器,但它具有与电磁继电器本质上相同的功能。由于固态继电器的接通和断开没有机械接触部件,因而具有控制功率小、开关速度快、工作频率高、使用寿命长、抗干扰能力强和动作可靠等一系列特点。固态继电器在许多自动控制装置中得到了广泛应用。

图1.26(a)所示为一款典型的固态继电器,固态继电器驱动器件以及其触点的图形符号和文字符号如图1.26(b)和(c)所示。

图 1.26 固态继电器及其表示符号

2. 结构、原理与种类

固态继电器是四端器件,其中两端为输入端,两端为输出端,中间采用隔离器件,以实现输入与输出之间的隔离。按工作性质分类可分有直流输入交流输出型、直流输入直流输出型、交流输入交流输出型和交流输入直流输出型;按安装方式分有装置式(面板安装)、线路板安装型;按元件分有普通型和增强型。

图1.27为常用的JG—D系列多功能交流固态继电器工作原理图。它由输入电路、隔离和输出电路三部分组成。光耦合器起到电路隔离和信号耦合作用。当无信号输入时,光耦合器中的光敏三极管截止,R_2 为 VTl 管提供基极注入电流,使 VTl 管饱和导通,它旁路了经 R_4 流入 VT2 的触发电流,因此 VT2 截止,这时晶体管 VTl 经桥式整流电路而引入的电流很小,不足以使双向晶闸管 VT3 导通。有信号输入时,光耦合器中的光敏三极管导通,当交流负载电源电压接近零点时,电压值较低,经过整流,R_2 和 R_3 上的分压不足以使 VTl 导通。而整流电压却经过 R_4 为可控硅 VT2 提供了触发电流,故 VT2 导通。这种状态相当于短路,电流很大,只要达到双向可控硅 VT3 的导通值,VT3 便导通。VT3 一旦导通,不管输入信号存在与否,只有当电流过零才能恢复关断。有电压过零功能就是因有其电压过零时开启,负载电流过零时关断的特性,它的最大接近的关断时间是半个电源周期,在负载上可得到一个完整的正弦波形,也相应地减少了对负载的冲击,在相应的控制回路中产生的射频干扰也大大减少。电阻 R_6 和电容 C 组成浪涌抑制器。

3. 固态继电器使用注意事项

(1)固态继电器的选择应根据负载的类型(阻性、感性)来确定,并要采用有效的过压保护。

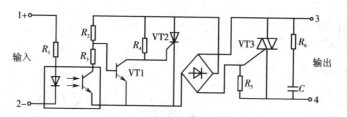

图 1.27　典型交流固态继电器工作原理

（2）输出端要采用阻容浪涌吸收回路或非线性压敏电阻吸收瞬变电压。

（3）过流保护应采用专门保护半导体器件的熔断器或用动作时间小于 10 ms 的自动开关。

（4）安装时采用散热器，要求接触良好，且对地绝缘。

（5）切忌负载侧两端短路，以免固态继电器损坏。

1.4.6　主令控制元件

主令控制元件是在自动控制系统中用来发送控制指令或信号的操纵电器。主令电器用于控制电路，不能直接分合主电路。主令电器应用十分广泛，种类很多，常用主令电器有按钮、行程开关、转换开关、主令控制器等。

1.4.6.1　按钮

1. 功能

按钮开关本身只具有发送控制指令或信号给电路中其他电器的执行机构，当受到按压时其触点接通或断开，放松时复位。在控制电路中，远距离发出手动指令去控制其他电器（接触器、继电器等），再由其他电器去控制主电路，或者转移各种信号。

2. 图形符号与文字符号

图 1.28 是按钮的图形及文字符号，功能分为常开、常闭和同时带有常开、常闭功能的复合按钮三种。

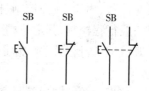

图 1.28　按钮的图形及文字符号

3. 结构与原理

控制按钮一般由按钮帽、复位弹簧、触点和外壳等部分组成，其结构如图 1.29 所示。按钮中触点的形式和数量根据需要可以装配成 1 常开 1 常闭到 6 常开 6 常闭的形式。接线时，也可以只接常开或常闭触点。当按下按钮时，先断开常闭触点，而后接通常开触点。按钮释放后，在复位弹簧作用下使触点复位。

1.4.6.2　行程开关

行程开关是用来反映工作机械的行程，发布命令以控制其运动方向或行程大小的主令电器。

1. 普通行程开关

通常安装在工作机械行程终点，当运动机械的挡铁撞到行程开关的滚轮或顶杆

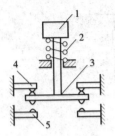

图 1.29　控制按钮
结构示意图

1—按钮帽　2—复位弹簧
3—动触点　4—常闭触点
5—常开触点

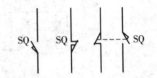

图 1.30　行程开关的图形及
文字符号

上时,使其常闭触头分断,常开触头闭合;当滚轮或顶杆上的挡铁移开后,复位弹簧就使行程开关各部分恢复原始位置,这种自动恢复的行程开关是用来限制其行程时,又称为限位开关或终点开关。靠本身的恢复弹簧来复原的行程开关在生产机械中应用较为广泛;另外也有一类不能自动复位的行程开关。

图 1.30 是行程开关的图形及文字符号。

2. 接近开关

随着电子技术的发展,出现了非接触式的行程开关,即接近开关。接近开关又称做无触点行程开关。当某种物体与之接近到一定距离时就发出动作信号,它不像机械行程开关那样需要施加机械力,而是通过其感辨头与被测物体间介质能量的变化来获取信号。接近开关的应用已远超出一般行程控制和限位保护的范畴,例如用于高速计数、测速、液面控制、检测金属体的存在、零件尺寸以及无触点按钮等。既使用于一般行程控制,其定位精度、操作频率、使用寿命和对恶劣环境的适应能力也优于一般机械式行程开关。除正常应用之外还可以用于计数液面控制、检测金属体等用途。

接近开关的图形符号和文字符号如图 1.31 所示。

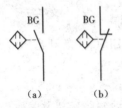

图 1.31　接近开关的图形和文字符号

（a）常开触点　（b）常闭触点

图 1.32　光电开关的图形
和文字符号

3. 光电开关

光电开关除克服了接触式行程开关存在的诸多不足外,还克服了接近开关的作用距离短、不能直接检测非金属材料等缺点。它具有体积小、功能多、寿命长、精度高、响应速度快、检测距离远以及抗电磁干扰能力强等优点,还可非接触、无损伤地检测和控制各种固体、液体、透明体、柔软体和烟雾等物质的状态和动作。目前,光电开关已被用做物位检测、液位控制、产品计数、宽度判别、速度检测、定长剪切、孔洞识别、信号延时、自动门传感、色标检出以及安全防护等诸多领域。

光电开关的图形符号和文字符号图 1.32 所示。

1.4.6.3　万能转换开关和主令控制器

1. 功能

万能转换开关是一种多档、同时控制多回路的主令电器。一般可作为各种配电装置的远距离控制;也可作为电压表、电流表的换向开关;还可以直接控制小容量电动机(2.2 kW 以下),作为的起动、调速、换向之用。

主令控制器是用来频繁切换复杂的多回路控制电路的一种主令电器,主要用于起重机、轧钢机等生产机械的远距离控制。

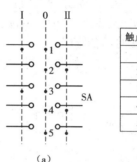

图 1.33　万能转换开关的图形及文字符号
(a)图形及文字符号　(b)触点状态

触点号	I	0	II
1	×	×	
2		×	×
3	×		×
4		×	×
5		×	×

2. 图形符号与文字符号

这两种电器的图形及文字符号相同,除图形符号外,有时还采用通断表表示其触点的状态。如图 1.33 触点接通时用圆点或"×"或"＋"表示。

1.4.7　电磁执行器件

电磁执行电器都是基于电磁机构的工作原理进行工作的。

1.4.7.1　电磁铁

电磁铁主要由励磁线圈、铁芯和衔铁三部分组成。当励磁线圈通电后便产生磁场和电磁力,衔铁被吸合,把电磁能转换为机械能,带动机械装置完成一定的动作。

根据励磁电流的不同,电磁铁分为直流电磁铁和交流电磁铁。电磁铁的主要技术数据有:

额定行程、额定吸力、额定电压等。选用电磁铁时应该考虑这些技术数据,即额定行程应满足实际所需机械行程的要求;额定吸力必须大于机械装置所需的启动吸力。

电磁铁的表示符号如图 1.34(a)所示。

1.4.7.2　电磁阀

电磁阀用来控制流体的自动化基础元件,属于执行器;用在工业控制系统中调整介质的方向、流量、速度和其他的参数。线圈通电后,靠电磁吸力的作用把阀芯吸起,从而使管路接通;反之管路被阻断。

电磁阀有多种形式,但从结构和工作原理上来分,主要有三大类,即直动式、分步直动式和先导式。

电磁阀的表示符号如图1.34(b)所示。

1.4.7.3 电磁制动器

电磁制动器的作用就是快速使旋转的运动停止,即电磁刹车或电磁抱闸。电磁制动器有盘式制动器和块式制动器,一般都由制动器、电磁铁、摩擦片或闸瓦等组成。这些制动器都是利用电磁力把高速旋转的轴抱死,实现快速停车。其特点是制动力矩大、反应速度极快、安装简单、价格低廉;但容易使旋转的设备损坏,所以一般在扭矩不大、制动不频繁的场合使用。

电磁制动器的表示符号如图1.34(c)所示。

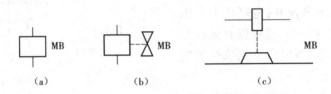

图1.34 电磁驱动器件表示符号
(a)电磁铁 (b)电磁阀 (c)电磁制动器

1.5 电气控制的基本环节

继电-接触器控制是由继电器、接触器等低压电器即电气元件按照一定要求连接而成的,实现对电力拖动系统的起动、制动、反向和调速的控制以及相应的保护。

生产机械的实际电气控制线路一般比较复杂,主要分为主电路和控制电路两部分,见图1.35。由于主电路涉及较多电动机的有关知识,本节主要介绍其控制电路的基本环节。所谓控制电路的基本环节是在各种电动机的拖动、控制系统中具有相同或相似功能的带有共性的部分,是组成各种复杂控制线路的基本电路单元,当然也是分析、设计电气控制原理图的基础。因此应该熟悉这些基本电路的组成、工作原理和功能,并能在今后的分析和设计中灵活应用它们。

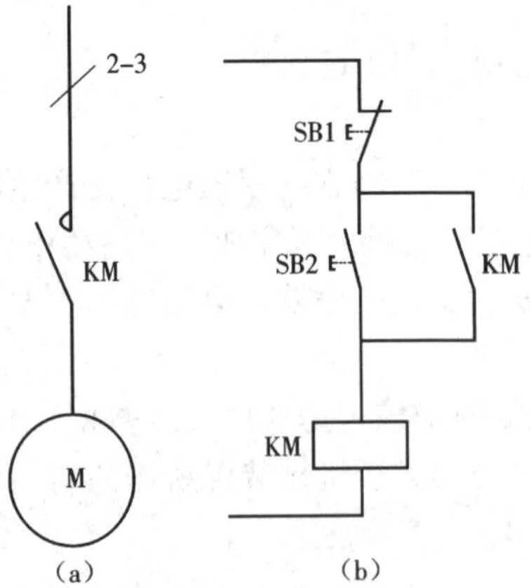

图1.35 电动机启停控制原理图
(a)主电路 (b)控制电路

1.5.1　基本保护环节

在图 1.36 ~ 图 1.43 中,都设置了基本的保护环节,即短路保护、过载保护、失压和欠压保护。

1. 短路保护

不管是主电路还是辅助电路,如果发生短路故障,都会产生很大的短路电流和电动力,引起电路绝缘的破坏或机械性损坏。因此在发生短路故障时,应该可靠而迅速地切断电路。在控制电路中一般采用熔断器或自动开关实现短路保护。

2. 过载保护

过载与短路都属于过流故障,二者的过流程度不同,危害也不同。区别是短路故障会在瞬间造成严重危害,而过载是指主电路电流虽然大于额定值但短时间不会造成危害,但长时间过载是不允许的。一般采用热继电器进行过载保护,图中热继电器的发热元件串联在主电路中,其控制的常闭触点串联在接触器回路中。一旦发生过载发热元件弯曲使触点动作,切断电动机的电路。当电动机过载时电流超过额定值但不会立即造成危害时熔断器不必熔断,而是根据过载的程度由热继电器适时动作,切断电路。

3. 失压和欠压保护

失压保护又称零压保护,控制电路中的自锁环节就兼有失压保护功能。所谓失压保护,是指当供电系统发生停电时,接触器 KM 断电,电动机停转;但当系统恢复供电时,电动机不允许自行起动,只有按下起动按钮电动机才能重新转动。

所谓欠压故障指由于供电电源电压降低过多,使电动机在负载较重时电流过大而发热。一般也是利用自锁环节实现的,不再重复。

当电路没有这种接触器的自锁环节时,如由主令控制器或转换开关进行控制的电路,应该另外设置失压和欠压保护。

除了上述基本保护环节之外,电路中还常常有互锁保护、限位保护、弱磁保护等等,这些保护环节将在以后章节的有关控制电路中讨论。

1.5.2　基本控制环节

1.5.2.1　电动机单向运行控制电路

1. 小容量电动机的手动控制

图 1.36 是采用转换开关手动控制小容量电动机的例子。转换开关 SA 有三个位置,中间是断开,上下分别是正转和反转连接。由于转换开关的灭弧能力有限只能用于控制小容量电动机。电源进线处的开关 Q 称为隔离开关,其作用是在停止工作或检修时切断电源,以保证安全。PE 是电动机机座接地保护,防止电动机外壳带电,当电动机内部故障使机座带电就导致对地短路熔断器 FU 立即熔断,切断电路。

2. 具有自锁环节的接触器控制电路

图 1.37 是接触器控制电动机单向运行的控制电路。SB1 是停止按钮,SB2 是起动按钮;按下起动按钮后接触器 KM 线圈通电,接通主电路中电动机的电源,电动机起动运行。

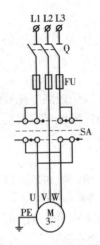

图 1.36　转换开关手
动控制小容量电动机

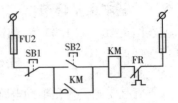

图 1.37　电动机单向运行
接触器控制电路

自锁环节:与 SB2 并联的接触器辅助触点 KM 闭合,可以实现接触器 KM 的"自锁"。即便松开按钮 KM 线圈也不会断电,因此可以实现电动机的连续运转。

图 1.37 电路主要保护环节有三种:FU2 对控制电路起短路保护作用;热继电器 FR 是电动机的过载保护;自锁环节还兼有失压保护功能。当供电系统发生停电时,接触器 KM 断电,电动机停转;但当供电恢复时,电动机不可能自行起动,只有按下起动按钮电动机才能重新转动。

3. 电动机的两地控制电路

为了控制的方便,有时要求在不同的地点对同一台电动机进行控制,即多地点控制。图 1.38 是电动机的两地控制电路,起动按钮互相并联,停止按钮互相串联。电路中的保护环节与上面相同,不再说明。

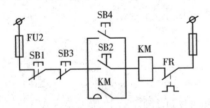

图 1.38　电动机的两地控制

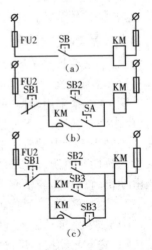

图 1.39　电动机的点动控制

4.电动机的点动控制与连续运行控制

图1.39是电动机的点动控制原理图,(a)图由于没有自锁功能,松开按钮接触器即断电,因此只能对电动机进行点动控制;(b)、(c)两图是既可以点动控制也能够连续运行的控制电路,原理自行分析。

1.5.2.2　互锁和电动机的正反转可逆运行控制电路

1.接触器互锁的可逆运行控制电路

图1.40是接触器互锁的可逆运行控制电路。KM1、KM2分别为正转和反转接触器,由于KM1、KM2不允许同时通电,因此利用KM1的常闭触点切断KM2线圈的电路,KM2的常闭触点切断KM1线圈的电路,称之为接触器"联锁"或"互锁"。

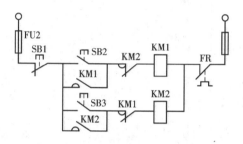

图1.40　接触器互锁的可逆运行控制电路

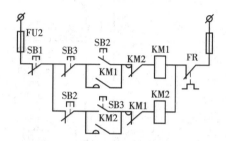

图1.41　双重互锁的可逆运行控制电路

2.按钮与接触器双重互锁的电动机可逆运行控制

图1.41是采用了接触器和按钮双重互锁的可逆运行控制电路。由于接触器触点会因频繁动作及电弧的原因而失灵,SB2与SB3改用复合按钮的互锁就形成了双重互锁可使得电路的工作更加可靠。

3.自动往复运动控制电路

图1.42是由行程开关控制的工作台自动往复运动控制电路,是行程开关应用的实例。行程开关SQ1、SQ2分别安装在轨道上工作台左右运动区域的两端。按下起动按钮SB2时,KM1有电使电动机正转,工作台左行;当工作台挡铁碰压SQ1时,其常闭触点和常开触点动作,使KM1断电KM2通电,电动机停止正转并反向转动,工作台停止并右行;而当工作台右行挡铁碰压SQ2时,KM2断电KM1重新通电,电动机停止反转又恢复正向转动,工作台又左行。控制电路自动重复这一过程,工作台就能够作自动往复运动。同样按下按钮SB3,电动机从反转开始驱动工作台自

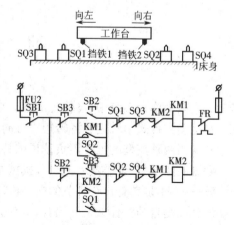

图1.42　自动往复运动控制电路

动往复运动这一过程。行程开关 SQ3 和 SQ4 安装在轨道的左右极限位置,是为了防止行程开关 SQ1 和 SQ2 失灵而设置的越位保护。

1.5.2.3 顺序控制电路

图 1.43 中如果 KM1 控制电动机 M1,KM2 控制电动机 M2,那就是两台电动机的顺序控制的电路。其工作原理自行分析。可以看出,只有在接触器 KM1 有电动作后 KM2 才能通电;而当 KM1 断电时 KM2 也同时断电。此控制电路可以用于按一定程序对两台电动机的启动、停止等运行状态进行控制。

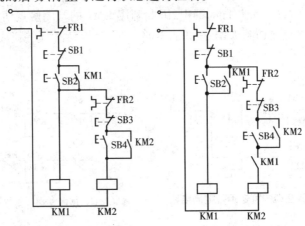

图 1.43 顺序控制电路

由此可见,利用接触器或继电器之间的相互联锁,可以对多台电动机的运行状态或电器的工作状态实现符合一定逻辑关系的控制。

习　题

1. 在电力拖动系统中,飞轮矩的含义是什么?
2. 运动方程式中转速和各转矩正方向是如何规定的?
3. 说明两种典型的恒转矩负载机械特性各自的特点。
4. 说明恒功率、泵类典型的负载机械特性的特点。
5. 图 1.44 是具有自锁环节的电动机控制电路,试指出图中的错误并改正。
6. 什么是自锁? 什么是互锁? 在控制电路中它们各自的作用是什么?
7. 图 1.45 是电动机正反转控制电路,试指出其错误并改正。
8. 分析自动往复运动控制电路的工作原理。
9. 什么是顺序控制? 举例说明顺序控制的应用。
10. 什么是短路、过载、失压和欠压故障? 如何实现其保护?

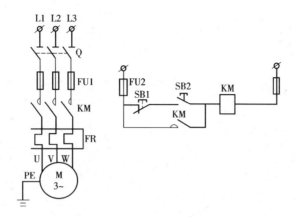

图 1.44　具有自锁环节的电动机控制电路

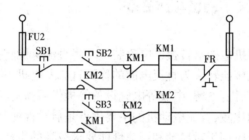

图 1.45　电动机正反转控制电路

11. 熔断器的主要作用是什么？常用的类型有哪几种？使用熔断器应注意什么？

12. 试简述自动空气开关的动作原理。

13. 低压隔离电器和低压断路器的区别是什么？

14. 什么是主令电器？使用时应注意什么？

15. 什么是继电器？常用的有哪些种类？

16. 什么是中间继电器？

17. 热继电器的用途是什么？

18. 时间继电器有哪些不同的触点？

19. 使用接触器应注意什么？接触器与电磁式继电的主要区别是什么？

20. 固态继电器适用哪些场合？有什么优缺点？

2

直流电机及其拖动控制

电机是一种进行机电能量转换的电磁装置。将直流电能转换为机械能的称为直流电动机;反之,将机械能转换为直流电能的称为直流发电机。直流发电机主要用做直流电源,为直流电动机、电解、电镀等电气设备等提供所需的直流电能。

与交流电动机相比较,直流电动机的主要优点是启动性能和调速性能好,过载能力大,易于控制,主要应用于对启动和调速性能要求较高的生产机械,例如电力机车、轧钢机、大型机床、矿井卷扬机、造纸和纺织机械等都广泛采用直流电动机拖动。直流电动机的主要缺点是结构和生产工艺复杂,价格贵,因存在换向问题限制了它的容量,并使运行的可靠性变差。

2.1 概述

2.1.1 直流电机的工作原理

2.1.1.1 直流电动机的模型和工作原理

图 2.1 是一台最简单的直流电动机的模型。N 和 S 是一对固定的磁极。磁极之间有一个可以转动的铁质圆柱体,称为电枢铁芯。铁芯表面固定一个用绝缘导体构成的电枢线圈 $abcd$,线圈的两端分别接到相互绝缘的两个弧形铜片上,弧形铜片称为换向片,它们的组合体称为换向器,换向器随电枢转动。在换向器旁放置固定不动而与换向片滑动接触的电刷 A 和 B,线圈 $abcd$ 通过换向器和电刷接通外电路。电枢铁芯、电枢线圈和换向器构成的整体称为电枢。

此模型作为直流电动机运行时,将直流电源加于电刷 A 和 B,例如图 2.1(a)所示,将电源正极加于电刷 A,电源负极加于电刷 B,则线圈 $abcd$ 中流过电流,在导体 ab 中,电流由 a 流向 b,在导体 cd 中,电流由 c 流向 d。载流导体 ab 和 cd 均处于 N、S

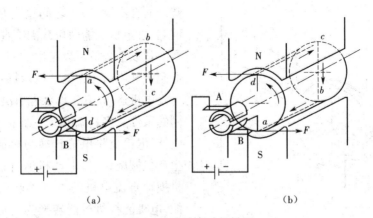

图 2.1 直流电动机模型

(a)导体 ab 在 N 极下 (b)导体 cd 在 N 极下

极之间的磁场当中,受到电磁力的作用,电磁力的方向用左手定则确定,可知这一对电磁力形成一个驱动电枢旋转的力矩,称为电磁转矩。其方向为逆时针方向,使整个电枢逆时针方向旋转。当电枢旋转 180°,导体 cd 转到 N 极下,ab 转到 S 极下,如图 2.1(b)所示。由于电流仍从电刷 A 流入,使 cd 中的电流变为由 d 流向 c,而 ab 中的电流由 b 流向 a,从电刷 B 流出。用左手定则判别,电磁转矩的方向仍是逆时针方向。

由此可见,加于直流电动机的直流电源,虽然提供直流电流,但是借助于换向器和电刷的作用,使直流电动机电枢线圈中流过的电流方向是交变的,从而使电枢产生的电磁转矩的方向恒定不变,确保直流电动机朝确定的方向连续旋转。这就是直流电动机的基本工作原理。

实际的直流电动机电枢圆周槽内均匀地嵌放许多线圈,相应的换向器由许多换向片组成,使电枢线圈所产生总的电磁转矩足够大并且比较均匀,电动机的转速也就比较均匀。

2.1.1.2 直流发电机的模型和工作原理

直流发电机的模型与直流电动机相同。不同的是电刷上不加直流电压,而是利用原动机拖动电枢朝某一方向例如逆时针方向旋转,如图 2.2 所示。这时导体 ab 和 cd 分别切割 N 极和 S 极下的磁力线。导体中产生感应电动势,方向用右手定则确定。图 2.2 中,导体 ab 中电动势的方向由 b 指向 a,导体 cd 中电动势的方向由 d 指向 c,所以电刷 A 为正极性,电刷 B 为负极性。电枢旋转 180°时,导体 cd 转至 N 极下,感应电动势的方向由 c 指向 d,由于此时电刷 A 与 d 所连换向片接触,仍为正极性;导体 ab 转至 S 极下,感应电动势的方向变为 a 指向 b,电刷 B 与其所连接的换向片接触,仍为负极性。可见,直流发电机电枢线圈中的感应电动势的方向是交变的,而通过换向器和电刷的作用,在电刷 A、B 两端输出的电动势是方向不变的直流电动

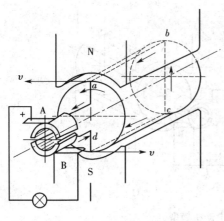

图2.2 直流发电机的模型

势。若在电刷 A、B 之间接上负载,形成回路,发电机就能向负载供给直流电能。

从以上分析可以看出,一台直流电机原则上既可以作为电动机运行,也可以作为发电机运行,其工作状态取决于外界不同的条件。将直流电源外加于电刷,输入电能,电机能将电能转换为机械能,拖动生产机械旋转,作电动机运行;如用原动机拖动直流电机的电枢旋转,输入机械能,电机能将机械能转换为直流电能,从电刷上引出直流电动势,作发电机运行。

从理论上讲,同一台电机,既能作为电动机运行,又能作为发电机运行,是可逆的。然而实际的直流电机产品却是作为电动机和发电机分别生产的,如果需要逆运行使用,其铭牌额定数据应该作相应改变。

2.1.2 直流电机的实际结构

由直流电动机和直流发电机工作原理示意图可以看出,直流电机的结构应由定子和转子两大部分组成,由于转子可以是电枢,也可以是磁极,所以其结构可以设计成转枢式与转极式两种,直流电动机以转枢式为多,发电机以转极式为多。

下面以转枢式为例说明。直流电机静止不动的部分称为定子,主要作用是产生磁场。转动的部分称为转子,其主要作用是产生电磁转矩和感应电动势,是直流电机进行能量转换的枢纽,所以通常又称为电枢。定子与转子之间的空隙,称为气隙。图2.3 是直流电机的纵剖面示意图,图2.4 是横剖面示意图。

2.1.2.1 定子

1.机座

电机定子部分的外壳称为机座。机座一方面用来固定主磁极、换向磁极和端盖,并起到整个电机的支撑;另一方面也是磁路的一部分,借以构成磁极之间的通路。为保证机座具有足够的机械强度和良好的导磁性能,机座一般为铸钢件或由钢板焊接而成。

2.主磁极

主磁极的作用是产生气隙磁场,一般采用凸极式结构。主磁极由主磁极铁芯和励磁绕组两部分组成,如图2.5 所示。由于磁极铁芯是工作在直流条件下,不存在涡流和磁滞损耗问题,所以铁芯一般采用 0.5～1.5 mm 厚的钢板冲片叠压铆紧而成,上面套励磁绕组的部分称为极身,下面扩宽的部分称为极靴。励磁绕组用绝缘铜线绕制而成,套在极身上,再将整个主磁极用螺钉固定在机座上。

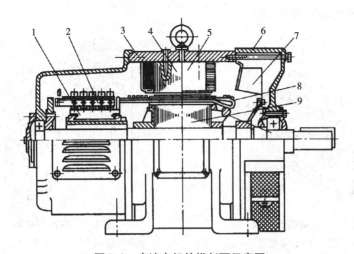

图 2.3 直流电机的纵剖面示意图

1—换向器 2—电刷 3—机座 4—主磁极 5—换向极 6—端盖
7—风扇 8—电枢绕组 9—电枢铁芯

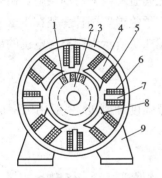

图 2.4 直流电机的横剖面示意图

1—电枢绕组 2—电枢铁芯
3—机座磁轭 4—主磁极铁芯
5—励磁绕组 6—换向极绕组
7—换向器 8—主极靴 9—机座底座

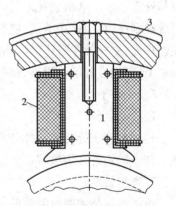

图 2.5 主磁极的凸极式结构

1—铁芯 2—励磁绕组 3—磁轭

3. 换向极

两个相邻主磁极之间的小磁极叫换向极,也叫附加极。换向极的作用是改善换向,抑制电机运行时电刷与换向器之间可能产生的火花。换向极由换向极铁芯和换向极绕组组成,如图 2.6 所示。换向极铁芯一般用整块钢制成,对换向性能要求较高的直流电机,换向极铁芯可用 1.0～1.5 mm 厚的钢板冲制叠压而成。换向极绕组用绝缘导线绕制而成,套在换向极铁芯上。整个换向极用螺钉固定于机座上,换向极的数目与主磁极相等。

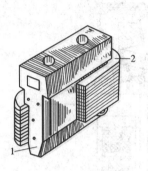

图 2.6 换向极的结构

1—铁芯 2—励磁绕组

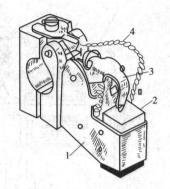

图 2.7 刷握与电刷

1—刷握 2—电刷 3—压簧 4—连接导线

4. 电刷装置

电刷装置用以引入或引出直流电压和直流电流,通过连接导线将转子的电枢绕组与外部连接。电刷装置由电刷、刷握、刷杆和刷杆座等组成。由导电材料制成的电刷放在刷握内,用弹簧压紧,使电刷与换向器弧面之间有良好的滑动接触。刷握固定在刷杆上,刷杆装在圆环形的刷杆座上,相互之间必须绝缘。刷杆座装在端盖或轴承内盖上,圆周位置可以调整,调好以后加以固定。图 2.7 所示为刷握与电刷的结构。

2.1.2.2 转子

1. 转轴

转轴起转子旋转的支撑作用,需有一定的机械强度和刚度,一般用圆钢加工而成。转子的铁芯和绕组装在转轴上。

2. 电枢铁芯

电枢铁芯是主磁通磁路的主要部分,同时用以嵌放电枢绕组。为了降低电机运行时的电枢铁芯在交变磁场中产生的涡流损耗和磁滞损耗,电枢铁芯用 0.5 mm厚的硅钢片冲制的冲片叠压而成,冲片的形状如图 2.8所示。叠成的铁芯固定在转轴或转子支架上。转子铁芯的外圆周开有电枢槽,槽内嵌放电枢绕组的导体。

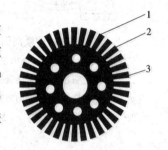

图 2.8 电枢铁芯硅钢冲片

1—齿 2—槽 3—通风孔

3. 电枢绕组

电枢绕组的作用是产生电磁转矩和感应电动势,是直流电机进行能量转换的关键部件,它由许多线圈按一定规律连接而成,线圈用高强度漆包线或玻璃丝包扁铜线绕成,相互绝缘的不同线圈边分上下两层嵌放在电枢槽中,线圈与铁芯之间和上、下两层线圈边之间都必须妥善绝缘。为防止离心力将线圈边甩出槽外,槽口用槽楔固定,如图 2.9 所示。

4. 换向器

换向器与电刷滑动连接,在直流电动机中,换向器配以电刷,能将外加直流电流转换为电枢线圈中的交变电流,使电磁转矩的方向恒定不变;在直流发电机中,换向器配以电刷,能将电枢线圈中感应产生的交变电动势转换为正、负电刷上引出的直流电动势。换向器是由许多换向片组成的圆柱体,换向片之间用云母片绝缘,换向片的结构通常如图 2.10 所示。换向片的上部为弧形,是圆柱体圆周的一部分,下部做成鸽尾形,两端用钢制 V 形套筒和 V 形云母环固定,再加螺母锁紧。对于小型直流电机,可以采用塑料换向器,是将换向片和片间云母叠成圆柱体后用酚醛玻璃纤维热压成型,既节省材料,又简化了工艺。

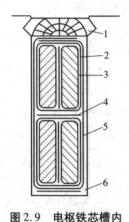

图 2.9　电枢铁芯槽内
的导体剖面图

1—槽楔　2—线圈绝缘　3—导体
4—层间绝缘　5—槽绝缘
6—槽底绝缘

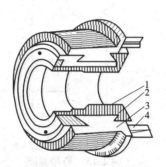

图 2.10　换向片的结构示意图

1—V 形套筒　2—云母层
3—换向片　4—接线片

2.1.3　直流电机的励磁分类

直流电机主磁极的励磁绕组通过直流励磁电流产生磁动势,称为励磁磁动势,励磁磁动势单独产生的磁场是直流电机的主磁场。励磁绕组的供电方式称为励磁方式。按励磁方式的不同,直流电机可以分为以下四类。

1. 他励直流电机

励磁绕组由独立于主电源的其他电源供电,与电枢绕组之间没有电的联系,如图 2.11 所示。永磁磁极的直流电机也应属于他励直流电机,因其励磁磁场与电枢无关。

2. 并励直流电机

励磁绕组与电枢绕组并联,如图 2.12 所示。一般励磁电压设计成等于电枢绕组端电压,所以并联励磁绕组的导线细而匝数多。

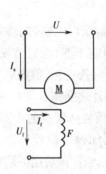

图 2.11　他励直流
电机的接线图

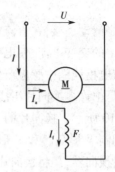

图 2.12　并励直流
电机的接线图

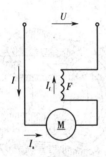

图 2.13　串励直流
电机的接线图

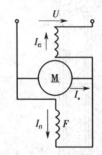

图 2.14　复励直流
电机的接线图

3. 串励直流电机

励磁绕组与电枢绕组串联,如图 2.13 所示。一般励磁电流等于电枢电流,所以串联励磁绕组的导线粗而匝数较少。

4. 复励直流电机

每个主磁极上同时套有两种励磁绕组,一个与电枢绕组并联,称为并励绕组;另一个与电枢绕组串联,称为串励绕组,如图 2.14 所示。两个绕组分别产生磁动势方向相同的称为积复励,两个磁动势方向相反的称为差复励。通常采用积复励方式。

2.1.4　直流电机的额定值

电机制造厂家必须按照国家统一的标准设计和生产电机产品。根据电机设计和试验数据而规定的电机额定运行状态的各种数据称为电机的额定值。额定值一般标在电机的铭牌上或提供在产品说明书上。

1. 额定功率 P_N

额定功率是指按照规定的工作方式正常运行时电机所能提供的输出功率,单位一般为 kW(千瓦)。对电动机来说,额定功率是指轴上输出的机械功率;对发电机来说,额定功率是指电枢输出的电功率。

2. 额定电压 U_N

额定电压是由电机电枢绕组采用的绝缘材料等级决定的,是电机正常运动时能够安全工作的最高电压值。电动机指外加电压,发电机指输出电压,单位一般为 V(伏)。

3. 额定电流 I_N

额定电流是指电机按照规定的工作方式正常运行时,电枢绕组允许长期流过的最大电流,一般单位为 A(安)。

4. 额定转速 n_N

额定转速是指电机在额定电压、额定电流和额定功率的情况下运行时,电机的旋转速度,单位为 r/min(转/分)。

上述额定值一般标在电机的铭牌上,故又称为铭牌数据。还有一些额定值,例如额定转矩 T_N、额定效率 η_N 和额定温升 τ_N 等,不一定标在铭牌上,可查产品说明书或由铭牌上的数据计算得到。

额定功率与额定电压和额定电流的关系如下:

直流电动机　$P_N = U_N I_N \eta_N \times 10^{-3} (\text{kW})$ 　　　　　　　　(2.1)

直流发电机　$P_N = U_N I_N \times 10^{-3} (\text{kW})$ 　　　　　　　　　(2.2)

直流电机运行时,如果各量均为额定值,就称电机工作在额定运行状态,亦称为满载运行。在额定运行状态下,电机得到充分利用、运行可靠并具有良好的性能。如果电机的电流小于额定电流,称为欠载运行;电机的电流大于额定电流,称为过载运行。严重欠载运行电机利用不充分,效率低;长时间过载运行,将使电机过热损坏。所以在根据负载选择电机时,最好使电机接近于满载运行。

【例2.1】　某台直流电动机的额定值为:$P_N = 12$ kW,$U_N = 220$ V,$n_N = 1\ 500$ r/min,$\eta_N = 89.2\%$,试求该电动机额定运行时的输入功率 P_{1N} 及电流 I_N。

解:额定输入功率

$$P_{1N} = \frac{P_N}{\eta_N} = \frac{12}{0.892} = 13.45 \text{ kW}$$

额定电流　$I_N = \frac{P_N \times 10^3}{U_N \eta_N} = \frac{12 \times 10^3}{220 \times 0.892} = 61.15 \text{ A}$

【例2.2】　某台直流发电机的额定值为:$P_N = 95$ kW,$U_N = 230$ V,$n_N = 1\ 450$ r/min,$\eta_N = 91.8\%$,试求该发电机的额定电流 I_N。

解:额定电流　$I_N = \frac{P_N \times 10^3}{U_N} = \frac{95 \times 10^3}{230} = 413.04 \text{ A}$

2.2　直流电机的电枢绕组

电枢绕组是直流电机产生电磁转矩和感应电动势、实现机电能量转换的枢纽。电枢绕组由许多线圈(以下称元件)按一定规律连接而成。按照连接规律的不同,电枢绕组分为单叠绕组、单波绕组等多种形式。

2.2.1　基本概念

1.电枢绕组元件

电枢绕组元件由绝缘铜线绕制而成,每个元件有两个边,分别嵌放在电枢的两个槽中,能与磁场作用产生转矩和电动势,称为元件边。元件的槽外部分称为端接部分。电枢槽内一般放置两层导体,为便于嵌线,每个元件的一个元件边嵌放在某一槽的上层,称为上层边,画图时以实线表示;另一个元件边则嵌放在另一槽的下层,称为下层边,画图时以虚线表示。每个元件有两个出线端,分别称为首端和末端,与换向片相接。

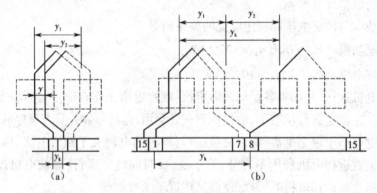

图 2.15　电枢绕组的元件及其节距

(a)单叠绕组　(b)单波绕组

每一个元件有两个元件边,而每片换向片又总是接一个元件的上层边引线和另一元件的下层边引线,所以元件数 S 总等于换向片数 K,即 $S=K$。

每个元件有两个元件边,而每个电枢槽分上下两层嵌两个元件边,所以元件数 S 又等于槽数 Z,即 $S=K=Z$。

实际电机中往往在一个槽上层和下层各放 u 个元件边,即把一个"实槽"当 u 个"虚槽"使用。计算时应以虚槽数为准,虚槽数 Z 与实槽数 Z' 之间的关系为(下面讨论中以虚槽数为准)

$$Z = uZ' = S = K。\tag{2.3}$$

2. 节距

（1）第一节距　同一元件边在电枢周围上所跨的距离,用槽距来表示,称为第一节距 y_1。一个磁极在电枢圆周上所跨的距离称为极距 τ,当用槽距表示时,极距的表达式为

$$\tau = \frac{Z}{2p} \qquad (2.4)$$

式中,p 为磁极对数。

为使每个元件的感应电势最大,第一节距 y_1 应接近或者等于一个极距 τ,但 τ 不一定是整数,而 y_1 必须是整数,为此,一般取第一节距

$$y_1 = \frac{Z}{2p} \pm \varepsilon，取整数 \qquad (2.5)$$

式中,ε 为小于 1 的分数。

$y_1 = \tau$ 的元件为整距元件,绕组称为整距绕组;$y_1 < \tau$ 的元件称为短距元件,绕组称为短距绕组;$y_1 > \tau$ 的长距元件,因为端接部分较长,耗铜多,一般不用。

（2）第二节距　第一个元件的下层边与直接相连的第二个元件的上层边之间在电枢圆周上的距离,用槽距表示,称为第二节距 y_2,如图 2.15 所示。

（3）合成节距　直接相连的两个元件的对应边在电枢圆周上的距离,用槽距表示,称为合成节距 y,如图 2.15 所示。

（4）换向器节距　每个元件的首、末两端所接的两换向片在换向器圆周上所跨的距离,以换向片的宽度来度量,用换向片数表示,称为换向器节距 y_k。由图 2.15 可见换向器节距 y_k 与合成节距 y 总是相等的,即 $y_k = y$。

2.2.2　单叠绕组

后一元件的端接部分紧叠在前一元件的端接部分上,这种绕组称为叠绕组。当叠绕组的换向器节距 $y_k = 1$ 时称为单叠绕组,如图 2.15（a）所示。

下面举一例说明单叠绕组的连接规律和特点。

一台直流电动机,$Z = S = K = 16,2p = 4$,接成单叠绕组。

1. 计算节距

第一节距

$$y_1 = \frac{Z}{2p} \pm \varepsilon = \frac{16}{4} = 4$$

换向器节距和合成节距

$$y_k = y = 1$$

第二节距,由图 2.15 可见,对于单叠绕组

$$y_2 = y_1 - y = 4 - 1 = 3$$

2. 绘制绕组展开图

假想把电枢圆周从某一齿的中间沿轴向切开,展成平面,所得绕组连接图形称为绕组展开图,如图 2.16 所示。

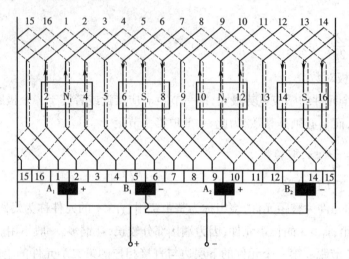

图 2.16　单叠绕组展开图

绘制直流电机单叠绕组展开图的步骤如下。

①画 16 根等长、等距的平行实线代表 16 个槽的上层。在实线旁画 16 根平行虚线代表 16 个槽的下层。一根实线和一根虚线代表一个槽,编上槽号,如图 2.16 所示。

②按节距 y_1 连接 1 号元件。例如将 1 号元件的上层边放在 1 号槽的上层,其下层边应放在 $1+y_1=1+4=5$ 号槽的下层。由于一般情况下,元件形状是左右对称的。为此,可把 1 号槽的上层(实线)和 5 号槽的下层(虚线)用左右对称的端接部分连成 1 号元件。注意首端和末端之间相隔一片换向片宽度($y_k=1$),为使图形规整起见,取换向片宽度等于一个槽距,从而画出与 1 号元件首端相连的 1 号换向片和相邻的与末端相连的 2 号换向片,并依次画出 3 至 16 号换向片。显然,元件号、上层边所在槽号和该元件首端所连换向片的编号相同。

③按同样方法依次画出 2 至 16 号元件,从而将 16 个元件通过 16 个换向片连成一个闭合的回路。

单叠绕组的展开图已经画成。但为帮助理解绕组工作原理和电刷位置的确定,一般在展开图上还应画出磁极和电刷。

④画磁极。本例有 4 个主磁极,在圆周上应该均匀分布,即相邻磁极中心之间应间隔 4 个槽。设某一瞬间,4 个磁极中心分别对准 3、7、11、15 槽,并让磁极宽度约为极距的 0.6~0.7,画出 4 个磁极,如图 2.16 所示。依次标上极性 N_1、S_1、N_2、S_2,一般假设磁极在电枢绕组的上面。

⑤画电刷。电刷组数也就是电刷个数等于极数,本例中为4,必须均匀分布在换向器表面圆周上,相互间隔16/4 =4 片换向片。为使被电刷短路的元件中感应电动势最小,正负电刷之间引出的电动势最大。由图2.16分析可以看出:当元件左右对称时,在展开图上电刷中心线应对准磁极中心线。图中设电刷宽度等于一片换向片的宽度。

设此电机处于电动机工作状态,磁极位于纸面以上并欲使电枢绕组向左移动。根据左手定则可知电枢绕组各元件中电流的方向如图2.16所示。为此,应将电刷 A_1、A_2 并联起来,作为电枢绕组的" + "端,接电源正极;将电刷 B_1、B_2 并联起来作" – "端,接电源负极。

如果工作在发电机状态,设电枢绕组的转向不变,则电枢绕组各元件中感应电动势的方向用右手定则确定,与电动机状态时电流方向相反,因而电刷的正负极性不变。

3. 单叠绕组连接顺序表

绕组展开图比较直观,但画起来比较麻烦。为简便起见,绕组连接规律也可用连接顺序来表示。本例的连接顺序表如图 2.17 所示。表中上排数字同时代表上层元件边的元件号、槽号和换向片号,下排带"'"的数字代表下层元件边所在的槽号。

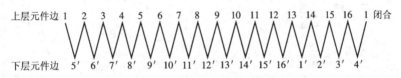

图 2.17　单叠绕组连接顺序表

4. 单叠绕组的并联支路图

保持图 2.16 中各元件的连接顺序不变,将此瞬间不与电刷接触的换向片省去不画,可以得到图 2.18 所示的并联支路图。对照图 2.18 和图 2.16,可以看出单叠绕组的连接规律是将同一磁极下的上层边对应的元件串联起来组成一条支路。所以,单叠绕组的并联支路对数 a 总等于极对数 p,即 $a = p$。

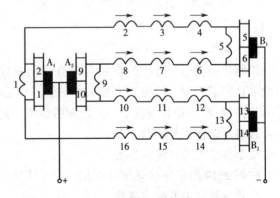

图 2.18　单叠绕组的并联支路图

5. 单叠绕组的特点

①上层边位于同一磁极下的各元件串联起来组成一条支路,并联支路对数等于极对数,即 $a = p$。

②当元件形状左右对称,电刷在换向器表面的位置对准磁极中心线时,正、负电

刷间的感应电动势最大,被电刷短路的元件中的感应电动势最小。

③电刷个数等于极数,即电刷对数等于磁极对数。

2.2.3 单波绕组

单波绕组的元件如图 2.15(b)所示,首末端之间的距离接近两个极距,$y_k > y_1$,两个元件串联起来成波浪形,故称波绕组。p 个元件串联后,其末尾应该落在起始换向片前 1 片的位置,才能继续串联其余元件,为此,换向器节距必须满足 $py_k = K - 1$ 关系。

$$换向器节距 \ y_k = \frac{K-1}{p} 取整数 \tag{2.6}$$

$$合成节距 \ y = y_k \tag{2.7}$$

$$第二节距 \ y_2 = y - y_1 \tag{2.8}$$

第一节距 y_1 确定原则与单叠绕组相同。

例如:

一台直流电动机:$Z = S = K = 15, 2p = 4$,接成单波绕组。

1. 计算节距

$$\tau = \frac{Z}{2p} = \frac{15}{4} = 3\frac{3}{4}$$

$$y_1 = \frac{Z}{2p} \pm \varepsilon = \frac{15}{4} - \frac{3}{4} = 3 \ (y_1 < \tau)$$

$$y = y_k = \frac{K-1}{p} = \frac{15-1}{2} = 7$$

$$y_2 = y - y_1 = 7 - 3 = 4$$

2. 绘制展开图

绘制单波绕组展开图的步骤与单叠绕组相同。本例的展开图如图 2.19 所示。电刷在换向器表面上的位置也是在主磁极的中心线上。应注意的是,因为本例的极距不是整数,所以相邻磁极中心线之间的距离不是整数,相邻的电刷之间的距离用换向片数表示时也不是整数。

3. 单波绕组的连接顺序表

按图 2.19 所示连接规律可得相应的连续顺序表,如图 2.20 所示。

4. 单波绕组的并联支路图

按图 2.19 中各元件的连接顺序,将此刻不与电刷接触的换向片省去不画,可以得此单波绕组的并联支路图,如图 2.21 所示。将并联支路图与展开图对照分析可知:单波绕组是将同一极性磁极下所有上层边对应的元件顺序串联起来组成一条支路,由于磁极极性只有 N 和 S 两种,所以单波绕组的并联支路数总是 2,并联支路对数恒等于 1,即 $a = 1$。

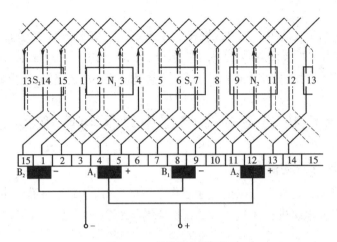

图 2.19 单波绕组展开图

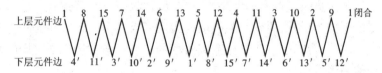

图 2.20 单波绕组的连接顺序表

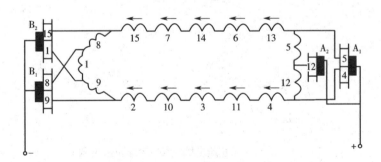

图 2.21 单波绕组的并联支路图

5.单波绕组的特点

①上层边位于同一极性磁极下的所有元件串联起来组成一条支路,并联支路对数恒等于1,与极对数无关。

②当元件形状左右对称,电刷在换向器表面上的位置对准主磁极中心线时,支路电势最大。

③单从支路对数来看,单波绕组可以只用一对电刷,但在实际电机中,为缩短换向器长度,以降低成本,仍使电刷对数等于极对数,即所谓采用全额电刷。

如果绕组每支路的电流为I,电枢电流为I_a,无论是单叠绕组还是单波绕组均有

$I_a = 2aI$。

单叠绕组与单波绕组的主要区别在于并联支路对数的多少。单叠绕组可以通过增加极对数来增加并联支路对数,适用于低电压、大电流的电机。单波绕组的并联支路对数 $a = 1$,但每条并联支路串联的元件数较多,故适用于小电流、较高电压的电机。

2.3　直流电机的磁场及电枢电动势与电磁转矩

2.3.1　直流电机的磁场

直流电机无论是作发电机运行还是作电动机运行,都必须具有一定强度的磁场,所以磁场是直流电机进行能量转换的媒介。为了深入分析直流电机的运行原理,必须对直流电机气隙中磁场的大小及分布规律等有所了解。

2.3.1.1　直流电机的空载磁场

直流电机不带负载(即不输出功率)时的运行状态为空载运行。空载运行时电枢电流为零或近似等于零,所以空载磁场是指主磁极励磁磁动势单独产生的励磁磁场,亦称主磁场。一台四极直流电机空载磁场的分布示意如图 2.22 所示,图中只画了整个圆周的一半。

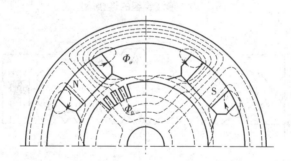

图 2.22　四极直流电机空载主磁场及漏磁通

1. 主磁场和漏磁通

图 2.22 表明,当励磁绕组通以励磁电流时,产生的磁通大部分由 N 极出来,经气隙进入电枢齿,通过电枢铁芯的磁轭(电枢磁轭)到 S 极下的电枢齿,又通过气隙回到定子的 S 极,再经机座(定子磁轭)形成闭合回路。这部分仅与励磁绕组和电枢绕组相匝链的磁通称为主磁通,用 Φ_0 表示。另有一部分磁通不通过电枢磁轭,直接经过相邻磁极之间的空气介质与定子磁轭形成闭合回路,这部分仅与励磁绕组匝链的磁通称为漏磁通,以 Φ_σ 表示。漏磁通路径主要为空气介质,磁阻很大,所以漏磁通的数量只有主磁通的 20% 左右。

2. 空载磁化特性

直流电机运行时,气隙磁场每个极下有一定数量的主磁通,即每极磁通 Φ,当励磁绕组的匝数 N_f 一定时,每极磁通 Φ 的大小主要决定于励磁电流 I_f。空载时每极磁通 $\Phi = \Phi_0$,Φ_0 与励磁电流 I_f 的关系 $\Phi_0 = f(I_f)$ 称为直流电机的空载磁化特性。空载磁化特性 $\Phi_0 = f(I_f)$ 在 I_f 较大时会出现饱和,如图 2.23 所示。为充分利用铁磁性材料,又不致使磁阻太大,电机的工作点一般选在磁路开始饱和的部分(图中 A 点附近)。

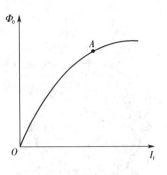

图 2.23 空载磁化特性

3. 空载磁场气隙磁密分布曲线

主磁极的励磁磁动势主要消耗在气隙上,当近似地忽略主磁路中铁磁性材料的磁阻时,主磁极下气隙磁密的分布就取决于气隙 δ 大小分布情况。一般情况下,磁极极靴下磁通密度较大且基本为常数。靠近两极尖处,气隙逐渐变大,磁通密度减小,极尖以外,气隙明显增大,磁通密度显著减小,在相邻磁极之间的几何中性线处,气隙磁通密度为零。为此,空载气隙磁通密度分布为一左右对称的平顶波,如图 2.24 所示,图中虚线表示磁通密度的平均值。

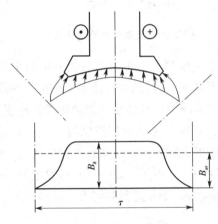

图 2.24 空载气隙磁通密度分布

2.3.1.2 直流电机的电枢反应

1. 电枢电流的磁场

图 2.25 表示一台两极直流电机电枢电流的磁动势单独作用产生的电枢电流磁场分布情况。图中没有画出换向器,所以把电刷直接画在电枢圆周上几何中性线处,以表示电刷通过换向器与处在几何中性线上元件边相连接。几何中性线以上部分所有元件边中电流为流出,以下元件边电流为流入,由右手螺旋定则可知,电枢电流磁动势的方向由左向右,电枢电流磁场的轴线与几何中性线重合,与主磁极轴线相垂直。

2. 电枢反应

如上分析,直流电机空载时励磁磁动势单独产生的气隙磁密分布为一平顶波。电机负载时,电枢绕组流过电枢电流 I_a,产生电枢电流磁动势 F_a,它与励磁磁动势 F_f 共同建立起负载时的气隙合成磁场。这种负载时电枢电流对原来的气隙磁场分布的影响称为电枢反应。

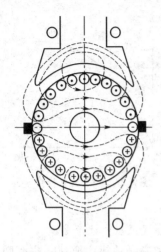

图 2.25　电枢电流的磁场

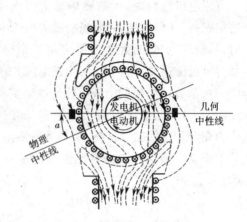

图 2.26　负载时气隙合成磁场

　　如果磁路不饱和或不考虑磁路饱和现象时,可以将气隙中空载磁场和电枢电流的磁场相叠加,即得负载时气隙合成磁场。由于电枢反应的影响,使半个磁极下的磁场加强,磁通增加;另半个磁极下的磁场减弱,磁通减少。从而使气隙磁场发生畸变,不再左右对称。由于增加和减少的磁通量相等,每极总磁通量仍然维持不变。只是由于磁场分布发生畸变,使电枢表面磁密等于零的实际中性线偏离了几何中性线,如图 2.26 所示。我们将实际中性线称为物理中性线。分析图 2.26 可知,对发电机,物理中性线顺着旋转方向偏离几何中性线,而对电动机,则是逆着旋转方向偏离几何中性线。

　　在实际情况中应该考虑磁路饱和现象。考虑磁路饱和影响时,磁通增加受到限制。主磁极空载磁场与电枢电流的磁场叠加后,在磁极下气隙合成磁场的实际变化是,半个磁极下磁通增加的量小于另半个磁极下减少的磁通量,所以每个磁极下的总磁通有所减小。

　　由以上分析可以得知,电刷放在几何中性线上时电枢反应的影响如下。

　　①电枢反应使气隙磁场发生畸变。半个极下磁场削弱,半个极下磁场加强。对发电机,是前极端(电枢进入端)的磁场削弱,后极端(电枢离开端)的磁场加强;对电动机,则与此相反。气隙磁场的畸变使物理中性线偏离几何中性线。对发电机,是顺旋转方向偏离;对电动机,是逆旋转方向偏离。

　　②由于存在磁路饱和现象,考虑到电机正常工作时磁路接近饱和,半个极下增加的磁通小于另半个极下减少的磁通,使每个极下总的磁通量有所减小,称为电枢反应的去磁作用。

2.3.2　电枢电动势

　　电枢电动势是指直流电机正负电刷之间电枢绕组的感应电动势,也就是电枢绕组任意一条并联支路的电动势。当电机旋转时,处于电枢铁芯槽内的绕组元件边导体切割气隙中合成磁场,产生感应电动势,一条支路所有串联元件边导体中的感应电动势之和即电枢电动势。根据电磁感应原理,电枢电动势的大小与磁场的强弱、电枢转速的快慢成正比关系,且与该电机的具体结构有关,可以写出如下关系式

$$E_a = C_e \Phi n \tag{2.9}$$

式中,E_a——电枢电动势,单位为 V(伏特)

C_e——电动势常数。

Φ ——每极磁通,单位 Wb(韦伯)。

n ——电枢转速,单位 r/min。

式(2.9)表明:电枢电动势 E_a 的大小与每极磁通 Φ 和转速 n 之积成正比,且与电机结构有关。具体推导如下:

设电枢绕组导体长度为 l,导体切割磁通速度为 v,则每根导体感应电动势的平均值为 $e_1 = Blv$。用 N 表示电枢绕组总导体数,$2a$ 表示支路数,则每条支路串联的导体数 $N/(2a)$。电枢电动势 E_a 等于支路所串联的各元件导体感应电动势之和。即 $E_a = \dfrac{N}{2a}e_1$。

令 p 表示极对数,τ 表示极距,可得电枢圆周长度为 $2p\tau$,则 $v = 2p\tau n/60$。因为磁极的面积等于磁极宽度与长度之积 τl,则每极平均磁通密度 $B = \Phi/\tau l$。

$$E_a = \frac{N}{2a}e_1 = \frac{N}{2a}\frac{2p}{60}\Phi n = \frac{pN}{60a}\Phi n$$

故有 $\qquad C_e = \dfrac{pN}{60a} \tag{2.10}$

对已经制造好的电机,电枢的导体总条数、磁极对数、并联支路对数均已确定,所以此系数应该是一常数。

理论上讲,直流发电机和电动机的结构相同,不同的只是运行方式。不管是发电机还是电动机,电枢电动势都是转动时电枢绕组的元件导体切割磁场而产生的,均可用上述关系式分析计算,但是在发电机和电动机中电枢电动势所起的作用不同。在发电机中,E_a 一般为电源电动势,其方向与电枢电流 I_a 相同;在电动机中,E_a 一般为反电动势,其方向与电枢电流 I_a 的方向相反;电动机运行于发电状态时与发动机情形相同。

2.3.3 直流电机的电磁转矩

当电枢绕组中有电流 I_a 时,元件的导体中流过电枢支路电流而成为载流导体,在磁场中受到电磁力的作用,对电枢即转子则形成电磁力矩,转子在电磁力矩的驱动下就能够旋转起来。电枢各个元件的载流导体的力矩之和即总电磁转矩 T 的大小应该与磁场强弱即磁通量 Φ 和电枢电流 I_a 的大小成正比例关系。这个作用于整个电

枢的由电磁原因产生的旋转力矩就简称为电磁转矩。可以写出关系式

$$T = C_t \Phi I_a \qquad (2.11)$$

式中,T——电磁转矩,单位 N·m(牛·米)。

    C_t——转矩常数。

    Φ——每极磁通,单位 Wb(韦伯)。

    I_a——电枢电流,单位 A(安培)。

式(2.11)表明,电磁转矩 T 与每极磁通 Φ 和电枢电流 I_a 的乘积成正比,且与电机结构有关。推导如下:

设电枢绕组中每根导体长度为 l,导体中的电流(支路电流)$I_1 = I_a/(2a)$,则每根导体所受的电磁力平均值为 $f_1 = BI_1 l$。若电枢直径为 D,则导体所受的力矩为 T_1 $= f_1 \dfrac{D}{2} = BI_1 l \dfrac{D}{2}$。

电磁转矩等于电枢绕组所有载流导体在磁场中所受的力矩之和,设 N 表示电枢绕组总导体数,$T = NT_1$。因为磁极的面积 $\tau l = \pi Dl/2p$,则每极平均磁通密度 $B = 2p\Phi/\pi Dl$。

$$T = NT_1 = NBI_1 l \frac{D}{2} = N \frac{2p\Phi}{\pi Dl} \frac{I_a}{2a} l \frac{D}{2} = \frac{pN}{2\pi a} \Phi I_a = C_t \Phi I_a$$

故有 $$C_t = \frac{pN}{2\pi a} \qquad (2.12)$$

对已经制造好的电机,电枢导体总条数、磁极对数、并联支路对数均已确定,所以此系数应是一常数。对同一台直流电机,转矩常数 C_t 和电动势常数 C_e 之间的关系为

$$\frac{C_t}{C_e} = \frac{60}{2\pi} = 9.55$$

故有 $$C_t = 9.55 C_e \qquad (2.13)$$

不管是发电机还是电动机,电磁转矩都是载流导体与磁场相互作用的结果,但是在发电机和电动机中电磁转矩所起的作用是不同的。在电动机中,电磁转矩 T 一般为驱动转矩,其方向与转速 n 相同;在发电机中,电磁转矩 T 则一般为制动转矩,阻碍电枢转动,其方向与转速 n 相反;电动机运行于发电状态时与发动机情形相同。

2.4　直流电机的换向

直流电机运行时,随着电枢的转动,电枢绕组的元件从一条支路经过被电刷短路一下后进入另一条支路,元件中的电流随之改变方向的过程称为换向过程,简称为换向。

图 2.27 表示直流电机电枢中的 1 号元件的换向过程。图中以单叠绕组为例,且设电刷宽度等于一片换向片的宽度,电枢从右向左运动。换向开始时,电刷正好与换向片 1 完全接触,元件 1 位于电刷右边一条支路,设电流为 $+i_a$,方向为顺时针,如图(a)所示。换向过程中,电刷同时与换向片 1 和 2 接触,1 号元件被短路,元件中电流为 i,如图(b)所示。当电枢转动到电刷与换向片 2 完全接触时,1 号元件从电刷右边的支路进入电刷左边的支路,电流变为逆时针方向,即为 $-i_a$,至此,1 号元件换向结束,如图(c)所示。处于换向过程中的首末端被换向片短接的元件称为换向元件。

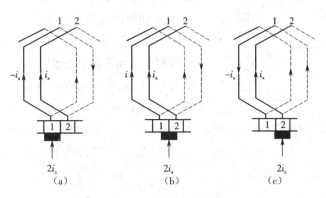

图 2.27　直流电机一个元件的换向过程

从换向开始到换向结束所经历的时间称为换向周期,用 T_k 表示。直流电机的换向周期 T_k 一般只有千分之几秒甚至更短,但换向的过程,对电机动作影响很大,如果换向不良,会在电刷与换向器之间产生较大的火花。如果火花超过一定限度,就会烧坏电刷和换向器,使电机不能正常工作。国家标准将火花的大小划分为五个等级,如表 2.1 所示。

表 2.1　直流电机火花等级

火花等级	电刷下的火花程度	换向器与电刷的状态
1	无火花	换向器上没有黑痕及电刷上没有灼痕
1	电刷边缘仅小部分有微弱的点状火花,或有非放电性的红火花	
1	电刷边缘大部分或全部有轻微火花	换向器上有黑痕,但不发展。用汽油可擦去,电刷上有轻微灼痕
2	电刷边缘大部分或全部有较强烈的火花	换向器上有黑痕,擦不掉,电刷上有灼痕。如短时出现这一级火花,换向器上不出现灼痕,电刷不被烧焦或损坏
3	电刷整个边缘有强烈火花,同时有大火花飞出	黑痕相当严重,用汽油擦不掉,电刷上有灼痕。如在这一级火花下运行,换向器上将出现灼痕,电刷将被烧焦或烧坏

2.4.1 产生换向火花的电磁原因

产生换向火花的原因有多种,最主要是电磁原因。

1. 直线换向

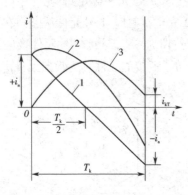

图 2.28 换向元件中电流的变化曲线

换向元件中的电流决定于该元件中的感应电动势和回路的电阻。假设换向元件中没有感应电动势,且将换向元件、引线与换向片的电阻均忽略不计,回路中只有电刷与换向片 1 的接触电阻 r_1 和电刷与换向片 2 的接触电阻 r_2,则流过换向片 1、2 的电流只决定于回路中的电阻 r_1 和 r_2 的大小。由于换向过程中 r_1 和 r_2 与接触面积成反比,因此换向元件的电流 i 均匀地由 $+i_a$ 变为 $-i_a$,变化过程为一条直线,如图 2.28 中的曲线 1 所示,这种换向称为直线换向。直线换向时不产生火花,又称为理想换向。

2. 延迟换向

1) 电感电动势

换向元件中的电流在换向周期 T_k 内,由 $+i_a$ 变为 $-i_a$,必将在换向元件中产生自感电动势。另外,实际电机的电刷宽度通常为 2~3 个换向片宽,因而相邻几个元件同时进行换向,由于互感作用,换向元件中还会产生互感电动势。自感电动势和互感电动势合称为电感电动势。

根据楞茨定律,电感电动势的作用总是阻碍电流变化的,因此该电动势的方向与元件换向前的电流 $+i_a$ 的方向相同。

2) 旋转电动势

由于电枢反应使磁场发生畸变,使几何中性线附近存在电枢电流产生的磁场,换向元件旋转时切割该磁场所产生的电动势称为旋转电动势,又称为电枢反应电动势。

用右手定则分析图 2.27 可知,无论是在电动机还是在发电机运行状态,换向元件切割电枢磁场所产生的旋转电动势总与元件换向前的电流 $+i_a$ 的方向相同。

由以上分析可知,两种电动势的方向相同,都是企图阻碍换向元件中电流的变化,使换向电流的变化延迟,如图 2.28 中曲线 2 所示,称为延迟换向。显然,曲线 2 与曲线 1 的电流之差就是以上电动势在换向元件中产生的电流,称为附加换向电流,用 i_k 表示。附加换向电流 i_k 的方向与换向前电流 $+i_a$ 的方向相同,如图中的曲线 3 所示。

当电感电动势与旋转电动势之和足够大时,该元件换向结束瞬间,即 $t = T_k$ 时,附加换向电流 $i_k \neq 0$ 而为 i_{kT},换向元件中还储存部分磁场能量,由于能量不能突变,就会以弧光放电的形式释放出来,因而在电刷与换向片之间产生火花,称为电磁性火花。

2.4.2 产生火花的其他原因

1. 机械原因

产生换向火花的机械原因有很多,主要是由于换向器偏心、换向片间的云母绝缘凸出、转子平衡不良、电刷在刷握中松动、电刷压力过大或过小、电刷与换向器的接触面研磨得不好造成接触不良等。为使电机能正常工作,应经常进行检查、维护和保养。

2. 化学原因

电机运行时,由于空气中氧气、水蒸气以及电流通过时热和电化学的综合作用,在换向器表面形成一层氧化亚铜薄膜,这层薄膜有较高的电阻值,能有效地限制换向元件中的附加换向电流 i_k,有利于换向。同时薄膜吸附的潮气和石墨粉能起润滑作用,使电刷与换向器之间保持良好而稳定的接触。电机运行时,由于电刷的摩擦,氧化亚铜薄膜经常遭到破坏,而在正常使用环境中,新的氧化亚铜薄膜又能不断形成,对换向不会有影响。如果周围环境氧气稀薄、空气干燥或者电刷压力过大时,氧化亚铜薄膜难以生成,或者周围环境中存在化学腐蚀性气体破坏氧化亚铜薄膜,都将使换向困难,火花变大。

2.4.3 改善换向的方法

改善换向的目的在于消除或削弱电刷下的火花。产生火花的原因是多方面的,最主要的是电磁原因。为此,下面分析如何消除或削弱电磁原因引起的火花。

产生电磁性火花的主要原因是附加换向电流 i_k,为改善换向,必须限制附加换向电流 i_k。应设法增大电刷与换向器之间的接触电阻,或者减小换向元件中的电动势。

1. 选用合适的电刷,增加电刷与换向片之间的接触电阻

电机用电刷的型号规格很多,其中炭-石墨电刷的接触电阻最大,石墨电刷和电化石墨电刷次之,铜-石墨电刷的接触电阻最小。

如果选用接触电阻大的电刷,有利于换向,但接触压降较大,电能损耗大,发热厉害;同时由于这种电刷允许电流密度较小,电刷接触面积和换向器尺寸以及电刷的摩擦都将增大。设计制造电机时须综合考虑两方面的因素,选择恰当的电刷。在使用维修中,欲更换电刷时,必须选用与原来同一牌号的电刷,如果实在配不到相同牌号的电刷,那就尽量选择特性与原来接近的电刷,并全部更换。

2. 装设换向极

换向极装设在相邻两主磁极之间的几何中性线上,如图 2.29 所示。换向极的作用是建立一个换向极磁场,其方向与电枢反应磁场方向相反,换向极磁动势,首先抵消电枢磁动势的作用,从而消除换向元件电枢反应电动势(旋转电动势)的影响,同

时使换向元件切割该磁场时产生一个与电感电动势大小近似相等、方向相反的附加电动势,以抵消或明显削弱电感电动势。从而使换向元件回路中的合成电动势近于零,换向过程近于直线换向。

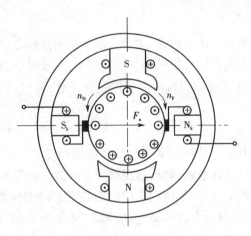

图 2.29 装设换向极改善换向

由图 2.29 可以看出:发电机的换向极极性应与顺电枢旋转方向的下一个主磁极的极性相同;电动机的换向极极性应与顺电枢旋转方向下一个主磁极的极性相反。

电枢磁动势和电感电动势均与电枢电流成正比,为使换向极磁动势在电枢电流随负载大小变化时,都能抵消电枢磁动势的影响并产生与电感电动势大小接近相等的附加电动势,换向极绕组应采用与电枢绕组串联,并使换向极磁路处于不饱和状态,从而保证负载变化时换向元件回路中的总电动势总接近于零,实现良好的换向。

装设换向极是改善换向最有效的方法,容量在 1kW 以上的直流电机几乎都装有与主磁极数目相等的换向极。

2.4.4 环火与补偿绕组

1. 产生环火的原因

电枢反应使磁场发生畸变,如图 2.26 所示。负载较大时,气隙磁密分布严重畸变,元件边处于磁密最大位置的元件感应电动势很大,会使换向片之间的空气电离击穿,产生所谓电位差火花。在换向不利的情况下,这种电位差火花会和电刷与换向器之间的换向火花连成一片,形成跨越正、负电刷之间的电弧,使整个换向器被一圈火环所包围,这种现象称为环火。一旦环火发生时,轻则烧坏电刷和换向器,严重时会烧坏电枢绕组。

2. 装补偿绕组

产生环火的主要原因是电枢磁动势使气隙磁场发生畸变。为防止环火,必须设法克服电枢磁动势对气隙磁场的影响,有效的办法是在主磁极上装置补偿绕组。

　　主磁极极靴上开有均匀分布的槽,槽内嵌放补偿绕组,如图2.30所示。应使补偿绕组电流的方向与所对应的主磁极下电枢绕组的电流方向相反,以确保补偿绕组磁动势和电枢反应磁动势的方向相反,从而补偿电枢反应磁动势的影响。为了使补偿作用在任何负载下都能抵消电枢反应磁动势的影响,与换向极绕组一样,补偿绕组也应与电枢绕组串联。

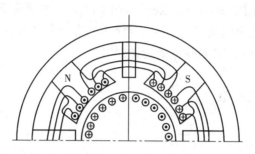

图 2.30　补偿绕组示意图

　　装置补偿绕组可以提高电机运行的可靠性,但使电机结构复杂,成本提高,一般仅用于负载变化剧烈、换向比较困难的大、中型电机。

2.5　直流电动机

　　按励磁方式的不同,直流电动机分他励直流电动机、并励直流电动机、串励直流电动机和复励直流电动机四类。一般情况下,他励电动机的额定励磁电压与电枢电压相等,所以他励和并励直流电动机就无实质性区别。本节以分析并励直流电动机为重点。

2.5.1　直流电动机稳态运行的基本关系式

　　图2.31为并励直流电动机的示意图。接通直流电源时,励磁绕组中流过励磁电流 I_f,建立主磁场磁动势 F,电枢绕组流过电枢电流 I_a,一方面形成电枢磁动势 F_a,通过电枢反应使主磁场变为气隙合成磁场,另一方面使电枢元件导体中流过支路电流 i_a,与磁场作用产生电磁转矩 T,使电枢朝 T 作用的方向以转速 n 旋转。电枢旋转时,电枢导体又切割气隙中的合成磁场,产生电枢电动势 E_a,在电动机中,此电动势的方向与电枢电流 I_a 的方向相反,称为反电动势。当电动机稳态运行时,有几个平衡关系,分别用方程式表示如下。

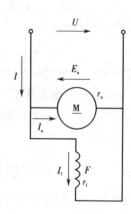

**图 2.31　并励直流
电动机的接线图**

1. 电路方程式

1) 电枢电压方程式

根据图 2.31 中用电动机惯例所设置的正方向,应用基尔霍夫电压定律,可以列出电枢电压方程式

$$U = E_a + I_a r_a \qquad (2.7)$$

式中,r_a 为电枢回路电阻,其中包括电枢导体电阻与电刷和换向器之间的接触电阻。

式(2.7)中,直流电动机在电动运行状态下的电枢电动势 E_a 总小于端电压 U_a。

励磁回路的电压方程式可用欧姆定律列出

$$U = I_f r_f$$

式中,r_f 为励磁回路总电阻。

2) 电流关系

电流关系方程式为

$$I = I_a + I_f$$

2. 转矩平衡方程式

稳态运行时作用在电动机轴上的转矩有三个。一个是电磁转矩 T,在电动状态下方向与转速 n 相同,为拖动转矩;一个是电动机空载运行时的阻转矩 T_0,方向总与转速 n 相反,为制动转矩;还有一个是轴上所带生产机械的负载阻转矩 T_L,即电动机轴上的输出转矩,一般亦为制动转矩。稳态运行时的转矩平衡关系式为拖动转矩等于总的制动转矩,即

$$T = T_L + T_0 \qquad (2.8)$$

3. 功率平衡方程式

将式(2.7)两边乘以电枢电流 I_a,得

$$U I_a = E_a I_a + I_a^2 r_a$$

可写成功率关系式

$$P_1 = P_{em} + \Delta p_{Cua} \qquad (2.9)$$

式中:P_1——电动机从电源输入的电功率,若不考虑励磁功率,$P_1 = U I_a$;

P_{em}——电磁功率,$P_{em} = E_a I_a$;

Δp_{Cua}——电枢回路的铜损耗,$\Delta p_{Cua} = I_a^2 r_a$。

电磁功率

$$P_{em} = E_a I_a = \frac{pN}{60a} \Phi n I_a = \frac{pN}{2\pi a} \Phi I_a \frac{2\pi}{60} n = T\Omega \qquad (2.10)$$

式中:Ω——电动机的机械角速度,$\Omega = 2\pi n / 60$,rad/s;

p——磁极对数;

N——总导体数;

a——并联支路对数。

式(2.10)说明:$P_{em} = E_a I_a$,电磁功率具有电功率性质;$P_{em} = T\Omega$ 电磁功率又具有机械功率性质,这说明电磁功率实质上就是电动机工作时由电能转换为机械能的那一部分功率。

将式(2.8)两边乘以机械角速度 Ω,得

$$T\Omega = T_L\Omega + T_0\Omega$$

可写成

$$P_{em} = P_2 + P_0$$

其中 $P_0 = \Delta p_{mec} + \Delta p_{Fe}$

所以有

$$P_{em} = P_2 + p_0 = P_2 + \Delta p_{mec} + \Delta p_{Fe} \tag{2.11}$$

式中:P_{em}——电磁功率,$P_{em} = T\Omega$;

   P_2——轴上输出的机械功率,$P_2 = T_L\Omega$;

   p_0——空载损耗功率,包括机械损耗功率 Δp_{mec} 和铁损耗功率 Δp_{Fe},$p_0 = T_0\Omega$。

由式(2.9)和式(2.11)可以作出并励直流电动机的功率流程图,如图 2.32(a)图所示。图中 Δp_{Cuf} 为励磁绕组的铜损耗,称为励磁损耗。并励时,Δp_{Cuf} 由输入功率 P_1 供给;他励时,Δp_{Cuf} 由其他直流源供给,功率流程如 2.32(b)图所示。

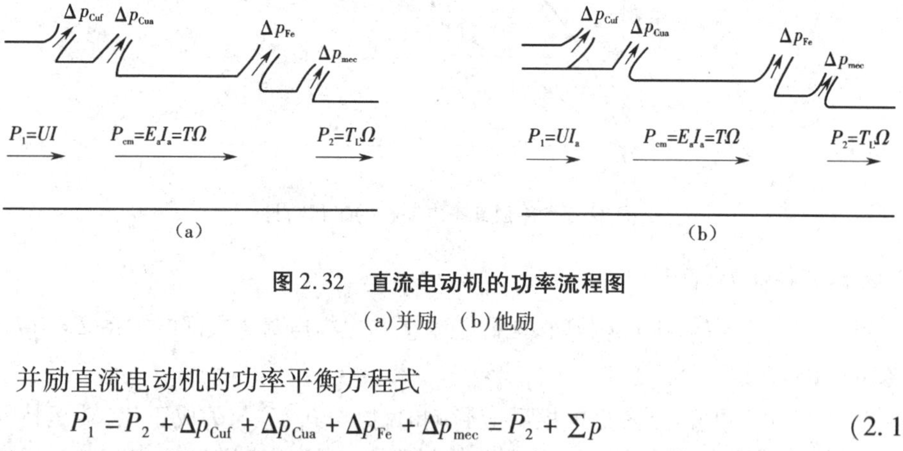

图 2.32   直流电动机的功率流程图
(a)并励   (b)他励

并励直流电动机的功率平衡方程式

$$P_1 = P_2 + \Delta p_{Cuf} + \Delta p_{Cua} + \Delta p_{Fe} + \Delta p_{mec} = P_2 + \sum p \tag{2.12}$$

式中:$\sum p$——并励直流电动机的总损耗,$\sum P = \Delta p_{Cuf} + \Delta p_{Cua} + \Delta p_{Fe} + \Delta p_{mec}$。

直流电动机在接近额定状态时,一般电枢铜耗近似等于总损耗的 $\frac{1}{2} \sim \frac{2}{3}$。利用这一点,可以近似估算电枢电阻的值 $r_a = \left(\frac{1}{2} \sim \frac{2}{3}\right) \cdot \dfrac{U_N \cdot I_N - P_N}{I_N^2}$。

2.5.2   并励直流电动机的工作特性

并励直流电动机的工作特性是指当电动机的端电压 $U = U_N$、励磁电流 $I_f = I_{fN}$、电枢回路不串外加电阻时,转速 n、电磁转矩 T、效率 η 分别与电枢电流 I_a 之间的关系。

1. 转速特性 $n = f(I_a)$

当 $U = U_N$、$I_f = I_{fN}(\Phi = \Phi_N)$ 时,转速 n 与电枢电流 I_a 之间的关系 $n = f(I_a)$ 称为转速特性。

将电动势公式 $E_a = C_e \Phi_N n$ 代入电压平衡方程式 $U = E_a + I_a r_a$,可得转速特性公式

$$n = \frac{U_N}{C_e \Phi_N} - \frac{r_a}{C_e \Phi_N} I_a \qquad (2.13)$$

如果忽略电枢反应的影响,$\Phi = \Phi_N$ 保持不变,则 I_a 增加时,转速 n 下降。但因 R_a 很小,所以转速 n 下降不多,$n = f(I_a)$ 为一条稍稍向下倾斜的直线,如果考虑负载较重、I_a 较大时电枢反应去磁作用的影响,则随着 I_a 的增大,Φ 将减小,因而使转速特性出现上翘现象。如图 2.33 中的曲线 1 所示。

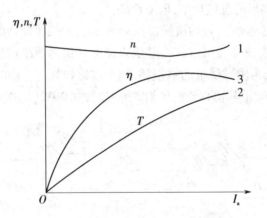

图 2.33 并励直流电动机的工作特性

2. 转矩特性 $T = f(I_a)$

当 $U = U_N$、$I_f = I_{fN}(\Phi = \Phi_N)$ 时,电磁转矩 T 与电枢电流 I_a 之间的关系 $T = f(I_a)$ 称为转矩特性。

由 $T = C_T \Phi I_a$ 可知,不考虑电枢反应影响时,$\Phi = \Phi_N$,T 与 I_a 成正比,转矩特性为一条过原点的直线。如果考虑电枢反应的去磁作用,则当 I_a 增大时,$\Phi < \Phi_N$,转矩特性略微向下弯曲。并励直流电动机的转矩特性如图 2.33 中的曲线 2 所示。

3. 效率特性 $\eta = f(I_a)$

当 $U = U_N$、$I_f = I_{fN}$ 时,效率 η 与电枢电流 I_a 的关系 $\eta = f(I_a)$ 称为效率特性。

并励直流电动机的效率

$$\eta = \frac{P_2}{P_1} \times 100\% = \left(1 - \frac{\sum p}{P_1}\right) \times 100\% = \left[1 - \frac{\Delta p_{Fe} + \Delta p_{mec} + \Delta p_{Cuf} + \Delta p_{Cua}}{U(I_a + I_f)}\right] \times 100\%$$

$$(2.14)$$

上式中的铁损耗 Δp_{Fe} 是电机旋转时电枢铁芯切割气隙磁场而引起的涡流损耗和磁滞损耗之和,其大小决定于气隙磁密与转速;机械损耗 Δp_{mec} 包括轴承及电刷的摩擦损耗和通风损耗,其大小主要决定于转速;励磁绕组的铜损耗 $\Delta p_{Cuf} = UI_f$,每级磁通不变时,I_f 不变,Δp_{Cuf} 也不变。由此可看出,以上三种损耗都不随电枢电流变化,通常将这三种损耗之和称为不变损耗。电枢回路的铜损耗 $\Delta p_{Cua} = I_a^2 R_a$,与电枢电流的平方成正比,亦即随负载的变化而明显变化,故称为可变损耗。

当电枢电流 I_a 开始由零增大时,可变损耗增加缓慢,总损耗变化小,效率 η 明显上升;当忽略式(2.14)分母中的 I_f(因为 $I_f \ll I_a$)时,可以由 $\mathrm{d}\eta/\mathrm{d}I_a = 0$ 求得:当 I_a 增大到电动机的不变损耗等于可变损耗时,电动机的效率达到最高;I_a 再进一步增大时,可变损耗在总损耗中所占的比例大了,可变损耗及总损耗都将明显上升,使效率 η 反而略为下降。并励直流电动机的效率特性如图2.33中的曲线3所示。

【例2.3】 某并励直流电动机的额定数据如下:$P_N = 96\ \mathrm{kW}$,$U_N = 440\ \mathrm{V}$,$I_N = 255$ A,$I_{fN} = 5$ A,$n_N = 500\ \mathrm{r/min}$,$r_a = 0.078\ \Omega$;电枢反应忽略不计。试求:

(1)额定运行时的负载转矩 T_{LN} 和电磁转矩 T_N;

(2)理想空载转速 n_0 与实际空载转速 n_0'。

解:(1)输出转矩:

$$T_{LN} = \frac{P_N}{\Omega_N} = \frac{P_N}{\dfrac{2\pi n_N}{60}} = \frac{9\,600 \times 60}{2\pi \times 500} = 1\,833.5\ \mathrm{N \cdot m}$$

$$I_{aN} = I_N - I_{fN} = 255 - 5 = 250\ \mathrm{A}$$

$$E_{aN} = U_N - I_{aN} r_a = 400 - 250 \times 0.078 = 420.5\ \mathrm{V}$$

电磁转矩: $$T_N = \frac{P_{em}}{\Omega_N} = \frac{E_{aN} \cdot I_{aN}}{\dfrac{2\pi n_N}{60}} = \frac{420.5 \times 250 \times 60}{2\pi \times 500} = 2\,008\ \mathrm{N \cdot m}$$

(2)由于 $I_f = I_{fN}$ 不变且不计电枢反应的去磁作用,所以空载时主磁通 Φ_0 与额定运行时 Φ_N 相等,而额定运行时的 $C_e \Phi_N$ 可用额定数据求得:

$$C_e \Phi_N = \frac{U_N - I_{aN} r_a}{n_N} = \frac{E_{aN}}{n_N} = \frac{420.5}{500} = 0.841$$

所以 $$n_0 = \frac{U_N}{C_e \Phi_N} = \frac{440}{0.841} = 523.187\ \mathrm{r/min}$$

由于 $T_0 = T_N - T_{LN} = 2\,008 - 1\,833.5 = 174.5\ \mathrm{N \cdot m}$

又 $C_t \Phi_N = 9.55 C_e \Phi_N$

得 $$I_0 = \frac{T_0}{C_t \Phi} = \frac{174.5}{8.032} = 21.73\,(\mathrm{A})$$

则 $$n_0' = \frac{U_N - I_0 \cdot r_a}{C_e \Phi} = \frac{440 - 21.73 \times 0.078}{0.841} = 521.2\ \mathrm{r/min}$$

2.5.3 串励直流电动机的工作特性

图 2.34 是串励直流电动机的原理接线图。串励直流电动机最根本的特点是励磁绕组与电枢绕组串联,励磁电流 I_f 就是电枢电流 I_a,即 $I_f = I_a$。因而其转速特性和转矩特性与并励直流电动机有明显的不同。

1. 转速特性

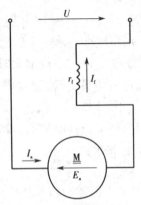

根据图 2.34 的电路,串励直流电动机的电压平衡方程式可以用基尔霍夫电压定律列出。

$$U = E_a + I_a r_a + I_a r_f = E_a + I_a(r_a + r_f) = E_a + I_a r_a'$$

$$(2.15)$$

式中:r_a'——串励电动机的回路总电阻,$r_a' = r_a + r_f$。

将电动势公式 $E_a = C_e \Phi n$ 代入上式,可得

$$n = \frac{U}{C_e \Phi} - \frac{r_a' I_a}{C_e \Phi}$$

$I_a = I_f$ 较小时,磁路没有饱和,磁通近似与电流成正比关系,将 $\Phi = k_f I_f = k_f I_a$ 代入上式,可得

图 2.34 串励直流电动机的接线图

$$n = \frac{U}{C_e k_f I_a} - \frac{r_a' I_a}{C_e k_f I_a} = \frac{U}{C_e' I_a} - \frac{r_a'}{C_e'}$$

式中:C_e'——常数,$C_e' = k_f C_e$;

k_f——磁通与励磁电流的比例系数。

由上式可知,电枢电流不大时,串励直流电动机转速特性具有双曲线性质,转速随电枢电流增大而迅速降低。当电枢电流较大时,由于磁路趋于饱和,磁通近似等于额定值为常数,转速特性与并励时相似,为稍稍向下倾斜的直线,如图 2.35 中的曲线 1 所示。要注意的是当电枢电流很小时,电动机的转速将升得很高,因为 I_a 很小时,气隙磁通 Φ 和电阻压降 $I_a r_a'$ 均很小,为使 $E_a = C_e \Phi n$ 能与电源电压 U 相平衡,转速 n 必须很高才行。理论上,I_a 接近于零时,电动机转速将趋近于无穷大,导致转子损坏,称为"飞车"事故,所以串励直流电动机不允许在空载或轻载下运行。

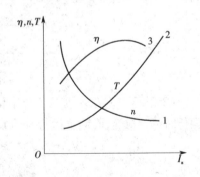

图 2.35 串励直流电动机的工作特性

2. 转矩特性

串励时,电动机的转矩公式,在磁路未饱和时为

$$T = C_t \Phi I_a = C_t k_f I_a^2 = C_t' I_a^2$$

$$(2.16)$$

式中:$C_t' = C_t k_f$,对已制成的电机,磁路不饱和时为常数。

式(2.16)表明,电磁转矩与电枢电流的平方成正比,但磁路饱和之后与并励情况相似。转矩特性如图2.35中的曲线2所示。这一特性使串励直流电动机在同样电流限值(一般为额定电流的2倍左右)下具有比他励直流电动机大得多的启动转矩和最大转矩,适用于启动能力或过载能力要求较高的场合,如拖动电力机车等牵引机械。

3. 效率特性

串励直流电动机的效率特性与并励直流电动机相似,如图2.35中的曲线3所示。

2.5.4 复励直流电动机的工作特性

图2.36是复励直流电动机的接线图,一般采用积复励,其转速特性介于并励电动机和串励电动机之间。如果是并励绕组磁动势起主要作用,其转速特性与并励电动机相接近。如果是串励绕组磁动势起主要作用,转速特性就与串励电动机接近。一般情况下,积复励直流电动机的转速特性如图2.37中的曲线2所示。因为有串励和并励两种磁动势的存在,复励电动机既有较高的启动能力和过载能力,又可允许空载或轻载运行。为便于比较,图2.37中同时画出并励直流电动机(曲线1)和串励直流电动机(曲线3)的转速特性。

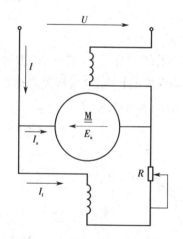

图2.36 复励直流电动机的接线图

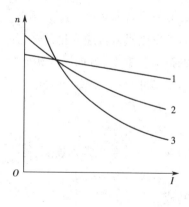

图2.37 直流电动机的转速特性

1—并励 2—复励 3—串励

2.6 直流发电机简介

根据励磁方式的不同,直流发电机可分为他励发电机和自励发电机。自励发电机是靠本身发电产生的电流来励磁的,它又分并励和复励两种,串励一般不采用。励磁方式不同,发电机的特性就不同。

2.6.1 他励直流发电机稳态运行时的基本方程式

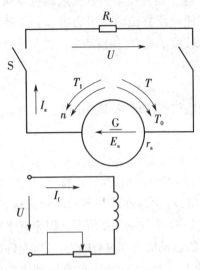

图 2.38 他励直流发电机的示意图

图 2.38 是一台他励直流发电机的示意图。电枢旋转时,电枢绕组切割磁通,产生电枢电动势 E_a,如果外电路接有负载,则产生电枢电流 I_a,按发电机惯例,I_a 的正方向与 E_a 相同。

1. 电压平衡方程式

根据图 2.38 所示电枢回路各量的正方向,用基尔霍夫电压定律,可以列出电压平衡方程式

$$E_a = U + I_a r_a \tag{2.17}$$

式(2.17)表明,直流发电机的端电压 U 等于电枢电动势 E_a 减去电枢回路内部的电阻压降 $I_a r_a$,所以正常工作时的端电压应低于电枢电动势 E_a,内阻压降 $I_a r_a$ 越大,端电压越低。

2. 转矩平衡方程式

直流发电机以转速 n 稳态运行时,作用在电机轴上的转矩有三个,其中一个是原动机的拖动转矩 T_1,方向与 n 相同,空载转矩 T_0 是制动性质的转矩,电磁转矩 T 也是制动转矩,方向与 n 相反。因此,可以写出稳态运行时的转矩平衡方程式

$$T_1 = T + T_0 \tag{2.18}$$

3. 功率平衡方程式

将式(2.18)乘以角速度 Ω,得

$$T_1\Omega = T\Omega + T_0\Omega$$

可以写成

$$P_1 = P_{em} + p_0 \tag{2.19}$$

式中:P_1——原动机输送给发电机的机械功率,即输入功率,$P_1 = T_1\Omega$;

P_{em}——发电机的电磁功率,$P_{em} = T\Omega$;

p_0——发电机的空载损耗功率,$p_0 = T_0\Omega$。

电磁功率

$$P_{em} = T\Omega = \frac{pN}{2\pi a}\Phi I_a \frac{2\pi n}{60a} = \frac{pN}{60a}\Phi n I_a = E_a I_a \tag{2.20}$$

与直流电动机一样,直流发电机的电磁功率亦是既具有机械功率的性质,又具有电功率的性质,是机械能转换为电能的那一部分功率。

直流发电机的空载损耗功率也是包括机械损耗 Δp_{mec} 和铁损耗 Δp_{Fe} 两部分。

式(2.19)表明：发电机输入功率 P_1，其中一小部分作为空载损耗 p_0，大部分为电磁功率，由机械功率转换为电功率。

将式(2.17)两边乘以电枢电流 I_a，得

$$E_a I_a = U I_a + I_a^2 r_a \tag{2.21}$$

即　　　　$P_{\text{em}} = P_2 + \Delta p_{\text{Cua}}$

式中：P_2——发电机输出的功率，$P_2 = U I_a$；

　　　Δp_{Cua}——电枢回路铜损耗，$\Delta p_{\text{Cua}} = I_a^2 r_a$。

式(2.21)可以写成

$$P_2 = P_{\text{em}} - \Delta p_{\text{Cua}} \tag{2.22}$$

综合以上功率关系，可得功率平衡方程式

$$P_1 = P_{\text{em}} + p_0 = P_2 + \Delta p_{\text{Cua}} + \Delta p_{\text{mec}} + \Delta p_{\text{Fe}} \tag{2.23}$$

为更清楚地表示直流发电机的功率关系，可用图 2.39 所示的功率流程图。图中画出了励磁损耗 Δp_{Cuf}，为励磁回路所有电阻上的铜损耗。他励时，由其他直流电源供给；并励时，由发电机本身供给，是电磁功率 P_{em} 的一部分，相应地在式(2.22)中右边应加上 Δp_{Cuf}。

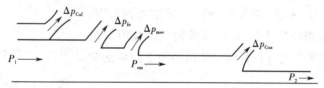

图 2.39　他励直流发电机的功率流程图

一般情况下，直流发电机的总损耗

$$\sum p = \Delta p_{\text{Cuf}} + \Delta p_{\text{Cua}} + \Delta p_{\text{Fe}} + \Delta p_{\text{mec}}$$

直流发电机的效率

$$\eta = \frac{P_2}{P_1} \times 100\% = \left(1 - \frac{\sum p}{P_2 + \sum p} \right) \times 100\% \tag{2.24}$$

2.6.2　他励直流发电机的运行特性

1. 空载特性

$n = n_N$，$I_a = 0$ 时端电压等于电枢电动热 E_a，称为空载电压，用 U_0 表示。

U_0 与励磁电流 I_f 之间的关系 $U_0 = f(I_f)$ 称为空载特性，如图 2.40 所示。图中 $I_f = 0$ 时，$U_0 = E_r$ 为剩磁电压，是额定电压的 2% ~ 4%。

空载时，他励发电机的端电压 $U_0 = E_a = C_e \Phi n$，$n =$ 常数时，$U_0 \propto \Phi$，所以空载特性

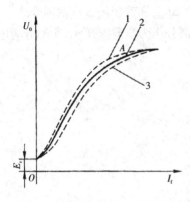

图 2.40 他励直流发电机的空载特性

$U_0 = f(I_f)$ 与电机的空载磁化特性 $\Phi = f(I_f)$ 相似。I_f 比较小时,铁芯不饱和,特性近似为直线;I_f 较大时,铁芯随 I_f 的增大而逐步饱和,空载特性出现饱和段。一般情况下,电机的额定工作点处于空载特性曲线开始弯曲的线段上,磁极铁心处于临界饱和状态,即图中 A 点附近。因为如果工作于不饱和状态,磁路铁芯未充分利用,且较小的磁动势变化会引起电动势和端电压的明显变化,造成电压不稳定;如果工作在过饱和状态,会使励磁电流太大,用铜量增加,同时使电压的调节性能变差。

2. 外特性

$n = n_N$、$I_f = I_{fN}$ 时,端电压 U 与负载电流 I 之间的关系 $U = f(I)$ 称为外特性。外特性可以通过负载试验来测定,发电机由原动机拖动,转速 n 要保持恒定,调节负载电阻 R_L,使 $U = U_N$、$I = I_N$,这时的 I_f 称为额定励磁电流 I_{fN}。保持 $I_f = I_{fN}$ 不变,调节 R_L,使 I 从零增加到 $1.2 I_N$ 左右,测取各点相应的 I 和 U,就可得到他励直流发电机的外特性,如图 2.41 所示,是一条稍稍向下倾斜的曲线。

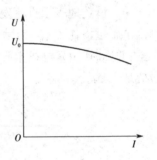

图 2.41 他励直流发电机的外特性曲线

他励直流发电机的负载电流 I(亦即电枢电流 I_a)增大时,端电压有所下降。从电压方程式 $U = E_a - I_a r_a = C_e \Phi n - I_a r_a$ 分析可以得知,使端电压 U 下降的原因有两个:一是当 $I = I_a$ 增大时,电枢电阻上压降 $I_a r_a$ 增大,引起端电压下降;二是 $I = I_a$ 增大时,电枢磁动势增大,电枢反应的去磁作用使每极磁通 Φ 减小,E_a 减小,从而引起端电压 U 下降。

发电机端电压随负载电流增大而降低的程度可以用电压变化率来表示。电压变化率是指 $n = n_N$、$I_f = I_{fN}$ 时发电机由额定负载($U = U_N$、$I = I_N$)过渡到空载($U = U_0$,$I = 0$)时电压升高的数值对额定电压的百分比,即

$$\Delta U = \frac{U_0 - U_N}{U_N} \times 100\% \tag{2.25}$$

ΔU 是衡量发电机运行性能的一个重要数据,ΔU 越小,发电机负载能力越强。一般他励发电机的电压变化率约为 5% ~ 10%。

3. 调节特性

当 $n = n_N$、$U = $ 常数时,励磁电流 I_f 与负载电流 I 之间的关系 $I_f = f(I)$ 称为调节特性。

保持 $n = n_N$,同时调节负载 R_L 和励磁电阻 R_f ,使不同负载下端电压 U 维持不变,测取相应的 I_f 和 I 就可得图 2.42 所示的调节特性。由图可见:调节特性是随负载电流增大而上翘的。这是因为随着负载电流的增大,电压有下降趋势。为维持电压不变,就必须增大励磁电流,以补偿电阻压降和电枢反应去磁作用的增加,由于电枢反应的去磁作用与负载电流的关系是非线性的,所以调节特性也不是直线。

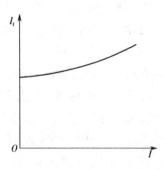

图 2.42　他励直流发电机的调节特性

2.6.3　并励直流发电机的自励过程和自励条件

并励直流发电机不需要其他电源励磁,使用方便,应用广泛。但电压尚未建立以前,励磁电流为零。电枢电动势 E_a 如何产生的呢?发电机铁心存在一定剩磁是其必要条件。

图 2.43 表示并励直流发电机的接线原理图。图 2.44 表示并励直流发电机空载时自励建压的过程。曲线 1 是发电机的空载特性,即 $U_0 = f(I_f)$;曲线 2 是励磁回路的伏安特性 $U_f = f(I_f)$,当励磁回路总电阻为常数时,该特性为一直线。

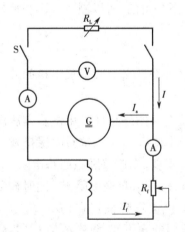

图 2.43　并励直流发电机的接线图

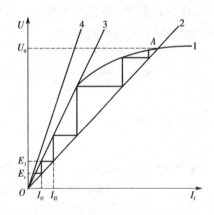

图 2.44　并励直流发电机自励过程

如果电机磁路有剩磁,当原动机拖动发电机电枢朝规定的方向旋转时,电枢绕组切割剩磁就能够产生不大的剩磁电动势 E_r ,作用在励磁回路,产生一个很小的励磁电流 I_{f1} ,如果励磁绕组并联到电枢绕组的极性正确,则 I_{f1} 产生的励磁磁通与剩磁磁通方向一致,使总磁通增加,感应电动势增大为 E_1 ,在 E_1 作用下励磁电流增大为 I_{f2} 。如此互相促进,不断增长,空载电压就能建立起来。如果并励绕组与电枢两端的连接不正确,使励磁磁通与剩磁磁通方向相反,剩磁被削弱,电压就建立不起来。

由于并励直流发电机经过自励过程进入稳态运行时,既要满足空载特性,又要满足励磁回路的伏安特性(亦称磁场电阻线),因此最后工作点必然稳定在两条特性的交点 A 处,A 点所对应的电压即为发电机自励建立起来的空载电压。显然,如果增大励磁回路的调节电阻 R_f,则励磁回路伏安特性的斜率加大,A 点沿空载特性下移,空载电压降低。当励磁回路总电阻增加到某电阻值时,伏安特性与空载特性直线部分相切(图 2.44 中曲线 3),没有明确的交点,空载电压没有稳定值,这时励磁回路总电阻称为临界电阻,其值与发电机的转速有关。如果励磁回路电阻大于临界电阻,伏安特性如图 2.44 中曲线 4 所示,$U_0 \approx E_r$,数值很小,正常的空载电压就建立不起来。

综上所述,并励直流发电机自励建压必须同时满足以下三个条件。

①磁路中要有剩磁。如果磁路中没有剩磁,可用其他直流电源(例如干电池)短时加于励磁绕组给主磁极充磁。

②应保证励磁绕组并联到电枢两端的极性正确,如果并联极性不正确,可将励磁绕组并到电枢绕组的两个端头对调。

③励磁回路的总电阻小于该转速下的临界电阻值。

2.6.4 并励直流发电机的运行特性

1. 并励直流发电机的空载特性

并励直流发电机的空载特性一般是在他励方式下测得的,所以测取方法和特性形状与他励直流发电机相同。

2. 并励直流发电机的外特性

$n = n_N$、R_f = 常数时,端电压 U 与负载 I 之间的关系称为并励直流发电机的外特性。

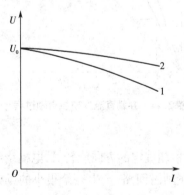

图 2.45 并励发电机的外特性曲线

并励直流发电机的外特性可用试验方法测得,试验线路如图 2.43 所示。试验时保持发电机的转速 $n = n_N$ 不变,先调节励磁回路电阻 R_f,使发电机自励建压,接入负载电阻 R_L,同时调节 R_f 和 R_L,使发电机运行到额定点($U = U_N$,$I = I_N$),然后维持这时的 R_f 不变,调节 R_L 使 I 从零到 $1.2I_N$ 左右,测取各点相应的 I 和 U,就可得到并励发电机的外特性,如图 2.45 中曲线 1 所示。图中曲线 2 为他励时的外特性。比较曲线 1 和曲线 2 可以看出,并励直流发电机的负载电流增大时,除他励时电枢回路电阻压降和电枢反应去磁作用使端电压下降之外,由于端电压下降时必将引起励磁电流减小,使每极磁通和感应电动势减小,从而使端电压进一步降低。亦即使端电压随负载电流增大而下降的原因由两个变为三个,所以并励直流发电机的电压变化率比他励时大,一般可达

10% ~15% ,有时可达30% 。

3. 并励直流发电机的调节特性

由于并励直流发电机负载电流增大的电压下降较多,为维持电压恒定所需增加的励磁电流也就较大,所以调节特性上翘程度超过他励,如图2.46 中的曲线 1 所示,图中曲线 2 为他励时的调节特性。

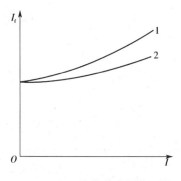

图2.46 中 并励直流发电机的
调节特性曲线

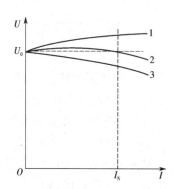

图2.47 复励直流发电机的外特性

2.6.5 复励直流发电机的外特性

复励直流发电机主磁极上同时套有并励绕组和串励绕组。各极并励绕组串联后通过电刷与电枢绕组并联,其电流只有额定电流的百分之几,故导线较细、绕组匝数较多。各极串励绕组串联后通过电刷与电枢串联,其电流等于电枢电流,故导线较粗、绕组匝数较少。复励发电机一般采用积复励,即并励绕组的磁动势与串励绕组的磁动势方向一致。并励绕组起主要作用,产生的磁通维持产生空载额定电压,串励绕组起辅助作用,产生的磁通随负载电流自动变化,以补偿电枢反应的去磁作用和电枢回路电阻压降的影响,使发电机的端电压在一定负载范围内基本稳定。根据串励绕组补偿程度不同,积复励直流发电机又分为平复励、过复励和欠复励三种,它们的外特性依次如图2.47 中的曲线 2、1、3 所示。

2.7 他励直流电动机的机械特性

本节以他励直流电动机为例介绍直流电动机的机械特性。电动机的机械特性与生产机械的负载转矩特性是分析电力拖动系统的主要工具,在掌握了这一工具后,才能讨论电力拖动系统的启动、制动、调速以及系统的过渡过程等问题。

2.7.1 他励直流电动机的机械特性方程式

他励直流电动机的机械特性是指电动机励磁电流 I_f 与电枢端电压 U 一定时,电动机转速与电磁转矩的关系,即 $n = f(T)$。图 2.11 是他励直流电动机接线示意图,根据需要可以分别在电枢绕组和励磁绕组中串入电阻。以下讨论忽略磁路饱和及电枢反应对励磁的影响,忽略电动机换向等的过渡过程。

将电枢电动势表达式 $E_a = C_e \Phi n$ 及电磁转矩表达式 $T = C_t \Phi I_a$ 代入电枢回路电压方程式,经过整理,就可以得到转速与电磁转矩关系式

$$n = \frac{U}{C_e \Phi} - \frac{r_a + R}{C_e C_t \Phi^2} T = n_0 - \beta T \tag{2.26}$$

式中:C_e——电动势常数,$C_e = pN/(60a)$;

$\quad\;\; C_t$——转矩常数,$C_t = pN/(2\pi a)$;

$\quad\;\; p$——电动机主磁极对数;

$\quad\;\; N$——电枢绕组总导体数;

$\quad\;\; a$——电枢回路并联支路对数;

$\quad\;\; \Phi$——每极气隙的励磁磁通,Wb;

$\quad\;\; U$——电源电压,V;

$\quad\;\; R$——电枢外接串联电阻,Ω;

$\quad\;\; n_0$——理想空载转速,$n_0 = U/(C_e \Phi)$

$\quad\;\; \beta$——电动机机械特性曲线斜率绝对值,$\beta = (r_a + R)/(C_e C_t \Phi_N^2)$。

式(2.26)称为他励直流电动机的机械特性方程式。

2.7.2 固有机械特性

当他励直流电动机满足端电压为额定值($U = U_N$),每极气隙励磁磁通为额定值($\Phi = \Phi_N$),电枢回路不串外接电阻($R = 0$)时,其机械特性称为固有机械特性。此时机械特性方程称为固有机械特性方程,即

$$n = \frac{U_N}{C_e \Phi_N} - \frac{r_a}{C_e C_t \Phi_N^2} T \tag{2.27}$$

上式表征了他励直流电动机在固有条件下转速与电磁转矩之间的关系,这种关系是电动机本身固有的,也称为自然机械特性。掌握他励直流电动机固有机械特性是分析人为机械特性和分析电动机各种运行状态的基础,也是学习其他类型电动机机械特性的基础。

他励直流电动机的固有机械特性方程实际上是二元一次方程,因此他励直流电动机的固有机械特性曲线是一条截距等于 n_0、斜率等于 $-\beta$ 的直线,如图 2.48 所示。该机械特性具有

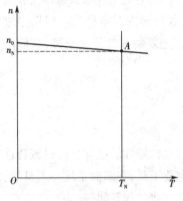

图 2.48 他励直流电动机的固有
机械特性曲线

如下特点。

①当电磁转矩 T 为零时,转速为理想空载转速,$n = n_0 = U_N/(C_e \Phi_N)$,此时电枢电流等于零,电枢电动势与端电压相平衡。曲线上 $T = 0$、$n = n_0$ 的点称为理想空载点。但是由于实际空载时阻力的存在,这种理想状态只有在外力参与时才可能实现。电动机的实际空载转速低于此值。

②电磁转矩 T 越大,转速 n 越低,其特性曲线是一条下倾的直线。这是由于电磁转矩增大,电枢电流成比例增长,从而引起电枢回路电阻压降增大,电枢电动势反而减小,因此转速下降。

实际上,电磁转矩的增大是由于负载增大引起的,有一个短暂的过渡过程。当负载转矩增大的瞬间,电磁转矩小于负载转矩,电动机转速下降,使电枢反电动势减小,引起电枢电流的增大,电磁转矩也跟着增大,当电磁转矩与负载转矩相等时,系统最终稳定在较低转速状态运行。

③固有特性曲线的斜率绝对值 $\beta = r_a/(C_e C_t \Phi_N^2)$ 很小,特性曲线接近水平线,通常称为硬特性,转速随转矩的变化波动较小,因此转速稳定性好。反之,如果 β 值较大,机械特性曲线下倾严重,比较"陡峭",此时的机械特性称为软特性,转矩变化对转速影响较大,电动机抗转矩干扰能力弱,转速的稳定性也较差。

④电动机的带负载能力可以用额定转速降 $\Delta n_N = n_0 - n_N$ 来衡量,Δn_N 越小,电动机的负载能力越强。额定转速降 Δn_N 与额定电枢电流时的电枢回路电阻压降成正比。机械转时曲线上 $T = T_N$、$n = n_N$ 的点称为额定工作点。

⑤当电动机堵转或启动瞬间,转速为零(称为堵转点或启动点),电枢反电动势也为零,端电压完全由电枢回路电阻压降来平衡,此时启动电流(又称堵转电流)$I_{st} = U_N/R_a$ 将很大,由于电磁转矩与电枢电流成正比,因而启动转矩也很大,而且机械特性越硬,启动电流和启动转矩越大。

⑥当电动机正向或反向电动运行时,其机械特性曲线在第一象限或第三象限。当电动机运行于制动状态时,其机械特性曲线在第二或第四象限。

2.7.3 人为机械特性

他励直流电动机的机械特性方程式(2.27)中,若改变条件如电源电压 U、励磁磁通 Φ 和电枢回路外接电阻等,其机械特性就会发生变化,这种改变参数后形成的机械特性称为人为机械特性。

1. 电枢回路串接电阻的人为机械特性

当电动机端电压 $U = U_N$、每极磁通 $\Phi = \Phi_N$、电枢回路串接电阻等于 R 时,由式 (2.27) 得到电枢回路串接电阻 R 的人为机械特性方程式

$$n = \frac{U_N}{C_e \Phi_N} - \frac{r_a + R}{C_e C_t \Phi_N^2} T$$

$$(2.28)$$

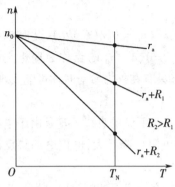

**图 2.49　电枢回路串接电阻
的人为机械特性**

电枢回路串接不同阻值的电阻时的人为机
械特性曲线如图 2.49 所示。这些机械特性的特
点是所有曲线的理想空载转速与固有机械特性
相同,但斜率的绝对值增大,曲线变得陡峭,机械
特性的"硬度"随串入电阻的增大而变软。显然
在转矩不变时,电动机的转速降 Δn 与电枢回路
总电阻成正比。因此可由电枢串入的电阻值求
出对应的转速降,反之亦然。

2. 改变电枢端电压的人为机械特性

保持每极额定磁通,当电枢回路不外接电
阻,只改变电枢端电压时,由式(2.27)可得到改
变端电压的人为机械特性方程

$$n = \frac{U}{C_e \Phi_N} - \frac{r_a}{C_e C_t \Phi_N^2} T \qquad (2.29)$$

改变电枢端电压 U 时的人为机械特性曲线如
图 2.50 所示。该特性曲线是一簇平行直线,理想空
载转速随端电压成正比变化,但斜率不变。因此其
额定转速降不变,"硬度"不变。

3. 改变气隙磁通 Φ 的人为机械特性

保持端电压为额定值,电枢回路不串外接电阻,
通过减小励磁电流来调节每极气隙磁通 Φ_N,即得到
改变气隙磁通的人为机械特性,其方程为

$$n = \frac{U_N}{C_e \Phi} - \frac{r_a}{C_e C_t \Phi^2} T \qquad (2.30)$$

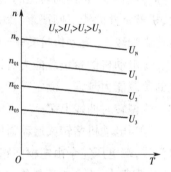

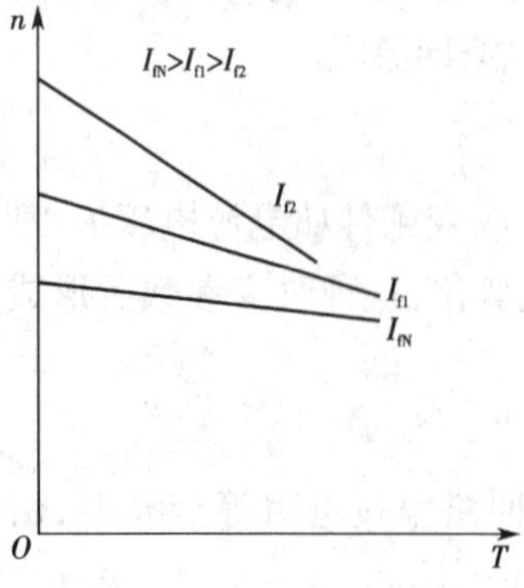

**图 2.50　改变电枢端电压时
的人为机械特性**

由于电动机磁路在额定状态下接近饱和,增大
励磁电流对磁通影响不大,因此一般只减小励磁电
流以减弱励磁磁通。由式(2.30)可知,减小磁通
Φ,电动机理想空载转速升高,而特性曲线会更向
下倾斜。减弱磁通的人为机械特性如图 2.51 所
示。

以上分析他励直流电动机的固有或人为机械
特性时,忽略了电枢反应的影响。实际上,当电枢
反应起去磁作用时,机械特性可能会出现上翘现
象。这是由于电磁转矩一定,虽然电枢反应去磁效
应使电枢电流比不考虑电枢反应去磁效应时稍大,

图 2.51　改变磁通的人为机械特性

导致电动势稍有减小,但磁通的减小起主要作用,因此电动机转速不仅没有下降反而上升。机械特性的这种上翘现象可能会造成运行的不稳定。在正常情况下由于直流电动机都装有换向极,电枢反应被抑制,一般不必考虑电枢反应的影响,大容量的直流电动机一般还要通过在主磁极上安装补偿绕组(也称稳定绕组)来抑制电枢反应的影响。

2.7.4 他励直流电动机的固有机械特性的求取和应用

1. 根据电动机铭牌数据估算固有机械特性

在设计电力拖动系统时,应知道所选用电动机的机械特性曲线。但是,电动机的铭牌数据中只给出额定转速 n_N、额定电压 U_N 和额定电流 I_N,而理想空载转速 n_0 和斜率绝对值 β 以及额定电磁转矩 T_N 却是未知。由他励直流电动机的固有机械特性方程表达式可知,求取某他励直流电动机的固有机械特性,关键是求出理想空载转速 n_0 和斜率 $-\beta$。为此应该先求出电枢电阻、磁通量以及电动势常数和转矩常数。然而这两个常数和磁通量都难于单独算出,因此一般是将其乘积 $C_e\Phi_N$ 和 $C_t\Phi_N$ 一起求出。根据铭牌数据求取固有机械特性方程的步骤如下。

①实际测出或估算出 r_a。由于电刷与换向器表面接触电阻是非线性的,电枢电流很小时,表面的接触电阻值很大,不能直接用万用表测正负电刷之间的电枢电阻。一般采用伏安法测量,即在励磁绕组开路,转子电枢堵转并通以额定电流的情况下,用低量程电压表测电刷间的压降,再除以电枢电流,即为电枢回路总电阻,测量时应改变电刷位置进行多次测量,然后取平均值。当不便于进行测量时,可采用经验公式估算: $r_a = \left(\dfrac{1}{2} \sim \dfrac{2}{3}\right)\dfrac{U_N I_N - P_N}{I_N^2}$。

②用额定电压、电流和 R_a 代入电枢电压方程式,求出额定电枢电动势 $E_a = U_N - I_a r_a$。

③用额定电动势 E_a 除以额定转速 n_N,求出电动势常数与额定磁通量的乘积 $C_e\Phi_N$。

④求出转矩常数与额定磁通量的乘积,公式为 $C_t\Phi_N = 9.55 C_e\Phi_N$。

⑤用 U_N、$C_e\Phi_N$ 求出理想空载转速 n_0。

⑥用 r_a、$C_e\Phi_N$、$C_t\Phi_N$ 求出斜率绝对值 β。

⑦写出固有机械特性方程式 $n = n_0 - \beta T$。

⑧根据电动机机械特性方程绘制特性曲线。

2. 他励直流电动机的固有机械特性的应用

①已知电磁转矩求转速。

②已知转速求电磁转矩。

③由他励直流电动机的固有机械特性求出人为机械特性,进而对各种运行状态

进行稳态分析。

【例2.4】 某他励直流电动机额定数据如下：$P_N = 40$ kW，$U_N = 220$ V，$I_N = 210$ A，$n_N = 500$ r/min，电枢反应忽略不计。试求：

(1)电枢电阻的近似值；

(2)固有机械特性方程；

(3)带 100 Nm 总负载转矩稳定运行时的转速。

解：$r_a \approx \dfrac{1}{2} \dfrac{U_N \cdot I_N - P_N}{I_N^2} = \dfrac{1}{2} \left(\dfrac{220 \times 210 - 40 \times 10^3}{210^2} \right) = 0.07$ Ω

$$C_e \Phi_N = \frac{U_N - I_N r_a}{n_N} = \frac{220 - 210 \times 0.07}{750} = 0.273\ 7$$

$$n_0 = \frac{U_N}{C_e \Phi_N} \frac{220}{0.273\ 7} = 804 \text{ r/min}$$

$$\beta = \frac{r_a}{C_e C_t \Phi_N^2} = \frac{r_a}{9.55(C_e \Phi_N)^2} = \frac{0.07}{9.55 \times 0.273\ 7^2} = 0.097\ 8$$

固有机械特性方程为

$$n = 804 - 0.978\ T$$

将 $T = 100$ Nm 代入固有方程，得 $n = 706.2$ r/min

【例2.5】 上题中如果在电枢回路串联了 0.4 Ω 的电阻，(1)求人为机械特性方程；(2)求额定电磁转矩。

解：(1)例2.4 已求得 $r_a = 0.07(\Omega)$，$C_e \Phi_N = 0.273\ 7$，$n_0 = 804$ r/min

计算串 R 时人为特性曲线的斜率绝对值

$$\beta' = \frac{r_a + R}{C_e C_t \Phi_N^2} = \frac{0.07 + 0.4}{9.55(0.273\ 7)^2} = 0.675$$

人为机械特性方程为

$$n = 804 - 0.657\ T$$

(2)将 $n = 500$ r/min 代入机械特性方程，得

$$T = 462.7 \text{ Nm}$$

2.7.5 电力拖动系统的稳定性

由电力拖动系统运动方程式可知，如果电动机的电磁转矩等于静负载转矩，转速则保持恒定不变，我们称之为平衡状态。电动机的机械特性曲线 $n = f(T)$ 与负载的转矩特性曲线 $n = f(T_L)$ 的交点，即平衡工作点。

但是，平衡状态并不一定就是稳定运行状态。什么是电力拖动系统的稳定运行状态呢？首先当出现干扰后，在新的条件下系统能继续保持平衡；而在干扰消失后，系统能够回到原来的平衡点。如果系统满足这两个条件，即为稳定运行状态。不难理解，电力拖动系统正常工作的状态应该是稳定运行状态。

在电力拖动系统的实际运行中,经常会出现一些来自内部和外部的干扰,如电源电压的波动、负载转矩大小的变化等等。我们关心的问题是受到干扰后与干扰消失后,系统能否仍然保持平衡状态,或者说系统稳定运行的条件是什么,下面通过实例来讨论之。

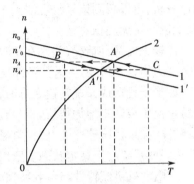

在图 2.52 中,曲线 1 为电动机的机械特性,曲线 2 为泵类负载的机械特性。系统原来工作在平衡状态的 A 点,如果电网电压突然向下波动,由 U_N 下降到 U',电动机的机械特性曲线 1 则降低为曲线 $1'$,由于机械惯性,在此瞬间电动机转速来不及变化,工作点将从曲线 1 的 A 点跳跃到曲线 $1'$ 的 B 点,此时电动机的电磁转矩减小了,而负载转矩 T_L 没变,所以有 $U_N \downarrow \rightarrow T \downarrow \rightarrow T < T_L$。原来的平衡状态被破坏了,这时系统将减速,在减速过程中电动机的工作点沿机械特性曲线 $1'$ 下降,由 B 点 $\rightarrow A'$ 点,电磁转矩重新

图 2.52　电力拖动系统的稳定运行

上升,即 $n \downarrow \rightarrow E_a \downarrow \rightarrow I_a \uparrow \rightarrow T \uparrow$。工作点到达 A' 点时 $T = T_L$,系统达到了新的平衡状态。

在扰动消失后,电源电压立刻恢复上升至额定值,电动机机械特性曲线又上升为曲线 1,同样由于此瞬间转速来不及变化,工作点从 A' 点跳跃到 C 点,在 C 点,由于 T_L 没变,$U = U_N \rightarrow T \uparrow \rightarrow T > T_L$,故系统又将加速,有 $n \uparrow \rightarrow E_a \uparrow \rightarrow I_a \downarrow \rightarrow T \downarrow$,电动机的工作点沿特性曲线 1,由 C 点加速返回到 A 点,电磁转矩减小至与负载平衡,$T = T_L$,$n = n_N$,转速不再变化,系统工作点返回到原来的平衡点。

通过分析,可以得出,该系统在受到电压干扰后,能够过渡到新的平衡点 A',在干扰消失后,又能回到原来的平衡点 A 点,所以系统能够稳定运行。

同样的道理,如果干扰来自负载,此系统也是能够稳定运行的,读者可以自行分析。

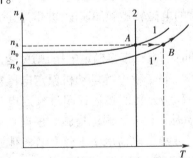

图 2.53　电力拖动系统的不稳定运行

再看另一种情况,在图 2.53 中,曲线 1 为电动机的机械特性,曲线 2 为恒转矩负载特性。系统工作点原来在平衡状态的 A 点,如果电网电压突然向下波动,由 U_N 下降到 U',电动机的机械特性曲线 1 则降低为曲线 $1'$,由于机械惯性,此瞬间电动机转速来不及变化,工作点将从曲线 1 的 A 点跳跃到曲线 $1'$ 的 B 点,此时电动机的电磁转矩增大了,但负载转矩 T_L 没变,所以有 $U_N \downarrow \rightarrow T \uparrow \rightarrow T > T_L$,这时系统将加速,在加速过程中电动机的工作点沿机械特性曲线 $1'$ 上升,转速与电磁转矩将相互攀升,

系统无法找到新的平衡点。不难分析,在扰动消失后,系统也不能返回原来的稳定工作点,最终会导致系统转速过高电动机损坏或电动机停转。

当干扰来自负载,设负载转矩突然增大,$T < T_L$,将导致系统减速,工作点从 A 点沿着曲线 1 下移,使电磁转矩减小,其结果又导致进一步减速,最终系统只能停机。通过分析,可以看到该系统在受到干扰后和在干扰消失后,不能找到或者回到平衡状态,所以系统无法稳定运行。

比较上面两种情况,差别在于电动机机械特性曲线与负载的转矩特性曲线不同。那么电力拖动系统稳定 运行条件是什么呢?

如果干扰造成系统转速上升时,电磁转矩的增量大于负载转矩的增量,或者说电磁转矩比负载转矩增加得快,将导致转速进一步上升,系统就不可能达到稳定运行状态;相反,如果系统转速上升时,电磁转矩比负载转矩增加得慢,转速的增加才可能停止,从而使系统趋于稳定状态。所以,不难理解,系统稳定运行的条件应该是:

1. 电动机机械特性与负载特性必须相交,在交点处 $T = T_L$;

2. 在交点处有 $\dfrac{dT}{dn} - \dfrac{dT_L}{dn} < 0$

在实际的系统中,由于直流电动机一般安装有换向磁极或补偿绕组,电枢反应的去磁作用得到有效抑制,机械特性曲线近似为向下倾斜的直线。在转速上升时,电磁转矩是减小的,而负载往往是近似的恒转矩的或泵类的负载,故通常能够满足以上稳定运行条件。但在特殊情况下,如电动机故障使电枢反应的去磁作用得不到抑制,电动机的机械特性曲线上翘,就可能导致系统的不稳定,例如图 2.53 中曲线 1。

2.8　他励直流电动机的启动

2.8.1　他励直流电动机的启动方法

他励直流电动机启动之前必须先接通励磁电源且将励磁回路的电阻调至最小,在额定励磁电流作用下建立起气隙磁场且使磁场最强,然后才能接通主电源施加电枢电压。只有在这种情况下启动,才能保证有较大的电磁转矩和加速度,并迅速建立起电枢电动势。

一般直流电动机不允许采用直接启动,若启动时电枢直接接额定电压,则可能损坏直流电动机。由于启动瞬间电枢反电动势等于零,而工程中的电动机额定电压较大且电枢绕组的电阻很小,启动时电枢电流 $I_{st} = U_N/r_a$,其值将远远超过额定电流 I_N,甚至超过电动机的允许瞬时过载电流,所以启动时必须采取限流措施。根据直流电动机的换向条件所限,一般最大启动电流不应超过额定电流的 2.5 倍。直流他励电动机常用的启动方法有降低电枢电压起动和电枢回路串联电阻起动两种。

2.8.1.1　降低电枢电压启动

直流他励电动机降低电枢电压启动简称降压启动,启动瞬间的电枢电压简称启动电压,为了使启动瞬间电枢电流被限制在允许范围内,启动开始瞬间电枢施加的电压 U_{st} 应该远小于额定电压,这个电压称为启动电压 U_{st},$U_{st} = I_{st}r_a$。随着电动机转速的升高,电枢中建立起反电动势 E_a 并逐渐增大,随之也必须及时调节电枢电压使之不断升高。由于电枢电动势对电枢电压的平衡作用,二者差值 $(U - E_a)$ 即电枢电阻压降,电枢电流 $I_a = (U - E_a)/r_a$,差值 $(U - E_a)$ 越小,启动过程中电枢电流越小。若使启动过程快而平稳,电枢电流值必须控制在允许的一定范围内,随着转速上升 E_a 增大电枢电压 U 调整应该及时和适当,以保持差值 $(U - E_a)$ 基本不变。如果调整 U 上升过快,会产生较大的电枢电流冲击对换向不利;但如果 U 上升太慢,电磁转矩太小,就会延长启动过程的时间,使电动机过热。当电枢电压调节至额定值后转速趋于稳态值,电动机正常运行,启动过程结束。

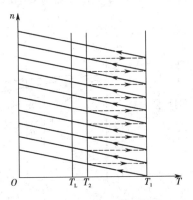

图 2.54 降压启动的机械特性

降压启动的特性如图 2.51 所示,图中,T_L 为负载转矩,T_1 和 T_2 分别是启动过程中的最大转矩和切换转矩。在启动开始时,电枢施加较低的启动电压 U_{st},启动转矩为最大启动转矩 T_1,U_{st} 对应的电动机人为机械特性曲线即图中最下面一条曲线,此间工作点沿该曲线上升,电动机加速,加速过程中电磁转矩随之减小;当电磁转矩减小至切换转矩 T_2 时,应调节电枢电压适当升高,电压调升瞬间,转速来不及变化工作点则跃至相邻的上面第二条人为机械特性曲线上,电磁转矩重新增大为 T_1,工作点沿该曲线上升;转速上升转矩减小,当电磁转矩再次减小至切换转矩 T_2 时,再次适当调高电枢电压,工作点又跃至相邻的下起第三条人为机械特性曲线沿该曲线加速;……此调节过程直至电枢电压上升至额定值,电动机工作点跃至固有机械特性曲线上并沿固有机械特性加速,最终趋于稳定点——固有机械特性曲线与负载转矩特性曲线的的交点上,启动过程结束。

每次调节电压升高时必须保证电枢电流不超过允许值。启动开始瞬间的最大电流 I_{st},及对应的启动转矩 T_1,一般取额定值的两倍左右。切换转矩 T_2 必须大于负载转矩,切换转矩越大加速度也大,启动过程就越快。图 2-51 所示的启动过程是分级完成的,如果供电电源能够提供连续可调的直流电压,切换转矩与最大启动转矩接近,就可以实现直流电动机的无级平滑启动。

降低电枢电压启动方法多用于大中型直流电动机,其的优点是启动电流小,启动过程中消耗的能量少,启动平滑性好;降压启动要求供电电源能够输出可调直流电压,故需要一个电压可控的直流电源,由于电力电子技术的迅速发展,现在工程中直流电动机一般多采用可控整流电源供电,已经很少使用直流发电机电动机机组了。如果直流电源的输出电压是固定不变的,就只能采用电枢串电阻启动方法。

2.8.1.2　电枢串电阻启动

在额定电压下,电枢回路串入分级电阻 R_{st1}、R_{st2} 和 R_{st3} 后,机械特性如图2.55(b)所示。若负载转矩 T_L 已知,根据启动条件可确定串入电阻的大小,分级切除启动电阻可使启动过程加快并维持电动机在允许电枢电流范围内运行,具体过程如下。

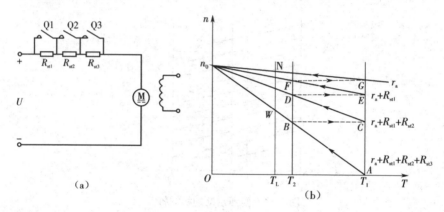

图2.55　电枢回路串电阻启动

启动时,开关 Q1、Q2 和 Q3 均打开,见图2.55(a),分级电阻全部接入电枢回路,启动转矩为 T_1,电动机自 A 点沿机械特性 AB 加速,电磁转矩减小。当达到 B 点,电磁转矩 $T_2 = (1.1 \sim 1.3)T_L$ 时,开关 Q3 合上,切除电阻 R_{st3},因转子存在机械惯性,转速来不及变化,电磁转矩又增大至 T_1,电动机工作点由 B 跳变至 C 点,并沿新的机械特性 CD 加速至 D 点,再合上开关 Q2 切除电阻 R_{st2},此后电动机沿机械特性 EF 加速至 F 点,最后合上开关 Q1 将 R_{st1} 切除,使电动机沿固有机械特性运行至稳定工作点 N,电磁转矩与负载转矩相平衡,启动过程结束。

串电阻启动操作比较简单,稳定可靠,由于启动电阻要消耗大量电能,因此效率较低。

2.8.1.3　电枢串电阻分级启动各段电阻计算简介

直流电动机电枢串电阻启动是常用的方法,为了使整个启动过程迅速而且平稳,启动电流和转矩在安全合理的范围之内,一般采用将启动电阻分成几段的分级启动方法,启动级数越多,启动过程越平稳,但控制电路也越复杂,故一般不超过六级,最常用的是三级启动。起动电阻的计算方法有解析法和图解法,下面以三级启动为例,简述解析法的原理和步骤。

在图 2.55(b)机械特性曲线图中的最大启动转矩为 T_1,切换转矩为 T_2,因电磁转矩与电枢电流成正比,所以 T_1、T_2 分别对应着最大启动电流 I_1 和最小启动电流 I_2。

由图可知,切换瞬间转速来不及变化,B、C 两点转速相同,二者电枢电动势亦相同。考虑到启动时电源电压保持为额定值不变,由电枢电压方程 2.14 式可推出:B、C 两工作点的电枢回路电阻压降应该相等,同理 D、E 两点与 F、G 两点亦然。所以有:$I_1 R_2 = I_2 R_3$,$I_1 R_1 = I_2 R_2$,$I_1 r_a = I_2 R_1$。

即有最大启动电流与最小启动电流之比 λ:

$$I_1 / I_2 = R_3/R_2 = R_2/R_1 = R_1/r_a = \lambda$$

各段启动过程中电枢总电阻

$$R_1 = r_a + R_{st1} = \lambda r_a$$

$$R_2 = r_a + R_{st1} + R_{st2} = \lambda R_1 = \lambda^2 r_a$$

$$R_3 = r_a + R_{st1} + R_{st2} + R_{st3} = \lambda R_2 = \lambda^3 r_a$$

所以 λ 值可以用电阻之比求出:

$$\lambda = \sqrt[3]{R_3/r_a}$$

综上所述,可归纳出计算各段启动电阻的步骤为:

(1)估算或测得电枢绕组的电阻 r_a。

(2)预选启动级数 N、T_1 及 I_1,计算 R_3。

$$T_1 = (1.5 - 2.5)T_N$$

电枢电流与电磁转矩为正比例关系,故有

$$I_1 = (1.5 - 2.5)I_N$$

$$R_3 = U_N / I_1$$

启动级数可凭经验初选,亦可按例题 2.6 中方法初选。

(3)计算 λ:$\lambda = \sqrt[N]{R_3/r_a}$

(4)计算 $T_2 = T_1/\lambda$ 或 $I_2 = I_1/\lambda$,校验是否满足:$T_2 \geqslant (1.1 - 1.30)T_L$ 或 $I_2 \geqslant (1.1 \sim 1.3)I_L$,式中 I_L 为与负载转矩对应的电枢电流。若不能满足此条件,应该重新选择级数 N 或者最大启动转矩 T_1,重新进行计算。T_2 检验通过后进行下一步。

(5)计算 R_1、R_2:

r_a 与 R_3 已知

$$R_1 = \lambda r_a$$

$$R_2 = R3 /\lambda = \lambda R_1 = \lambda^2 r_a$$

(6)计算各段启动电阻 R_{st3}、R_{st2}、R_{st1}:

$$R_{st3} = R_3 - R_2$$

$$R_{st2} = R_2 - R_1$$

$$R_{st1} = R_1 - r_a$$

【例2.6】 他励直流电动机的额定数据如下：$P_N = 21 \text{ kW}$，$U_N = 220 \text{ V}$，$I_N = 115$ A，$n_N = 980 \text{ r/min}$，$r_a = 0.163\Omega$；带额定转矩90%的负载启动。

(1)若限制最大启动电流为额定电流的2.0倍,采用降低电压启动方法时启动电压应为何值? 采用电枢串联电阻启动时电枢回路应串入多大的电阻?

(2)如采用串电阻分级启动,最大启动电流为额定电流的2.0倍,试计算各段启动电阻值。

解：

(1)采用降压启动时启动电压：$U_{st} = I_{st} r_a = 2 I_N r_a = 2 \times 115 \times 0.163 = 37.5 \text{ V}$

采用电枢串联电阻启动总电阻：$R_{st} = U_N/I_{st} = U_N/(2I_N) = 220/(2 \times 115) = 0.957 \Omega$，电枢回路外串电阻为$(R_{st} - r_a) = 0.794 \Omega$

(2)采用串电阻分级启动,各段启动电阻值计算：

初选：最大启动电流：$I_1 = I_{st} = 2I_N = 2 \times 115 = 230 \text{ A}$

启动总电阻：$R_{st} = U_N/I_{st} = U_N/(2I_N) = 220/(2 \times 115) = 0.957 \Omega$

切换电流：$I_2' = 1.2 I_L = 1.2 \times 0.9 \times 115 = 124.2 \text{ A}$

相应的 $\lambda' = \dfrac{I_1}{I_2'} = \dfrac{230}{124.2} = 1.852$

启动级数：$N' = \dfrac{\ln(R_{st}/r_a)}{\ln \lambda'} = \dfrac{\ln(0.957/0.163)}{\ln 1.852} = 2.877$，取整数3

校验：$N = 3$，$\lambda = \sqrt[3]{\dfrac{R_{st}}{r_a}} = \sqrt[3]{\dfrac{0.957}{0.163}} = 1.804$

$I_2 = \dfrac{I_1}{\lambda} = \dfrac{230}{1.804} = 127A > 1.2 I_L = 1.2 \times 0.9 \times 115 = 123.2 \text{ A}$ 可满足要求,故确定采用三级启动。

各级启动电枢总电阻：

$$R_1 = \lambda r_a = 1.804 \times 0.163 = 0.294 \Omega$$

$$R_2 = \lambda R_1 = \lambda^2 r_a = 1.804^2 \times 0.163 = 0.530 \Omega$$

$$R_3 = \lambda R_2 = \lambda^3 r_a = 1.804^3 \times 0.163 = 0.957 \Omega$$

各段启动电阻：

$$R_{st1} = R_1 - r_a = 0.294 - 0.163 = 0.131 \Omega$$

$$R_{st2} = R_2 - R_1 = 0.530 - 0.294 = 0.236 \Omega$$

$$R_{st3} = R_3 - R_2 = 0.957 - 0.530 = 0.427 \Omega$$

2.8.2 他励直流电动机启动控制电路举例

以电枢回路串电阻启动的控制电路为例,介绍他励直流电动机的启动控制电路。

图 2.56 是电枢回路串两级电阻启动单向运行控制电路原理图。图 2.57 是电枢串电阻可逆运行控制电路原理图。

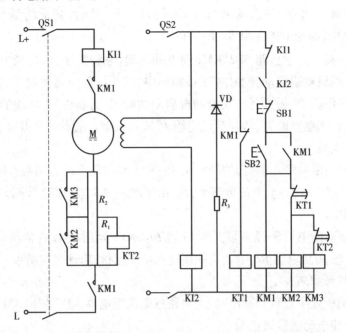

图 2.56 他励直流电动机电枢串电阻启动控制电路

2.8.2.1 他励直流电动机单向运行控制电路

1. 电路说明

①电动机启动控制的要求是在保证足够大的启动转矩条件下,尽可能减小启动电流。直流电动机启动特点之一是启动冲击电流大,可达额定电流的 10～20 倍,这样大的电流可能导致电动机换向器和电枢绕组的损坏。因此,此电路采用电枢回路中串电阻启动,以减小启动电流。

②他励和并励直流电动机在弱磁或零磁时有可能产生"飞车"事故,励磁回路中必须设置欠磁保护环节。为了防止在运行中发生励磁绕组断线而导致产生"飞车"事故,励磁回路中设有欠磁检测环节,一旦出现零磁的情况,立即切断电枢电路。另外,在电枢通电之前,励磁绕组必须先接通电源,且使电流达额定值,这样一方面能够防止"飞车",同时还能减小启动电流,保证正常的启动转矩。

③电枢串两级电阻,按时间原则控制,即各段启动时间是人为设定的,在此例中,设 KT1 延时时间为 Δt_1,KT2 的延时时间为 Δt_2。

④图 2.56 中 KI1 为过电流继电器,KM1 为启动接触器,KM2、KM3 为短路启动电阻接触器,KT1、KT2 为时间继电器,KI2 为欠电流继电器,R_3 为放电电阻。

2. 控制过程分析

①启动前的准备。合上电源开关 QS1 和控制开关 QS2,励磁回路通电,KI2 线圈通电,其常开触头闭合,为启动做好准备;同时,KT1 通电,其常闭触头断开,切断 KM2、KM3 电路,保证串入电阻 R_1、R_2 启动。

②启动。按下启动按钮 SB2,KM1 通电并自锁,主触头闭合,接通电动机电枢回路,电枢串入两级电阻启动,同时 KT1 线圈断电,其常闭触点延时复位,为 KM2 通电短接电枢回路电阻 R_1 做准备。在电动机启动的同时,并接在 R_1 两端的时间继电器 KT2 通电,其常闭触点断开,确保启动电阻 R_2 串入电枢。随着转速升高,启动电流逐渐减小,加速度减小。

③KT1 线圈断电经一段延时时间 Δt_1 后,KT1 延时闭合的常闭触头闭合,KM2 线圈通电,短接电阻 R_1,启动电流重新增大。由于电阻 R_1 短接,KT2 线圈两端电压降为零,相当于断电。

④KT2 线圈断电后再经一段延时时间 Δt_2,KT2 延时闭合的常闭合触头闭合,KM3 线圈通电,短接电阻 R_2,电动机加速进入全压运行,启动过程结束。

3. 电动机保护环节

①当电动机发生过载和短路时,主电路过电流继电器 KI1 动作,KM1、KM2、KM3 线圈均断电,使电动机脱离电源。

②当励磁线圈断路时,欠电流继电器 KI2 释放,切断各接触器电路,起失磁保护作用。

③电阻 R_3 与二极管 VD 构成励磁绕组的放电回路,其作用是在停机时防止由于过大的自感电动势引起励磁绕组的绝缘击穿和其他电器的损坏。

2.8.2.2 他励直流电动机可逆运行控制电路

直流电动机在许多场合要求频繁正反方向启动和运转,常采用改变电枢电流方向来实现可逆运行。图 2.57 所示的控制电路图中,KM1、KM2 分别为正反转接触器,KM3、KM4 为短接电枢启动电阻的接触器,KT1、KT2 为时间继电器。其工作原理与图 2.56 类似,此处不再重复。

2.8.3 直流电动机弱磁场保护和超速保护电路

对于他励和并励、复励直流电动机而言,磁通的减少会引起电动机超速,尤其在轻载或空载时,有可能发生"飞车"事故,所以必须设置"弱磁保护"。

弱磁保护采用欠电流继电器,一般其动作电流整定在额定励磁电流的 80%;对于采用弱磁调速的他励和并励电动机,释放电流应整定在最小励磁电流的 80%。另外,有一些控制系统,为了防止机械运行超过额定允许的速度,如高炉卷扬机和矿井提升机,在控制电路中需设置超速保护。一般超速保护多采用离心开关,也有用测速发电机进行控制的。

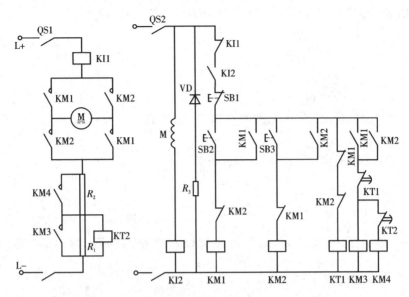

图 2.57 他励直流电动机电枢可逆运行控制电路

图 2.56 和图 2.57 均设置了弱磁场保护环节。欠电流继电器线圈串联在电动机励磁绕组电路中,当电路励磁正常时其动作吸合,接触器正常接通后电动机正常工作;当励磁电流过小时,欠电流继电器释放,其常开触头释放开断,切断了 KM1、KM2 线圈的供电电路,其主触头开断,从而切断了直流电动机的供电,实现了对电动机的弱磁场保护。

2.8.4 启动过渡过程的分析

电力拖动系统的运行有稳定状态和过渡过程两种情况。稳定状态即当电磁转矩与总制动转矩相等时,转速保持不变的状态。稳定状态分析的主要工具是机械特性,又称静态分析。当电磁转矩与总制动转矩不相等时,转速是变化的;当电磁转矩大于总制动转矩时,系统加速;当电磁转矩小于总制动转矩时,系统减速。由于电力拖动系统存在惯性,系统启动、制动、调速时都必然存在着过渡过程,如图 2.55 中启动时工作点 A—B、C—D、E—F、G—N 的转速升高的过程,此时系统是由一种稳态向另一种稳态过渡。分析过渡过程的主要工具是系统的运动方程式和机械特性方程式,又称动态分析。

产生过渡过程的原因是系统存在惯性。电力拖动系统中存在的惯性有机械惯性、电磁惯性和热惯性。与机械惯性相比,热惯性可以忽略,在电路中电感量不是很大时,电磁惯性一般也可以不予考虑。下面的讨论就是在电动机电枢电压、磁通为额定值,而且忽略电磁惯性和热惯性,只考虑机械惯性的条件下进行的。

以工作点由 A 到 B 的转速上升过程为例($R = r_a + R_{st1} + R_{st2} + R_{st3}$),系统静态应

该满足机械特性方程式、动态应该满足运动方程式的关系,即

$$
\begin{cases}
n = \dfrac{U_N}{C_e \Phi_N} - \dfrac{R}{C_e C_t \Phi_N^2} T & ① \\[2mm]
T - T_L = \dfrac{GD^2}{375} \dfrac{dn}{dt} & ②
\end{cases}
$$

将式②代入式①,消去变量 T,经整理可以导出系统的微分方程

$$
\frac{GD^2 R}{375 C_e C_t \Phi_N^2} \frac{dn}{dt} + n = \frac{U_N}{C_e \Phi_N} - \frac{R}{C_e C_t \Phi_N^2} T_L \tag{2.31}
$$

即

$$
\tau \frac{dn}{dt} + n = n_W
$$

式中:τ——系统的时间常数,由于包含机械和电路的参数,称为机电时间常数

$$
\tau = \frac{GD^2 R}{375 C_e C_t \Phi_N^2};
$$

n_W——过渡过程结束后能够达到的稳态转速,$n_W = n_0 - \dfrac{R}{C_e C_t \Phi_N^2} T_L$。

上述微分方程的解即由 A 点开始转速随时间变化规律的函数式

$$
n = n_W + (n_A - n_W) e^{-t/\tau} \quad (t \geq 0)
$$

式中,n_A 表示 $t = t_A = 0$ 时电动机在工作点 A 的转速。

将时电动机在工作点 B 的转速 n_B 代入该函数式,即可导出计算工作点由 A 到 B 所需要的时间 Δt_1 为

$$
\Delta t_1 = \tau \ln \frac{n_W - n_A}{n_W - n_B}
$$

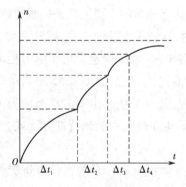

图 2.58 电枢串电阻启动过 程转速上升曲线

同理可以求出 $C—D$、$E—F$ 之间转速升高过程需要的时间 Δt_2、Δt_3;最后一段 $G—N$ 之间时间 Δt_4 应该按时间常数的 $3 \sim 5$ 倍计算,即 $\Delta t_4 = (3 \sim 5)\tau$。各段时间相加就是启动过程需要的时间,即

$$
t_s = \Delta t_1 + \Delta t_2 + \Delta t_3 + \Delta t_4
$$

启动过程中转速随时间变化的规律如图 2.58 所示。与启动过程类似,制动和调速时也会出现过渡过程,分析方法相同。

2.9 他励直流电动机的制动

直流电动机有电动和制动两种运行状态。电动机在电动状态运行时,电磁转矩为驱动转矩,其方向与电枢转向一致,电动机从电源吸收电功率,机械特性曲线处在第一、三象限内。电动机在制动状态运行时,电磁转矩为制动转矩,其方向与电枢转向相反,机械特性曲线处在第二和第四象限内。他励直流电动机的制动状态又可分为能耗制动、反接制动和回馈制动三种制动方式,下面分别进行讨论。

2.9.1 能耗制动

2.9.1.1 能耗制动原理

图 2.59(a)是他励直流电动机能耗制动原理图,原来电动机工作于电动状态,两接触器得电,KMl 常开触头闭合,KM2 常闭触头断开。如果在励磁电流不变的条件下,使接触器失电,KMl 触头断开,电枢脱离电网,同时 KM2 触头闭合,使电枢与外接制动电阻 R_z 形成闭合回路,电动机即由电动状态切换到能耗制动状态。

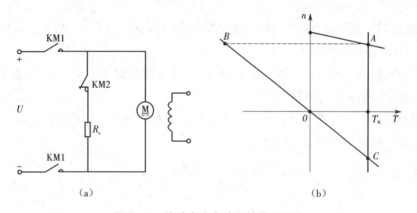

图 2.59 他励直流电动机的能耗制动

由于电动机电枢存在机械惯性,使转速和转向不能突变,起初电枢电动势方向维持不变,但由于此时电枢中的电动势起到电源的作用,电枢电流方向与电动状态时相反,电磁转矩也相应改变方向。由于电磁转矩与转速方向相反,所以电动机处在制动状态。由于制动转矩的作用,电动机转速降低最后至停机,或者被位能性负载倒拉反转。在制动过程中随着转速的下降至停机的过程中,电枢电动势、电枢电流和电磁转矩不断减小,最后均降为零。转子动能全部转换为电枢电阻和制动电阻上的热能消耗掉,因此这种制动方式称为能耗制动。

能耗制动时,励磁磁通不变,端电压 $U=0$ 及电枢回路串接电阻 R_z,代入机械特性方程表达式,可得能耗制动时的机械特性方程

$$n = -\frac{r_a + R_z}{C_e C_t \Phi^2} T \tag{2.32}$$

由式(2.32)可以看出,能耗制动机械特性曲线是一条经过原点、位于第二、四象限的直线,如图2.59(b)所示。当系统拖动摩擦性负载转矩时,电动机由电动状态的 A 点进入能耗制动机械特性的 B 点后,电枢电流和电磁转矩变成负值,电动机制动减速至零,最终稳定在坐标原点的静止状态;但当系统拖动位能性负载时,在电动机转速下降到零后,将在负载转矩的作用下倒拉反转,反向加速,此时电枢电动势再次改变方向,电枢电流和电磁转矩又变为原来电动状态时的方向,又成为正值,但转速变成负值,电动机的工作点沿机械特性曲线继续下降,最终稳定在图中的 C 点,此时系统的位能减少,这部分能量完全转化为电枢电阻及制动电阻的热能消耗掉。

能耗制动过程中,起始制动转矩和制动电流的大小与外接制动电阻 R_z 的大小有关。外接制动电阻越大制动转矩越小,制动过程越缓慢,但电动机不易过热;反之外接电阻越小,则制动转矩越大,制动过程越快速。制动电阻的最小值受电动机电枢电流过载能力的限制,通常要求制动开始时电枢电流的最大值不超过额定电流的两倍左右。

【例2.7】 某他励直流电动机的额定数据为: $P_N = 96$ kW, $U_N = 220$ V, $I_N = 12.5$ A, $n_N = 1\ 500$ r/min, $r_a = 0.8\ \Omega$。试求:

(1)当 $\Phi = \Phi_N$ 而 $n = 1\ 000$ r/min 时,系统转入能耗制动停车,要求其制动电流为 $2I_N$,电枢回路应串入电阻 $R_z = ?$

(2)保持 $\Phi = \Phi_N$ 不变从而使 $T_L = 0.8\ T_N$ 的位能负载以最低的速度稳速下放,应串制动电阻 $R_z = ?$ 此时最低转速 $n_z = ?$

解: (1) $C_e \Phi_N = \dfrac{U_N - I_N r_a}{n_N} = \dfrac{220 - 12.5 \times 0.8}{1\ 500} = 0.14$

$$-2I_N = \frac{E_a}{r_a + R_z} = \frac{C_e \Phi_N n}{r_a + R_z}$$

所以

$$-2 \times 12.5 = -\frac{0.14 \times 1000}{0.8 + R_z}$$

则

$$R_z = 4.8\ \Omega$$

(2)由式(2.32)可知,当 $R_z = 0$ 时,稳速下放转速最低。

$T_z = T_L = 0.8\ T_N$ 所对应的电枢电流

$$I_z = \frac{T_z}{C_t \Phi_N} = 0.8 \times \frac{T_N}{C_t \Phi_N} = 0.8\ I_{aN} = 0.8 \times 12.5 = 10\ A$$

可得最低下放转速

$$n_z = -\frac{r_a}{C_e \Phi_N} I_z = \frac{-0.8}{0.14} \times 10 = -57.14 \text{ r/min} \quad （负号说明电动机反转，重物$$

下放）

2.9.1.2 直流他励电动机能耗制动控制电路

图2.60是直流他励电动机单向运转能耗制动控制电路。图中 KM1 为启动时的电源接触器，KM2、KM3 为启动时切除电阻的接触器，KM4 为制动接入电阻的接触器，KI2 为励磁回路欠电流继电器，KV 为检测电枢电动势的电压继电器，KT1、KT2 为时间继电器。

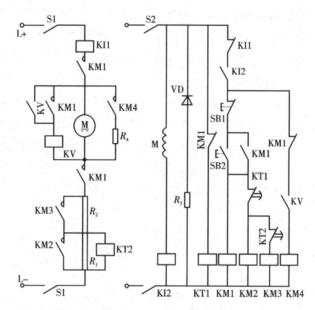

图2.60 直流他励电动机能耗制动控制电路

电路工作原理如下：电动机启动时，电路工作情况同图2.56所示。电动机正常运行时，并联在电枢回路两端的电压继电器 KV 通电自锁，其常开触头闭合，为接通 KM4 制动做准备。制动时，按下停止按钮 SB1，KM1 线圈断电，切断电枢直流电源。此时电动机因惯性仍以较高速度旋转，在 E_a 作用下电枢中电动势仍然存在，在 KM4 通电后，经 R_4 形成回路，电枢流过反向电流，电动机实现能耗制动，转速急剧下降。当电枢电动势随转速下降降低到接近零的一定值时，KV 释放，KM4 断电，电动机能耗制动结束。

2.9.2 反接制动

直流电动机反接制动有正压反转的反接制动和反压正转的反接制动两种。正压反转的反接制动即保持电枢电压极性不变，带位能性负载倒拉反转的制动状态；反压正转的反接制动即改变电枢电压极性电动机正向减速的过程。两种反接制动运行方式的共同特点是电动机实际转速与理想空载转速的方向相反。

2.9.2.1 反接制动原理

1.正压反转的反接制动（倒拉反转的反接制动）

他励直流电动机拖动位能性负载,例如起重机下放重物时的情况。如果电枢回路串接较大电阻,致使电动机的启动转矩小于负载转矩,电动机将被位能性负载转矩倒拉反转,工作点沿机械特性进入第四象限。此时电磁转矩为制动转矩,与位能性负载的转矩相平衡。如图2.61所示,也称为转速反向的反接制动。

设图中电动机原来带位能性负载在电动状态下运行,相当于起重机提升时的情况,由于在电枢回路突然串入了较大电阻 R,使电枢电流和电磁转矩瞬间减小,电磁转矩小于负载转矩,此时在位能性负载作用下,电动机转速下降,工作点由 A 点开始沿人为机械特性曲线下移;由于电枢反电动势随转速下降而减小,电枢电流和转矩又逐渐增大。如果在转速降为零时,电磁转矩仍小于负载转矩。电动机就会被位能性负载倒拉反转并反向加速,电枢电流和电磁转矩继续增大,直至制动的电磁转矩与驱动的负载转矩相等的 C 点时转速不再变化。从图(b)所示的机械特性可以发现,串入电阻越大,稳定后的反向转速就越快。正压反转反接制动过程中,电动机的输入能量包括电网输入的电能与轴端输入的机械能两部分之和,除了转化为转子反向加速所需要的动能之外,其余能量完全消耗在电枢回路的电阻和外接电阻上,因此经济性较差。

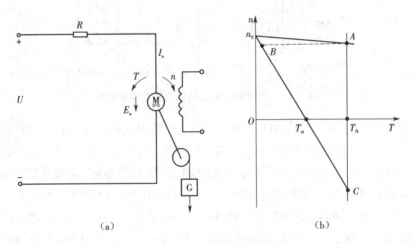

图 2.61　倒拉反转的反接制动

2.反压正转的反接制动（电枢反接的反接制动）

在图2.62中,电动机原来运行在正向电动状态,若突然改变电枢端电压极性,可使电动机进入迅速减速的反接制动过程,称为反压正转反接制动。由于电枢电动势随转速反向,与反接的电源电压相加,致使电枢电流很大,所以必须在回路中串联较大的电阻来限流。

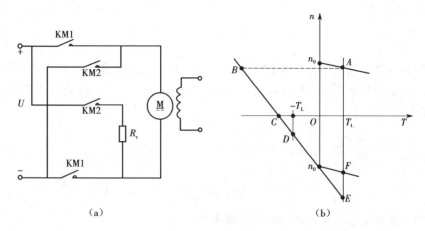

图 2.62　电枢反接的反接制动

在图 2.62（a）中，接触器 KM1 和 KM2 是互锁的，当接触器 KM1 通电，则 KM2 断电，电动机处于电动运行状态。为使电动机快速停车或反向工作，可使接触器 KM1 在断电释放后，立即接通接触器 KM2，使电枢接入限流电阻 R_z 并与电源反接，此时机械特性方程变为

$$n = \frac{-U_N}{C_e \Phi_N} - \frac{r_a + R_z}{C_e C_t \Phi_N^2} T \tag{2-33}$$

当电源反接的瞬间，因为电动机仍然为正转且转速来不及变化，工作点由 A 点跳至第二象限的 B 点，电磁转矩变负，与负载转矩共同起制动作用。使电动机转速迅速降低，进入反压正转反接制动过程，直至转速为零时制动过程结束。应该注意的是在制动过程结束时必须立即断开电源，否则，电动机可能会反向启动。若负载为摩擦性转矩，且数值小于反向起动转矩，电动机反向启动后将进入第三象限的反向电动状态；若负载为位能性转矩，电动机反向启动后会继续加速导致反向转速超过反向的理想空载转速，使工作点移到第四象限的 E 点，电动机将进入反向的回馈制动状态。因此应该明确，只有工作点在第二象限才是电枢反接的反接制动状态。

【**例 2.8**】　某他励直流电动机的额定数据与例 2.7 相同，试求：

（1）当 $\Phi = \Phi_N$、$n = 1\,000$ r/min 时，将电枢反接而使系统快速制动停机，要求制动开始时电流为 $2I_N$，应在电枢中串入电阻 $R_z = ?$

（2）保持 $\Phi = \Phi_N$ 不变而使 $T_z = 0.8\,T_N$ 的位能负载以 20 r/min 的速度稳速下放，如何实现？电枢回路应串联的限流电阻 R_z 为何值？

解：（1）据例 2.7 已得 $C_e \Phi_N = 0.14$

当 $n = 1\,000$ r/min 并将电枢反接时，由电枢电动势平衡方程式可得

$$-2 \times 12.5 = \frac{-220 - 0.14 \times 1\,000}{0.8 + R_z}$$

则

$$R_z = 13.6\ \Omega$$

（2）由例 2.7 已得下放时稳定电枢电流 $I_z = 10$ A，且能耗制动的最低下放转速为 57.14 r/min，所以要获得 20 r/min 的下放速度，只有采用转速反向的反接制动方法。由电路方程式可得

$$-20 = \frac{220}{0.14} - \frac{0.8 + R_z}{0.14} \cdot 10$$

则

$$R_z = 21.48\ \Omega$$

2.9.2.2　直流电动机反接制动控制电路举例

如图 2.63 所示电路是直流电动机可逆运行和反接制动控制电路。图中 R_1、R_2 为启动电阻，R_3 为制动电阻，R_0 为电动机停车时励磁绕组的放电电阻，由时间继电器控制启动时间，时间继电器 KT2 的延时时间大于 KT1 时间继电器的延时时间，KV 为电压继电器，SB_1 为正转启动按钮，SB_2 为反转启动按钮，SB_3 为制动停机按钮。电路的工作原理分析如下。

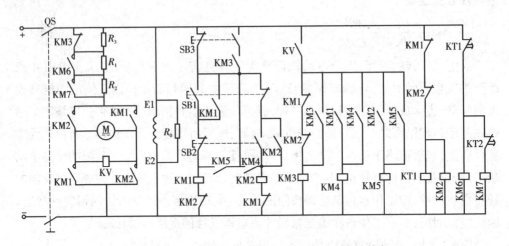

图 2.63　直流电动机可逆运行和反接制动控制电路

（1）启动准备　合上电源开关 QS，励磁绕组通电开始励磁，时间继电器 KT1、KT2 线圈得电动作，它们的延时闭合动断触头瞬时打开，使接触器 KM6、KM7 处于断电状态，此时电路处于准备工作状态。

（2）正转启动　按下正转启动按钮 SB1，接触器 KM1 线圈通电并自锁，其主触头闭合，直流电动机电枢回路串电阻 R_1、R_2 进行两级启动；同时，KM1 辅助常闭触头使 KT1、KT2 失电。经一段时间延时，KT1 延时闭合的动断触头首先闭合，KM6 线圈得

电动作,其常开触头切除 R_1,再经过一段时间,KT$_2$ 延时触点动作,KM7 得电,其常开触点闭合,切除启动电阻 R$_2$ 直流电动机进入正常运行。

正常运行时,电压继电器 KV 得电动作,其常开触头闭合,接触器 KM4 得电动作并自锁,使 KM4 另一个常开触头闭合,为反接制动做好准备。

(3)正转制动　按下停止按钮 SB3,则正转接触器 KM1 断电释放。此时电动机由于惯性仍高速转动,反电势仍较高,电压继电器 KV 仍保持通电,使 KM3 通电并自锁。KM3 的另一常开触头闭合,使反转接触器 KM2 得电动作,主触点闭合,电枢通以反向电流并串入电阻 R_3 进行反接制动。待速度降低到 KV 的释放电压时,KV 触头释放开断,使 KM3、KM4 和 KM2 均断电,反接制动结束并为下次启动做好了准备。

反向启动运行和制动的情况与正转类似,不再重复。特别指出的是,制动时按下 SB3,直到制动结束,才能将手松开,否则电动机将自然停车。

2.9.3　回馈制动

回馈制动又称再生发电制动。当电动机的转速超过理想空载转速时,电枢电动势大于电源电压导致电流反向。此时电动机工作于发电状态,将机械能转化为电能并且回馈电源。实现的条件是负载转矩应成为驱动转矩,其方向必须与转速的方向相同。根据运行时电动机的转速方向的不同,又可有正向回馈制动和反向回馈制动之分。

2.9.3.1　正向回馈制动

正向回馈制动运行常发生在两种情况下。

1. 发生在电动机拖动机车下坡时

他励直流电动机拖动机车在前行中下坡时,由于沿斜坡的重力分力作用,系统作加速运动,如果转速超过正向理想空载转速,即进入正向回馈制动运行状态。正向回馈制动运行时的机械特性曲线如图 2.64 所示,工作点由 A 点开始加速,最后稳定在 B 点。

2. 发生在电动机调速的过程中

当电动机工作在调速时突然降低端电压或者增大磁通瞬间,使端电压稍低于电动势的方式运行,这时电动机处于正向回馈制动过渡过程。降压调速时回馈制动过程的机械特性如图 2.65 所示。

当电压降低时,工作点由 A 点转移到 B 点,电枢电流和电磁转矩反向,电动机处于发电运行状态,转子转速不断降低,到达理想空载转速 C 点时,电磁转矩等于零,负载转矩继续使转速下降,但此时之后电枢电动势低于端电压,电动机进入电动状态,电流与电磁转矩又变为正值,由于电磁转矩仍然小于负载转矩,电动机继续减速,直至稳定工作点 D,调速过程结束。

2.9.3.2　反向回馈制动

反向回馈制动常发生在起重机下放重物时倒拉反转的情况下。如图 2.66,起重机原工作于提升状态 A 点,由于电枢电源反接电磁转矩变负,减速过程由 B 点→D

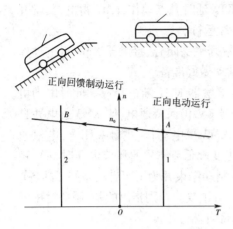

图 2.64 正向回馈制动运行状态

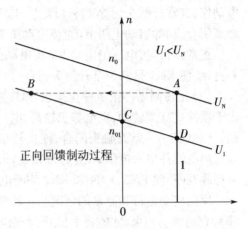

图 2.65 降压调速时正向回馈制动的过程

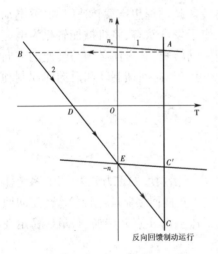

图 2.66 反向回馈制动运行状态

点→E 点→C 点。此时位能性负载拖动电动机反向转动,电动机转速超过反向理想空载转速 $-n_0$,即进入反向回馈制动状态。图 2.66 中曲线 2 的 C 点为反向回馈制动稳定运行状态。

图中机械特性曲线 $B→D$ 之间,他励直流电动机原处于正转反接制动过程中,带位能性负载的电动机的转速下降至零并进入电动状态,$D→E$ 之间为反向加速,其工作点达到反向理想空载转速时,电磁转矩为零。在 $E→C$ 点之间负载转矩作用下继续反向加速,直至稳定运行。在 $E→C$ 之间,转速超过反向理想空载转速,电枢电动势大于端电压,端电压和电动势均为负值,电动机向电网回馈

电功率,电枢电流与电磁转矩为正值,转矩方向与转速相反,故称为反向回馈制动。为节能并使稳定下放速度不致过高,一般进入回馈制动时切除限流电阻,使工作点位于固有机械特性曲线上,如图中 C' 点。

【例 2.9】 某他励直流电动机的额定数据同例 2.7,试求:

(1)设该机原来运行于额定状态,如将端电压突然降到 $U = 190$ V,该机能否进入正向回馈制动状态?其起始制动电流为多少?

(2)将 $T_z = 0.8\ T_N$ 的位能性负载用反向回馈制动稳速下放,$R_z = 0$ 时下放速度 $n_z = ?$

解:(1)额定运行时电枢电动势 $E_{aN} = U_N - I_N r_a = 220 - 12.5 \times 0.8 = 210$ V,由于端电压突降时,I_f 不变,$n = n_N$ 而来不及变化,所以 $E_a = C_e \Phi_N n = E_{aN} = 210$ V 也来不

及变化,则 $E_a > U = 190$ V,电动机进入正向
回馈制动状态,其起始制动电流

$$I_a = \frac{U - E_a}{r_a} = \frac{190 - 210}{0.8} = -25 \text{ A}$$

负号表示 I_a 反向了。

（2）由例 2.7 已得 $C_e\Phi_N = 0.14$, $I_a = 10$ A,则由式(2.33)可得反向回馈制动下放稳定转速

$$n_z = -\frac{U_N}{C_e\Phi_N} - \frac{r_a}{C_e\Phi_N} \cdot I_a$$

$$= -\frac{220}{0.14} - \frac{0.8}{0.14} \times 10$$

$$= -1\,628 \text{ r/min}$$

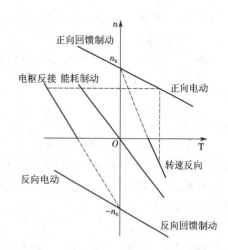

图 2.67　他励直流电动机的各种运行状态

负号代表重物下放时电机反转。

图 2.67 是他励直流电动机各种运行状态的机械特性曲线。他励直流电动机制动运行从机械特性及运行点来看,能耗制动的理想空载转速为零,反接制动的转速与理想空载转速方向相反,回馈制动的转速高于理想空载转速且同向。

2.10　他励直流电动机的调速

他励直流电动机具有宽广的调速范围并能实现平滑的无级调速,适用于调速性能要求较高的生产机械,例如龙门刨床、高精度车床、电铲和轧钢机等。他励直流电动机的调速主要通过改变电动机参数获得各种不同的人为机械特性来改变稳定工作点。

2.10.1　电动机调速的性能指标

调速即是指通过改变电动机的参数、结构或外加电气参量(如供电电流或频率)改变电动机的转速。即负载一定的情况下,通过改变电动机的机械特性,改变稳定工作点的转速,从而实现对转速的调节和控制。

调速系统必须考虑下列基本性能指标。

1. 静差率

静差率指转速的相对稳定性或转速变化率,是电动机在某一条机械特性上从理想空载到额定负载时的转速降与理想空载转速之比的百分数,用 δ 表示,其计算公式为

$$\delta = \frac{n_0 - n_N}{n_0} \times 100\% \tag{2.34}$$

静差率 δ 值与机械特性的硬度、理想空载转速 n_0 和额定转速 n_N 有关。对于线性

机械特性,在理想空载转速和负载转矩相同的情况下,机械特性越硬 δ 值越小。

2. 调速范围

调速范围指电动机在额定负载下可能达到的最高转速 n_{max} 和最低转速 n_{min} 之比,用 D 表示,其计算公式为

$$D = \frac{n_{max}}{n_{min}} \tag{2.35}$$

通常调速系统要求调速范围 D 大与静差率 δ 小两者是矛盾的,因为机械特性硬度不变时,静差率与理想空载转速成反比,空载转速较低时,静差率较大,因此调速范围受到低速时静差率的制约。调速系统对静差率的要求越高,调速范围就越小,否则调速范围就越大。

3. 调速平滑性

调速的平滑性是指在一定的调速范围内转速的等级数的多少。无级调速相当于等级数无穷大,故平滑性最好;有级调速用平滑因数 φ 表示,平滑因数是指相邻两级转速之比,即 $\varphi = \frac{n_i}{n_{i-1}}$。$\varphi$ 值越接近于 1.0,调速越平滑。

4. 调速经济性

调速的经济性主要考虑调速系统设备的初投资和调速运行中的效率两个方面。所谓调速的效率主要指调速时电能的附加损耗以及运行过程需要维修的费用等经济性能。

2.10.2 调速方法

1. 电枢回路串电阻调速

他励直流电动机拖动生产机械运行时,保持电枢端电压与励磁电流为额定值。电枢回路串接不同电阻,改变机械特性实现速度的改变,属于恒转矩调整方法。图 2.68 表示他励直流电动机拖动恒转矩额定负载时改变电枢回路电阻调速的机械特性。

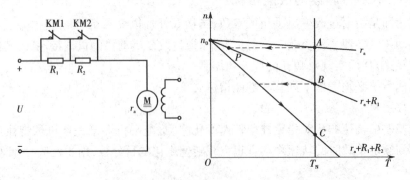

图 2.68 他励直流电动机电枢串电阻调速

串电阻调速过程:假定电动机原先稳定运行在固有机械特性的额定工作点 A,接

触器 KM1 和 KM2 的常闭触头均处于闭合状态,调速时接触器 KMl 线圈通电动作,其常闭触头断开,使调速电阻 R_1 接入电枢回路,由于存在机械惯性,电动机 M 工作点由 A 平移到人为机械特性 P 点,这时电磁转矩小于负载转矩,电动机 M 减速,电枢反电动势减小,而这又导致电枢电流和电磁转矩增大,工作点下移直到 B 点转矩平衡电动机 M 又稳定运行;若进一步断开接触器 KM2 常闭触头,使调速电阻 R_2 也串入电枢回路,电动机 M 又将进一步减速,最终工作点稳定在更低转速的 C 点。

采用串电阻调速的优点是方法简单、投资少,适用于低速短时运行的拖动装置。其缺点有以下几个:

①调速时机械特性变软,静差率增大,稳定性相对减弱。

②转速只能低于额定转速,调速范围较小,一般在 1.5~2.0 范围内。

③由于串接电阻上要消耗电功率,因此经济性也较差。

④串接电阻是分级的,只能实现有级调速,平滑性差。要提高平滑系数,串接的级数要增多,接触器数量增多,控制也更复杂。

2. 改变电枢电压调速

利用直流调压电源供电,可实现直流电动机改变电枢电压调速,受绝缘材料耐压值的限制,电枢电压必须低于额定值,即只能在电枢额定电压值以下变压调速,故此方法又称为降压调速。他励直流电动机变压调速的机械特性如图 2.69 所示,图(a)为带恒转矩负载变压调速,图(b)为带泵类负载变压调速。

采用降低电枢电压调速时,直流电动机的理想空载转速降低,机械特性曲线平行下移,曲线硬度基本上保持不变。所以在允许静差率的范围内降压调速可获得比串电阻调速更宽的调速范围,一般可达 10~20。而且当电源可连续平滑调压时,电动机可实现无级平滑调速。

利用直流调压电源供电,在实际工程中还可以满足启动制动的要求,在启动时采用逐步升高电压的方法限制启动电流实现平滑的降压启动;降低电压调速的过程中则有可能实现直流电动机的回馈制动。如图 2.69(b)中,电动机调速前电枢电压等于额定电压 U_N,工作在额定工作点 A,当降低电枢电压后 $U < U_N$,人为机械特性曲线下移,即图中较低的曲线;调压瞬间,因机械惯性之故转速与电枢电动势 E_a 都来不及变化,若此时电枢电压 $U < E_a$,工作点由原来的 A 点跃至人为机械特性曲线上的 C 点,进入第二象限。就会导致电枢电流和电磁转矩变成负值改变方向,电动机制动减速,运行于回馈制动状态,向电源回馈电能。电动机工作点将沿人为机械特性曲线下移越过理想空载点继续减速,最后在 B 点以较低的转速稳定运行。

综上所述,降压调速机械特性硬度不变,调速后速度稳定性好,调速范围大;由于电压控制容易进行连续调节,能够实现无级调速及平滑启动制动;调速及启动制动时能量损失少,效率高,经济性好;而且可以通过控制电压的变化规律使过渡过程中电枢电流接近允许的最大值,尽可能缩短过渡过程的时间。

降压调速方法比电枢串电阻调速方法优越得多,但降压调速需要直流调压电源,

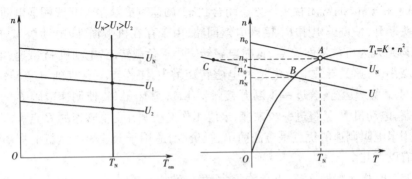

图 2.69 他励直流电动机改变电压调速

(a)恒转矩负载 (b)泵类负载

目前多采用由电力电子器件组成的的相控变流器和斩波器,初期投资较大。因此,降压调速多用于对调速性能要求较高的大型设备如轧钢机、龙门刨床等。

3.改变磁通调速

改变磁通调速又称弱磁调速。由于电动机额定运行时,励磁电流已使磁路接近饱和,增大磁通难以做到,因此调节励磁电流改变磁通时只能减小励磁电流使磁通减小,故称弱磁调速。小容量直流电动机可在励磁回路串接调节电阻实现调速,而大容量直流电动机必须用专用可调电源供励磁绕组调节电流。在电枢电压和电枢电流为额定值的条件下减小励磁调速,电动机转速将高于额定转速,可获得更高的转速。但电磁转矩与磁通成正比也将减小,故提速后电磁转矩将低于额定转矩,负载转矩也应该适当减小。随着转速升高电磁转矩减小,故调速前后电磁功率恒定,因此弱磁调速属于恒功率调速方法。

弱磁调速的机械特性如图 2.70 所示。

弱磁调速的优点是控制方便,调速平滑,经济性好,但只能在基速以上调速,调速范围窄,受电动机机械强度和换向火花的限制,转速也不能太高,一般限制在额定转速的 2.0 倍以内,对专门设计的弱磁调速电动机可达到额定转速的 3 – 4 倍。调节励磁调速要防止励磁电流过小造成飞车现象。

在他励直流电动机电力拖动系统中,广泛使用调压调速和弱磁调速协同调速的方法,以获得调速范围宽、平滑性好、效率高的调速系统,以满足生产机械的调速要求。

【例 2.10】 他励直流电动机的额定数据为:容量为 220 kW,$U_N = 220$ V,$I_N = 115$ A,$n_N = 1\ 500$ r/min,$r_a = 0.1\ \Omega$;带额定转矩负载运行,

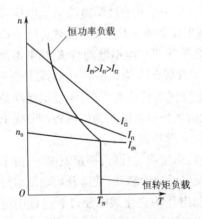

图 2.70 他励直流电动机弱磁调速

忽略空载转矩。试求：

(1)分别采用串电阻和降压两种方法把转速降为 1 000 r/min，计算有关参数；

(2)将磁通减少 1/4，分别计算带恒转矩额定负载和恒功率额定负载运行时，电动机的稳态转速和电枢电流。

解：(1)分别采用电枢回路串电阻和减压的方法把转速降为 1 000 r/min，计算如下。

①计算电枢串入电阻的数值：

$$C_e \Phi_N = \frac{U_N - I_N r_a}{n_N} = \frac{220 - 115 \times 0.1}{1\,500} = 0.139$$

电枢串电阻为 R，则有

$$R = \frac{U_N - C_e \Phi_N n}{I_N} - r_a = \frac{220 - 0.139 \times 1\,000}{115} - 0.1 = 0.604\ \Omega$$

②计算降速后的电枢电压数值：

$$U = C_e \Phi_N n + I_N r_a = 0.139 \times 1000 + 115 \times 0.1 = 150.5\ V$$

(2) $\Phi = \dfrac{3}{4}\Phi_N$ 时，电动机的转速和电枢电流的计算如下。

根据电磁转矩公式 $T = C_t \Phi I_a$，拖动恒转矩负载 $T = T_L$，则有

$$I_a = \frac{\Phi_N}{\Phi} I_N = \frac{\Phi_N}{\frac{3}{4}\Phi_N} I_N = \frac{3}{4} \times 115 = 153\ A$$

电动机转速

$$n = \frac{U_N - I_a r_a}{C_e \Phi} = \frac{200 - 153 \times 0.1}{\frac{3}{4} \times 0.139} = 1\,964\ r/min$$

可见，由于电动机的电枢电流 $I_a > I_N$，故不能长期运行。

如果拖动恒功率负载，由于此时电枢电流恒定 $I_a = I_N$

电动机转速

$$n = \frac{U_N - I_a r_a}{C_e \Phi} = \frac{220 - 115 \times 0.1}{\frac{3}{4} \times 0.139} = 2\,000\ r/min$$

由于此时电流为额定值，如果电动机转速不超过最高转速限制所允许的转速值，就可以长期运行。

【例 2.11】 他励直流电动机的额定数据为：$U_N = 220\ V$，$I_N = 12.5\ A$，$n_N = 1\,500$ r/min，$r_a = 0.8\ \Omega$。试求：

(1)保持 $U = U_N$ 且 $I_f = I_{fN}$ 不变，忽略电枢反应的作用，带 $T_L = 0.8\,T_N$ 恒转矩负载运行，若使转速降低为 1 000 r/min，应在电枢回路中串入电阻 $R = ?$

(2)设该机带动通风机负载 $T_L = k \cdot n^2$，原来运行于图 2.71 所示的额定状态 A 点，现用降压调速使转速降为 $n_N = 1\,300$ r/min，端电压 U 应降为多少？稳定后的电

枢电流为多少?

(3)设 $T_L = T_N$ 为恒转矩负载,该机在额定运行中突然励磁回路断线,已知断线后的剩磁为 $\Phi = 0.04\,\Phi_N$,系统将加速还是减速? 稳定后的电枢电流与转速各为多少?

解:(1)由于 $I_f = I_{fN}$ 不变且不计电枢反应去磁作用,所以 $\Phi = \Phi_N$ 不变。则稳定后电枢电流

$$I_a = \frac{T}{C_t\Phi} = \frac{0.8\,T_N}{C_t\Phi_N} = 0.8\,I_N$$
$$= 0.8 \times 12.5 = 10 \text{ A}$$

由例 2.7 可得

$$C_e\Phi_N = 0.14$$

则

$$R = \frac{U_N - C_e\Phi_N \cdot n}{I_a} - r_a = \frac{220 - 0.14 \times 1\,000}{10} - 0.8 = 7.2 \ \Omega$$

(2)在 A 点运行时有 $C_t\Phi_N I_N = k \cdot n_N^2$,而降压后运行于 B 点时有 $C_t\Phi_N I_a = k \cdot n^2$,则

$$I_a = \left(\frac{n}{n_N}\right)^2 \cdot I_N = \left(\frac{1\,300}{1\,500}\right)^2 \times 12.5 = 9.329 \text{ A}$$

$$U = C_e\Phi_N \cdot n + I_a r_a = 0.14 \times 1\,300 + 9.39 \times 0.8 = 189.5 \text{ A}$$

(3)由于额定运行时 $E_{aN} = C_e\Phi_N n_N = 0.14 \times 1\,500 = 210$ V,而磁场断线瞬间 $n = n_N$ 来不及变化,所以断线瞬间的电枢电动势

$$E_a = C_e\Phi' \cdot n_N = 0.04\,C_e\Phi_N n_N = 0.04 \times 210 = 8.4 \text{ V}$$

此刻的电枢电流和电磁转矩分别为

$$I_a = \frac{U_N - E_a}{r_a} = \frac{220 - 8.4}{0.8} = 264.5 \text{ A} \qquad \gg I_N = 12.5 \text{ A}$$

$$\frac{T}{T_N} = \frac{C_t\Phi \cdot I_a}{C_t\Phi_N \cdot I_N} = 0.04 \frac{264.5}{12.5} = 0.846\,4$$

$$T = 0.846\,4\,T_N$$

由此可知,断线初瞬 $T < T_L = T_N$,所以系统减速,当 n 降低时,$E_a = C_e\Phi' \cdot n$ 更小,I_a 更大,使 $T = C_t\Phi' I_a$ 开始增加。当转速减为零时,$E_a = 0$,其电枢电流和电磁转矩增为

$$I_a = \frac{U_N}{r_a} = \frac{220}{0.8} = 275(\text{A}) \gg I_N = 12.5 \text{ A}$$

$$\frac{T}{T_N} = \frac{C_t\Phi' I_a}{C_t\Phi_N I_N} = \frac{\Phi' I_a}{\Phi_N I_N} = \frac{0.04\Phi_N}{\Phi_N} \frac{I_a}{I_N} = 0.04 \times \frac{275}{12.5} = 0.88$$

$$T = 0.88\,T_N$$

仍然有 $T < T_L = T_N$,故系统最终处于停转状态。

此例说明:在重载的情况下,当励磁断路后,电枢电流很大,电动机会迅速烧毁。

如果负载较小或空载,转速就会急剧升高而导致"飞车"事故。

2.10.3 调速方法与负载的配合

如果电动机在正常运行时电枢电流较长时间超过额定值,电动机就会因为过热而受损。因此电动机不管采用何种调速方法,都应保持电枢电流等于或小于其额定值,这样电动机就不会过热,能长期安全可靠地工作。下面分析电动机在调速之后能否充分发挥其设计效能的问题,也就是调速方法与负载配合的合理性问题,只有调速方法与恰当的负载配合时,电动机的设计效能才可能获得充分的利用。

电动机调速方法与负载的合理配合,即是指在调速范围内任何转速下满足负载转速转矩要求的同时,还能始终保持电枢电流等于或接近其额定值。若电枢电流小于其额定值太多,电动机调速后欠载运行,这种调速方法与负载的配合就不合理。

如前所述,采用改变电枢电压调速或电枢串电阻调速时,均要求磁通保持额定值不变,因电枢电流与电磁转矩成正比关系,故电动机运行时只须使电磁转矩等于额定值就能保持电枢电流等于额定值,而稳定运行时电磁转矩的大小是由负载转矩决定的。因此这两种调速方法充分利用电动机效能的必要条件就是带额定恒转矩负载,所以这两种调速方法被称为恒转矩调速。

当采用改变磁通调速即弱磁调速时,为了不使电动机过热,稳定运行时仍必须保持电枢电流等于或小于其额定值。当电枢电流不变时,电磁转矩的大小与磁通是正比的关系,磁通量调小了,就要求电磁转矩也相应减小。所以在弱磁调速运行中为了保证电动机不过热,电磁转矩必须小于额定值且不应是恒定的。另一方面,在弱磁调速中电枢电压是保持额定值不变的,故必须使电动机的输出功率等于额定值,就可以保证电枢电流等于额定值。所以带恒功率负载是弱磁调速中充分利用电动机的必要条件,所以该调速方法被称为恒功率调速。

图2.71(a)是他励直流电动机调速方法与负载的一种合理配合方案,图中虚线表示充分利用电动机效能的理想调速范围,实线则表示电动机所带机械负载的转矩特性曲线。当电动机的转速低于额定转速时带额定的恒转矩负载,采用了恒转矩调速方法;当电动机转速高于额定转速时带恒功率负载,则采用恒功率调速方法弱磁调速。采用这种分区调速相配合的方案,在任何转速下均有负载转矩接近理想范围内最大值时,电枢电流也接近其额定值,电动机可以被充分利用且不过热。该方案不仅获得宽广的调速范围,又能使电动机充分发挥其设计效能。在实际工程中,轧钢机等一些生产机械的负载特性在低速范围内具有恒转矩特性,在高速范围内具有恒功率特性,采用该调速方案非常合适。

在工程实际中,对静负载特性属于恒功率性质的生产机械,当要求调速范围比较大时,若单纯采用弱磁调速将无法满足低速运行的要求,仍采用恒功率调速与恒转矩调速分区调速的方案,如图2.71(b),虽然高速时电动机也得不到充分利用,但是与图2.72(a)中采用降压调速或电枢串电阻的恒转矩调速方法相比,还是好些。

图2.72 四种调速方法与负载配合的方案中,直流电动机都将无法得到充分利

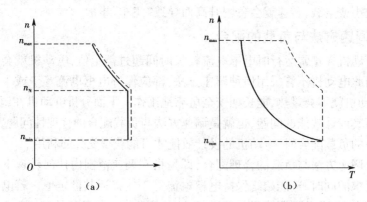

图 2.71   常用的调速方法与负载配合方案

(a)调速方法与负载合理配合的一种方案   (b)调速方法与负载比较合理配合的一种方案

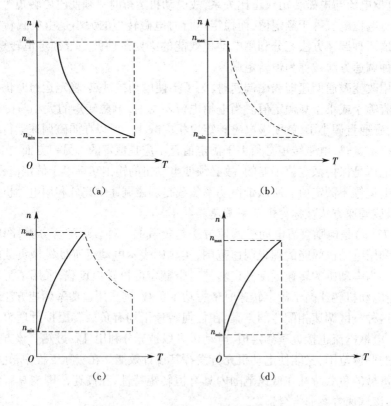

图 2.72   几种不合理的配合方案

(a) 恒转矩调速方法与恒功率负载配合   (b) 恒功率调速方法与恒转矩负载配合
(c) 恒功率调速方法与泵类负载配合   (d) 恒转矩调速方法与泵类负载配合

用。图(a)表示恒转矩调速方法与恒功率负载相配合,为了使电枢电流不超过额定
值,只能使最低转速时转矩等于理想值,在其他转速时转矩都小于理想值;图(b) 表

示恒功率调速方法与恒转矩负载相配合,为了使电枢电流不超过额定值,只能使最高转速时转矩等于理想值,在其他转速时转矩都小于理想值;图(c)表示恒功率调速方法与泵类负载配合。在这种情况下,为了使电枢电流不超过额定值,都只能使最高转速时转矩等于理想值,在其他转速时转矩都小于理想值,所以都不合理。

2.11 串励直流电动机的拖动与控制

2.11.1 串励电动机的机械特性

1. 串励电动机的固有机械特性

如图 2.3.4 所示串励电动机的电枢电流也就是励磁电流,在轻载时电流较小磁路尚未饱和,可以近似认为磁通量与电流成正比,磁通 $\Phi = K_f I_a$,其中 K_f 为励磁系数。电枢回路总电阻 r 包括电枢绕组总电阻 r_a 和励磁绕组 r_f。不难导出,串励直流电动机的固有机械特性方程式为

$$n = \frac{U_N}{C_e}\sqrt{\frac{C_t}{K_f T}} - \frac{r}{C_e K_f} \tag{2.36}$$

从式(2.36)不难发现,串励电动机转速与电磁转矩平方根近似成反比,随电磁转矩增大电动机转速下降,机械特性呈非线性关系且特性较软,呈双曲线形状。理想空载时,电流等于零,转速无穷大。

当电动机负载较重时电枢电流较大磁路饱和,励磁磁通近似等于额定值接近常数,串励电动机的机械特性与他励电动机相似,为一直线。

如图 2.73 所示,图中曲线 1 为串励电动机的固有机械特性曲线,曲线随着转矩的增大逐渐由近似的双曲线过渡到近似的直线。

串励直流电动机的机械特性是软特性,转速的稳定性差,但对负载的适应性强,能根据负载大小自动调整转速,重载时转速低,电枢电流与励磁磁场同时增大,其转矩过载倍数大于电流过载倍数,所以具有更强的过载能力。

2. 串励电动机的人为机械特性

可用串接电阻、降低电压、励磁绕组并联电阻和电枢绕组并联电阻等方法获得,图 2.74 是串励直流电动机改变变量原理图,图 2.73 为串励电电动机固有和人为机械特性曲线示意图,当串接电阻 R 时,人为机械特性低于固有机械特性,如图 2.73 曲线 2 所示。串入电阻 R 较大时,在位能性负载条件下,人为机械特性会进入第四象限,处于反接制动状态。降低电压时的人为机械特性如曲线 3 所示。励磁绕组并联电阻时,接触器 KM2 得电动作闭合,而接触器 KM1 释放打开,在相同电枢电流下,励磁电流减小,即弱磁转速上升,人为机械特性如曲线 4 所示。当电枢绕组并联电阻时,接触器 KM1 得电动作闭合,KM2 释放打开,电枢电流减小,若并联电阻较大,可认为电枢电压降低不多,电动势和转速基本不变,电磁转矩有所减少,因此人为机械

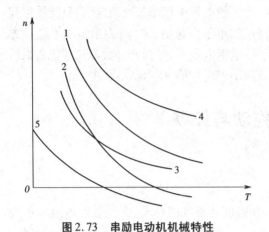

图 2.73 串励电动机机械特性

1—固有机械特性 2—串接电阻 3—降低电压
4—励磁绕组并联电阻 5—电枢绕组并联电阻

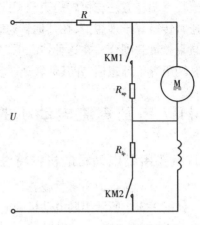

**图 2.74 串励直流电动机
改变参量原理图**

特性左移,如曲线 5 所示。并联电阻较小时,电枢电压降低明显,可能等于甚至低于电动势,电枢电流可能为零,甚至改变方向,电动机有可能进入能耗制动状态。

2.11.2 串励直流电动机的拖动

由于串励直流电动机的理想空载转速是无穷大,实际空载转速也能够达到额定转速的 5~6 倍,会造成"飞车"事故。因此串励直流电动机不允许空载或轻载运行,适用于拖动转矩较大和过载能力较大的电车、电机车、起重机和卷扬机。在应用串励电动机时,电动机与机械负载轴之间的连接一定要可靠,一般不允许采用皮带等摩擦性连接方法。

2.11.2.1 串励直流电动机的启动

串励直流电动机一般采用串电阻分级启动,逐级短接启动电阻的方法与他励电动机启动相同。

2.11.2.2 串励直流电动机的反向

改变串励直流电动机的转向方法理论上与他励电动机相同,即改变电枢电流的方向或改变磁场的方向;但是由于电枢绕组与励磁绕组串联,不能简单地采用改变电源接线的方法,因为这样作电枢电流的反向改变的同时,磁场的反向也改变了,转动方向并不能改变。所以正确的做法是将电枢绕组或励磁绕组接线端拆下,对调后再接入电路,一般多采用电枢反接的方法。

由于电源反接时电枢电流和励磁电流方向均随之改变,电动机电磁转矩方向和转速方向不变。可以利用串励电动机具有的这一特点,设计出交直流两用串励电动机。

2.11.2.3 串励直流电动机的制动

由于理想空载转速是无穷大,在不改变励磁方式的情况下串励电动机一般不能采用回馈制动。因为回馈制动要求电枢电动势保持原来的方向但要大于电压、电枢电流改变方向,但这样也将使励磁绕组电流反向磁场极性改变,磁场极性改变又会引起电枢绕组感应电动势方向相应发生改变,所以不可能实现回馈制动。一般可采用的方法是反接制动和能耗制动。

1. 反接制动状态

串励电动机反接制动也有两种形式:一是在位能负载作用下使电动机反转,工作点位于人为机械特性第四象限部分的曲线上;另一种是改变电枢绕组接线的极性或改变励磁绕组接线极性,使电动机产生制动转矩迅速减速停车。这两种形式都需要在回路中串入限流电阻。

2. 能耗制动状态

串励电动机正常运行时,若把电枢脱离电源并接至制动电阻,励磁绕组可以采用他励或自励方式,但励磁磁场极性不能变,否则无法产生制动转矩。由于能耗制动效果差、操作复杂,因而较少应用。

图 2.75 是串励电动机反接制动的机械特性曲线。

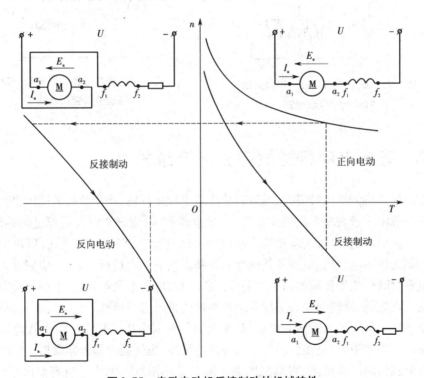

图 2.75 串励电动机反接制动的机械特性

2.11.2.4 串励直流电动机的调速

串励直流电动机一般采用降低电源电压、电枢回路串联电阻、电枢绕组并联电阻分流和励磁绕组并联电阻分流等调速方法。

2.11.3　串励直流电动机的控制电路举例

串励直流电动机的控制电路与他励直流电动机的控制电路相似。图 2.76 和图 2.77 分别是电枢回路串联电阻启动单向运行和可逆运行的控制电路。工作原理读者可自行分析。

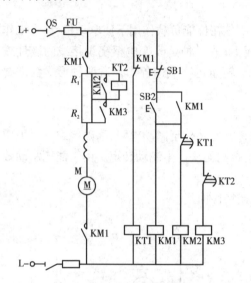

图 2.76　电枢回路串联电阻的启动
单向运行控制电路

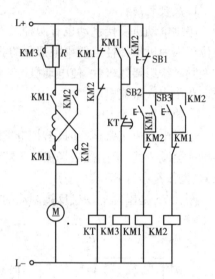

图 2.77　电枢回路串联电阻启动
可逆运行控制电路

2.12　直流电动机的故障分析及维护

直流电动机的结构较复杂,其运行故障是多种多样的,产生故障的原因也比较复杂。运行故障一般表现为出现火花增大、转速异常、电流异常以及局部过热等现象。在使用直流电动机前,首先应该按产品说明书认真检查,保证正确接线,以避免发生接线错误而损坏电动机、电源和其他配套设备。在电动机运行异常时,应该首先仔细检查电源、线路、机械负载和励磁设备等;还要对如电刷架是否松动、电刷与换向器的接触是否良好、轴承转动是否灵活等结构部件的情况进行检查。

电动机必须安装在清洁的地点,防止腐蚀气体对电机的损害。防护式电动机不应装在多灰尘的地方,过多的灰尘不但降低绝缘性,也使换向器加剧磨损。电机必须牢固安装在稳固的基础上,将电机的振动减至最小限度。电机上所有紧固零件(螺栓、螺母)、端盖盖板、出线盒盖等均需拧紧。

经常性维护和对运行状况的监视,才能保证直流电动机长期正常工作。由于直流电动机的大部分故障都会反映在换向不良和运行性能异常变化上,因此下面仅对直流电动机常见的换向故障和性能故障作简要介绍。

2.12.1　直流电机运行时的换向故障

直流电机的换向情况可以反映出电机运行是否正常,保持良好的换向可使电机运行安全可靠并延长它的寿命。直流电机的内部故障,多数会引起换向不良而出现有害的火花或火花增大,严重时会灼伤换向器表面,甚至妨碍直流电机的正常运行。

2.12.1.1　机械原因

直流电机的电刷和换向器之间属于滑动接触,腐蚀性气体、大气压力、相对湿度、电机振动、电刷和换向器装配质量等因素都对电刷和换向器的滑动接触情况均有一定影响,当因这些原因使电刷和换向器的滑动接触不良时,就会在电刷和换向器之间产生有害的火花或使火花增大。

1. 换向器

换向器要求表面光洁圆整,没有局部变形。在换向良好的情况下,长期运转的换向器表面与电刷接触的部分将形成一层坚硬的褐色氧化亚铜薄膜。这层薄膜有利换向并能减少换向器的磨损,应注意防止因电刷压力过大或环境原因破坏薄膜。当换向器装配质量不良,个别片间云母凸出或凹下、表面有撞击疤痕或毛刺时,电刷就不能在换向器上平稳滑动,使火花增大。换向器表面沾有油泥等污物也会使电刷接触不良从而产生火花。

若换向器表面有污物,应用沾有酒精的抹布擦净。换向器表面出现不规则情况时,可在电机旋转的情况下,用与换向器表面吻合的曲面木块垫上细玻璃砂纸来磨换向器,若仍有较大火花,不能满足换向要求时,则必须车削换向器外圆,当换向器片间云母凸出,应将云母片下刻,下刻深度约为 1.5 mm,过深的下刻易堆积炭粉,造成片间短路。下刻片间云母之后,应研磨换向器外圆,方能使换向器表面光滑。

2. 电刷

电刷与换向器应保持良好的滑动接触,每个电刷表面至少要有 3/4 与换向器接触,电刷的压力应保持均匀,各电刷间弹簧压力相差不超过 10% ,以避免各电刷通过的电流相差太大,造成个别电刷过热和磨损太快。当电刷弹簧压力不合适、电刷材料不符合要求、电刷型号不一致、电刷与刷盒间太紧或太松、刷盒边离换向器表面距离太大时,就易使电刷和换向器滑动接触不良,产生有害的火花。

同一台电机必须使用同一型号的电刷,因为不同型号的电刷性能不同,通过的电流相差较大,造成换向不好。电刷的弹簧压力应根据不同的电刷确定。新更换的电刷需要用较细的玻璃砂纸研磨,然后空转半小时,在负载下工作一段时间,使电刷和换向器进一步磨合。在换向器表面初步形成氧化膜后,才能投入正常运行。

3. 电机振动

电机振动对换向的影响是由电枢振动的振幅和频率高低所决定的。当电枢振动时,电刷就在换向器表面跳动。随着电机转速的增高,振动越大,电刷跳动越大。电机的振动大多是由于电枢两端的平衡块脱落或位置移动造成电枢的不平衡,或是在电枢绕组修理后未进行平衡处理引起的。一般说来,对低速运行的电机,电枢应进行静平衡试验;对高速运行的电机,电枢必须进行动平衡试验;电枢上所加的平衡块必须固定牢靠。

直流电机的电刷必须安装在换向器上的对应于几何中性线位置上,电刷通过换向器与几何中性线上的电枢绕组导体接触,使电枢元件在被电刷短路的瞬间不切割主磁场的磁通。由于修理时不注意,磁极、刷盒的装配有偏差,造成各磁极极间距离相差太大、各磁极下的气隙很不均匀、电刷不对中心(径向式)、电刷沿换向器圆周不等分,这些均易引起换向时产生有害的火花或火花增大。因此修配时应使各磁极和电刷安装合适、分布均匀,以改善换向。电刷架应保持在出厂时规定的位置上,固定牢靠,不要随便移动。电刷架位置变动对直流电机的性能和换向也有影响。

2.12.1.2　电枢绕组故障

电枢绕组的故障主要是绕组内部并联支路存在断线、接触不良和短路等,这些都会使某一对电刷下的电流大于正常值,从而造成换向不良,导致火花增大甚至会烧坏换向器。

1. 电枢绕组内部并联支路存在断线、接触不良

由于电枢绕组是一闭合回路,当故障元件所连的换向片转动到电刷下时,电路就会经过换向器和电刷接通,而当其离开电刷时,电路又会断开。在电流中断的瞬间会在电刷下产生较大的火花,其结果是断路点两侧的换向片被灼黑。若用电压表检查相关换向片之间的电压,能够发现故障点两侧的换向片的片间电压特别高。与故障相关的两换向片之间的节距同电枢绕组的接线形式有关。

2. 电枢绕组的内部并联支路或元件存在短路故障

由于电枢绕组内部短路会使电动机的空载电流增大,被短路的元件中产生较大的交变环流而使局部发热,同时会使相关的换向片换向时产生较大的火花。常见的短路有对地短路、匝间短路、片间短路、层间短路等,短路元件的位置可以用短路侦察器寻找。

2.12.1.3　换向极或补偿绕组故障

由于换向极和补偿绕组的作用是改善换向,当定子的换向极励磁绕组或补偿绕组接反、短路、匝数不合适,就会使换向性能明显变差,火花增大。在电动机检修后换向不良时,存在这种可能性。

2.12.1.4　电源的影响

近年来晶闸管整流技术发展迅速,可控整流电源逐步取代了直流发电机组,它的优点是维护简单、效率高、重量轻,直流电源的调节性能好,但这种电源带来了谐波电流和快速的暂态变化,对直流电动机的换向有一定的不利影响。电源中的交流谐波分量不仅对直流电机的换向有影响,而且增加了电机的噪声、振动、损耗和发热,为了改善电动机的运行状况,一般采用串接平波电抗器的方法减少交流谐波分量。

2.12.2　直流电动机运行时常见的性能故障

2.12.2.1　转速异常

（1）转速偏高　在电源电压正常情况下，转速与主磁通成反比。当励磁绕组中发生短路或个别磁极极性装反时，主磁通量减少，转速就上升。励磁电路中断线，磁极只有剩磁。对串励电动机来说，励磁线圈断线即电枢开路，电动机就停止运行；对并励或他励电动机，则可能导致转速急剧上升，有飞车的危险，如所带负载很重，那么电动机速度虽不致升高，这时电流却剧增。

（2）转速偏低　电枢电路中连接点存在接触不良，使电枢电路的电阻压降增大，这在低压、大电流的电机中尤其要引起注意。所以转速偏低时，要检查电枢电路各连接点的接头焊接是否良好，电刷与换向器的接触是否可靠。

（3）转速不稳　直流电动机在运行中负载逐步增大时，电枢反应的去磁作用亦随之逐步增大。尤其直流电动机在弱磁提高转速运行时，电枢反应的去磁作用较大，在电刷偏离中性线或串励绕组接反时，则去磁作用更强，使主磁通更为减少，转速上升，同时电流随转速上升而增大，电流增大又使电枢反应去磁作用增大，这样恶性循环使电动机的转速和电流发生急剧变化，电动机不能正常稳定运行。如不及时处理，电动机和所接仪表均有损坏的危险。在这种情况下，首先应检查串励绕组极性，同时减小并励绕组的电阻以增大励磁电流。若电刷偏离中性线，则应加以调整。

2.12.2.2　电流异常

直流电动机运行时发生过载，电枢电流将超过铭牌规定的额定电流值。如果电动机在机械上有不正常的摩擦如轴承太紧、电枢回路中引线相碰或存在短路现象及电枢电压太低且负载较重等故障，均会使电枢电流增大。

2.12.2.3　局部过热

电枢绕组中若有短路现象时，会产生局部过热。在小型电机中，有时电枢绕组匝间短路所产生的有害火花并不显著，但局部发热较严重，导体各连接点接触不良，这样也会引起局部过热；换向器上的火花太大，会使换向器过热；电刷接触不良会使电刷过热。当绕组部分长时间局部过热时，会烧毁绕组。因此在运行中发现有绝缘烤糊味或局部过热情况，应及时检查修理。

本节介绍的常见故障及维护知识是非常基本的。由于直流电动机结构较为复杂，其运行中的故障是多种多样的，有时故障的原因同时有几个而且相互影响。因此要找出直流电动机的故障原因，必须通过认真的分析，根据电动机内部的规律和长期工作积累的经验才能作出正确的判断。

习　题

1. 你能否根据电磁转矩、电机转速和负载转矩的方向判断电机的运行状态? 如果已知电压 U、电动势 E_a 和电流 I_a 的方向,你能否判断电机的运行状态? 直流电动机的电枢电动势、电磁转矩对电动机和发电机的作用有何不同?

2. 一台直流电动机的铭牌数据已知,如果将其改作发电机来使用,其额定电压、电流、功率是否改变? 如何改变?

3. 某直流电动机的数据为:额定功率 $P_N = 25$ kW,额定电压 $U_N = 220$ V,额定转速 $n_N = 1\ 500$ r/min,额定效率 $\eta = 86.2\%$ 。试求:

(1)额定电流 I_N;

(2)额定负载时的输入功率 P_{1N}。

4. 某直流发电机的数据为:额定功率 $P_N = 12$ kW ,额定电压 $U_N = 230$ V,额定转速 $n_N = 1\ 450$ r/min,额定效率 $\eta = 83.5\%$ 。试求:

(1)额定电流 I_N;

(2)额定负载时的输入功率 P_{1N}。

5. 一台直流电机,已知极对数 $p = 2$,槽数 Z 和换向片数 K 均等于 8,采用单叠绕组。

(1)计算绕组各节距;

(2)画出绕组展开图、主磁极和电刷的位置;

(3)求并联支路数。

6. 一台直流电机,已知极对数 $p = 2$,槽数 Z 和换向片数 K 均等于 11,采用单波绕组。

(1)计算绕组各节距;

(2)画出绕组展开图、主磁极和电刷的位置。

7. 某并励直流电动机额定数据为: $U_N = 220$ V, $I_N = 92$ A, $\eta_N = 0.86\%$, $r_a = 0.08$ Ω, $r_f = 88.7$ Ω。试求额定运行时:

(1)输入功率;

(2)输出功率;

(3)总损耗;

(4)电枢回路铜耗;

(5)机械损耗与铁耗之和。

8. 一台并励直流电动机的额定数据为: $P_N = 17$ kW, $I_N = 92$ A, $U_N = 220$ V, $r_a = 0.08$ Ω, $n_N = 1\ 500$ r/min,励磁回路电阻 $r_f = 110$ Ω,试求:

(1)额定负载时的效率;

(2)额定运行时的电枢电动势 E_a;

(3)额定负载时的电磁电矩。

9. 他励直流电动机的数据为: $P_N = 10$ kW, $U_N = 220$ V, $I_N = 53.4$ A, $n_N = 1\ 500$ r/min, $r_a = 0.4$ Ω。求:

(1)额定运行时的电磁转矩、输出转矩及空载转矩;

(2)理想空载转速和实际空载转速;

(3)电枢电流等于额定电流一半时的转速;

(4)$n = 1\ 600$ r/min 时的电枢电流。

10. 他励直流电动机的电枢电流与哪些量有关? 电动机稳定运行时,电枢电流与负载转矩有何关系?

11. 某台他励直流电动机的数据为: $P_N = 29$ kW, $U_N = 440$ V, $I_N = 76$ A, $n_N = 1\ 000$ r/min, $r_a = 0.377$ Ω。求其固有机械特性方程并作出固有机械特性方程曲线。

12. 上题电动机条件,如果负载转矩减小使电流减小 50%,电动机的转速是升高还是降低? 转速值是多少?

13. 他励直流电动机有哪些启动方法? 能否采用直接并网全压启动? 为什么?

14. 直流电动机启动时为什么要将励磁电流调至最大?

15. 他励直流电动机的 $U_N = 220$ V, $I_N = 207.5$ A, $r_a = 0.067$ Ω,试问:

(1)直接启动时的启动电流是额定电流的多少倍?

(2)如采用串联电阻限制启动电流为 1.5 倍的额定电流,电枢回路应串人多大的电阻?

(3)如降低电压限制启动电流为额定电流的 1.5 倍,启动电压应为何值?

16. 一台他励直流电动机, $P_N = 10$ kW, $U_N = 110$ V, $I_N = 112$ A, $n_N = 750$ r/min, $r_a = 0.1$ Ω,运行于额定状态,为使电动机停车,采用电压反接制动,串入电枢回路的电阻为 9 Ω。求:

(1)制动开始瞬间电动机的电磁转矩;

(2)$n = 0$ 时的电动机的电磁转矩;

(3)如果负载为反抗性负载,当制动到 $n = 0$ 时不切断电源,电动机能否反转? 为什么?

17. 一台他励直流电动机, $P_N = 29$ kW, $U_N = 440$ V, $I_N = 76$ A, $n_N = 1\ 000$ r/min, $r_a = 0.037\ 7$ Ω, $T_L = 0.8\ T_N$。求:

(1)电动机以 500 r/min 的转速起吊重物时,电枢回路应串多大电阻?

(2)用哪几种方式可使电动机以 500 r/min 的转速下放重物? 每种方法电枢回路应串入的电阻是多少?

(3)电动机以 500 r/min 的转速起吊重物时,突然将电压反接并使 $I_a = I_N$,此时电枢回路应串入多大的电阻? 电动机最终的稳态转速是多少?

18. 他励直流电动机的数据为：$P_N = 30$ kW，$U_N = 220$ V，$I_N = 158.5$ A，$n_N = 1\,000$ r/min，$r_a = 0.1\ \Omega$，$T_L = 0.8T_N$。求：

(1) 电动机的转速；

(2) 电枢回路串入 $0.3\ \Omega$ 电阻时的稳态转速；

(3) 电压降至 188 V 时，降压瞬间的电枢电流和降压后的稳态转速；

(4) 将磁通 Φ_N 减弱至 80% 时的稳态转速。

19. 一台他励直流电动机，$P_N = 4$ kW，$U_N = 110$ V，$I_N = 44.8$ A，$n_N = 1\,500$ r/min，$r_a = 0.23\ \Omega$，电动机带额定负载运行，若使转速下降为 800 r/min，不计空载损耗。求：

(1) 采用电枢串阻方法，应串入多大电阻？此时电动机的输入功率、输出功率及效率各为多少？

(2) 采用降压方法，则电压应为多少？此时的最大功率、输出功率和效率各为多少？

20. 某生产机械采用他励直流电动机拖动，其数据为：$P_N = 18.5$ kW，$U_N = 220$ V，$I_N = 103$ A，$n_N = 500$ r/min，最高转速 $n_N = 1\,500$ r/min，$r_a = 0.23\ \Omega$，电动机采用弱磁调速。求：

(1) 在恒转矩负载 $T_L = T_N$ 且 $\Phi = 1/3\Phi_N$ 条件下，电动机的电枢电流及转速是多少？此时电动机能否长期运行？为什么？

(2) 在恒定功率负载 $P_L = P_N$ 且 $\Phi = 1/3\Phi_N$ 时，电动机的电枢电流及转速为多少？此时能否长期运行？为什么？

21. 某台他励直流电动机：$P_N = 60$ kW，$U_N = 220$ V，$I_N = 305$ A，$n_N = 1\,000$ r/min，$r_a = 0.04\ \Omega$，电动机拖动恒转矩额定负载。

(1) 若要求静差率 $\delta \leqslant 30\%$，求电动机分别采用串阻、调压和弱磁调速时的调速范围。

(2) 若要求静差率 $\delta \leqslant 20\%$，重做 (1) 题。

22. 串励直流电动机为什么不能空载运行？将串励直流电动机接交流电源时，电动机能否运行？为什么？

23. 串励直流电动机为什么不能实现回馈制动？如何实现串励直流电动机的能耗制动和反接制动？

24. 试分析图 2.57 他励直流电动机可逆运行控制电路的工作原理及保护环节。

25. 试分析图 2.76 串励电动机串电阻启动单向运行控制电路的工作原理。

26. 试分析图 2.77 串励电动机串电阻启动可逆运行控制电路的工作原理。

3

变压器

3.1 概述

3.1.1 变压器的用途和分类

变压器是一种传递电能的静止电气设备,是利用电磁感应原理,将某一等级的交流电压转换为另一等级相同频率的交流电压的电磁转换装置,是一种进行电能传递的静止电器。变压器的种类很多,按用途不同可分为电力变压器和特殊变压器。

电力变压器是电能输配的主要电气设备,用于供电系统中升压或降压,有单相和三相之分。远距离输送高压电要比输送低压电更为经济,因为当输送电功率一定时,电压 U 越高,则输电线上的电流 I 越小。一方面可以减小导线截面积,节省了有色金属,降低了投资;另一方面当输电距离、输电线材料及导线截面积一定时,输电线路上的损耗会更小。目前的输电电压等级有 35 kV、60 kV、110 kV、220 kV 等,而发电机的端电压因受绝缘及制造技术上的限制,还不能直接产生这样高的电压,因此必须在发电机的输出端用变压器将电压升高后再送入电网。高压电经电网长距送到用户区后,还须用降压变压器将输电线上的高电压降低到配电系统所需的电压等级,然后再经过配电变压器将电压降低到用电器的额定电压以供使用。国家标准规定的用电电压为:大型动力负荷 3 kV 或 6 kV,小型动力负荷 380 V,单相动力负荷和照明 220 V。

常见的特殊变压器有。

①调压器:能均匀调节输出电压的变压器,如自耦调压器、感应调压器等。

②特殊电源用变压器:如电炉变压器、电焊变压器和整流变压器等。

③仪用互感器:测量和继电保护用的变压器,如电压互感器和电流互感器等。

④试验用变压器:供电气设备作耐压试验用的高压变压器。

⑤控制用变压器:用于自动控制系统中的小功率变压器。

⑥阻抗变压器:在电子线路中,用来耦合、传递信号并进行阻抗匹配、起阻抗转换作用的变压器。

3.1.2 变压器的基本工作原理

变压器的种类很多,它们虽然在外形、体积、重量上有很大差异,但它们的原理和基本结构是相同的,下面以单相电力变压器为例介绍变压器的结构和工作原理。

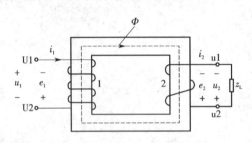

图 3.1 单相变压器原理图

常用单相变压器的原理如图 3.1 所示,它由一个铁芯和两个独立绕组组成。铁芯构成变压器的磁路部分,绕组构成变压器的电路部分。接交流电源的绕组称为原绕组,又称一次绕组;接负载的绕组称为副绕组,又称二次绕组。原绕组的电压、电流、阻抗、功率等量,叫做原边量,以下标"1"表示;副绕组的各量叫副边量,以下标"2"表示。变压器通过磁路的耦合作用将交流电能从原边送到副边,利用原边和副边绕组匝数的不同,实现副边输出的电压和电流等级的改变。

在变压器原边加上电源电压 u_1,在 u_1 作用下,绕组中产生交流电流,这个电流在铁芯中建立交变磁通 Φ,它穿过变压器的两个绕组并使两个绕组中产生感应电动势,它们的大小分别为

$$e_1 = -N_1 \frac{\mathrm{d}\Phi}{\mathrm{d}t} \tag{3.1}$$

$$e_2 = -N_2 \frac{\mathrm{d}\Phi}{\mathrm{d}t} \tag{3.2}$$

式中:N_1——原绕组的匝数;

N_2——副绕组的匝数。

$$\frac{e_1}{e_2} = \frac{N_1}{N_2} \tag{3.3}$$

若忽略变压器绕组内部压降不计,变压器原副边绕组电压之比近似等于绕组的匝数比。

3.1.3 电力变压器的基本结构

变压器的基本结构部件有铁芯、绕组、油箱、冷却装置、绝缘套管和保护装置。图 3.2 为芯式变压器绕组和铁芯的装配示意图及切面示意图。

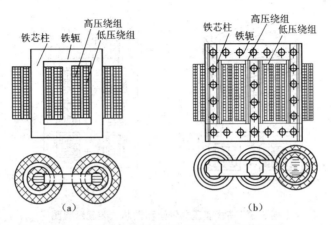

图 3.2　芯式变压器绕组和铁芯的装配示意图
(a)单相　(b)三相

3.1.3.1　铁芯

铁芯是变压器的磁路部分,为了减小交变磁通引起的磁滞损失和涡流损失,铁芯采用厚度 0.35~0.5 mm、表面涂有绝缘漆的硅钢片叠合而成。

根据绕组与铁芯配置方式不同,变压器铁芯的结构通常分为芯式和壳式两种:芯式变压器的绕组包围着铁芯,如图 3.2 所示;壳式变压器的铁芯围绕着绕组,如图 3.3 所示。壳式变压器虽然绝缘结构复杂,但由于尺寸小、质量轻、便于运输,近几年使用量呈直线上长趋势;芯式变压器虽然尺寸略大、质量略重,但由于绝缘设计成熟、制造经验丰富、制造商众多,目前是我国电力变压器广泛采用的一种结构。

图 3.3 中,铁芯上套装绕组的部分叫铁芯柱,连接铁芯柱构成磁路的部分叫铁轭。变压器铁芯一般都采用交叠式叠装,相交叠至规定的厚度,然后用穿过铁芯的螺栓夹紧。这种方法装配和拆卸检修较费时间,但因接缝相互错开,气隙很小,磁阻较小,可减小空载励磁电流,所以被广泛采用。

3.1.3.2　绕组

绕组是变压器的电路部分。变压器的高低压绕组实际上并不是像图 3.1 那样分别套装在两个铁芯柱上,而是套装在同一铁芯柱上,如图 3.2 所示,以尽可能减小漏磁。高低压绕组在铁芯柱上的布置方式有同心式和交叠式两种。同心式绕组布置方式如图 3.2 所示,低压与高压绕组在同一铁芯柱上排列,一般低压绕组在内、高压绕组在外。绕组与绕组、绕组与铁芯间用电木纸或钢纸板做成的圆筒绝缘。交叠式布置方式如图 3.3 所示,把高低压绕组分成几部分,使高压绕组和低压绕组沿芯柱高度交错地套装在芯柱上。这种布置方式结构比较牢固,但绝缘比较复杂,所以只适用于电炉变压器。我国电力变压器一般都采用同心式。

3.1.3.3　其他部件

三相油浸式电力变压器的结构和外形如图 3.4 所示,除了绕组和铁芯主要部件

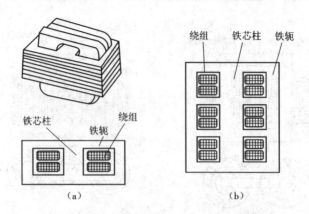

图 3.3 壳式变压器绕组和铁芯的装配示意图

(a)单相 (b)三相

外,还有一些附件。

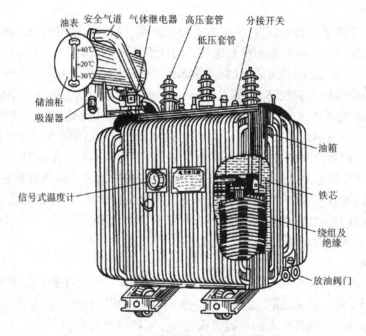

图 3.4 三相油浸式电力变压器

1. 油箱及储油柜

变压器的冷却方式可分为干式自然冷却式、油浸自然冷却式、油浸风冷式、油浸强迫油循环冷却式。油浸强迫油循环冷却式即用油泵强迫油循环,将油抽送到冷却器冷却后再送回油箱。

中小型的电力变压器采用油浸自然冷却式,即将器身放在油箱里面。通过油的对流作用将绕组及铁芯上的热量带给油箱表面,散发到空气中。变压器油是一种从石油中提炼出来的绝缘油,它既是绝缘介质,又是散热的媒介。小容量变压器的油箱做成平面式油箱,中等容量的变压器油箱为了增加散热的表面积,采用管式油箱。

为了使油箱内的油发热时能够自由膨胀,小容量变压器油箱内留出一定的空间,发热时,空气从油箱内经特殊阀门挤出,此阀门同时也可用来注入变压器油。容量较大的变压器(容量大于 75 kVA,高压侧电压大于 6 kV)都装有储油柜(或称油枕),以减小油和空气的接触面积。储油柜装在油箱盖上面,通过油管和油箱相连,油枕内的油面高度随变压器的温度而变化,为了观察油枕内部的油面,在它的一端装有油位表。油枕上部设置呼吸器用于排出内部空气,呼吸器的空气进出口内装有吸潮剂,当油枕油面下降时,空气进入油枕前先被吸去水分。

2. 绝缘套管

变压器的绝缘套管装在变压器的油箱盖上,多用瓷质绝缘套管。其作用是把绕组的引线端头从油箱中引出,使引线与油箱绝缘。

3. 气体继电器(又称瓦斯继电器)

气体继电器装在油箱与储油柜的连通导管中,对变压器的短路、过载、漏油等故障起到保护作用。

4. 安全气道(又称防爆管)

安全气道是装在较大容量变压器油箱顶上的一个钢质长筒,下筒口与油箱连通,上筒口以玻璃板封口。当变压器内部发生严重故障又恰逢气体继电器失灵时,油箱内的高压气体便会沿着安全气道上冲,冲破玻璃封口,以避免油箱受力变形或爆炸。

5. 分接开关

分接开关装在变压器油箱盖上,通过调节分接开关来改变原绕组的匝数,从而使副绕组的输出电压可以调节,以避免副绕组的输出电压因负载变化而过分偏离额定值。

分接开关有无载分接开关和有载分接开关两种,一般的分接开关有三个档位:+5%档、0 档和 −5%档。若要副绕组的输出电压降低,则将分接开关调至原绕组匝数多的一档,即 +5%档;若要副绕组的输出电压升高,则将分接开关调至原绕组匝数少的一档,即 −5%档。

3.1.4 变压器的铭牌

变压器的箱体表面都镶嵌有铭牌,主要包含两方面内容。

3.1.4.1 变压器型号

按照国家标准规定,变压器的型号由汉语拼音字母和数字组成,表明变压器的系列和规格。具体表示内容如下图。

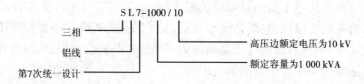

注:油浸自冷式双绕组无载调压的电力变压器无须用汉语拼音字母专门标示。

3.1.4.2 变压器铭牌数据

1. 额定容量 S_N

额定容量 S_N 是指额定工作状态下变压器二次侧的视在功率,单位为 VA 或 kVA。为了工程计算的方便,对于电力变压器规定,忽略变压器内部的损耗,认为原绕组与副绕组的容量相等。

2. 额定电压 U_{1N}/U_{2N}

额定电压 U_{1N} 是指变压器原绕组外加电压最大值;额定电压 U_{2N} 是指原绕组加上额定电压、副绕组开路时的端电压,单位为 V 或 kV。对三相变压器,额定电压指线电压值。

3. 额定电流 I_{1N}/I_{2N}

额定电流指变压器原绕组、副绕组长期工作允许通过的最大电流值,单位为 A。对三相变压器,额定电流指线电流值。

额定容量、额定电压、额定电流之间的关系为

对于单相变压器 $S_N = U_{1N}I_{1N} = U_{2N}I_{2N}$

对于三相变压器 $S_N = \sqrt{3}\,U_{1N}I_{1N} = \sqrt{3}\,U_{2N}I_{2N}$

4. 额定频率 f_N

我国规定的标准工业用电频率为 50 Hz。

【例 3.1】 某三相变压器的额定容量为 160 kVA,$f = 50$ Hz,额定电压为 35 000/400 V,原边星形连接,副边三角形连接,问高压侧和低压侧的额定电流是多少?

解:$I_{1N} = \dfrac{S_N}{\sqrt{3}\,U_{1N}} = \dfrac{160 \text{ kVA}}{\sqrt{3} \times 35 \text{ kV}} = 2.64 \text{ A}$

$I_{2N} = \dfrac{S_N}{\sqrt{3}\,U_{2N}} = \dfrac{160 \text{ kVA}}{\sqrt{3} \times 0.4 \text{ kV}} = 231 \text{ A}$

3.2 变压器的空载运行分析

单相变压器可以代表对称负载下运行的三相变压器中的任意一相,它的运行原理及结论适用于三相变压器,为了分析问题的方便,主要讨论单相变压器的运行原理。

3.2.1　变压器的参考方向和极性的约定

　　参考方向和极性是讨论交流电路的基础,在列写电路方程之前必须确定变压器原边、副边电压和电动势的参考极性,确定其电流的参考方向,确定磁路中磁通的参考方向。变压器原边绕组是用来接受电源能量的,对电源而言是负载,其参考方向和极性按照交流负载的惯例来规定;变压器的副边绕组是向负载提供能量的,对负

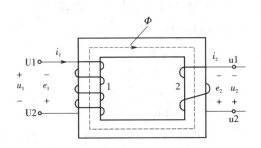

图 3.5　变压器各电磁量的参考方向和极性

载而言是电源,其参考方向和极性按照交流电源的惯例来规定。各电磁量的标注及参考方向如图 3.5 所示。

3.2.2　空载运行状态

　　变压器空载运行指原边接上电源电压 U_1、副边开路的状态。由于空载运行可以看做有载运行负载阻抗为无穷大的一种特殊情况,它的运行分析是有载运行分析的基础。变压器原边接电源电压,在原绕组中产生交变电流,铁芯中有交变的磁场,交变的磁场又在原副绕组中产生感应电动势。设变压器的原绕组匝数为 N_1、副绕组匝数为 N_2,当原边接上电源电压 U_1、副边开路时,原绕组中流过的电流为 $\dot{I}_0$,叫做空载电流,又叫做励磁电流。其产生的磁势 $\dot{I}_0 N_1$ 称为空载磁动势,又叫做励磁磁动势。在空载磁动势 $\dot{I}_0 N_1$ 的作用下,磁路中产生交变磁通,磁通分为两部分:铁芯磁路中的主磁通 Φ 和主要经过空气闭合的漏磁通 $\Phi_{1\sigma}$。

　　由于铁芯的磁导率比变压器油(或空气)的磁导率大得多,所以绝大多数的磁通交链着原绕组和副绕组。主磁通通过的路径称为主磁路,由铁芯构成;由于铁芯材料的磁化特性,变压器的主磁路是非线性的。漏磁通磁路由铁芯和变压器油(或空气)构成。铁磁材料的磁导率比非铁磁材料的磁导率大几百倍,磁路的磁阻值正比于磁路的长度,反比于磁的截面积和磁导率。漏磁路由铁磁材料和非铁磁材料两段组成,其磁阻为这两部分磁阻串联相加,但铁磁材料磁阻很小,所以漏磁路的磁阻基本上取决于变压器油(或空气)这一部分的磁阻,与主磁路的磁阻相比较,漏磁路磁阻数值要大得多,但可以认为是线性磁路。空载运行时在励磁磁势作用下,主磁通 Φ 的数值大大超过原绕组漏磁通 $\Phi_{1\sigma}$,漏磁通 $\Phi_{1\sigma}$ 只占总磁通量的极小部分,一般只有 Φ 的千分之几。主磁通 Φ 与原副绕组同时交链,而原绕组漏磁通 $\Phi_{1\sigma}$ 仅仅与原绕组自身交链。

　　由于电源电压 U_1 是频率为 50 Hz 的正弦交流电压,因此励磁电流 $\dot{I}_0$、铁芯磁路中的主磁通 Φ 及原绕组漏磁通 $\Phi_{1\sigma}$ 都是频率为 50 Hz 的正弦交流量。主磁通 Φ 在原绕组中产生的感应电势为 $\dot{E}_1$,在副绕组中产生的感应电势为 $\dot{E}_2$;漏磁通 $\Phi_{1\sigma}$ 在原

绕组中产生的感应电势为 $\dot{E}_{1\sigma}$，副绕组的端开路电压为 $U_{20} = \dot{E}_2$。

3.2.3 空载运行时的电磁关系

根据电磁感应定律，有

$$e = -N\frac{\mathrm{d}\Phi}{\mathrm{d}t} \tag{3.4}$$

设主磁通

$$\Phi = \Phi_{\mathrm{m}}\sin\omega t \tag{3.5}$$

将式(3.5)代入式(3.4)，则原绕组、副绕组中感应电动势分别为

$$e_1 = -N_1\frac{\mathrm{d}\Phi}{\mathrm{d}t} = -N_1\frac{d(\Phi_{\mathrm{m}}\sin\omega t)}{\mathrm{d}t} = -N_1\omega\Phi_{\mathrm{m}}\cos\omega t$$

$$= N_1\omega\Phi_{\mathrm{m}}\sin(\omega t - 90°) = E_{1\mathrm{m}}\sin(\omega t - 90°) \tag{3.6}$$

$$e_2 = N_2\omega\Phi_{\mathrm{m}}\sin(\omega t - 90°) = E_{2\mathrm{m}}\sin(\omega t - 90°) \tag{3.7}$$

其中 $E_{1\mathrm{m}} = N_1\omega\Phi_{\mathrm{m}}$，$E_{2\mathrm{m}} = N_2\omega\Phi_{\mathrm{m}}$ 分别为原绕组、副绕组电动势的最大值，它们的有效值分别为

$$E_1 = \frac{N_1\omega\Phi_{\mathrm{m}}}{\sqrt{2}} = \frac{2\pi}{\sqrt{2}}fN_1\Phi_{\mathrm{m}} = 4.44fN_1\Phi_{\mathrm{m}} \tag{3.8}$$

$$E_2 = \frac{N_2\omega\Phi_{\mathrm{m}}}{\sqrt{2}} = \frac{2\pi}{\sqrt{2}}fN_2\Phi_{\mathrm{m}} = 4.44fN_2\Phi_{\mathrm{m}} \tag{3.9}$$

式中：E_1、E_2——原绕组、副绕组电动势的有效值，V；

　　　N_1、N_2——原绕组、副绕组匝数；

　　　f——电源频率，Hz；

　　　Φ_{m}——变压器主磁通最大值(振幅值)，Wb。

可以看出：变压器绕组中感应电动势的大小与电源的频率、绕组匝数和主磁通最大值三者乘积成正比，相位上滞后主磁通90°，用复数表示为

$$\dot{E}_1 = -\mathrm{j}4.44fN_1\Phi_{\mathrm{m}} \tag{3.10}$$

$$\dot{E}_2 = -\mathrm{j}4.44fN_2\Phi_{\mathrm{m}} \tag{3.11}$$

同理可得漏磁感应电动势

$$\dot{E}_{1\sigma} = -\mathrm{j}\frac{1}{\sqrt{2}}N_1\omega\Phi_{1\sigma\mathrm{m}} = -\mathrm{j}N_1\omega L_{1\sigma}\frac{\dot{I}_{0\mathrm{m}}}{\sqrt{2}} = -\mathrm{j}\dot{I}_0 x_1 \tag{3.12}$$

式中：x_1——原绕组漏电抗，$x_1 = N_1\omega L_{1\sigma}$；

　　　$E_{1\sigma}$——原绕组漏磁电动势有效值向量；

　　　$\Phi_{1\sigma\mathrm{m}}$——原绕组漏磁通向量的幅值；

　　　$L_{1\sigma}$——原绕组漏电感；

　　　$\dot{I}_{0\mathrm{m}}$——原绕组励磁电流向量幅值。

由于漏磁磁路主要由非磁性介质组成，可近似看成是线性磁路，其磁阻及漏电感 $L_{1\sigma}$ 和漏电抗 x_1 也可以近似认为是常数，因此，漏磁感应电动势 $\dot{E}_{1\sigma}$ 可以看成是漏电抗

上的压降。

空载电流的大小与铁芯的材料、要求额定磁通的大小有关。由于变压器的铁芯采用高磁化能力、低涡流损耗和磁滞损耗的硅钢片叠压而成,因此空载电流很小,一般只占原边额定电流的 4% ~ 10%,甚至更低。

由于交变的磁通在铁芯中产生涡流,同时又使铁磁材料中的磁畴随磁场方向的交变而运动,结果使铁芯发热,消耗一部分能量,因此把这两种电能损耗分别称为涡流损耗和磁滞损耗,统称为铁损耗或空载损耗。

由此可见,空载电流 $\dot{I}_0$ 的作用有两个:一是产生交变磁通,使铁芯磁化,这一部分电流分量称为磁化电流分量,用 $\dot{I}_{0\omega}$ 表示,它是空载电流的无功分量,与 Φ 的相位相同,滞后于 U_1 90°;另一个作用是产生铁损耗,使铁芯发热,这一部分电流分量称为铁损耗电流分量,用 $\dot{I}_{0y}$ 表示,它是空载电流的有功分量,与 U_1(或 $-\dot{E}_1$)同相。

$$\dot{I}_0 = \dot{I}_{0y} + \dot{I}_{0\omega} \tag{3.13}$$

$$I_0 = \sqrt{I_{0y}^2 + I_{0\omega}^2} \tag{3.14}$$

一般来讲,磁化电流分量 $I_{0\omega}$ 比铁损电流分量 I_{0y} 大 10 倍左右,$\varphi_0 \approx 90°$,这就说明变压器空载时,功率因数很低,因此,空载的变压器使电力系统的功率因数大大降低。

如果忽略铁芯损耗,则 $\varphi_0 = 90°$,$\dot{I}_0$ 与 Φ_m 同相,此种变压器称为理想变压器。

【例 3.2】 某单相变压器的额定电压为 6 000/400 V,$f = 50$ Hz,测知磁通最大值为 $\Phi_m = 0.02$ Wb,问高压侧和低压侧的匝数各是多少?

解:设高压侧为一次侧,由

$$U_1 \approx E_1 = 4.44 f N_1 \Phi_m$$

求得 $N_1 = \dfrac{U_1}{4.44 f \Phi_m} = \dfrac{6\ 000}{4.44 \times 50 \times 0.02} = 1\ 350(\text{匝})$

$$N_2 = \frac{U_{20} N_1}{U_1} = \frac{400 \times 1\ 350}{6\ 000} = 90(\text{匝})$$

3.2.4 空载运行时的电压平衡方程

空载变压器各电磁量的参考方向如图 3.5 所示。如果考虑漏磁通和电阻的影响,根据克希荷夫第二定律,可得一次电路的电压平衡方程式为

$$\dot{U}_1 = -\dot{E}_1 - \dot{E}_{1\sigma} + \dot{U}_{r1} = -\dot{E}_1 + \dot{I}_0(r_1 + jx_1) = -\dot{E}_1 + \dot{I}_0 z_1 \tag{3.15}$$

式中:z_1——原绕组的漏阻抗,简称一次漏阻抗,$z_1 = r_1 + jx_1$。

实际上,由于变压器空载电流 $\dot{I}_0$ 很小,一次漏阻抗压降 $\dot{I}_0 z_1$ 通常不超过一次侧额定电压 U_1 的 0.5%,如忽略其影响,则式(3.15)变为

$$\dot{U}_1 \approx -\dot{E}_1 \tag{3.16}$$

变压器副边的端电压,由绕组的电动势决定,由克希荷夫第二定律得

$$\dot{U}_{20} = \dot{E}_2 \tag{3.17}$$

由此可得

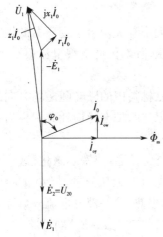

图 3.6　变压器空载运行向量图

$$\frac{U_1}{U_{20}} \approx \frac{E_1}{E_2} = \frac{N_1}{N_2} \tag{3.18}$$

可以看出,空载运行的变压器原副边电压之比近似等于变压器的匝数比。对于单相变压器,原副边电压之比称为变压器的变比,用 k 表示,即

$$k = \frac{U_1}{U_2} \tag{3.19}$$

$k > 1$ 为降压变压器;$k < 1$ 为升压变压器。

对于三相变压器,变比是指原副边线电压之比。

根据电压平衡方程式可以画出实际变压器空载运行时 $\dot{U}_1$、$\dot{I}_0$、$\dot{E}_1$、$\dot{E}_2$ 各量的向量关系图,如图 3.6 所示。

3.2.5　空载变压器的等效电路

由电压平衡方程式 $\dot{U}_1 = -\dot{E}_1 + \dot{I}_0(r_1 + jx_1)$ 可知,电源电压由两部分平衡,其中 $\dot{I}_0(r_1 + jx_1)$ 可表示一个阻抗为 $z_1 = r_1 + jx_1$ 空心绕组两端的电压,$-\dot{E}_1$ 可表示一个铁芯电感绕组两端的电压。这样,空载变压器就可等效为两个串联的电感绕组,如图 3.7 所示。一个是反映变压器原绕组电阻和漏磁通作用的空心绕组,它的阻抗由变压器一次漏阻抗 z_{1m} 决定;另一个是反映主磁通作用的铁芯绕组,其阻抗为励磁阻抗 z_m,即

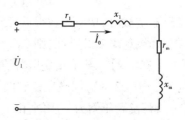

图 3.7　空载变压器的等效电路

$$-\dot{E}_1 = \dot{I}_0 z_m \tag{3.20}$$

式中,$z_m = r_m + jx_m$。

励磁阻抗 z_m 的模 $|z_m| = \sqrt{r_m^2 + x_m^2}$,其中,$x_m$ 是对应主磁通的电抗,r_m 是反应铁芯损耗的等效电阻,通常 $x_m \gg r_m$。x_m 与铁芯饱和程度有关,但变压器的外加电压通常是一定的,在正常工作范围内,主磁通基本不变,铁芯的饱和程度也基本不变,在这个条件下,x_m 可以看做是一个常量。通过空载试验,可以测量一台变压器的励磁参数 z_m、r_m 和 x_m 值。

3.3　单相变压器的负载运行分析

3.3.1　负载运行时的物理状况

当变压器一次绕组接上交流电源后,二次绕组就有端电压输出。当二次电路接

通负载时,就有电流 I_2 流过。I_2 的存在对变压器各电磁量将引起什么样的变化呢? 这是负载运行的关键问题。

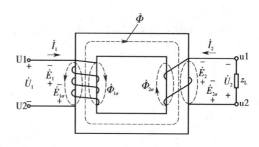

图 3.8 为变压器负载运行的原理图。当副边接上的负载 z_L,其阻抗 $z_L = r_L + jx_L$ 时,副边回路中有电流 $\dot I_2$ 流过。负载阻抗 z_L 值越小,副边电流 $\dot I_2$ 的值越大,$\dot I_2$ 的数值反映了负载的大小,因此 $\dot I_2$ 又叫做负载电流。

图 3.8 变压器负载运行原理图

3.3.2 负载运行时的基本方程式

3.3.2.1 磁势平衡方程式

由式(3.16)可得,$U_1 \approx E_1 = 4.44 f N_1 \Phi_m$

所以 $$\Phi_m \approx \frac{U_1}{4.44 f N_1}$$

由此式可以看出,匝数一定的变压器其主磁通大小取决于电源电压的大小和频率,与负载及负载电流无关。只要外加电源大小和频率不变,主磁通基本不变。因此,变压器负载运行时的磁势与空载运行磁势相等。

空载时变压器磁势
$$\dot F_0 = \dot I_0 N_1$$
负载时,变压器的磁势是一、二次绕组电流所产生磁势共同建立的。即
$$\dot F_1 + \dot F_2 = \dot I_1 N_1 + \dot I_2 N_2$$
于是有变压器运行时的磁势平衡方程式
$$\dot I_0 N_1 = \dot I_1 N_1 + \dot I_2 N_2 \tag{3.21}$$

3.3.2.2 电流平衡方程式

由式(3.21)可得

$$\dot I_1 = \dot I_0 + \left(-\dot I_2 \frac{N_2}{N_1} \right) = \dot I_0 + \dot I_2' \tag{3.22}$$

式中,$I_2' = -\dot I_2 \dfrac{N_2}{N_1}$,称为电流的负载分量。

在外加电源电压不变的条件下,当变压器接上负载时,由于电流 $\dot I_2$ 所建立的磁势 F_2 力图改变铁芯磁通 Φ_m,为保持 Φ_m 不变,在一次绕组中除原有的 $\dot I_0$ 外,必须从电源吸取电流 I_2' 建立磁势 $-F_2$,以补偿 $\dot I_2$ 对磁场的影响。所以变压器负载运行时,一次绕组的电流 $\dot I_1$ 由两个分量组成,其中 $\dot I_0$ 用来产生主磁通,叫做励磁分量;而 I_2' 用来补偿二次电流 $\dot I_2$ 对磁场的影响,叫负载分量。在外加电压不变的条件下,空载电流 $\dot I_0$ 不变,而负载分量 I_2' 随负载电流 $\dot I_2$ 成正比变化。因此,变压器二次绕组电流的变化,必将引起一次绕组电流的变化,当二次绕组电流增大时,一次绕组电流也会

相应增大。

当负载为额定值时,$\dot{I}_0$ 与 $\dot{I}_2'$ 相比,可忽略 I_0 不计,此时

$$\dot{I}_1 \approx -\frac{N_2}{N_1}\dot{I}_2 = -\frac{1}{k}\dot{I}_2 \qquad (3.23)$$

即

$$\frac{I_1}{I_2} \approx \frac{N_2}{N_1} = \frac{1}{k} \qquad (3.24)$$

可以看出,变压器原、副边电流的方向近似相反,而电流大小之比近似等于匝数的反比。

3.3.2.3 电压平衡方程式

变压器有载运行时一次侧电压方程式与空载时基本上相同,只是绕组电流不再是空载电流 $\dot{I}_0$ 而是 $\dot{I}_1$,因此,只要把空载时一次侧电压方程式中的 $\dot{I}_0$ 换成 $\dot{I}_1$,便可得到有载时的电压平衡方程式,即

$$\dot{U}_1 = -\dot{E}_1 + j\dot{I}_1 x_1 + \dot{I}_1 r_1 = -\dot{E}_1 + \dot{I}_1 z_1 \qquad (3.25)$$

同理,加在变压器一次侧的电源电压 U_1 包含两个分量:一是平衡一次绕组电动势 $\dot{E}_1$ 的分量 $-\dot{E}_1$;另一个是一次绕组漏阻抗压降 $\dot{I}_1 z_1$。通常电力变压器的漏阻抗压降对端电压 U_1 来说是很小的,可以忽略,所以在正常工作情况下,仍然可以认为

$$U_1 \approx -\dot{E}_1$$

二次电路接上负载后,在电动势 $\dot{E}_2$ 作用下,产生电流 $\dot{I}_2$,$\dot{I}_2$ 的正方向应与 $\dot{E}_2$ 的正方向相同,如图 3.8 所示。

二次电流 $\dot{I}_2$ 所产生的磁通 Φ,有很小一部分不穿过一次绕组,只穿过二次绕组经过空气而闭合,叫做二次漏磁通,用 $\Phi_{2\sigma}$ 表示。由 $\Phi_{2\sigma}$ 产生的二次漏感电动势 $\dot{E}_{2\sigma}$ 和一次侧的 $\dot{E}_{1\sigma}$ 一样,可用漏抗压降表示,即

$$\dot{E}_{2\sigma} = -j\dot{I}_2 x_2 \qquad (3.26)$$

除此之外,电流通过二次绕组还产生电阻压降 $\dot{I}_2 r_2$,根据克希荷夫第二定律,可写出二次电路的电压方程

$$\dot{U}_2 = \dot{E}_2 + \dot{E}_{2\sigma} - \dot{U}_{r2} = \dot{E}_2 - j\dot{I}_2 x_2 - \dot{I}_2 r_2 = \dot{E}_2 - \dot{I}_2 z_2 \qquad (3.27)$$

式中,$z_2 = r_2 + jx_2$。

z_2 为二次漏阻抗,其模 $|z_2| = \sqrt{r_2^2 + x_2^2}$。

变压器负载运行时的二次电压,等于二次绕组的感应电动势减去二次绕组内阻抗压降。

3.3.3 绕组参数的折算

由于变压器原、副绕组的匝数不同,而且它们没有直接电的联系,只有磁耦合关系,因此在实际求解时相当困难。为了便于对变压器进行定量计算,因此对绕组参数进行折算。所谓绕组参数折算就是在定量计算时,将二次绕组的匝数变换成一次绕

组的匝数(或者将一次绕组的匝数变换成二次绕组的匝数),而不改变其电磁效应。经折算后,一、二次绕组的匝数相等,主磁通在一、二次绕组中感应的电动势相等,这样可将一次、二次绕组联成一个等效电路,得到一个能正确反映变压器的电、磁关系和功率关系的纯电路,将变压器的分析计算变为电路的分析计算。

使变压器原、副边的各量转化为同一匝数下的量的计算过程,称为折算。折算的前提条件是保证变压器折算前后的电、磁关系和功率关系不变。下面以单相变压器为例,说明副绕组参数折算成原绕组参数的计算过程。副边各参数折算后的值用原有符号加"′"表示。

1. 副边电流折算

保证折算后副边磁势不变,于是有

$$I_2 N_2 = I_2' N_1$$

$$I_2' = \frac{N_2}{N_1} I_2 = \frac{1}{k} I_2 \tag{3.28}$$

2. 副边电动势和电压的折算值

由于折算后的二次绕组和一次绕组有相同的匝数,即 $N_2' = N_1$,而电动势与匝数成正比,则

$$\frac{E_2'}{E_2} = \frac{N_2'}{N_2} = \frac{N_1}{N_2} = k$$

所以

$$E_2' = k E_2 \tag{3.29}$$

同理,二次侧电压的折算值

$$U_2' = k U_2 \tag{3.30}$$

3. 二次侧阻抗的折算值

根据折算前后二次绕组铜损不变及漏抗中无功功率不变的原则,有

$$I_2'^2 r_2' = I_2^2 r_2, \quad I_2'^2 x_2' = I_2^2 x_2$$

得

$$r_2' = \left(\frac{I_2}{I_2'}\right)^2 r_2 = k^2 r_2, \quad x_2' = k^2 x_2$$

负载阻抗的折算值为

$$z_L' = \frac{U_2'}{I_2'} = \frac{k U_2}{\frac{1}{k} I_2} = k^2 z_L \tag{3.31}$$

综上所述,将变压器二次侧各量折算到一次侧后,电压和电动势的折算值等于原来实际值的 k 倍,电流的折算值等于原来实际值的 $\frac{1}{k}$ 倍,而电阻、电抗和阻抗折算值为原来实际值的 k^2 倍。

3.3.4　等效电路

采用折算法将变压器原、副绕组的各量统一成为同一匝数下的各量时,便能用一个纯电路形式的等效电路来直接表示变压器负载运行时内部的电、磁关系和功率关系,这将对分析变压器的运行情况、对电力系统的计算带来很大的方便。同时将变压器负载运行时的基本方程组所表示的电磁关系用电路的形式表现出来,也是研究变压器和电动机理论的基本方法之一。

折算后,变压器负载运行时的基本方程式组变为

$$
\left.
\begin{aligned}
\dot{I}_1 + \dot{I}_2' &= \dot{I}_0 \\
\dot{U}_1 &= -\dot{E}_1 + \dot{I}_1 z_1 \\
\dot{U}_2' &= \dot{E}_2' - \dot{I}_2' z_2' \\
-\dot{E}_1 &= \dot{I}_0 z_m \\
\dot{U}_2' &= \dot{I}_2' z_L'
\end{aligned}
\right\}
\tag{3.32}
$$

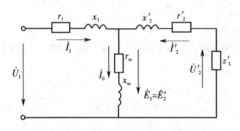

图 3.9　变压器的 T 形等效电路

根据以上方程式,作出如图 3.9 所示的 T 形等效电路图。

由于 $z_m \gg z_1$,$E_1 \gg I_1 z_1$,$U_1 \approx E_1$,因此,为分析问题方便,可将激励支路移到 z_1 的前面,如图 3.10(a) 所示,得到近似等效电路,又称 Γ 形等效电路。

变压器负载运行时,励磁电流 $I_0 \ll I_{1N}$,通常只占 I_{1N} 的 2% ~ 10% ,可忽略 I_0,即去掉励磁支路而得到一个更为简单的阻抗串联电路,称为变压器的简化等效电路,如图 3.10(b) 所示。

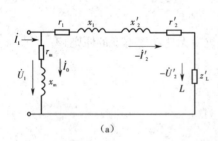
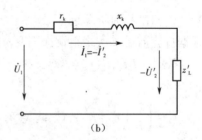

(a)　　　　　　　　　　　　　(b)

图 3.10　变压器等效电路

(a)Γ 形等效电路　(b)简化等效电路

图中:r_k——变压器的短路电阻;
　　　x_k——变压器的短路电抗。

$$
\left.
\begin{aligned}
r_k &= r_1 + r_2' \\
x_k &= x_1 + x_2' \\
z_k &= r_k + j x_k
\end{aligned}
\right\}
\tag{3.33}
$$

式中,z_k 为变压器的短路阻抗。

变压器的短路电阻、短路电抗和短路阻抗可以通过短路试验测得。短路阻抗决定着变压器短路时短路电流的大小和变压器运行时内部电压降落的大小,它是变压器的重要参数之一。

3.3.5　向量图

根据变压器折合后的基本方程式组(3.32)及 Γ 形等效电路,可以画出变压器负载运行的向量图。图 3.11 表示变压器带感性负载的向量图。为了清楚起见,图中各漏阻抗压降及励磁电流 $\dot{I}_0$ 的向量都作了放大,实际上 U_1 与 $\dot{E}_1$ 大小相差不多,U_2 与 $\dot{E}_2$ 大小也相差不多。

图 3.11 向量图的优点就是直观,它把方程式的关系清清楚楚地体现出来了,这在理论上分析是有意义的。

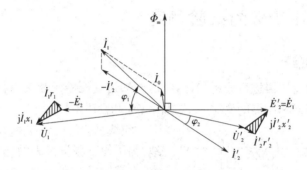

图 3.11　负载运行时变压器负载运行的向量图

以上分析了变压器负载运行的基本方程式、等效电路和向量图。其中:基本方程式是变压器电磁关系的数学表达式;等效电路是基本方程式的电路表示形式;向量图是基本方程的图示表示。三者都能各自独立地表示变压器在一定条件下运行时各个电磁量之间的关系,使用时,既可分别独立使用,也可联合使用。例如:定量计算时,往往使用基本方程式与等效电路;定性分析变压器运行情况和各向量方向时,往往使用向量图;在实验室里研究电网的运行情况时,则用等效电路。这三个工具,使分析研究变压器的运行情况变得非常方便。

【例 3.3】　一台单相电力变压器的额定容量 $S_N = 4.6$ kVA,额定电压 $U_{1N}/U_{2N} = 380/115$ V,$r_1 = 0.15\ \Omega$,$r_2 = 0.024\ \Omega$,$x_1 = 0.27\ \Omega$,$x_2 = 0.053\ \Omega$,其负载阻抗 $z_L = 4 + 3j\ \Omega$,当外加电压为额定值时,试利用等效电路计算:(1)变压器原、副边电流;(2)副边电压;(3)输出功率。

解:(1)变比 $k = \dfrac{U_{1N}}{U_{2N}} = \dfrac{380}{115} = 3.30$

原边电流

$$\dot{I}_1 = -\dot{I}_2' = \frac{\dot{U}_{1N}}{(r_1 + r_2' + r_L')(x_1 + x_2' + x_L')}$$

$$= \frac{380\angle 0°}{(0.15 + 3.30^2 \times 0.024 + 3.30^2 \times 4) + j(0.27 + 3.30^2 \times 0.053 + 3.30^2 \times 3)}$$

$$= 6.87\angle -37.32°(A)$$

副边电流

$$\dot{I}_2 = k\dot{I}_2' = -3.3 \times 6.87\angle -37.32° = -22.67\angle 37.32°(A)$$

（2）副边电压

$$\dot{U}_2 = \dot{I}_2 z_L = -22.67\angle -37.32° \times (4 + 3j) = -113.35\angle -0.45°(V)$$

（3）输出功率

$$P = I_2^2 r_L = 22.67^2 \times 4 = 2\ 055.7\ W$$

3.4 变压器参数的试验测定

3.4.1 空载试验

为了对一台变压器进行分析和计算，需要知道变压器的相关参数。变压器的空载试验是为了确定变压器的变比 k、铁损耗 Δp_{Fe} 和励磁阻抗 z_m。

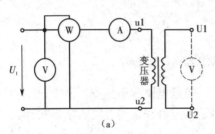

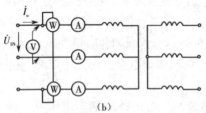

图 3.12 空载试验接线图

(a)单相变压器 (b)三相变压器

空载试验的电路如图 3.12 所示。一般地，为了便于测量仪表的选用、确保试验安全，空载试验在低压边进行。将高压边开路，在低压边加电压为额定值 U_{2N}、频率为额定值的正弦交变电源，测出开路电压 U_{10}、空载电流 I_{20}、空载损耗 p_0。

对单相变压器，有

$$k = \frac{U_{10}}{U_{2N}} \tag{3.34}$$

根据变压器空载运行时的等效电路以及 $z_m' \gg z_2$，$r_m' \gg r_2$，有

$$z_m' = \frac{U_{2N}}{I_{20}} - z_2 \approx \frac{U_{2N}}{I_{20}} \tag{3.35}$$

$$r_m' = \frac{p_0}{I_{20}^2} - r_2 \approx \frac{p_0}{I_{20}^2} \tag{3.36}$$

励磁感抗 x_m' 可由 z_m'、r_m' 计算，即

$$x_m' = \sqrt{z_m'^2 - r_m'^2} \tag{3.37}$$

如果用向高压边折算的等效电路进行计算，励磁参数应为：$r_m = k^2 r_m'$，$x_m = k^2 x_m'$，$z_m = k^2 z_m'$。

根据变压器空载运行时的功率关系,考虑到 I_{20} 很小,有

$$\Delta p_{Fe} = p_0 - \Delta p_{Cu} \approx p_0 - I_{20}^2 r_2 \approx p_0 \tag{3.38}$$

对于三相变压器的空载试验,测出的电压、电流均为线值,测出的功率为三相功率值,计算时应进行相应的换算,即将电压、电流换算为相值,将功率换算为单相值。

3.4.2 短路试验

变压器短路试验的目的是确定变压器的铜损耗 Δp_{Cu} 和短路阻抗 z_k。

短路试验的电路如图 3.13 所示。短路试验通常在高压边进行,将低压边的出线端短接,高压边通过自耦变压器接正弦交流电源,缓慢升压的同时观察电流表的指示值,至 $I_1 = I_{1N}$ 时停止加压,测出短路电压 U_k、短路电流 I_k、短路损耗 p_k。

从试验看出,短路电压 U_k 相对于额定电压 U_{1N} 来说是很小的,因而铁芯中的磁通 Φ_m 也很小,即此时的铁损耗 Δp_{Fe} 很小。根据功率关系,有

$$\Delta p_{Cu} = p_k - \Delta p_{Fe} \approx p_k \tag{3.39}$$

式中,$\Delta p_{Cu} = \Delta p_{Cu1} + \Delta p_{Cu2}$,为变压器原、副绕组铜损耗之和。

由于此时的铜损耗是在原边电流等于额定值时测出的,所以 Δp_{Cu} 就是变压器额定运行时的铜损耗。

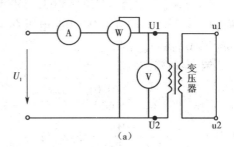

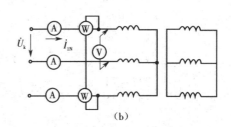

图 3.13 短路试验接线图

(a)单相变压器 (b)三相变压器

由于短路试验时,$z_L' = 0$,又有 $z_m \gg z_2'$,因此可以用简化等效电路来进行计算。有

$$z_k = \frac{U_k}{I_{1N}} \tag{3.40}$$

$$r_k = \frac{p_k}{I_{1N}^2} \tag{3.41}$$

$$x_k = \sqrt{z_k^2 - r_k^2} \tag{3.42}$$

电阻值是随温度变化而变化的,对应短路试验时测出的短路电阻 r_k 及与有关的短路损耗 p_k 要进行换算,换算成国家标准规定的温度(75℃)下的值。铜线绕组变压器的换算公式为

$$r_{k75℃} = r_k \frac{234.5 + 75}{234.5 + \theta} \tag{3.43}$$

式中,θ 为试验时的室温。

铝线绕组变压器换算公式为

$$r_{k75℃} = r_k \frac{228+75}{228+\theta} \tag{3.44}$$

变压器铭牌上标注的技术数据中,与短路电阻有关系的量,都是指换算到 75℃ 的数值。如短路阻抗

$$z_{k75℃} = \sqrt{r_{k75℃}^2 + x_k^2} \tag{3.45}$$

与空载试验一样,上面计算同样适用于三相变压器,但应使用相值。

【例3.4】 一台 50 kVA,6 600/230 V 的单相变压器,在高压侧作短路试验时,测得短路损耗 $p_k = 1\ 450$ W,短路电压 $U_k = 307$ V,室温为 25 ℃。求短路电阻 z_k 和折算到 75℃时的 $r_{k75℃}$ 和 $z_{k75℃}$。

解:原边额定电流

$$I_{1N} = \frac{S_N}{U_{1N}} = \frac{5\ 000}{6\ 600} = 7.58 \text{ A}$$

则

$$r_k = \frac{p_k}{I_{1N}^2} = \frac{1\ 450}{7.58^2} = 25.23 \ \Omega$$

$$z_k = \frac{U_k}{I_{1N}} = \frac{307}{7.58} = 40.5 \ \Omega$$

$$x_k = \sqrt{z_k^2 - r_k^2} = \sqrt{40.5^2 - 25.23^2} = 31.68 \ \Omega$$

故

$$r_{k75} = \frac{235+75}{235+25} \times 25.23 = 30.1 \ \Omega$$

$$z_{k75} = \sqrt{r_{k75}^2 + x_{k75}^2} = \sqrt{30.1^2 + 31.68^2} = 43.7 \ \Omega$$

短路电压通常用 U_k 与该绕组额定电压 U_N 之比值的百分数表示,即

$$U_k(\%) = \frac{U_k'}{U_N} \times 100\% \tag{3.46}$$

此值通常只有百分之几。

3.4.3 标么值

一个物理量的数值与选定的一个同单位的基值进行比较,所得的比值称为标么值。即

$$标么值 = \frac{实际值_{(任意单位)}}{基值_{(与实际值同单位)}}$$

标么值的符号由原实际值的符号右上角加" * "表示;实际值与基值的单位应一致。

对变压器而言,通常取原、副边的额定电压、额定电流分别作为原、副边电压、电流的基值,其他物理量的基值,可由它们与原、副边额定电压、额定电流的相互关系来确定。

(1)原、副边电压、电流的标么值为

$$U_1^* = U_1/U_{1N} \qquad U_2^* = U_2/U_{2N}$$

$$I_1^* = I_1/I_{1N} \qquad I_2^* = I_2/I_{2N} \tag{3.47}$$

（2）原、副边阻抗的标么值为

$$z_1^* = z_1/z_{1N} = I_{1N}z_1/U_{1N}$$

$$z_2^* = z_2/z_{2N} = I_{2N}z_2/U_{2N} \tag{3.48}$$

（3）输入、输出功率的标么值为

$$P_1^* = P_1/P_{1N} = \frac{I_1 U_{1N}}{I_{1N} U_{1N}} = \frac{I_1}{I_{1N}} = I_1^*$$

$$P_2^* = P_2/P_{2N} = \frac{I_2 U_{2N}}{I_{2N} U_{2N}} = \frac{I_2}{I_{2N}} = I_2^* \tag{3.49}$$

使用标么值有如下一些优点。

（1）同单位的两个物理量之间的比较更加直观,使不同的变压器具有可比性。如有两台变压器,其中一台的额定电流为 95 A,负载电流等于 50 A,另一台的额定电流为 18 A,负载电流等于 15 A,显然不能因为前一台的负载电流比后一台的大,就认为前一台所带的负载相对较大。如用标么值表示,则前一台的负载电流标么值 $I_2^* \approx 0.5$,后一台的负载电流标么值 $I_2^* \approx 0.8$,所以后一台变压器所带的负载相对较大。

（2）利用等效电路进行计算时,因为各物理量的标么值与其折算后的标么值相同,所以计算工作更为简便。如 $U'^*_2 = U'_2/U_{1N} = kU_2/(kU_{2N}) = U_2/U_{2N} = U_2^*$。

（3）三相变压器的线电压、线电流的标么值与对应的相电压、相电流标么值相同。如对连接组为 Y,d11 的三相变压器,原边线电压、相电压的标么值分别为

$$U_1^* = U_1/U_{1N}$$

$$U_p^* = U_p/(U_{1N}/\sqrt{3}) = \sqrt{3} U_p/U_{1N} = U_1/U_{1N}$$

式中：U_1、U_1^*——原边线电压、线电压标么值;

U_p、U_p^*——原边相电压、相电压标么值。

（4）变压器中的许多物理量都具有相同的标么值,使一些计算更为简便。如前所述,短路电压和短路阻抗具有相同的标么值,即 $u_k^* = z_k^*$。

短路损耗与短路电阻具有相同的标么值,即 $p_k^* = r_k^*$。

输入、输出功率与原、副边电流具有相同的标么值,即 $P_1^* = I_1^*$,$P_2^* = I_2^*$。

3.5 变压器的运行特性

变压器的运行特性反映了变压器带负载运行时输出电压等物理量随负载变化而变化的规律。运行特性主要有外特性和效率特性。

3.5.1 外特性

变压器带负载运行时,变压器就是负载的电源,由于其内部存在电阻和漏电抗,负载电流流过时内部将产生漏阻抗压降,使变压器的输出电压随负载大小的变化而发生变化。当变压器原边外加电源电压及负载功率因数一定时,副边端电压随副边

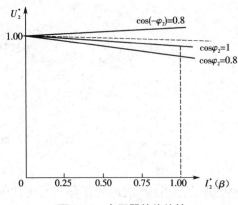

图 3.14 变压器的外特性

电流变化而变化的曲线 $U_2 = f(I_2)$ 称为变压器的外特性,如图 3.14 所示。外特性直观反映了变压器输出电压随负载电流变化的趋势。变压器带电阻性和电感性负载运行时, U_2 随 I_2 的增大而减小;带电容性负载运行时, U_2 随 I_2 的增大而增大(容性负载减小了无功电流分量)。

U_2 随 I_2 变化而变化的程度大小可以用电压变化率来表示。当变压器原边接额定电压、副边开路时,副边的端电压 U_{20} 就是副边的额定电压 U_{2N},带上负载以后,副边电压变为 U_2,与空载时电压 U_{2N} 存在一个差值,这一差值与额定电压 U_{2N} 的比值称为电压调整率或电压变化率,用 $\Delta U\%$ 表示,其值

$$\Delta U\% = \frac{U_{20} - U_2}{U_{2N}} \times 100\% = \frac{U_{2N} - U_2}{U_{2N}} \times 100\% \qquad (3.50)$$

电压变化率是表征变压器运行性能的重要指标之一,它反映了供电电压的稳定性。一般情况下,在 $\cos \varphi_2 = 0.8$(感性)左右时,额定负载的电压变化率为 4% ~ 5.5%。

3.5.2 效率特性

3.5.2.1 功率关系

变压器是传递电能的设备,在这一能量传递过程中,变压器本身存在损耗。根据能量守恒定律,变压器副边输出的有功功率 P_2 等于原边输入的有功功率 P_1 减去总的有功功率损耗 Δp,即

$$P_2 = P_1 - \Delta p \qquad (3.51)$$

其中副边输出的有功功率

$$P_2 = U_2' I_2' \cos \varphi_2 \qquad (3.52a)$$

原边输入的有功功率

$$P_1 = U_1 I_1 \cos \varphi_1 \qquad (3.52b)$$

总损耗

$$\Delta p = \Delta p_{Cu} + \Delta p_{Fe} \qquad (3.52c)$$

式中: I_1 ——原边输入电流;

I_2' ——副边电流折算值;

U_1 ——原边输入电压;

U_2' ——副边电压折算值;

φ_1 ——原边功率因数角;

φ_2——副边功率因数角。

1. 铁损

铁芯中的磁滞损耗和涡流损耗统称为铁损。在空载和负载运行时,铁芯中的主磁通基本不变,因此变压器负载运行时的铁损等于空载时的铁芯损耗,即

$$\Delta p_{Fe} = p_0 = I_0^2 r_m \tag{3.53}$$

2. 铜损

变压器负载运行时,原、副绕组中都有电流流过,因此绕组导线上将产生损耗,这一损耗称为铜损耗,简称铜损 Δp_{Cu}。原、副绕组的铜损分别为 $I_1^2 r_1$、$I_2'^2 r_2'$,即

$$\Delta p_{Cu} = \Delta p_{Cu1} + \Delta p_{Cu2} = I_1^2 r_1 + I_2'^2 r_2' \tag{3.54}$$

变压器额定负载运行时的铜损耗 Δp_{Cu} 近似等于短路损耗 p_k,而任意负载下的铜损

$$\Delta p_{Cu} = I_1^2 r_k = \frac{I_1^2}{I_{1N}^2} I_{1N}^2 r_k = \beta^2 p_k \tag{3.55}$$

式中,$\beta = \dfrac{I_1}{I_{1N}}$ 或 $\beta = \dfrac{I_2}{I_{2N}}$ 称为负载系数。

可以看出,变压器从电源吸收的有功功率 P_1,扣除铁损和铜损的剩余部分就是变压器输出的有功功率,这一有功功率也就是负载上消耗的功率 P_2,在数值上等于 $I_2'^2 r_L'$。

3.5.2.2 效率

变压器的效率为输出有功功率与输入有功功率比值的百分数,即

$$\eta = \frac{P_2}{P_1} \times 100\% \tag{3.56}$$

将各量代入式(3.56)得

$$\eta = 1 - \frac{p_0 + \beta^2 p_k}{\beta S_N \cos \varphi_2 + P_0 + \beta^2 p_k} \tag{3.57}$$

式(3.57)表明,变压器的效率 η 是随负载系数 β 或负载电流 I_2($I_2 = \beta I_{2N}$)变化而变化的,其变化曲线 $\eta = f(\beta)$ 称为变压器的效率特性,如图 3.15 所示。从效率特性看出,负载较小时,效率以较大的速度随负载的增加而增加;负载过大时,效率随负载的增加而减小。效率有一个最大值,用 η_{max} 表示。由于负载较小时,输出功率小,损耗占的比例大,故效率低;随着输出功率的增大,损耗占的比例相对减小,效率提高。但当负载过大时,由于铜损耗是随电流的平方增大的,因此铜损耗急剧增大,使效率开始下降。一般当 $\beta = 0.5 \sim 0.7$ 时,效率达到最大值。

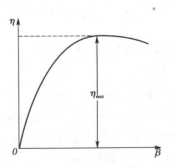

图 3.15 变压器的效率特性

【例 3.5】 有一台 50 kVA、6 600/230 V 的单相变压器,空载电流为额定电流的 5%,测得空载损耗为 500 W、短路损耗为 1 486 W、短路电压 $U_k\% = 4.5\%$,供照明负荷用电,满载时副边电压为 224 V。求:

(1)原、副边的额定电流 I_{1N}、I_{2N};

(2)空载时电流 I_0 和功率因数 $\cos\varphi_0$;

(3)电压变化率 $\Delta U\%$;

(4)额定负载的效率;

(5)短路电阻 r_k、短路阻抗 z_k 和短路电抗 x_k。

解:(1) $I_{2N} = \dfrac{S_N}{U_{2N}} = \dfrac{50\ 000}{230} = 217$ A

$$I_{1N} \approx \frac{I_{2N}}{k} = I_{2N}\frac{U_{2N}}{U_{1N}} = 217 \times \frac{230}{6\ 600} = 7.56\ \text{A}$$

(2) $I_0 = I_{1N} \times 5\% = 7.56 \times 5\% = 0.378$ A

$$\cos\varphi_0 = \frac{p_0}{U_{1N}I_0} = \frac{500}{6\ 600 \times 0.378} = 0.2$$

(3) $\Delta U\% = \dfrac{U_{2N} - U_2}{U_{2N}} \times 100\% = \dfrac{230 - 224}{230} \times 100\% = 2.6\%$

(4) $P_2 = S_N\cos\varphi_2 = 50\ 000 \times 1 = 50\ 000$ (W)

$$\eta = \frac{P_2}{P_2 + \Delta p_{Fe} + \beta^2 p_k} \times 100\% = \frac{50\ 000}{50\ 000 + 500 + 1\ 486} \times 100\% = 96.2\%$$

(5) $r_k = \dfrac{p_k}{I_{1N}^2} = \dfrac{1\ 486}{7.56^2} = 26$ (Ω)

因为 $U_k(\%) = \dfrac{U_k}{U_N} \times 100\%$

$$z_k = \frac{U_k}{I_{1N}} = \frac{6\ 600 \times 4.5\%}{7.56} = 39.3\ (\Omega)$$

$$x_k = \sqrt{z_k^2 - r_k^2} = \sqrt{39.3^2 - 26^2} = 29.5\ (\Omega)$$

3.6 三相变压器

现代电力系统均采用三相制,因而三相变压器应用极为广泛。三相变压器中每相情况是完全一样的,分析其中任意一相就可以了。因为三相中任意一相就是一个单相变压器,所以分析单相变压器时所用的方法和所得的结论完全适用于对称负载运行时的三相变压器,只是在计算时要注意三相和单相的换算。尽管如此,但三相变压器还有其特殊之处,如它的磁路系统、三相绕组的连接方式、变压器的并联运行等。

3.6.1 三相变压器的磁路系统

三相变压器可以由三个相同的单相变压器通过一定方式连接组成三相变压器

组,如图 3.16 所示;也可以将三相绕组同装在一个铁芯上,组成三相芯式变压器,如图 3.17 所示。

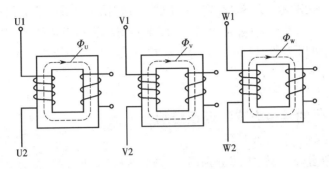

图 3.16   三相变压器组

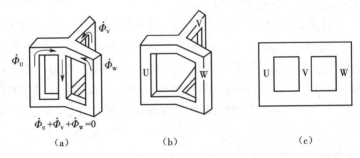

图 3.17   三相芯式变压器的磁路

1. 三相变压器组的磁路

因为三相变压器组是由三个同样的单相变压器组合而成的,它的磁路特点是三相磁通各有自己单独的磁路。

当外加电压为三相对称电压,则三相铁芯磁通也一定是对称的,如图 3.16 所示。如果三个铁芯的材料和尺寸完全一样,即三相磁路的磁阻相等,那么按照磁路的欧姆定律,三相磁势或建立该磁势的三相空载电流也是对称的。

2. 三相芯式变压器的磁路

三相变压器的磁路是三相变压器组演变而来的。把变压器组的三个单相变压器的铁芯按图 3.17(a)所示的位置靠拢在一起,通过中间铁芯柱的磁通为三相磁通的合成,即 $\Phi_U + \Phi_V + \Phi_W$。在对称的情况下,$\Phi_U + \Phi_V + \Phi_W = 0$,即在任何瞬间中间芯柱的磁通等于零,可以省掉这个芯柱,如图 3.17(b),再缩短 V 相铁轭的长度,将 V 相往里收缩;然后将 U 相和 W 相的铁芯间角度由 120°变为 180°,使三个铁芯柱排列在同一平面上,如图 3.17(c),这就是目前我国大量生产的芯式三相变压器铁芯结构。

由图 3.17 可见,三相芯式变压器的磁路是连在一起的,其特点是各相磁通都以另外两相的磁路作为自己的回路。因为中间 V 相磁路比两边 U 相和 W 相短,即 V 相磁阻较小,由磁路欧姆定律可知,V 相磁势就比其他两相小,而三相绕组匝数一样多,所以 V 相的空载电流 I_{0V} 就比其他两相的小。但由于空载电流 I_0 只占额定电流的百分之几(中小型为 5% 左右,大型在 3% 以下),所以空载电流的不对称对变压器运行的影响很小,可以不考虑。在工程上取三相空载电流的平均值作为空载电流值,即

$$I_0 = \frac{I_{0U} + I_{0V} + I_{0W}}{3} \tag{3.58}$$

3.6.2 变压器的连接方式和连接组别

1. 变压器绕组的标记和极性

变压器高压绕组的首、末端分别用 U1、V1、W1,U2、V2、W2 标记,而其低压绕组的首、末端则分别用 u1、v1、w1,u2、v2、w2 标记。当三相绕组接成星形具有中线连接时,则高压和低压方面的中点用 N 和 n 表示。

由于单相变压器的原、副绕组是绕在同一个铁芯柱上的,它们被同一主磁通 Φ 所交链。当主磁通 Φ 交变时,在原、副绕组中感应的电势有确定的极性关系。即任一瞬间,一个绕组的某一端点的电位为正时,另一绕组必有一个对应的端点电位也为正。这两个对应的同极性的端点称为同极性端,也称为同名端,在对应的两个端点旁边用加一黑点"·"来表示。同极性端可能在绕组的相同端,也可能在绕组的不同端。

2. 单相变压器的连接组别

单相变压器绕组的首端与末端有两种不同的标法,随着标法的不同,所得原、副绕组电压之间的相位差也有两种情况。一种是将原、副绕组的同极性端(即同名端)都标为首端(或末端),如图 3.18(a)所示。

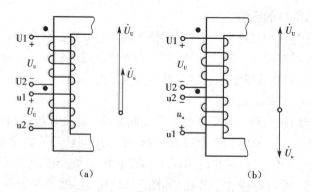

图 3.18 单相变压器原、副边电动势关系

(a)同极性端都为首端　(b)异极性端为首端

这时原、副绕组电压 $\dot{U}_U$ 与 $\dot{U}_u$ 同相位(必须注意,电压的正方向均规定为从首端到末端),用 I,I0 表示。其中 I,I 表示原、副边均为单相绕组,0 表示连接的组别。另

一种标法是把原、副绕组的不同极性端点标为首端(或末端),如图 3.18(b)所示。这时 $\dot{U}_U$ 与 $\dot{U}_u$ 方向相差 180°,用 I,I6 表示。

3. 连接三相绕组的方式

(1)星形(Y)连接法　它的绕组连接和相电压的向量如图 3.19(a)所示。图中相电压的正方向均为由首端指向末端。

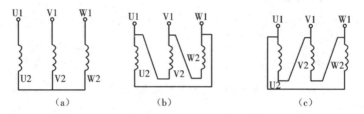

图 3.19　三相绕组连接法及向量图

(a)星形接法　(b)逆序三角形接法　(c)顺序三角形接法

(2)三角形(△)连接法　这种接法又可分为两种:一是按 U1U2—W1W2—V1V2 的顺序连接,如图 3.19(b);另一种按 U1U2—V1V2—W1W2 顺序连接,如图 3.19(c)。

4. 三相变压器的连接组别

三相变压器的连接组别不仅与线圈的绕法和绕组同名端有关,还与三相绕组的连接方式有关。

国家标准规定的连接组可归结为 Y,y 和 Y,d 两大类,现分别说明如下。

由于三相变压器的三个绕组可采用不同的连接方式,使得原、副绕组中的线电压具有不同的相位差。因此按原、副边线电压的相位关系,把三相变压器绕组的连接分成各种不同的连接组别。对于三相绕组,无论采用哪种连接方式,原、副边线电压的相位差总是 30°的倍数。因此,采用时钟表面上的 12 个数字来表示这种相位差。这种表示法称为时针法,即把高压边线电压的相量作为钟表上的长针,始终指着"12",而以低压边线电压的相量作为短针,它所指的数字即三相变压器的连接组别。

1)Y,y 连接组

(1)Y,y0　图 3.20 为 Y,y 连接的三相变压器,原、副绕组的同极性端为首端,这时与单相变压器一样,原、副绕组对应各相的相电压同相位,因而原绕组线电压 $\dot{U}_{UV}$ 和副绕组线电压 $\dot{U}_{uv}$ 也同相位,如果把 $\dot{U}_{UV}$ 指向 12 点,则 $\dot{U}_{uv}$ 也指向 12 点,或说 0 点所以用 Y,y0 表示其连接组别。

(2)Y,y6　图 3.21 原边和副边是以不同极性端作为首端,相电压 $\dot{U}_u$ 与 $\dot{U}_U$ 方向相反,因此副边电压向量图正好与原边电压向量图相反,对应的线电压 $\dot{U}_{UV}$ 和 $\dot{U}_{uv}$ 也相差 180°,因此这种接法是 Y,y6 连接组。

2)Y,d 连接组

(1)Y,d11　图 3.22 所示为 Y,d 连接的三相变压器,其中原、副绕组同极性端标

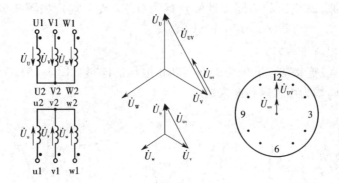

图 3.20　Y,y0 连接组及向量图

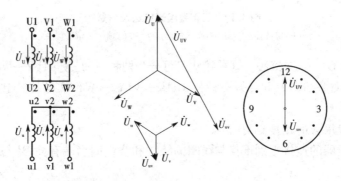

图 3.21　Y,y6 连接组及向量图

为首端,副绕组三角形连接次序为 u1u2—w1w2—v1v2。由于原、副绕组首端为同极
性端,它们对应相的相电压同相位,但副绕组线电压 $\dot{U}_{uv}$ 等于相电压 $-\dot{U}_v$,因此原绕
组线电压 $\dot{U}_{UV}$ 与副绕组线电压 $\dot{U}_{uv}$ 的相位差为 330° = 30° × 11。$\dot{U}_{UV}$ 指向 12 点,则 $\dot{U}_{uv}$
指向 11 点,这种连接组别为 Y,d11。

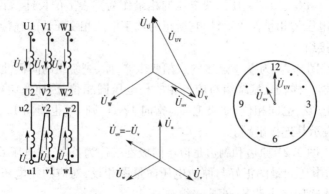

图 3.22　Y,d11 连接组及向量图

(2)Y,d1　图 3.23 仍为 Y,d 连接的三相变压器,但副绕组的连接顺序为

u1u2—v1v2—w1w2,副绕组线电压 $\dot{U}_{uv}$ 等于相电压 $\dot{U}_u$,因此相对应的线电压 $\dot{U}_{uv}$ 与 $\dot{U}_{UV}$ 相差 30°,而且 $\dot{U}_{uv}$ 滞后于 $\dot{U}_{UV}$,所以这种接法为 Y,d1 连接组。

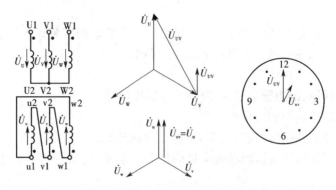

图 3.23 Y,d1 连接组及向量图

综上所述可以看出,用改变绕组极性连接方式可以得到不同的连接组。实际上,连接组可多达上百种。但从原、副边线电压之间相位差的关系来看,只有 12 种。Y,y 连接可以得到时钟表面上偶数的连接组别;Y,d 连接则得到奇数的连接组别。此外,D,d 连接可以得到与 Y,y 连接同样的相位关系;D,y 则得到与 Y,d 连接相同的相位移。

目前,在电力变压器中大都采用国际标准所规定的五种连接组别,即 Y,yn0; YN,y0;Y,y0;Y,d11;YN,d11。而在同步变压器中则采用 Y,y2;Y,y4;Y,y6;Y,y8; Y,y10;Y,y0;D,y1;D,y3;D,y5;D,y7;D,y9;D,y11 十二种连接组别。

3.6.3 变压器的并联运行

所谓变压器并联运行,就是将变压器的原、副绕组相同标号的出线端联在一起,分别接到公共的电源母线和负载母线上,如图 3.24 所示。在发电厂和变电所,常采用两台以上的变压器并联运行方式供电。

1. 并联运行的优点

首先,可以提高供电的可靠性,当其中的一台发生故障时,可将其切除检修,而不致中断供电;其次,可根据负载的变化来调整投入运行的变压器的台数,尽量使运行着的变压器接近满载,提高系统的运行效率和改善系统的功率因数;第三,可以减小变压器的备用容量;第四,对于负荷逐渐增加的变电所,可以减小安装时的一次投入。但是并联运行的台数也不宜过多,否则会增加设备的成本和安装面积。

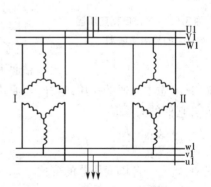

图 3.24 三相变压器的并联运行

2. 并联运行的理想情况

①空载时每一台变压器副边电流都为零,与单独空载运行时一样。各台变压器间无环流。

②负载运行时各台变压器分担的负载电流应与它们的容量成正比。实现"各尽所能",使并联运行变压器的容量得到充分的利用。

3. 并联运行的的条件

①变压器的原、副边额定电压应相同,变压比相等。

②变压器的连接组别应相同。

③各变压器短路电压(或阻抗值)的标么值应相等。

实际上并联运行的变压器必须满足的是第二个条件,其他两个条件允许稍有出入。

3.7 自耦变压器及仪用互感器

3.7.1 自耦变压器

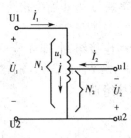

图 3.25 单相自耦变压器的绕组接线图

原、副边共用一部分绕组的变压器叫自耦变压器。自耦变压器有单相的,也有三相的。与双绕组变压器一样,单相自耦变压器的电磁关系,也适用于对称运行的三相自耦变压器的每一相。单相自耦变压器的绕组接线图如图 3.25 所示。

1. 电压、电流关系

1)电压关系

自耦变压器与双绕组变压器一样,有主磁通和漏磁通,主磁通在绕组中产生感应电势 $\dot{E}_1$ 和 $\dot{E}_2$。由于主磁通比漏磁通大很多,且绕组电阻很小,因此可忽略漏阻抗压降,只考虑主磁通的作用,这样,当原边接在额定电压 U_{1N} 上,空载时副边的端电压为 U_{2N},它们的关系是

$$\frac{U_{1N}}{U_{2N}} \approx \frac{E_1 N_1}{E_2 N_2} = k_A \tag{3.59}$$

式中:k_A——自耦变压器的变比。

2)电流关系

同双绕组变压器一样,自耦变压器带负载时,由于电源电压保持额定值,主磁通为常数,因此,也有同样的磁势平衡关系,即

$$\dot{I}_1 N_1 + \dot{I}_2 N_2 = \dot{I}_0 N_1$$

分析负载运行时,可忽略 I_0,则有

$$\dot{I}_1 N_1 + \dot{I}_2 N_2 = 0$$

或

$$\dot{I}_1 = -\frac{\dot{I}_2}{k_A} \tag{3.60}$$

由以上两式可知,自耦变压器负载运行时,原、副边电压之比、电流之比,与双绕组变压器的关系相同。

由图 3.25 可以看出

$$\dot{I} = \dot{I}_1 + \dot{I}_2 = -\frac{\dot{I}_2}{k_A} + \dot{I}_2 = \dot{I}_2\left(1 - \frac{1}{k_A}\right) \tag{3.61}$$

2. 容量关系

对于自耦变压器,要分清楚变压器容量和绕组容量。所谓变压器容量,就是变压器在额定状态下运行时,副边输出的视在功率,即额定容量。对于单相变压器,额定容量等于副边额定电压与电流的乘积。输出容量,在数值上为输出的电压乘以电流,所谓绕组容量(或电磁容量),就是该绕组的电压与电流的乘积;额定的电压与电流的乘积,就是该绕组的额定容量。对于双绕组变压器,原绕组的绕组容量就是变压器输入容量,副绕组的绕组容量就是变压器的输出容量,都等于变压器额定容量。但是对自耦变压器来说,变压器容量与绕组容量却不相等。以单相自耦变压器为例分析如下。

单相自耦变压器的容量

$$S_N = U_{1N}I_{1N} = U_{2N}I_{2N} \tag{3.62}$$

从原理图可以看出,绕组 U1u1 段的容量

$$S_{U1u1} = U_{U1u1}I_{1N} = U_{1N}\frac{N_1 - N_2}{N_1}I_{1N} = S_N\left(1 - \frac{1}{k_A}\right) \tag{3.63}$$

绕组 u1u2 段的容量

$$S_{u1u2} = U_{u1u2}I = U_{2N}I_{2N}\left(1 - \frac{1}{k_A}\right) = S_N\left(1 - \frac{1}{k_A}\right) \tag{3.64}$$

显然,自耦变压器负载运行时,绕组 U1U2 和 u1u2 的容量相等并且都是变压器容量的 $\left(1 - \frac{1}{k_A}\right)$ 倍,当变压器容量相同时,自耦变压器的绕组容量比双绕组变压器的绕组容量小。

自耦变压器的绕组容量小于变压器容量,当变压器额定容量相同时,自耦变压器与双绕组变压器比较,其单位容量所消耗的材料少,变压器体积小,造价低。同时,材料消耗少,铜耗、铁耗小,效率高。自耦变压器变比 k_A 越接近于 1,$\left(1 - \frac{1}{k_A}\right)$ 越小,其优点越突出。k_A 增大,则其优越性降低。因此,一般电力系统使用的自耦变压器 $k_A =$ 1.5 ~ 2。

把自耦变压器的副绕组匝数 N_2 做成可调式,就成了自耦调压器。通过滑动触头改变图 3.25 中 u1 的位置,便可改变输出电压的大小,当 U_1 一定时,U_2 大小可以从零

调到大于 U_1 的数值,例如 $U_1 = 220$ V,$U_2 = 0 \sim 250$ V。

3.7.2 仪用互感器

在电力系统中,很难直接对高电压、大电流进行检测,通常将它们变换为能测量的低电压和小电流来测量,这种专用的特殊变压器叫做仪用互感器。测量高电压用的仪用互感器叫做电压互感器,测量大电流用的仪用互感器叫做电流互感器。

1. 电压互感器

电压互感器是利用原、副边匝数不同,把原边的高电压变为副边的低电压,送到电压表或功率表的电压绕组进行测量。

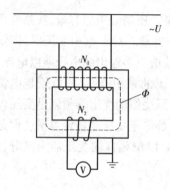

图3.26 电压互感器接线图

电压互感器接线图如图 3.26 所示。原边并联接入主线路,被测电压为 U_1,副边电压为 U_2。接到电压表或功率表的电压绕组,由于阻抗很大,实际副边近似为开路。原边匝数 N_1 多,采用细铜线,副边匝数 N_2 少,采用粗铜线。

电压互感器是一个近似空载运行的单相变压器,因此电压关系为

$$\frac{U_1}{U_2} \approx \frac{E_1}{E_2} = \frac{N_1}{N_2} = k_U \qquad (3.65)$$

k_U 称为电压变比,是一个数值较大的常数。实际中将测量 U_2 的电压表按 $k_U U_2$ 来刻度,就可直接从表上读出被测电压 U_1 的大小。我国电力系统电压互感器副边的额定电压规定为 100 V。

实际上电压互感器的原、副边都有电阻、漏磁通,因此电压互感器存在着测量误差。根据误差的大小,电压互感器分为 0.2、0.5、1.0、3.0 等几个等级,各级的允许误差见国家有关技术标准。

电压互感器使用时注意事项如下。

①副边不允许短路。如副边短路,则电流很大将烧毁电压互感器。

②二次绕组及铁芯必须牢固接地,以保证安全。

③二次所接电压表不宜过多,即二次负载的阻抗值不能太小。在被测电压一定时,二次电压也一定,如果二次负载的阻抗值太小,则负载上的电流过大,使电压互感器的测量精度下降。

2. 电流互感器

电流互感器是利用原、副边匝数不等,把原边的大电流变成副边的小电流,送到电流表或功率表的电流绕组进行测量。

电流互感器接线图如图 3.27 所示。原边串联接入被测主线路,被测电流为 $\dot{I}_1$,副边电流为 $\dot{I}_2$。原边匝数 N_1 少,采用粗铜线,副边匝数 N_2 多,采用细铜线。副边接内阻极小的电流表或功率表的电流绕组,实际近似为短路。所以电流互感器相当于一

个短路运行的单相变压器,其磁势关系为

$$\dot{I}_1 N_1 + \dot{I}_2 N_2 = \dot{I}_0 N_1 \qquad (3.66)$$

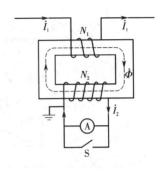

电流互感器在设计制造时采取一系列措施,比如采用导磁性能较好的材料做铁芯,采用很低的磁通密度,减少气隙,增加绕组匝数等,把励磁电流 I_0 限制得很小,即 $I_0 \approx 0$,这样可得到

$$\dot{I}_1 = -\frac{N_2}{N_1}\dot{I}_2 \qquad (3.67)$$

即

$$\dot{I}_1 = -k_I \dot{I}_2 \qquad (3.68)$$

图 3.27 电流互感器接线图

式中,$k_I = \dfrac{I_1}{I_2} = \dfrac{N_2}{N_1}$。

k_I 称为电流变比,是个数值较大的常数。

实际中只需将测量 I_2 的电流表按 $k_I I_2$ 来刻度,就能直接从表上读出被测电流 I_1 的大小。我国电力系统规定电流互感器副边的额定电流为 5 A。

实际上不能做到 $I_0 = 0$,因此,把原,副边电流按差一个常数 k_I 处理的电流互感器就存在着误差。根据误差的大小,电流互感器分为下列各级:0.2,0.5,1.0,3.0,10.0。如 0.5 级的电流互感器表示在额定电流时误差最大不超过 ±0.5%。对各级的允许误差见国家有关技术标准。

使用电流互感器应注意以下几个问题。

(1)副边绝对不许开路 从图 3.27 接线图中可以看到,电流互感器的副边与电流表并联着一个开关,电流互感器不使用时或换接不同电流表时,为防止副边开路而把开关闭合,正常工作时将开关打开。电流互感器的电流平衡关系为

$$\dot{I}_1 = -k_I \dot{I}_2 + \dot{I}_0 \qquad (3.69)$$

原边电流包含两个分量,$-k_I \dot{I}_2$ 为负载分量,在正常情况下,负载分量的数值比励磁分量的数值要大得多,通常电流互感器负载分量是励磁电流的几百倍,其悬殊超过了正常运行的电力变压器。如果副边出现开路,电流互感器就成了一个空载运行的变压器,这时 $\dot{I}_1 = \dot{I}_0$。但是与一般电力变压器空载运行不同的是,电流互感器原边电流 I_1 是主线路电流,它的数值由电网运行情况决定,并不随电流互感器副边而改变。如果被测的主线路电流 I_1 成了励磁电流,将会造成电流互感器铁损耗的急剧上升,引起过热甚至烧毁绝缘材料,同时在电流互感器副边出现很高的电压,不但击穿绝缘,而且危及操作人员和其他设备的安全。

(2)副边必须接地。

(3)副边回路串入的阻抗值不应超过有关技术标准的规定,也就是说,电流表不能串得太多。这是因为,如果副边串联的阻抗值过大,则 I_2 变小,而 I_1 不变,造成 I_0 增加,误差就要增加,电流互感器的精度等级将会降低。

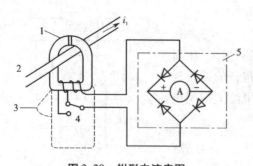

图 3.28　钳形电流表图

1—铁芯　2—被测载流导线　3—钳式手柄
4—量程切换开关　5—电流表

如果电流互感器和一个安培表组合，就是钳形电流表，如图 3.28 所示。电流互感器的铁芯由两部分组成，可以张开或闭合，像一把钳子一样。测量时，被测电流导线即为原绕组，铁芯上有一个副绕组，副边经安培表构成短接回路，这样从安培表上可以直接读出被测电流数值。当电气设备运行时要检查某一相的电流，使用钳形电流表，可免去停机接入一般电流表测电流的麻烦，可很方便地测出电流。

电流表一般有几个量程，使用时注意被测电流不能超过最大量程。为了减少测量误差，被测导线放人钳口后，钳口处两铁芯应对齐并吻合，另外应避免外界磁场对钳形电流表铁芯的影响。

习　题

1. 为什么变压器的铁芯要用硅钢片叠成？能否用整块硅钢做铁芯？如果不用铁芯行不行？

2. 一台 220/110 V 的变压器，能否用来把 440 V 的电压减低至 220 V 或把 220 V 升高至 440 V？为什么？这台变压器可否原边两匝绕组、副边一匝绕组？为什么？

3. 如果把上述变压器的高压绕组接在 220 V 的直流电源上，将会产生什么后果？能否变压？

4. 公式 $\dfrac{E_1}{E_2} = \dfrac{N_1}{N_2}$、$\dfrac{U_1}{U_2} = \dfrac{N_1}{N_2}$、$\dfrac{I_1}{I_2} = \dfrac{N_2}{N_1}$ 在空载和负载情况下，哪一个公式是始终成立的？哪一个公式是近似的？为什么？

5. 变压器原边接额定电压，空载时电流为什么很小？接负载后原边电流增加，但主磁通不变，为什么？

6. 一台单相照明变压器，$S_N = 15$ kVA，$U_{1N}/U_{2N} = 3\,300/220$ V，现要求变压器在额定电压下运行，问可接 220 V、25 W 电灯（$\cos \varphi = 1$）多少盏？并求原、副绕组的额定电流。

7. 有一单相变压器，$S_N = 20$ kVA，$U_{1N}/U_{2N} = 6\,000/220$ V，$f = 50$ Hz，若已知主磁通 $\Phi_m = 0.018$ Wb。求：(1)变压比 k 及原副绕组的匝数；(2)原副绕组的额定电流 I_{1N}、I_{2N}。

8. 单相变压器原边电压是 220 V,副边有两个绕组,其电压分别是 110 V 和 44 V。如原绕组为 440 匝,分别求副边两个绕组的匝数。设在 110 V 的副边电路中,接入 110 V、100 W 的电灯 11 盏,分别求此时原、副边的电流值。

9. 变压器绕组折算的目的和依据是什么? 折算后磁动势平衡方程式是什么样的?

10. 副边向原边折算时,哪些量改变? 怎样改变? 哪些量不改变? 为什么?

11. 变压器的 T 形等效电路、近似和简化等效电路各适用于什么运行状态的计算?

12. 变压器负载为纯电阻时,变压器的输入和输出功率是什么性质的?

13. 变压器负载为电容性负载时,是否输入的无功功率一定是超前性质的?

14. 变压器额定负载运行时,电压变化率是一个固定的数值吗? 与负载的性质(如电阻负载、电阻电感负载、电阻电容负载)有关吗? 电压变化率的大小与什么因素有关?

15. 变压器带什么性质负载时,有可能使变压器额定负载的电压变化率为零?

16. 变压器额定负载运行时,其效率是否为定值? 与负载的性质有关吗?

17. 变压器负载性质一定时,其效率是否为一定值? 与负载的大小有关吗?

18. z_m、r_m、x_m 各代表什么物理意义? 为什么 z_m 很大?

19. 通过变压器的空载实验,可以求出变压器的哪些参数? 为什么可以认为 $\Delta p_{Fe} \approx p_0$?

20. 通过变压器的短路实验,可以求出变压器的哪些参数? 为什么可以认为 $\Delta p_{Cu} \approx P_k$?

21. 某台单相变压器的 $S_N = 100$ kVA,$U_{1N}/U_{2N} = 3\,300/220$ V,$r_1 = 0.45\ \Omega$,$x_1 = 2.96\ \Omega$,$r_2 = 0.001\,9\ \Omega$,$x_2 = 0.013\,7\ \Omega$。求向原、副边折合时的短路阻抗 z_k 及 z_k' 的数值。

22. 有一台三相变压器,连接组别为 Y,d11,$S_N = 5\,600$ kVA,$U_{1N}/U_{2N} = 35/10.5$ kV。求变压器原、副边的额定电流 I_{1N}、I_{2N} 和原、副绕组的额定电流 I_{1NP}、I_{2NP}。

23. 变压器的连接组(如 Y,yn0;Y,d11)的含义如何?

24. 有一台三相变压器,它的连接组分别为:Y,yn0,$S_N = 100$ kVA,$U_{1N}/U_{2N} = 6\,300/400$ V。现因电源改为 10 000 V,如果用改高压绕组的方法满足电源电压的改变,而保持低压绕组每相为 50 匝不变化,则新的高压绕组每相匝数应为多少? 如果不改变高压绕组的匝数会产生什么后果?

25. 一台 100 A/5 A 的电流互感器,二次侧接 5 A 电流表。若电流表的读数为 3.5 A,问电路中的实际电流是多少?

26. 变压器如图所示,变比 $K = 10$,负载电阻 $R_L = 10\ \Omega$,式计算:

(1)一次流 I_1;

(2)等效电阻 R_i

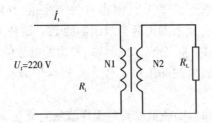

27. 变压器并联运行时应满足哪些条件？如某些条件不满足将会引起什么不良后果？

28. 自耦变压器和普通变压器在结构上有什么区别？在能量传递方面又有何不同？

29. 自耦变压器的绕组容量为什么小于变压器容量？其原、副边功率是如何传递的？自耦变压器合适的变压比范围是多大？太大、太小有何缺点？

30. 在单相电路中,如把接到负载去的两根导线都套进钳形电流表的铁芯中,问其读数是否比套进一根时的数值增加一倍？为什么？

31. 电压互感器与电流互感器各有什么用途？使用时应注意什么问题？为什么？

4

三相异步电动机

异步电动机分为三相异步电动机和单相异步电动机。单相异步电动机主要用于使用单相交流电源的小功率电器上。三相异步电动机具有结构简单、维护容易、运行可靠、价格低廉、效率较高等一系列优点,因此,在工农业生产中应用极为广泛,有90%左右的电动机采用三相异步电动机,在电网总负荷中,异步电动机占60%左右。

4.1 三相异步电动机的工作原理和结构

4.1.1 旋转磁场的产生

以两极三相异步电动机为例,如图 4.1 所示,定子铁芯六个槽内嵌有三个结构完全相同的绕组,分别为 U1—U2、V1—V2、W1—W2,三相绕组首端和末端分别用 U1、V1、W1 和 U2、V2、W2 表示,它们在空间上彼此互差 120°。将三个末端连在一起,三个首端接到三相对称交流电源上,则绕组内便流过三相对称电流 i_U、i_V、i_W,如图 4.2 所示。

规定:电流从线圈的首端(U1、V1、W1)流入,末端(U2、V2、W2)流出为正值;反之,为负值。用符号⊗表示流入,用符号⊙表示流出。

在 $\omega t = 0°$ 时,$i_U = I_m$,U 相绕组中的电流从 U1 流入,用⊗表示,从 U2 流出,用⊙表示;$i_V = i_W = -\frac{1}{2}I_m$。V、W 相绕组中的电流分别从 V1 及 W1 流出,用⊙表示,从 V2 及 W2 流入,用⊗表示;根据右手螺旋定则可知,三相电流产生的两极合成磁场(磁极对数 $p = 1$)从上到下,而且位于 U 相绕组的轴线上,如图 4.1(a)所示。

在 $\omega t = 120°$ 时,$i_V = I_m$,V 相绕组中的电流从 V1 流入,从 V2 流出;$i_U = i_W = -\frac{1}{2}I_m$,U、

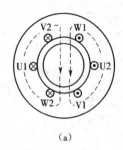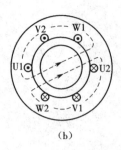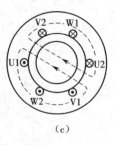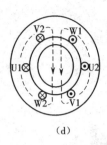

(a) (b) (c) (d)

图 4.1 两极旋转磁场示意图

$(a)\omega t = 0°$	$(b)\omega t = 120°$	$(c)\omega t = 240°$	$(d)\omega t = 360°$
$i_U = I_m$	$i_V = I_m$	$i_W = I_m$	$i_U = I_m$
$i_W = i_V = -I_m/2$	$i_U = i_W = -I_m/2$	$i_U = i_V = -I_m/2$	$i_V = i_W = -I_m/2$

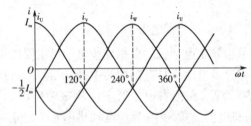

图 4.2 三相对称交流电流波形图

W 相绕组中的电流分别从 U1 及 W1 流出,而从 U2 及 W2 流入;根据右手螺旋定则可知,合成磁场位于 V 相绕组的轴线上,并在空间沿逆时针方向转过了 120°,如图 4.1(b)所示。同理,在 $\omega t = 240°$、$\omega t = 360°$时,绕组中电流和合成磁场的方向分别如图 4.1(c)、(d)所示。

可见,在两极电机中,当电流在时间上变化一个周期,磁场在空间正好旋转一周,当某相电流最大,合成磁场就位于该相绕组的轴线上。由于三相定子电流最大值是按照顺序 U、V、W 的时间顺序依次交替变化的,相应的合成磁场也是按照 U→V→W 的顺序逆时针方向旋转。

如果将定子绕组安排成四极(磁极对数 $p = 2$),如图 4.3 所示。同样取 $\omega t = 0°$、$\omega t = 120°$、$\omega t = 240°$、$\omega t = 360°$这几个时刻,观察电流变化时磁场的变化情况,可以看出:当电流变化 120°时,磁场在空间沿逆时针方向转过了 60°,电流变化一个周期,磁场只在空间旋转了半周。

综上所述,可得如下结论。

①三相对称绕组通以三相对称交流电流,可产生旋转磁场。

②当电流变化一周期时,一对极磁场在空间旋转一周,二对极磁场在空间旋转半周。由此可推断:当有 p 对磁极时,电流变化一周期,磁场在空间旋转 $1/p$ 周。因此可得出旋转磁场的转速 n_1 与电流频率 f_1 及磁极对数 p 的关系为

$$n_1 = \frac{60f_1}{p} \text{ r/min} \tag{4.1}$$

旋转磁场的转速 n_1 通常称为同步转速,磁极对数 p 与同步转速 n_1 的关系如表 4.1 所示。

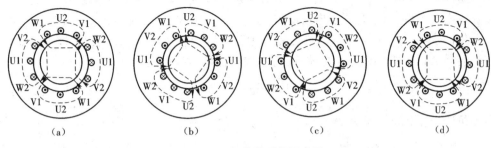

(a)　　　　　(b)　　　　　(c)　　　　　(d)

图 4.3　四极旋转磁场示意图

表 4.1　磁极对数 p 与同步转速 n_1 的关系

p	1	2	3	4	5	6	…
n_1 (r/min)	3 000	1 500	1 000	750	600	500	…

③磁场的旋转方向取决于三相交流电的相序。当三相交流电的相序为 U→V→W 时,合成磁场就按 U→V→W 的顺序旋转;如果三相交流电的相序变为 U→W→V,则磁场的旋转方向也将随之改变为 U→W→V。因此,若要改变旋转磁场的旋转方向,只需将三相异步电动机的三根电源线中任意两根对调即可。

4.1.2　三相异步电动机的工作原理

当三相异步电动机接到三相交流电源上,在定、转子的气隙间便产生一个旋转磁场,设该旋转磁场以同步转速 n_1 沿逆时针方向旋转,如图 4.4 所示,该旋转磁场分别切割定、转子绕组并产生感应电动势,其方向可由右手定则判定($\otimes$ 表示流入,$\odot$ 表示流出)。由于转子绕组自成闭合回路,则在转子绕组中产生感应电流。如果不考虑转子绕组的电感,则转子绕组内的感应电流与感应电势方向相同。

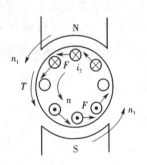

图 4.4　异步电动机
工作原理图

转子载流导体在旋转磁场中将受到电磁力的作用,其方向可由左手定则来判定。电磁力作用于转子从而形成电磁转矩,在电磁转矩的作用下转子逆时针方向旋转,如图 4.4 所示。由于转子导体中的电流是由电磁感应产生的,所以异步电动机又称为感应电动机。

可见,转子的转动方向与旋转磁场的方向一致,而旋转磁场的方向取决于三相电流的相序,因此欲改变转子的转动方向,需改变三相电流的相序。即改变电动机旋转方向的方法是将三相电源线的任意两根对调。

由于转子中的电势、电流是通过切割磁场感应产生的,因此,转子转速 n 不可能达到同步转速 n_1(n 总是小于 n_1),否则,转子与旋转磁场之间便无相对运动,就不会产生感应电势和电流,也就无法产生电磁转矩。故这两种转速的差异是电动机能够工作的必要条件,这也是异步电动机"异步"名称的由来。

把同步转速 n_1 与转子转速 n 之差称为转差或转差速度,用 Δn 表示,即 $\Delta n = n_1 - n$,转差 Δn 与同步转速 n_1 之比称为转差率 s,即

$$s = \frac{n_1 - n}{n_1} \tag{4.2}$$

电动机转子转速可表示为

$$n = (1 - s)n_1 = \frac{60f_1}{p}(1 - s) \tag{4.3}$$

转差率 s 是异步电动机的一个重要的物理量,它反映电动机转子与旋转磁场之间相对运动的快慢,对电机的运行性能有极大的影响。当转子处于静止或启动瞬间, $n = 0$, $s = 1$;当异步电动机空载运行时,因无负载转矩,转子转速接近同步转速, $n \approx n_1$, $s \approx 0$。所以异步电动机转差率 s 的变化范围为 $0 \sim 1$。对普通的三相异步电动机,为提高额定运行的效率,通常设计成其额定转速 n_N 略低于同步转速 n_1,所以电动机额定转差率 s_N 一般为 $0.02 \sim 0.06$。

根据转差率的大小和符号可以判断异步电动机的三种运行状态。

1. 电动运行状态

当异步电动机工作在电动运行状态时, $0 \leqslant n < n_1$, $0 < s \leqslant 1$,根据右手定则和左手定则可判定转子电流和电磁转矩的方向,如图 4.5 所示。此时,电磁转矩为驱动性,异步电动机将输入的电能转换为转子轴上的机械能输出。

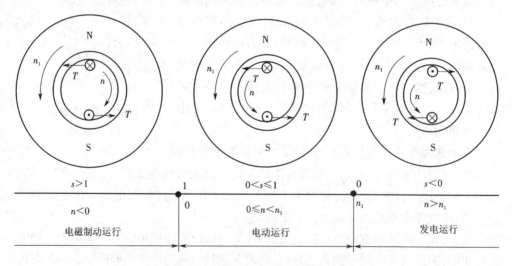

图 4.5　异步电动机的三种运行状态

2. 发电运行状态

由原动机或其他外力如重力拖动异步电动机运行,使转子转速超过同步转速,即

$n > n_1$, $s < 0$, 异步电动机工作在发电运行状态。根据右手定则和左手定则可判定转子电流和电磁转矩的方向, 如图 4.5 所示。此时, 电磁转矩为制动性, 异步电动机将原动机输入的机械能转换为电能输出。

3. 电磁制动运行状态

若在外力拖动下转子的方向与旋转磁场的方向相反, 如图 4.5 所示, 则 $n < 0$, $s > 1$, 电动机工作在电磁制动运行状态。根据右手定则和左手定则可判定转子电流和电磁转矩的方向, 如图 4.5 所示。此时, 电磁转矩为制动性, 异步电动机将轴上输入的机械能和定子上输入的电能一同转换为电机的损耗。例如, 起重机下放重物, 为避免下放速度过快, 电动机运行在制动状态, 在制动性电磁转矩作用下, 转子得以匀速下放。

4.1.3 三相异步电动机的基本结构

异步电动机主要由定子、转子两大部分组成, 固定部分叫定子, 转动部分叫转子。定、转子之间是空气隙, 其结构如图 4.6 所示。

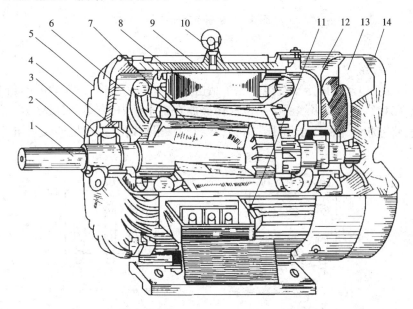

图 4.6 三相鼠笼异步电动机的结构图
1—轴 2—轴承盖 3—轴承 4—轴承盖 5—端盖 6—定子绕组 7—转子 8—定子铁芯
9—机座 10—吊环 11—出线盒 12—端盖 13—风扇 14—风罩

4.1.3.1 定子

三相异步电动机的定子部分由机座、定子铁芯和定子绕组三部分组成。

1. 机座

机座主要用于固定和支撑定子铁芯。中、小型异步电动机的机座一般是用铸铁制成, 大型电动机的机座用钢板焊接而成。机座的形式与电动机的防护方式、冷却方式和安装方式有关。

2. 定子铁芯

定子铁芯是电动机主磁路的一部分,并安放定子绕组。为了减少涡流和磁滞损耗,定子铁芯常用片间绝缘的 0.5 mm 厚的硅钢片叠压而成。定子冲片如图 4.7 所示。

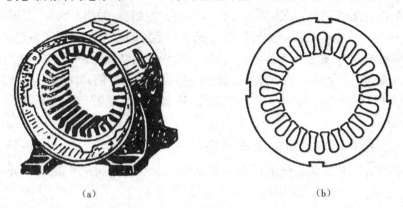

（a） （b）

图 4.7　机座及定子铁芯

（a）机座　（b）定子冲片

3. 定子绕组

三相异步电动机的定子绕组由三个结构完全相同、在空间互差 120° 电角度的绕组组成,每相绕组由许多线圈按一定规律嵌放在定子槽内,有单、双层之分。为了接线方便,将三相绕组的六个出线端引到接线盒上,根据需要接成星形或三角形,如图 4.8 所示。

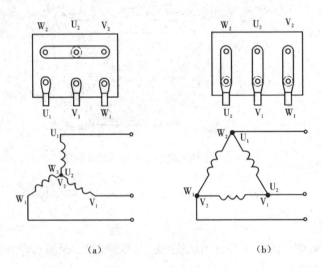

（a） （b）

图 4.8　定子绕组接法

（a）星形接法　（b）三角形接法

4.1.3.2　转子

转子是三相异步电动机的旋转部分,它由转轴、转子铁芯、转子绕组、风扇等部分组成。

1. 转子铁芯

转子铁芯也是电机磁路的一部分并要嵌放转子绕组,所用材料和定子一样,由0.5 mm 厚的外圆周冲有转子槽形的硅钢片叠压而成,中、小型异步电动机的转子铁芯一般都是直接固定在转轴上,大型异步电动机的转子铁芯则套在转子支架上,然后将支架固定在转轴上。

2. 转子绕组

根据转子绕组结构形式的不同,分为鼠笼和绕线两种转子绕组。

鼠笼转子绕组是由槽内的导条和短接这些导条的导电端环组成。小型异步电动机转子绕组常用铸铝的方法,将转子导条、端环和风叶一次浇铸而成。如果除掉铁芯,则整个转子绕组的形状像个笼子,因此叫鼠笼转子,如图4.9(a)所示。一般大型异步电动机的转子绕组是在转子槽内插入铜条,两端焊上端环而成,如图4.9(b)所示。

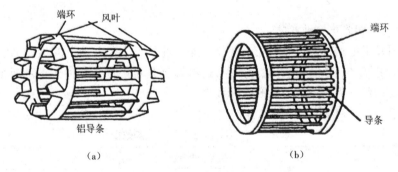

图 4.9　鼠笼转子
(a)铸铝鼠笼转子　(b)铜条鼠笼转子

绕线转子绕组的结构与定子绕组相同,由对称的三相绕组组成。三相绕组一般连成星形,三个首端分别接到安装在转轴上的三个铜滑环(与转轴绝缘)上,通过固定在定子上的电刷装置与外电路相连,外接电路可以是电阻或频敏变阻器等,用以改善电动机的启动和调速性能,如图4.10所示。绕线转子异步电动机还设有提刷短路装置,目的是电动机启动完毕而又不需调速时,通过该装置切除外接电路,使三个滑环直接短接,以减少运行中的磨损。

4.1.3.3　气隙

与同容量直流电动机相比,异步电动机的定、转子之间的气隙要小得多,中、小型异步电动机的气隙一般为0.2~2 mm,气隙大小对异步电动机性能影响极大。气隙大,磁阻大,励磁电流也就大,异步电动机功率因数就会降低。但气隙过小,会造成装配困难,且定、转子易发生机械摩擦,出现"扫膛"现象。实际电机应兼顾上述两方面

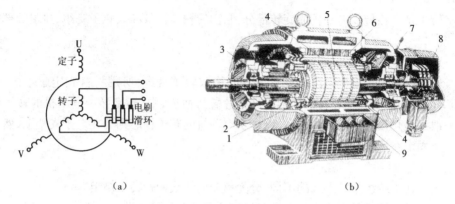

图 4.10 三相绕线转子异步电动机

(a)接线图 (b)结构图

1—转子绕组 2—端盖 3—轴承 4—定子绕组 5—转子铁芯
6—定子铁芯 7—提刷装置 8—滑环 9—出线盒

因素。

4.1.3.4 三相异步电动机的铭牌

三相异步电动机的机座上都有一个铭牌,铭牌上标有电动机的型号、绕组的接法、功率、电压、电流和转速等额定数据,这些数据是正确选择和使用电动机的依据。表 4.2 是一台三相异步电动机的铭牌数据。

表 4.2 三相异步电动机的铭牌数据

三相异步电动机					
型号	Y - 90L - 4	电压	380 V	接法	Y
功率	3 kW	电流	6.4 A	工作方式	连续
转速	1 460 r/min	功率因数	0.85	温升	75 ℃
频率	50 Hz	绝缘等级	B	出厂年月	×年×月
×××电机厂	产品编号		重量	×× 公斤	

1. 型号

电动机的型号是表示电机品种、性能、防护形式、转子类型等引用的产品代号。电机的型号一般用大写印刷体的汉语拼音字母(或英文缩写字母)与阿拉伯数字组成,例如 Y100Ll - 2。Y 代表异步电动机,字母 Y 后面的数字 100 表示机座中心高 100 mm,L 表示机座长度代号(L 表示长,M 表示中,S 表示短),字母 L 后的第一个数字 1 表示铁芯长度为 1 号,横线后面的数字 2 表示两极电机。具体图示如下。

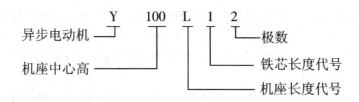

2. 额定功率 P_N

在额定负载状态下运行时,电动机轴上输出的机械功率,又叫额定容量,单位为 kW。

3. 额定电压 U_N

在额定运行时加于定子绕组的线电压,单位为 V 或 kV。如果电动机的铭牌上标有电压 220/380 V,△/Y 接法,则表示电源电压为 220 V 时定子绕组采用三角形接法,电源电压为 380 V 时,定子绕组采用 Y 接法。

4. 额定电流 I_N

额定运行时定子绕组的线电流,单位为 A。如定子绕组可有 △/Y 接法时,则标明相应的两种额定电流值,如 10.4/5.9 就是对应于定子绕组采用 △/Y 连接时的线电流值。

5. 额定频率 f_N

定子上外加电压的频率,我国的电网频率为 50 Hz。

6. 额定转速 n_N

电动机额定运行状态下的转速,单位为 r/min。

7. 绝缘等级

指电动机内部所用绝缘材料允许的最高温升等级,它决定了电动机的允许温升。

8. 工作制

指电动机按额定运行时的持续时间。分为三种工作制,即长期工作制 S1、短时工作制 S2、断续工作制 S3。

9. 额定效率 η_N

电动机额定运行状态下的效率。通常在铭牌上不标明,但可按下式算出

$$\eta_N = \frac{P_N}{\sqrt{3}\,U_N I_N \cos\varphi_N} \times 100\% \tag{4.4}$$

对绕线转子异步电动机,还标明转子绕组的额定电压(指定子加额定频率的额定电压而转子绕组开路时集电环之间电压)和转子的额定电流,以作为选配启动变阻器等的依据。

4.1.3.5　三相异步电动机的主要系列简介

现将我国目前生产的异步电动机主要产品系列介绍如下。

Y 系列,是一般用途的小型鼠笼全封闭自冷式三相异步电动机,取代了以前的 JO$_2$系列。额定电压为 380 V,额定频率为 50 Hz,功率范围为 0.55~315 kW,同步转速为 600~3 000 r/min,外壳防护形式有 IP44 和 IP23 两种。该系列主要用于拖动工矿企业的一般生产机械。

YR 系列,为三相绕线转子异步电动机,用于启动静止负载或惯性负载较大的机械上,如压缩机、粉碎机等。

YZ 和 YZR 系列,为起重和冶金用三相异步电动机,YZ 是鼠笼异步电动机,YZR 是绕线转子异步电动机。

YB 系列,为防爆式鼠笼异步电动机。

YCT 系列,为电磁调速异步电动机,主要用于纺织、印染、化工、造纸、船舶及要求变速的机械上。

【例 4.1】 一台三相异步电动机,额定功率 $P_N = 55$ kW,频率为 50 Hz,额定电压 $U_N = 380$ V,额定效率 $\eta_N = 0.79$,额定功率因数 $\cos \varphi_N = 0.89$,额定转速 $n_N = 570$ r/min。试求:(1)同步转速 n_1;(2)极对数 p;(3)额定电流 I_N;(4)额定负载时的转差率 s_N。

解:(1)因电动机额定运行时转速接近同步转速,所以同步转速为 600 r/min。

(2)电动机极对数:$p = \dfrac{60f_1}{n_1} = 5$,即为 10 极电动机。

(3)额定电流

$$I_N = \frac{P_N}{\sqrt{3}\,U_N \cos \varphi_N \eta_N} = \frac{55 \times 10^3}{\sqrt{3} \times 380 \times 0.89 \times 0.79} = 119 \text{ A}$$

(4)转差率

$$s_N = \frac{n_1 - n_N}{n_N} = \frac{600 - 570}{600} = 0.05$$

4.2 交流电机的定子绕组

同直流电机一样,交流电机绕组是其进行能量转换的枢纽。所不同的是,三相交流电机绕组的安排除了应尽可能产生较大的磁势和感应电势外,还要求三相绕组的匝数必须相等,每相绕组所产生的磁势和感应电势必须对称即大小相等、相位互差 120°以及三相绕组的合成磁势和每相绕组所产生的感应电势的波形应尽量接近正弦等。从槽内嵌放绕组的层数看,有单层、双层绕组之分。本节介绍的交流绕组的内容不仅适用于三相异步电机,而且也基本适用于三相同步电机和单相异步电机,这些内容属于交流电机的共同问题。

4.2.1 交流绕组的几个术语

1.绕组元件
用绕线机把高强度漆包线绕制成线圈即绕组元件,然后按一定规律将其嵌入定子铁芯槽内(通常采用聚酯薄膜作为槽绝缘),再连接成各相绕组。

2.机械角度与电角度

在几何上,电动机定子铁芯内圆周为360°,称为机械角度。感应电势(或电流)变化一个周期,相应的角度为360°电角度。对两极电机,磁极转过一周,绕组感应电势变化一个周期,因此,机械角度和电角度相等皆为360°。当电机的磁极对数为 p,磁极转过一周,绕组感应电势变化 p 个周期,相应电角度为 $p×360°$。电角度与机械角度的关系为

$$电角度 = p × 机械角度 \tag{4.5}$$

3.槽距角 α

相邻两个槽之间的电角度称为槽距角 α,若定子槽数为 Z,电机磁极对数为 p,则槽距角

$$\alpha = \frac{p360°}{Z} \tag{4.6}$$

4.极距 τ

相邻两异性磁极轴线之间的圆周距离称为极距,若用槽数表示,则

$$\tau = \frac{Z}{2p} \tag{4.7}$$

5.节距 y

一个绕组元件两个有效边所跨过定子槽数称为节距。节距等于极距的绕组叫整距绕组;节距小于极距的绕组叫短距绕组;节距大于极距的绕组叫长距绕组。

6.相带

为保证三相绕组对称,在定子铁芯内圆周上,每极每相绕组所占的区域应相等,这一区域称为相带(用电角度表示)。由于每个磁极对应的电角度是180°,因此对于三相绕组,每个相带则占60°的电角度,称为60°相带。

7.每极每相槽数 q

每一个极下每相绕组所占的槽数称为每极每相槽数,即每个相带所对应的定子槽数,用 q 表示。若相数为 m,则

$$q = \frac{Z}{2pm} \tag{4.8}$$

8.极相组

每个磁极下同一相的 q 个线圈,按一定规律连接起来,就构成极相组,将同一相的若干个极相组串联或并联,就构成了一相绕组,各相绕组的轴线或相对位置,在定子内径空间应相隔120°电角度,因此每对磁极下有6个相带,其安排顺序应依次为U1,W2,V1,U2,W1,V2,如图4.11(a)所示。由此可知,四极磁场60°相带绕组分布情况,如图4.11(b)所示。

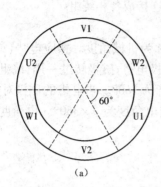 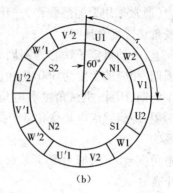

（a）　　　　　　　　　（b）

图4.11　60°相带绕组分布图

（a）两极磁场　（b）四极磁场

4.2.2　单层绕组

所谓单层绕组是指槽内仅放置一个线圈边,因此总线圈数等于总槽数的一半。单层绕组结构简单、嵌线方便,但磁势和电势波形不如双层绕组。因此单层绕组主要应用于功率在10 kW以下的小型三相异步电机和单相异步电机的定子绕组中。

4.2.2.1　单层绕组的基本形式

常用的三相单层绕组基本形式有:链式、同心式、交叉式。下面以一台三相异步电动机,磁极对数 $p=2$,定子槽数 $Z=24$ 为例具体说明三相单层绕组的分配和连接规律。

极距 $\tau = \dfrac{Z}{2p} = \dfrac{24}{4} = 6$

每极每相槽数 $q = \dfrac{Z}{2pm} = \dfrac{24}{4 \times 3} = 2$

槽距角 $\alpha = \dfrac{p360°}{Z} = \dfrac{2 \times 360°}{24} = 30°$

将定子内圆各槽进行编号,然后按60°相带排列,将定子槽分开为12个相带,按U1,W2,V1,U2,W1,V2的顺序加以注明(见表4.3)。

表4.3　相带与定子槽号对应表

相　序		U1	W2	V1	U2	W1	V2
N1	S1	1,2	3,4	5,6	7,8	9,10	11,12
N2	S2	13,14	15,16	17,18	19,20	21,22	23,24

按照上述分配,很显然,1、2、7、8、13、14、19、20共8个槽属于U相绕组,可放置4个线圈。若取 $y = \tau = 6$,则这4个线圈分别为1—7、2—8、13—19、14—20。通常每极

下 q 个线圈为一极相组(这里 $q=2$),共有 2 个极相组,即 1—7、2—8 组成一个极相组,13—19、14—20 组成另一个极相组。然后将这两个极相组串联成一相绕组 U。按照这一方式组成的单层绕组称为交叉式绕组,如图 4.12(a)所示。

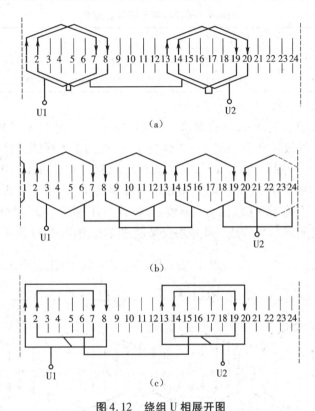

图 4.12　绕组 U 相展开图

(a)交叉式绕组　(b)链式绕组　(c)同心式绕组

考虑到 U 相所分配的槽数是一定的,具体采用哪些槽数放置线圈并不影响绕组电势的大小。因此,可将线圈分别放置在 2—7、8—13、14—19、20—1 槽中($y=5$)。这样,不仅可以节省端部铜线且制造方便,由此组成的单层绕组称为链式绕组,如图 4.12(b)所示。也可以将线圈分别放置在 1—8、2—7、13—20、14—19 槽中,组成的单层绕组称为同心式绕组,如图 4.12(c)所示。同理,可以得到 V、W 两相绕组的连接展开图。

很显然,对单层绕组而言,有几对极就对应几个极相组。换句话说,极相组数等于极对数。

4.2.2.2　交叉链式绕组

1.绕组展开图

交叉链式绕组是将各相带中的线圈边分成两部分,分别与相邻异性极面下同相的相带中线圈边连接,或称"两面翻"。下面以一台磁极对数 $p=2$、定子槽数 $Z=36$

的三相异步电动机为例进行说明。通过计算可得:$\tau = 9$,$q = 3$,其相带与定子槽号划分见表4.4。

表4.4　相带与定子槽号对应表

相　序	U1	W2	V1	U2	W1	V2
N1,S1	1,2,3	4,5,6	7,8,9	10,11,12	13,14,15	16,17,18
N2,S2	19,20,21	22,23,24	25,26,27	28,29,30	31,32,33	34,35,36

很显然,1、2、3、10、11、12、19、20、21、28、29、30共12个槽属于U相绕组,可放置6个线圈。将元件放置在2—10、3—11构成$y = 8$的两个大线圈;放置在12—19构成一个$y = 7$的小线圈。同理,20—28、21—29构成两个大线圈;12—19构成一个小线圈。线圈之间的连接规律是:两个相邻的大线圈之间"首—尾"相联,大线圈和小线圈之间"尾—尾"相联,小线圈与大线圈之间"首—首"相联,如图4.13所示。V、W两相按同样方法连接就可构成三相单层交叉链式绕组,如图4.14所示。

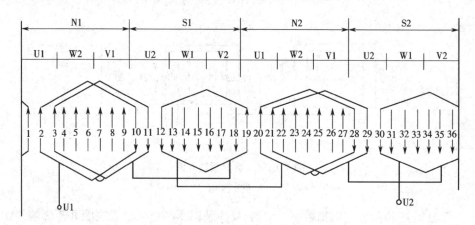

图4.13　单层交叉链式U相绕组展开图

2.嵌线

①先嵌第一相的两个大线圈的下层边10、11,封槽、两个上层边2、3起把。

②空一槽,嵌第三相小线圈的下层边13,上层边6起把。

③再空两个槽,嵌第二相的两个大线圈的下层边16、17,封好槽,按$y = 8$的要求把上层边8、9嵌入。

④再空一槽,嵌第一相小线圈的下层边19,然后按小线圈的节距$y = 7$,把上层边12嵌入槽内。

⑤再空两个槽,嵌第三相的两个大线圈。再空一槽,嵌第二相的小线圈。按上述方法,把第一、二、三相线圈嵌入槽内,最后将起把的线圈嵌入槽内。

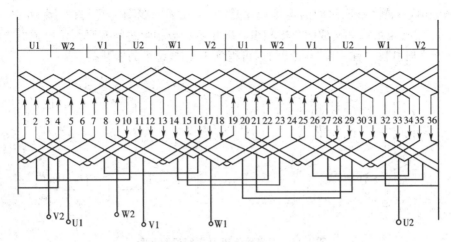

图 4.14 三相单层交叉链式绕组展开图

可见,单层交叉式绕组的嵌线步骤和规律为:三相轮着嵌,先嵌两个大线圈的一边,空一槽;再嵌一个小线圈的一边,空两槽;又嵌两个大线圈,再空一槽,嵌一个小线圈,依此类推,直至嵌完。即按"嵌二槽(大线圈),空一槽,再嵌一槽(小线圈),空两槽"的规则下线。

4.2.3 三相双层绕组

双层绕组是指定子每个槽内放置两个线圈边,上下层之间有层间绝缘。每个线圈有两个有效边,所以,定子线圈总数等于总槽数。双层绕组所有线圈尺寸相同,端接部分形状排列整齐,绕制较为方便,易于制造,有利于散热和增强机械强度。三相异步电动机的双层绕组根据线圈形状以及端接部分的连接,有叠绕组和波绕组两种。

下面以三相四极 24 槽的双层绕组为例说明三相双层叠绕组的排列和连接方式。已知磁极对数 $p=2$,定子槽数 $Z=24$,经过计算可得: $\tau=6$,$q=2$,$a=30°$,采用 $60°$ 相带,其相带与定子槽号划分见表 4.5。

表 4.5　相带与定子槽号对应表

相　序	U1	W2	V1	U2	W1	V2
N1,S1	1,2	3,4	5,6	7,8	9,10	11,12
N2,S2	13,14	15,16	17,18	19,20	21,22	23,24

图 4.15 中,24 个对等长、等距的实线和虚线分别代表 24 个槽内线圈的上、下层边。采用短节距方式($y=5$),首先将属于同一个线圈的上、下层线圈边构成线圈,以 U 相绕组为例:槽 1 的上层边与槽 6 的下层边、槽 2 的上层边与槽 7 的下层边构成两个线圈;槽 7 的上层边与槽 12 的下层边、槽 8 的上层边与槽 13 的下层边构成两个线圈。同理,槽 13 与槽 14、槽 19 与槽 20 的上层边分别和槽 18 与槽 19、槽 24 与槽 1 的

下层边构成线圈。线圈之间的连接规律是:两个相邻的线圈之间"首—尾"相联,串联成一个"极相组",共构成四个极相组。极相组和极相组之间按照图示电流的方向"尾—尾"相串联、"首—首"相串联,即可得到 U 相叠绕组的展开图。

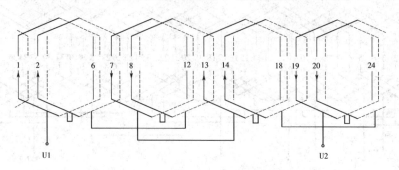

图 4.15　双层叠绕组 U 相绕组展开图

很显然,对双层绕组而言,有几个极就对应几个极相组。换句话说,极相组数等于极数,它是单层绕组的两倍。不论单层绕组还是双层绕组,极相组与极相组之间可根据需要将它们串、并联。不同的连接方式,可以得到不同的并联支路数,读者可进行分析。

4.3　交流电机的磁动势与磁场

在分析旋转磁场产生的基本原理时已得出结论,三相对称绕组通以三相对称电流就会产生旋转磁场。因为旋转磁场是由三个对称的单相绕组磁动势共同产生的,而单相绕组又是由线圈组成的,因此,首先分析单个线圈的磁动势,进而分析相绕组的磁动势,最后分析三相绕组的合成磁动势。

4.3.1　单相绕组的磁动势

如果在交流电机定子上只放置一个匝数为 N_y 整距线圈,当线圈中流过电流 i_y 时,线圈产生的磁动势为 $i_y N_y$,它所建立的两极磁场可以用磁力线表示,如图 4.16(a)所示。磁力线两次通过气隙,由于气隙的磁阻远大于铁芯的磁阻,因而全部磁动势基本全部消耗在气隙上。当气隙是均匀的,两段气隙磁阻相等,各消耗线圈磁动势的一半,即每极磁动势为 $\frac{1}{2}i_y N_y$。

假设将电机从线圈左边 $\odot$ 的地方切开并拉直,如图 4.16 所示。取定子内圆展成的直线为 x 轴,用来表示气隙圆周上各点的位置。将位于线圈两条边中央的垂直线定为坐标的 f_y 轴,用来表示气隙磁动势 f_y 的大小和极性。设磁动势从转子进入定子的方向为正,反之为负,便得到磁动势沿气隙圆周分布图,如图 4.16(b)所示。

如果线圈内通过的是交变电流 $i_y = \sqrt{2} I \cos \omega t$,则矩形波磁动势的表达式为

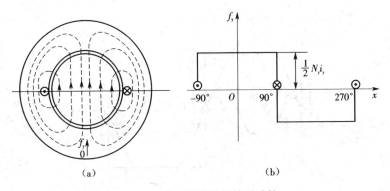

图 4.16　单个整距线圈的磁动势

(a)磁场分布　(b)磁动势波形

$$\frac{1}{2}i_yN_y = \frac{\sqrt{2}}{2}N_yI\cos \omega t = F_y\cos \omega t \tag{4.9}$$

磁动势随时间按余弦规律正负交替变化,即磁动势的大小随着电流大小变化而变化,磁动势的极性也随着电流方向改变而改变。不同瞬间的磁动势空间分布如图 4.17 所示。这种空间位置固定不动,而大小和极性随电流交变的磁动势和磁场,称为脉振磁动势和脉振磁场。

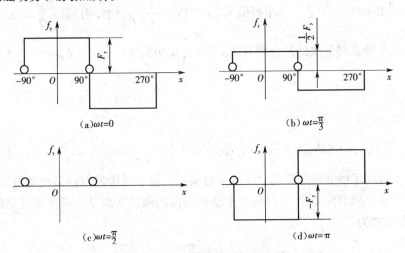

图 4.17　不同瞬间的脉振磁动势

如直接用矩形波来分析绕组的磁动势很不方便,可采用傅氏级数分析法。由于波形对称,矩形波磁动势可分解为基波磁动势和一系列奇次谐波磁动势。如图 4.18 所示。

那么在任意点 x 处的磁动势可以表示为

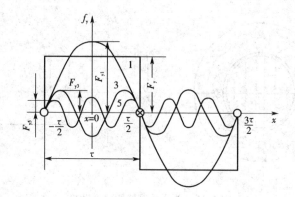

图 4.18 矩形波磁动势分解为基波磁动势和 3、5 次谐波磁动势

$$f_y(x) = F_{y1}\cos\frac{\pi}{\tau}x + F_{y3}\cos\frac{3\pi}{\tau}x + F_{y5}\cos\frac{5\pi}{\tau}x + \cdots\cdots \tag{4.10}$$

式中，$\frac{\pi}{\tau}x$ 是与横坐标 x 对应的电角度。F_{y1} 是基波磁动势的幅值，$F_{y1} = \frac{4}{\pi}\frac{\sqrt{2}}{2}IN_y = 0.9IN_y$。

F_{y3}、F_{y5}……分别表示 3、5……各奇次谐波的幅值和相位，以 v 表示谐波次数，则有 $F_{yv} = \frac{1}{v}0.9IN_y\sin v\frac{\pi}{2}$。其中幅值为 $\frac{1}{v}0.9IN_y = \frac{1}{v}F_{y1}$，相位由 $\sin v\frac{\pi}{2} = \pm1$ 决定。

例如对三次谐波和五次谐波分别有 $F_{y3} = -\frac{1}{3}0.9IN_y = -\frac{1}{3}F_{y1}$，$F_{y5} = -\frac{1}{5}0.9IN_y = -\frac{1}{5}F_{y1}$。

因此，式(4.10)可写成

$$f_y(x) = 0.9IN_y\left(\cos\frac{\pi}{\tau}x - \frac{1}{3}\cos\frac{3\pi}{\tau}x + \frac{1}{5}\cos\frac{5\pi}{\tau}x + \frac{1}{7}\cos\frac{7\pi}{\tau}x + \cdots\cdots\right) \tag{4.11}$$

以上说明了线圈磁动势在空间的分布情况。由于线圈通过的是交变电流，故磁动势的大小还随时间变化。可见，单个整距线圈的磁动势既是空间函数又是时间函数，其方程式为

$$f_y(x,t) = 0.9IN_y\left(\cos\frac{\pi}{\tau}x - \frac{1}{3}\cos\frac{3\pi}{\tau}x + \frac{1}{5}\cos\frac{5\pi}{\tau}x - \frac{1}{7}\cos\frac{7\pi}{\tau}x + \cdots\cdots\right)\cos\omega t$$

$$\tag{4.12}$$

单相绕组是由多个线圈组成的，而线圈是分布在铁芯槽内，线圈的节距又有整距、短距之分。因此，相对于采用集中整距绕组的而言，要考虑电机采用分布、短距绕组后，对磁动势、感应电动势产生的影响。通常采用绕组磁动势(电动势)分布系数 k_q、绕组磁动势(电动势)短距系数 k_y 来衡量，两种系数均小于1。由于两种分布系数、两种短距系数的表达式及物理意义均相同，具体推导过程见下一节绕组的感应电

动势。综合考虑绕组分布、短距之影响,定义 $k_N = k_q k_y$ 为磁动势(电动势)绕组系数, $k_N < 1$。

单相绕组的磁动势为该相绕组在每对极下线圈产生的磁动势,而不是组成单相绕组所有线圈的合成磁动势。设相绕组中电流为 I,每相一条支路串联线圈总匝数为 N_1,称为每相串联匝数,其产生基波磁动势幅值为

$$F_{\varphi1} = 0.9\,\frac{N_1 I}{p} k_{N1} \tag{4.13}$$

式中:$k_{N1} = k_{q1} k_{y1}$ 为基波磁动势绕组系数。

同理可得 v 次谐波磁动势的幅值为

$$F_{\varphi v} = 0.9\,\frac{N_1 I k_{N v}}{p\,v} \tag{4.14}$$

式中:$k_{N v} = k_{q v} k_{y v}$ 为 v 次谐波磁动势绕组系数。

最后可得单相绕组的磁动势方程式为

$$f_{\varphi}(x,t) = 0.9\,\frac{N_1 I}{p}\left(k_{N1}\cos\frac{\pi}{\tau}x - \frac{1}{3}k_{N3}\cos\frac{3\pi}{\tau}x + \frac{1}{5}k_{N5}\cos\frac{5\pi}{\tau}x - \frac{1}{7}k_{N7}\cos\frac{7\pi}{\tau}x + \cdots\cdots \right)\cos\omega t \tag{4.15}$$

综合上面的分析,可以归纳出单相绕组磁动势的特点如下。

(1)单相绕组磁动势的位置固定不动,而大小和极性是随电流交变的脉振磁动势和脉振磁场,且脉振频率就是交流电流的频率。

(2)单相绕组磁动势既含有基波又包含有一系列奇次谐波,其基波磁动势幅值的位置与该绕组轴线重合。

(3)单相绕组谐波磁动势的幅值为基波磁动势幅值 $\dfrac{1}{v}$,并与谐波磁动势绕组系数成正比,因此采用分布短距绕组可使谐波磁动势大为减小。

4.3.2　三相绕组基波合成磁动势——旋转基波磁动势

以上分析了单相绕组的磁动势,如果在三相对称绕组通以图 4.2 所示的三相对称电流,在 U、V、W 三个绕组中分别产生幅值相等、时间互差 120°电角度的脉振磁动势,它们的基波磁动势方程式分别为

$$f_{U1} = F_{\varphi1}\cos\frac{\pi}{\tau}x\cos\omega t$$

$$f_{V1} = F_{\varphi1}\cos\left(\frac{\pi}{\tau}x - 120°\right)\cos(\omega t - 120°) \tag{4.16}$$

$$f_{W1} = F_{\varphi1}\cos\left(\frac{\pi}{\tau}x - 240°\right)\cos(\omega t - 240°)$$

将上列三式相加,得到三相绕组的基波合成磁动势为

$$f_1(x,t) = f_{U1} + f_{V1} + f_{W1} = \frac{3}{2}F_{\varphi1}\cos\left(\omega t - \frac{\pi}{\tau}x\right) \tag{4.17}$$

由上式可知:三相绕组基波合成磁动势的幅值为单相绕组基波磁动势幅值的1.5 倍,其值发生在 $\cos\left(\omega t - \dfrac{\pi}{\tau}x\right) = 1$ 处,即在 $\omega t = \dfrac{\pi}{\tau}x$ 处。当 $\omega t = 0$ 时(U 相电流达最大),磁动势幅值出现在 $\dfrac{\pi}{\tau}x = 0$ 位置(即 U 相绕组轴线上);当 $\omega t = 30°$ 时,磁动势幅值出现在 $\dfrac{\pi}{\tau}x = 30°$ 位置;当 $\omega t = 120°$ 时(V 相电流达最大),磁动势幅值出现在 $\dfrac{\pi}{\tau}x$ $= 30°$ 位置(即 V 相绕组轴线上),如图 4.19 展开图所示。可见,合成磁动势是一个幅值恒定,而位置随时间按对应角度变化的旋转磁动势。由于其波幅顶点运动轨迹是一个圆,故称为圆形旋转磁动势,相应的磁场又称为圆形旋转磁场。当相电流达最大时,三相绕组基波合成磁动势的幅值恰好位于该相绕组的轴线上。

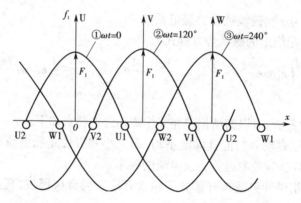

图 4.19 不同时刻的三相合成基波磁动势波形

综合上面的分析,可以归纳出三相基波合成磁动势的特点如下。

(1)当三相对称电流通入三相对称绕组时,基波合成磁动势为圆形旋转磁动势。电流相位变化的电角度等于基波合成磁动势在空间旋转的电角度。因此,基波合成磁动势的转速数值为 $n_1 = \dfrac{60 f_1}{p}$。

(2)三相基波合成磁动势是从电流超前的相绕组向着电流比它滞后的 120° 的相绕组旋转,因此,改变三相绕组中电流的相序,就能够改变基波合成磁动势的旋转方向。

(3)当某相绕组电流达到最大值时,基波合成磁动势的幅值必然在该相绕组的中心线上,而且基波合成磁动势的方向与该相绕组的磁动势方向相同。

(4)基波合成磁动势的幅值恒定不变,等于电流为最大值时相绕组基波脉振磁动势幅值的 $\dfrac{3}{2}$ 倍。由于基波合成磁动势无论旋转到任何位置,其幅值都是恒定不变的,幅值的轨迹是一个圆,所以称为圆形旋转磁动势。可见,三相电流交变只能使相绕组的脉振磁动势的幅值发生变化,并不能使三相基波合成磁动势的幅值发生变化。

由此可以推论,如果对称的 m 相绕组通以对称的 m 相电流,同样能够产生旋转的磁动势,其基波旋转磁动势的幅值为

$$F_1 = \frac{m}{2}F_{\varphi 1} = 0.45m\frac{N_1 k_{N1}}{p}I \qquad (4.18)$$

利用三角函数关系式,可将单相绕组的磁动势方程式如 U 相,分解为下式两项之和:

$$f_{U1} = F_{\varphi 1}\cos\frac{\pi}{\tau}x\cos\omega t$$

$$= \frac{1}{2}F_{\varphi 1}\cos\left(\omega t - \frac{\pi}{\tau}x\right) + \frac{1}{2}F_{\varphi 1}\cos\left(\omega t + \frac{\pi}{\tau}x\right) = f_{1+}(x,t) + f_{1-}(x,t) \quad (4.19)$$

上式的物理意义是:一个脉振磁动势可以分解为两个大小相等、旋转方向相反的旋转磁动势,分别称为正向旋转磁动势、反向旋转磁动势。

4.3.3　三相定子绕组的磁场

以上主要分析了三相对称电流通过三相对称绕组所产生的基波合成磁动势及相应的旋转磁场。旋转磁场的大小和分布波形,既与旋转磁动势的大小和分布波形有关,也与磁路的磁阻有关。当交流电机的气隙为均匀分布,其气隙磁阻就是常量。忽略铁芯中较小的磁阻,则气隙磁通密度的分布波形与磁动势的分布波形相同。对于基波磁场,它是在空间呈正弦分布并以同步转速 n_1 旋转的磁场,同时交链于定、转子绕组,产生感应电动势,实现机电能量转换,因而基波旋转磁场是主磁场。

三相合成磁动势除基波外还有各奇次谐波分量。分析谐波合成磁动势及相应的旋转磁场方法与基波合成磁动势方法相同。不同的是 v 次谐波磁场的极对数是基波磁场的 v 倍,而它的转速只有基波的 $1/v$,所以谐波磁场在定子绕组中感应电动势的频率与定子电流的频率仍相同。

定子绕组中的电流,除建立气隙内主磁场、谐波磁场外,还产生只与定子绕组交链的磁通(称为漏磁通)。将这些磁通与谐波磁场归并到一起作为定子漏磁场处理。

4.4　交流绕组的感应电动势

异步电动机气隙中的旋转磁场与定、转子绕组有相对运动,必然在绕组中产生感应电动势。同步发电机的转子磁极旋转时,也在气隙中产生旋转磁场,并在定子绕组中产生感应电动势。这两类电机的感应电动势问题基本上是相同的。本节主要分析基波旋转磁场在定子绕组产生的感应电动势,先分析线圈有效边、线圈的感应电动势,然后讨论线圈组和相绕组的基波电动势,并简介高次谐波电动势。

4.4.1　线圈有效边中的感应电动势

将旋转磁场用旋转磁极表示,磁极以同步转速旋转,磁极形状使气隙磁场呈正弦分布。图 4.20 为两极基波磁场的电机模型,由于转子磁极旋转,在气隙中形成旋转磁场,有效边 1 因切割磁力线而产生感应电动势。设转子磁极按逆时针方向旋转,采

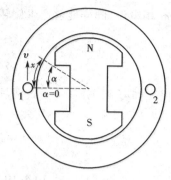

图 4.20 两极基波磁场的电机模型

用相对运动的概念,假定转子磁极不动,则定子中线圈有效边 1 按顺时针方向以 $n_1 = \dfrac{60f_1}{p}$ 旋转,图中线圈边 1 处于起始位置。旋转的弧长用 x 表示,与 x 对应的电角度是 $\alpha = \dfrac{\pi}{\tau}x$。气隙中距离起始位置 x 处的基波磁通密度为 $B_x = B_m \sin \alpha$,B_m 为磁极中心处的磁通密度,即基波旋转磁场的磁通密度幅值。可得线圈边 1 中的基波感应电动势为 $e = N_y B_x lv = N_y B_m lv \sin \alpha$。

由于电流变化一周,旋转磁场转过的弧长为一对极距 2τ,相当于磁场不动而线圈边 1 移动 2τ,所以线圈边 1 每秒移动的距离为 $2\tau f_1$,即线速度为 $v = 2\tau f_1$,则有 $x = vt = 2\tau f_1 t$。

$$\alpha = \frac{\pi}{\tau}x = \frac{\pi}{\tau}2\tau f_1 t = \omega t \tag{4.20}$$

式中:ω——产生旋转磁场的定子电流的角频率。

因此,线圈边基波电动势的瞬时值为 $e = N_y B_m lv \sin \omega t = \sqrt{2} E_c \sin \omega t$,由此可得线圈边基波电动势的有效值为 $E_{c1} = \dfrac{1}{\sqrt{2}} N_y B_m lv$。

因为一个极距内基波磁通密度的平均值为 $B_{av} = \dfrac{2}{\pi} B_m$,每极磁通 $\Phi_m = B_{av} \tau l$。因此,线圈边中的基波电动势有效值为

$$E_{c1} = \frac{\pi}{\sqrt{2}} f_1 N_y \tau l B_{av} = 2.22 f_1 N_y \Phi_m \tag{4.21}$$

4.4.2 整距线圈的感应电动势

由图 4.21(a)实线部分可以看出,当整距线圈的一个有效边位于 N 极下,另一边必位于相距为一个极距的 S 极下,因此,线圈两个有效边电动势的瞬时值大小总是相等而方向相反。按照图中规定的正方向,$\dot{E}_{c1}$、$\dot{E}'_{c1}$ 相位相差 180°,线圈的基波电动势为 $\dot{E}_{11} = \dot{E}_{c1} - \dot{E}'_{c1} = 2\dot{E}_{c1}$,如图 4.21(b)所示。线圈基波电动势有效值为

$$E_{11} = 2E_{c1} = 2E'_{c1} = 4.44 f_1 N_y \Phi_m \tag{4.22}$$

4.4.3 短距线圈的感应电动势与短距系数

短距线圈的节距 $y_1 < \tau$,如图 4.21(a)虚线所示。此时,同一线圈两个边所感应的电动势相位互差 $\beta = \dfrac{y_1}{\tau}\pi$,而不是 180°,如图 4.21(c)所示。按照设定的正方向,短距线圈基波电动势为 $\dot{E}_{11} = \dot{E}_{c1} - \dot{E}'_{c1} = E_{c1} \underline{/0} - E_{c1} \underline{/\beta\pi}$,由此可求出短距线圈的基波电动势有效值为

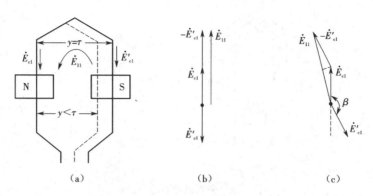

图 4.21　整距、短距线圈的感应电动势

$$E_{11} = 2E_{c1}\sin\frac{y_1}{\tau}90° = 4.44N_y k_{y1} f_1 \Phi_m \tag{4.23}$$

式中k_{y1}称为基波电动势短距系数,它是由于线圈采用短距而使基波电动势有效值减小所应打的折扣。因为短距线圈两个有效边的电动势相位不是相差 π 弧度,而是相差$\beta\pi$弧度,线圈电动势不是电动势的算术和而是它们的相量和,所以短距线圈的基波电动势比整距线圈的要小些,基波电动势短距系数由下式表示

$$k_{y1} = \frac{短距线圈电动势}{2E_{c1}(整距线圈电动势)} = \sin\frac{y_1}{\tau}90 \tag{4.24}$$

同理可得 v 次谐波电动势短距系数为

$$k_{yv} = \sin v\frac{y_1}{\tau}90° \tag{4.25}$$

式中:$k_{Nv} = k_{qv}k_{yv}$为 v 次谐波磁动势绕组系数。

如果选取线圈的节距$y_1 = \left(1-\frac{1}{v}\right)\tau$,由于 v 为奇数,所以 $k_{yv} = 0$。可见,选择适当的线圈节距,可使某次谐波的短距系数为零或接近于零,从而达到消除或削弱该次谐波电动势的目的。很明显,短距线圈$k_{y1} < 1$;对于整距线圈$k_{y1} = 1$。虽然短距线圈的基波电动势比起整距线圈来有所减小,但谐波电动势被削弱得更大,使电动势波形大为改善。所以,双层绕组多采用短距线圈,不但可节约线圈端接部分使用的铜线,且能较好地改善电动势的波形。

4.4.4　线圈组的感应电动势与分布系数

线圈组由匝数相同、空间相隔一个槽距角的 q 个线圈串联组成,如图 4.22(a)所示。由于各线圈中心线互差 α 电角度,所以各线圈电动势的相位也互差 α 电角度。线圈组的基波合成电动势等于各个线圈基波电动势的相量和 $\dot{E}_{q1} = E_1 \underline{/0} + E_2 \underline{/\alpha} + E_3 \underline{/2\alpha}$。

根据图 4.22(b)中的相量关系,可得 $E_{q1} = 2R\sin\frac{q\alpha}{2}$,$E_1 = E_2 = E_3 = 2R\frac{\alpha}{2}$。

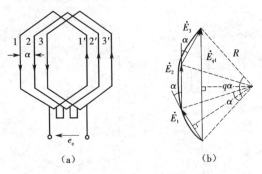

图 4.22 分布线圈组的电动势

因此,线圈组的基波合成电动势有效值为

$$E_{q1} = qE_1 \frac{\sin \dfrac{q\alpha}{2}}{q\sin \dfrac{\alpha}{2}} = qE_1 k_{q1} \tag{4.26}$$

式中:k_{q1} 称为基波电动势分布系数,它是由于线圈分布放置使基波电动势减小所应打的折扣。基波电动势分布系数可表示为

$$k_{q1} = \frac{E_{q1}(\text{分布线圈组的基波合成电势})}{qE_1(\text{集中线圈组的基波合成电势})} = \frac{\sin \dfrac{q\alpha}{2}}{q\sin \dfrac{\alpha}{2}} \tag{4.27}$$

考虑短距和分布的影响,可得到短距分布线圈组的电动势

$$E_{q1} = 4.44 f_1 q N_y k_{y1} k_{q1} \Phi_m = 4.44 f_1 q N_y k_{N1} \Phi_m \tag{4.28}$$

式中:qN_y 是线圈组的总匝数。K_{N1} 称为基波绕组系数,表示线圈组基波电动势减小的系数,等于基波短距系数与基波分布系数的乘积,即

$$k_{N1} = k_{y1} k_{q1} \tag{4.29}$$

4.4.5 相绕组的感应电动势

将各极下属于同一相的线圈组串联或并联,就构成了相绕组。相绕组的电动势等于相绕组一条并联支路中串联线圈组电动势的相量和。设每相串联匝数为 N_1,则相绕组电动势基波的有效值为

$$E_1 = 4.44 f_1 N_1 k_{N1} \Phi_m \tag{4.30}$$

上式是交流电机的一个重要公式,对于单层绕组和双层绕组都是适用的(对单层绕组 $N_1 = \dfrac{pq_1 N_y}{a}$,对双层绕组 $N_1 = \dfrac{2pq_1 N_y}{a}$)。它与变压器的电动势公式相似,只是多乘了一个绕组系数 k_{N1}。事实上变压器绕组与全部主磁通交链,每匝电动势大小相等、相位相同,因而能够看成整距集中绕组,$k_{N1} = k_{y1} k_{q1} = 1$。

相绕组电动势中除了基波电动势之外,还有一系列高次谐波电动势,并产生高次

谐波电流,带来了附加损耗、引起振动与噪音等,使电机性能变差。采用短距和分布绕组可有效削弱高次谐波电动势,一般选取 $y_1 = \dfrac{4}{5}\tau$,使 5 次、7 次谐波得到较大的削弱。而单层绕组在电磁性能上都是整距的,不能利用短距来削弱高次谐波,故其电机性能要差一些。

4.5 三相异步电动机的电路分析

异步电动机的工作原理与变压器非常相似,变压器的原、副绕组是通过主磁通联系的,而电动机定、转子绕组是通过旋转磁场联系的,它们都没有直接电的联系。三相异步电动机的定子绕组相当于变压器的原绕组,转子绕组则相当于副绕组,异步电动机的旋转磁场相当于变压器的主磁通。因此,对三相异步电动机的分析,完全可以借鉴变压器的分析方法。

4.5.1 三相异步电动机的空载运行

异步电动机空载运行是指定子绕组接到三相电源上,转子轴上不带任何机械负载的运行状态。

4.5.1.1 空载电流和空载磁动势

异步电动机空载运行时,定子三相绕组中有空载电流 I_0 流过。空载电流可分成两部分:其中绝大部分用来产生气隙磁场,称励磁电流,是空载电流的无功分量;另一部分用来供给铁损耗,称铁耗电流,是空载电流的有功分量。由于无功分量远大于有功分量,所以空载电流近似等于励磁电流。异步电动机与同容量变压器相比,其空载电流要大,这是因为异步电动机磁路中有气隙的缘故。

三相空载电流产生的合成磁动势是一个旋转磁动势,称空载磁动势 F_0。该磁动势的转速为同步转速 n_1,旋转方向由三相电流的相序决定,其基波幅值为

$$F_0 = 0.45 m_1 \frac{N_1 K_{N1}}{p} I_0 \tag{4.31}$$

式中:m_1——定子绕组相数;

N_1——定子每相绕组串联匝数;

K_{N1}——定子绕组系数(反映了定子采用短距和分布绕组对磁动势的影响);

p——磁极对数;

I_0——空载电流。

异步电动机空载运行时,由于轴上不带机械负载,其转速接近同步转速,即 $n \approx n_1$,转差率 $s \approx 0$,此时转子与旋转磁场之间几乎没有相对运动,转子感应电动机 $E_2 \approx 0$,转子电流 $I_2 \approx 0$,转子磁动势 $F_2 \approx 0$。所以空载时气隙磁场完全由定子空载磁动势 F_0 产生,F_0 也称励磁磁动势。

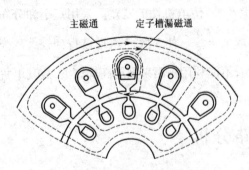

主磁通 定子槽漏磁通

图 4.23 电动机的主磁通和漏磁通

4.5.1.2 空载运行时的电磁关系

异步电动机空载运行时空载电流产生定子磁动势 F_0,定子磁动势产生的磁通绝大部分穿过气隙并同时与定、转子绕组相交链,这部分磁通称为主磁通,其路径为:定子铁芯→气隙→转子铁芯→气隙→定子铁芯,如图 4.23 所示。由于主磁通同时交链定、转子绕组,因而在定、转子绕组中产生感应电动势 E_1 和 E_2。

$$E_1 = 4.44 f_1 N_1 K_{N1} \Phi_m \tag{4.32}$$

$$E_2 = 4.44 f_2 N_2 K_{N2} \Phi_m \tag{4.33}$$

式中:$f_1 \, , f_2$——定、转子电流频率;

$N_1 \, , N_2$——定、转子每相绕组串联匝数;

$K_{N1} \, , K_{N2}$——定子、转子绕组系数(反映了采用短距和分布绕组对电动势的影响);

Φ_m——旋转磁场每极磁通(数值上为通过绕组磁通的最大值)。

定子磁动势除产生主磁通外,还产生一小部分只与定子绕组相交链的磁通,称为定子漏磁通 $\Phi_{1\sigma}$,如图 4.23 所示。漏磁通不参与能量转换,仅在定子绕组中产生漏磁电动势 $\dot{E}_{1\sigma}$。

$$\dot{E}_{1\sigma} = -j\dot{I}_0 x_1 \tag{4.34}$$

式中:x_1——定子绕组每相漏电抗,$x_1 = 2\pi f_1 L_1$。

4.5.1.3 电压平衡方程式及等效电路

根据基尔霍夫第二定律,可以列出空载运行时定子电压平衡方程式

$$\dot{U}_1 = -\dot{E}_1 - \dot{E}_{1\sigma} + \dot{I}_0 r_1 = -\dot{E}_1 + j\dot{I}_0 x_1 + \dot{I}_0 r_1$$
$$= -\dot{E}_1 + \dot{I}_0(r_1 + jx_1) = -\dot{E}_1 + \dot{I}_0 z_1 \tag{4.35}$$

式中:r_1——定子绕组每相电阻;

z_1——定子绕组每相阻抗,$z_1 = r_1 + jx_1$。

$\dot{I}_0 z_1$ 是空载运行时定子绕组的阻抗压降,一般为额定电压的 2% ~5% ,为了使问题简化,作定性分析时,一般将其忽略不计,可以认为定子外加电压近似等于定子电动势,即

$$U_1 \approx E_1 = 4.44 f_1 N_1 K_{N1} \Phi_m \tag{4.36}$$

上式说明,当电源频率一定时,电动机的主磁通仅与外加电压 U_1 成正比。

与变压器的分析方法相同,$\dot{E}_1$ 可写成

$$\dot{E}_1 = -\dot{I}_0 z_m = -\dot{I}_0(r_m + jx_m) \tag{4.37}$$

式中:z_m——励磁阻抗,$z_m = r_m + jx_m$;

r_m——励磁电阻,反映铁芯损耗的等效电阻;

x_m——励磁电抗,与主磁通相对应的等效电抗。

上式中的负号是由于将感应电动势表示为电压降而引入的。根据电压平衡方程式,可以得出和变压器相似的空载等效电路,如图 4.24 所示。

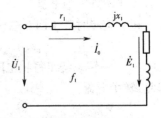

由以上分析可看出,三相异步电动机空载启动时的电磁关系、电压平衡方程式及等效电路与变压器基本相似。但也有不同之处:变压器是静止的,无机械损耗;变压器磁路中不存在气隙,因此其空载电流比同容量的异步电动机要小。

图 4.24　异步电动机空载时的等效电路

4.5.2　三相异步电动机的负载运行

异步电动机负载运行是指定子绕组接到三相电源上,转子轴带上机械负载。当负载增加时,电动机转速就会下降,旋转磁场与转子的相对转速加大,转子感应电动势增大,转子电流、电磁转矩随之加大,当电磁转矩加大到与负载转矩相等时,电动机就在稍低转速下稳定运行。

4.5.2.1　转子各物理量与转差率的关系

1. 转子感应电动势的频率

转子感应电动势的频率

$$f_2 = \frac{p(n_1 - n)}{60} = \frac{pn_1}{60} \times \frac{n_1 - n}{n_1} = sf_1 \qquad (4.38)$$

f_1 是电源频率,为一定值,可见转子电动势的频率 f_2 与转差率 s 成正比。当转子静止时,$n = 0$、$s = 1$,则 $f_2 = f_1$,即此时转子电动势的频率与定子电动势频率相等;电动机运转时转速 n 越高,转差率 s 越小,转子电动势频率越低。异步电动机额定运行时,额定转差率 s_N 通常在 $0.02 \sim 0.06$ 之间,若电源频率为 50 Hz,则转子电动势的频率仅在 $1 \sim 3$ Hz 之间。

2. 转子绕组的感应电动势

转子旋转时的转子绕组感应电动势

$$E_{2s} = 4.44 f_2 N_2 K_{N2} \Phi_m = 4.44 s f_1 N_2 K_{N2} \Phi_m = s E_2 \qquad (4.39)$$

式中:E_2——转子不动时转子感应电动势,$E_2 = 4.44 f_1 N_2 K_{N2} \Phi_m$。

由式(4.39)可知,当转子不动时,转差率等于 1,转子感应电动势达到最大值。当转子转动时,E_{2s} 随转差率 s 的减小而减小。

3. 转子绕组的漏抗

转子漏磁通引起转子电抗,称转子漏抗,即

$$x_{2s} = 2\pi f_2 L_2 = 2\pi s f_1 L_2 = s x_2 \qquad (4.40)$$

式中:L_2——转子漏电感;

x_2——转子不动时的转子漏抗,$x_2 = 2\pi f_1 L_2$。

当转子不动时,转差率 s 等于 1,转子漏抗达到最大值。转子转动时 x_{2s} 随转差率 s 的减小而减小。

4. 转子绕组的电流

转子旋转时转子回路电压平衡方程式为

$$\dot{E}_{2s} - \dot{I}_{2s}(r_2 + jx_{2s}) = 0 \tag{4.41}$$

式中: r_2——转子绕组每相电阻。

因此,转子电流

$$\dot{I}_{2s} = \frac{\dot{E}_{2s}}{r_2 + x_{2s}} = \frac{s\dot{E}_2}{r_2 + jsx_2} \tag{4.42}$$

其有效值

$$I_{2s} = \frac{sE_2}{\sqrt{r_2^2 + (sx_2)^2}} \tag{4.43}$$

由上式可以看出,当电动机启动瞬间,转差率 $s = 1$,转子电流最大;当转子旋转时,转子电流随转差率 s 的减小而减小。

5. 转子回路功率因数

转子回路的功率因数

$$\cos\varphi_2 = \frac{r_2}{\sqrt{r_2^2 + (sx_2)^2}} \tag{4.44}$$

上式说明,转子回路功率因数与转差率 s 有关,当 $s = 0$ 时, $\cos\varphi_2 = 1$;当转差率 s 增加时,则 $\cos\varphi_2$ 减小。

经过以上分析可知:转子各量 f_2、x_{2s}、E_{2s}、I_{2s}、$\cos\varphi_2$ 都是转差率 s 的函数。异步电动机带负载时的定、转子电路如图 4.25 所示。

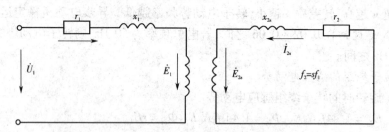

图 4.25 异步电动机的定、转子电路图

4.5.2.2 负载时磁动势平衡方程式

鼠笼异步电动机转子绕组是对称的多相绕组,转子绕组中的电流也是对称的多相电流。

对称的多相绕组中流过对称的多相电流时,产生的合成磁动势也是一个旋转磁动势,该旋转磁动势 F_2 与定子磁动势 F_1 同方向、同转速旋转,它们之间无相对运动。

异步电动机空载时,主磁通由空载电流产生的定子磁动势 F_0 建立;负载时,主磁

通由定子磁动势 F_1 和转子磁动势 F_2 共同建立。

由式(4.36)可知,当电源电压不变时,主磁通基本不变,所以负载时磁动势与空载时磁动势应相等,磁动势平衡方程式为

$$\dot{F}_1 + \dot{F}_2 = \dot{F}_0$$

也可写成

$$\dot{F}_1 = \dot{F}_0 + (-\dot{F}_2) \tag{4.45}$$

上式表明,电动机负载运行时,定子磁通势 F_1 有两个分量:一个是用来产生气隙主磁通的励磁分量 F_0;另一个是负载分量 $-F_2$,负载分量与转子磁动势大小相等、方向相反,用来抵消转子磁动势对定子磁动势的去磁作用,以保持气隙中主磁通不变。

定子磁动势 F_1、转子磁动势 F_2 的基波幅值分别为

$$F_1 = 0.45 m_1 \frac{N_1 K_{N1}}{p} I_1 \tag{4.46}$$

$$F_2 = 0.45 m_2 \frac{N_2 K_{N2}}{p} I_2 \tag{4.47}$$

式中:m_1、m_2——定、转子绕组相数;

N_1、N_2——定、转子每相绕组串联匝数;

K_{N1}、K_{N2}——定、转子绕组系数;

p——磁极对数。

根据磁动势平衡方程式,可以得到定、转子电流之间关系为

$$\dot{I}_1 = \dot{I}_0 + \left(-\frac{m_2 N_2 K_{N1}}{m_1 N_1 K_{N2}} \dot{I}_2 \right) \tag{4.48}$$

可见,异步电动机的定子电流随着转子电流而变化,所以异步电动机和变压器一样,通过磁势平衡,使能量由定子传递到转子。

4.5.2.3 异步电动机的等效电路

可仿照变压器通过绕组折算求其等效电路的方法,从而得到异步电动机的等效电路。但由于异步电动机转子旋转,其定、转子电路频率不同。若定子电路电动势、电流的频率为 f_1,则其转子电动势、电流的频率为 $f_2 = s f_1$。因此,首先必须进行频率折算,然后再进行绕组折算。在等效折算过程中,同样要保持磁动势平衡关系不变,各种功率不变。

1. 频率折算

所谓频率折算,就是把频率不同的定、转子电路折合为频率相同的等效电路。当转子静止不动时,$n = 0$,$s = 1$,$f_1 = f_2$,所以,频率折算的实质就是把旋转的转子等效成静止的转子。

转子旋转时的转子电流

$$\dot{I}_{2s} = \frac{\dot{E}_{2s}}{r_2 + jx_{2s}} = \frac{s\dot{E}_2}{r_2 + jsx_2} \tag{4.49}$$

将上式分子和分母同时除以转差率 s,可得

$$\dot{I}_{2s} = \frac{\dot{E}_2}{r_2/s + jx_2} \qquad\qquad (4.50)$$

比较公式(4.49)和(4.50)可知,转子电流的有效值和相位都没有发生变化,但是其表示的物理意义不同。式(4.49)是转子转动时的情况,频率为 f_2;而式(4.50)对应的是转子静止时的情况,频率为 f_1。因此,旋转的转子可以用等效的静止转子来代替,不过,等效的静止转子中电阻变为 $\frac{r_2}{s}$。而 $\frac{r_2}{s} = r_2 + \frac{1-s}{s}r_2$,因此经过频率折算后,等效的静止转子中串入了大小等于 $\frac{1-s}{s}r_2$ 的附加电阻,如图 4.26 所示。

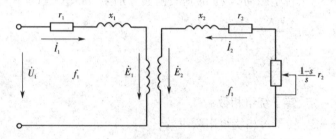

图 4.26　频率折算后定、转子等效电路图

上述折算时,转子电路中串入了一个附加电阻 $\frac{1-s}{s}r_2$,这正是满足折算前后功率不变的原则,即消耗在附加电阻上的电功率 $m_2 I_2^2 \frac{1-s}{s}r_2$,代替了实际旋转的转子轴上所产生的总机械功率,可见,该附加电阻是异步电动机轴上总机械功率的等效负载电阻,又称为模拟电阻。

2. 绕组折算

经过频率折算后,定、转子电路具有相同的频率,但还不能直接将定、转子电路连接起来,还要仿照变压器那样,进行绕组折算。对异步电动机,一般是将相数为 m_2、每相匝数为 N_2、绕组系数为 K_{N2} 的转子绕组折算成与定子绕组完全相同的等效绕组,即用 m_1、N_1、K_{N1} 来代替 m_2、N_2、K_{N2}。折算后转子各量均为折算值,用"′"表示。

经过频率和绕组折算后的定、转子电路的等效电路如图 4.27 所示。可以看出,折算后的转子电路与折算前不同,经过频率折算,转子电路中增加了一个附加电阻 $\frac{1-s}{s}r_2$,经过绕组折算,转子电路各量均为折算值。

综合上述,折算后的异步电动机的基本方程式为

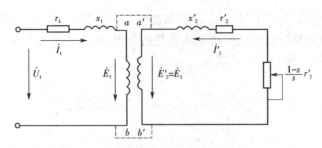

图 4.27　频率、绕组折算后定、转子等效电路图

$$\left.\begin{aligned}
\dot{U}_1 &= -\dot{E}_1 + \dot{I}_1(r_1 + \mathrm{j}x_1) \\
\dot{E}_1 &= -\dot{I}_0(r_m + \mathrm{j}x_m) \\
\dot{E}'_2 &= \dot{I}'_2\left(\frac{r'_2}{s} + \mathrm{j}x'_2\right) \\
\dot{E}_1 &= \dot{E}'_2 \\
\dot{I}_1 + \dot{I}'_2 &= \dot{I}_0
\end{aligned}\right\} \qquad (4.51)$$

折算后,定、转子感应电动势相等,即 $\dot{E}'_2 = \dot{E}_1$,则 a 与 a' 和 b 与 b' 是等电位点,可将等电位点分别连接起来,这样将定子电路和转子电路合并成一个电路,得到异步电动机的 T 形等效电路,如图 4.28 所示。

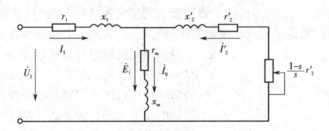

图 4.28　异步电动机的 T 形等效电路

T 形等效电路是一个复阻抗混联电路,计算比较烦琐。实际应用时,由于异步机励磁电流在定子电流中所占比例并不低,因此,不能将励磁支路忽略去掉。但可将励磁支路前移,将电路简化为并联电路,称为 Γ 形等效电路,如图 4.29 所示。当然,利用简化等效电路进行计算会有

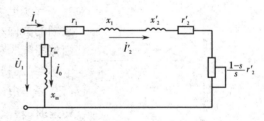

图 4.29　异步电动机的简化 Γ 形等效电路

一定的误差,但对于 40 kW 及以上容量的异步电动机来说,这个误差在工程计算上是允许的。为进一步减小误差,可引入一个修正系数 $C_1\left(C_1 \approx 1 + \dfrac{x_1}{x_m}\right)$,一般在

（1.03—1.08 范围）。图 4.30 为异步电动机引入修正系数的 Γ 形等效电路。必须指出的是，用等效电路计算得到的转子各量是折算值，不是实际值。欲求实际值，可用折算值与实际值之间的关系式求得。

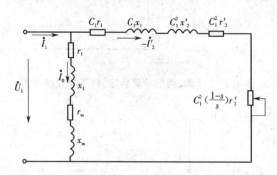

图 4.30　异步电动机引入修正系数 Γ 形等效电路

分析异步电动机的等效电路能够加深对其运行状况的理解，如异步电动机开始启动时，转子转速 $n=0$，转差率 $s=1$，即描述机械功率的附加电阻 $\dfrac{1-s}{s}r'_2=0$，异步电动机处于堵转短路状态，与变压器短路相似，电动机定、转子电流都很大。由于附加电阻为零，转子功率因数较低，启动转矩较小。

异步电动机空载运行时，转子转速接近同步转速，转差率接近于零，附加电阻很大，转子电流很小，定子电流基本上等于励磁电流，因此空载功率因数 $\cos\varphi_0$ 也很低。

异步电动机额定负载运行时，转差率 s 一般在 0.02 ~ 0.06 之间，转子回路总电阻为转子漏抗的 20 倍左右，转子回路功率因数 $\cos\varphi_2$ 较高，转子回路电流绝大部分为有功分量，因此异步电动机的额定功率因数 $\cos\varphi_{1N}$ 也较高，一般在 0.8 ~ 0.9 之间。

异步电动机电磁制动时，转子旋转方向与旋转磁场的方向相反，转差率 s 大于 1，附加电阻上的模拟损耗为负，说明电动机既吸收机械功率也吸收电功率，都转化为电机铜损耗。

异步电动机发电运行时，即转子转速超过同步转速时，转差率 s 小于 0，附加电阻上的损耗为负，说明电动机输出的机械功率为负，电机吸收机械功率并转化为电能送给电网。

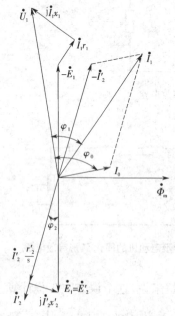

图 4.31　异步电动机负载运行相量图

根据基本方程式（4.51），可绘出三相异步电动机负载运行时的相量图，相量图的绘制步骤与变压器一样。如图 4.31 所示，它很清晰地表明了各物理量的大小和相位关系,空载时,功率因数 $\cos \varphi_0$ 低,负载后,异步电动机定子侧的功率因数 $\cos \varphi_1$ 提高,但仍是滞后的,属于感性负载。

4.6 三相异步电动机的功率与电磁转矩

4.6.1 功率关系

三相异步电动机运行时,从电源输入的功率

$$P_1 = 3U_1I_1\cos \varphi_1 \tag{4.52}$$

式中,U_1、I_1 为定子绕组的相电压、相电流。

从 T 形等效电路可以看出,在定子电阻 r_1 上要损耗一小部分功率,称为定子铜耗 Δp_{Cu1}

$$\Delta p_{Cu1} = 3I_1^2 r_1 \tag{4.53}$$

旋转磁场在定子铁芯中造成磁滞和涡流要损耗一小部分功率,称为定子铁耗,用 Δp_{Fe1} 表示,即

$$\Delta p_{Fe1} = 3I_0^2 r_m \tag{4.54}$$

由于电动机正常运行时,转子电流的频率 f_2 很低($1 \sim 3$ Hz),转子铁耗非常小可忽略不计,电动机的铁耗 $\Delta p_{Fe} = \Delta p_{Fe1}$。输入功率减去定子铜耗、铁耗后,就是传递到转子上的功率 P_{em},称为电磁功率,即

$$P_{em} = P_1 - \Delta p_{Cu1} - \Delta p_{Fe} \tag{4.55}$$

由等效电路可知,电磁功率(等于转子回路全部电阻上的功率)

$$P_{em} = 3I_2'^2 \frac{r_2'}{s} = 3E_2'I_2'\cos \varphi_2 \tag{4.56}$$

由上式可知,传递到转子上的功率有一小部分消耗在转子电阻 r_2' 上,为转子铜耗 Δp_{Cu2}。

$$\Delta p_{Cu2} = 3I_2'^2 r_2' = sP_{em} \tag{4.57}$$

这样电磁功率减去转子铜耗后,就是转子轴上总机械功率 P_m(等于附加电阻 $\frac{1-s}{s}r_2'$ 上的损耗),即

$$P_m = P_{em} - \Delta p_{Cu2} = 3I_2'^2 \frac{1-s}{s}r_2' = (1-s)P_{em} \tag{4.58}$$

总机械功率 P_m 不能全部输出,因为异步电动机运行时还有轴上的摩擦损耗和风阻损耗即机械损耗 Δp_m 以及高次谐波、转子中的横向电流等引起的附加铁耗 Δp_s (大型电机约为额定功率的 0.5%,小型铸铝转子电机满载时约为 2%)。故轴上输出的机械功率

$$P_2 = P_m - \Delta p_m - \Delta p_s \tag{4.59}$$

异步电动机的功率转换过程可以用图 4.32 所示的流程图形象地表达出来。三

相异步电动机功率平衡方程为

$$P_1 = P_2 + \Delta p_{Cu1} + \Delta p_{Fe} + \Delta p_{Cu2} + \Delta p_m + \Delta p_s \tag{4.60}$$

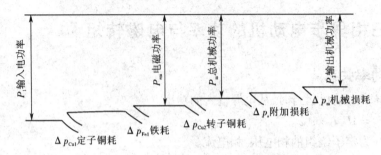

图 4.32 异步电动机的功率流程图

从以上分析中可以得出,三相异步电动机的电磁功率、转子铜耗与机械功率三者之间的关系是

$$P_{em} : \Delta p_{Cu2} : P_m = 1 : s : (1-s) \tag{4.61}$$

当电磁功率一定时,电动机转速越高、转差率 s 越小,消耗在转子绕组回路的铜损耗越小,机械功率就越大,电动机的效率就越高。

4.6.2 转矩平衡方程式

从动力学可知,旋转机械的机械功率等于转矩与它的机械角速度的乘积,将公式 (4.59) 两边同时除以转子机械角速度 Ω,即可得出转矩平衡方程式。

$$\frac{P_m}{\Omega} - \frac{\Delta p_m + \Delta p_s}{\Omega} = \frac{P_2}{\Omega} \tag{4.62}$$

即转矩平衡方程式为

$$T - T_0 = T_L \tag{4.63}$$

式中：T——电磁转矩,$T = \dfrac{P_m}{\Omega} = \dfrac{(1-s)P_{em}}{\Omega_1(1-s)} = \dfrac{P_{em}}{\Omega_1}$,$\Omega_1$ 为旋转磁场角速度,即同步角速度；

T_0——空载转矩,$T_0 = \dfrac{\Delta p_m + \Delta p_s}{\Omega}$;

T_L——负载转矩,$T_L = \dfrac{P_2}{\Omega}$。

公式 (4.63) 说明,电动机产生的电磁转矩减去机械损耗和附加损耗产生的空载转矩后,就是电动机轴上的输出转矩。

4.6.3 电磁转矩

1. 电磁转矩物理表达式

电磁转矩的本质是转子电流与主磁通互相作用使转子受电磁力而产生的,因此电磁转矩的大小可以用转子电流与主磁通来表示。

电磁转矩

$$T = \frac{P_{em}}{\Omega_1} = \frac{3E_2'I_2'\cos\varphi_2}{\Omega_1} \tag{4.64}$$

将 $\Omega_1 = 2\pi f_1/p$、$E_2' = \dfrac{2\pi}{\sqrt{2}}f_1 N_1 K_{N1} \Phi_m$ 代入上式得

$$T = C_t \Phi_m I_2' \cos\varphi_2 \tag{4.65}$$

式中：C_t——转矩常数，$C_t = \dfrac{3pN_1K_{N1}}{\sqrt{2}}$，对已制成的电机 C_t 为一常量。

式(4.65)为电磁转矩的物理表达式，它说明异步电动机磁通一定时，电磁转矩与转子电流的有功分量 $I_2'\cos\varphi_2$ 成正比。

2. 电磁转矩参数表达式

物理表达式虽然反映了异步电动机电磁转矩产生的物理本质，但并没有直接反映出电磁转矩与电动机参数之间的关系，更没有清楚地表达出电磁转矩与转速之间的关系，下面导出电磁转矩的参数表达式。

根据异步电动机的简化等效电路，异步电动机的电磁转矩

$$T = \frac{P_{em}}{\Omega_1} = \frac{3I_2'^2 r_2/s}{2\pi f_1/p} \tag{4.66}$$

而

$$I_2' = \frac{U_1}{\sqrt{\left(r_1 + \dfrac{r_2'}{s}\right) + (x_1 + x_2')}} \tag{4.67}$$

将式(4.67)代入式(4.66)中，可以得到电磁转矩参数表达式

$$T = \frac{P_{em}}{\Omega_1} = \frac{3I_2'^2 r_2/s}{2\pi f_1/p} = \frac{3pU_1^2 \dfrac{r_2'}{s}}{2\pi f_1\left[\left(r_1 + \dfrac{r_2'}{s}\right)^2 + (x_1 + x_2')^2\right]} \tag{4.68}$$

由式(4.68)可见，当定子相电压 U_1、电源频率 f_1 不变，电机定子每相绕组电阻 r_1 和漏抗 x_1、折算到定子侧的转子电阻 r_2' 和漏抗 x_2' 为常值时，电磁转矩是转差率的函数。

【例4.2】 一台鼠笼三相异步电动机，已知额定功率 $P_N = 5.5$ kW，额定电压 $U_N = 380$ V，额定转速 $n_N = 1\ 460$ r/min，绕组三角形连接，额定负载运行时定子铜耗 $\Delta p_{Cu1} = 300$ W，铁耗 $\Delta p_{Fe1} = 200$ W，机械损耗与附加损耗合计80 W。计算额定负载运行时的以下参数：(1)额定转差率；(2)转子铜耗；(3)电磁转矩；(4)输出转矩；(5)额定效率。

解：(1)额定转差率 $s_N = \dfrac{n_1 - n_N}{n_1} = \dfrac{1\ 500 - 1\ 460}{1\ 500} = 0.027$

(2)转子铜耗

机械功率 $P_m = \Delta p_m + \Delta p_s + P_N = 5\ 500 + 80 = 5\ 580$ W

转子铜耗　$\Delta p_{\mathrm{Cu2}} = \dfrac{s_{\mathrm{N}} P_{\mathrm{m}}}{1 - s_{\mathrm{N}}} = \dfrac{0.027 \times 5\,580}{1 - 0.027} = 155\ \mathrm{W}$

(3) 电磁转矩　$T = 9.55\dfrac{P_{\mathrm{m}}}{n_{\mathrm{N}}} = 9.55 \times \dfrac{5\,580}{1\,460} = 36.5\ \mathrm{N \cdot m}$

(4) 输出转矩　$T_{\mathrm{L}} = 9.55\dfrac{P_{\mathrm{N}}}{n_{\mathrm{N}}} = 9.55\dfrac{5\,500}{1\,400} = 36\ \mathrm{N \cdot m}$

(5) 效率　$\eta_{\mathrm{N}} = \dfrac{P_{\mathrm{N}}}{P_1} = \dfrac{P_{\mathrm{N}}}{P_{\mathrm{N}} + \Delta p_{\mathrm{Cu1}} + \Delta p_{\mathrm{Fe}} + \Delta p_{\mathrm{Cu2}} + \Delta p_{\mathrm{m}} + \Delta p_{\mathrm{s}}}$

$\qquad\qquad = \dfrac{5\,500}{5\,500 + 300 + 200 + 150 + 80} = 0.88$

4.7　三相异步电动机的工作特性及参数测定

4.7.1　三相异步电动机的工作特性曲线

异步电动机的工作特性是指在额定电压和额定频率条件下,其转速 n、电磁转矩 T、定子电流 I_1,定子功率因数 $\cos \varphi_1$、电机效率 η 等与输出功率 P_2 之间的关系曲线。三相异步电动机的工作特性曲线如图 4.33 所示,它反映了异步电动机运行过程中主要性能指标和运行参数的变化规律。

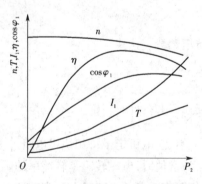

图 4.33　三相异步电动机的工作特性

1. 转速特性

当 $U_1 = U_{\mathrm{N}}$,$f_1 = f_{\mathrm{N}}$ 时,$n = f(P_2)$ 的关系曲线称为转速特性。

三相异步电动机空载(即 $P_2 = 0$)时,转子电流 I_2 很小,转差率 $s \approx 0$,转子转速接近同步转速 n_1(即 $n \approx n_1$)。随着负载的增大,转子电流 I_2 加大,铜损 Δp_{Cu2} 和电磁功率 P_{em} 相应增大。但 Δp_{Cu2} 与 I_2 的平方成正比,而 P_{em} 仅与 I_2 的一次方近似成正比,可见 Δp_{Cu2} 比 P_{em} 增加得快,所以随着负载的增加,转差率 $s = \Delta p_{\mathrm{Cu2}}/P_{\mathrm{em}}$ 增加,转速下降,如图 4.33 的 n 曲线所示。

2. 定子电流特性

当 $U_1 = U_{\mathrm{N}}$,$f_1 = f_{\mathrm{N}}$ 时,$I_1 = f(P_2)$ 的关系曲线称为定子电流特性。

由异步电动机定子电流表达式 $\dot{I}_1 = \dot{I}_0 + (-\dot{I}'_2)$ 可知,空载时转子电流 $I'_2 \approx 0$,定子电流即为空载电流,主要用于励磁。随着负载增大,转子电流相应增大,从而定子电流 I_1 也随之增大,如图 4.33 的 I_1 曲线所示。

3. 电磁转矩特性

当 $U_1 = U_N$，$f_1 = f_N$ 时，$T = f(P_2)$ 的关系曲线称为电磁转矩特性。

异步电动机运行转矩平衡方程式为 $T - T_0 = T_L$，因为输出功率 $P_2 = T_L \Omega$，所以

$$T = \frac{P_2}{\Omega} + T_0 \tag{4.69}$$

由于异步电动机在正常运行范围内转速、角速度变化不大，而空载转矩 T_0 基本不变，故电磁转矩与输出功率近似成正比增加，由于转速略有下降，$T = f(P_2)$ 是一条接近直线略微上翘的曲线，如图 4.33 的 T 曲线所示。

4. 功率因数特性 $\cos \varphi_1 = f(P_2)$

当 $U_1 = U_N$，$f_1 = f_N$ 时，$\cos \varphi_1 = f(P_2)$ 的关系曲线称为功率因数特性。

三相异步电动机总阻抗呈感性，功率因数总是滞后的，运行时需要从电网吸取感性无功功率。空载时，定子电流主要是无功励磁电流，有功电流分量很小，因此，空载时的功率因数很低，通常不超过 0.2。负载时，随着负载增大，转子电流增大，定子电流中的有功分量增大，定子的功率因数 $\cos \varphi_1$ 随之增大，接近额定负载时，功率因数最高。若负载进一步增大，引起转差率 s 迅速增大，导致电流中的无功分量增长较快，使定、转子的功率因数反而下降，如图 4.33 的 $\cos \varphi_1$ 曲线所示。

5. 效率特性 $\eta = f(P_2)$

当 $U_1 = U_N$，$f_1 = f_N$ 时，$\eta = f(P_2)$ 的关系曲线称为效率特性。

根据效率的定义，

$$\eta = \frac{P_2}{P_1} \times 100\% = \frac{P_2}{P_2 + \Delta p_{Cu1} + \Delta p_{Fe} + \Delta p_{Cu2} + \Delta p_m + \Delta p_s} \times 100\% \tag{4.70}$$

同变压器一样，异步电动机的损耗可分为两大类：一类是与电机负载大小有密切关系的损耗称可变损耗，如定、转子铜耗和附加损耗；另一类是与电机负载大小基本无关的损耗，称不变损耗，如电机的铁耗和机械损耗。

空载时，输出功率 $P_2 = 0$，则效率 $\eta = 0$，当输出功率 P_2 增大时，可变损耗增加较慢，效率上升很快，当可变损耗等于不变损耗时，电动机效率最高。若负载继续增加，可变损耗增加较快，故效率反而降低，如图 4.31 的 η 曲线所示。

对中小型三相异步电动机，最大效率一般发生在 3/4 额定负载附近，且容量越大，电动机效率越高。

在异步电动机选型时，为了获得较高的运行效率和功率因数，应尽量避免"大马拉小车"的现象，以使得异步电动机的容量与负载匹配。对于已经出现"大马拉小车"情况，可通过外加变频器的方案来调整电动机的运行状态，确保电动机实际输出功率与负载匹配，使电动机运行在高效、节能状态。

4.7.2 三相异步电动机参数的测定

同变压器一样，异步电动机的参数也可以通过空载实验和短路实验来测定，短路

实验又称堵转实验。

1. 空载实验

空载实验的目的是确定三相异步电动机的励磁阻抗、铁损耗和机械损耗。

空载实验接线图如图 4.34 所示。具体实验方法为：在额定电压、额定频率下，让电动机空载运转一段时间，使其机械损耗达到稳定值；然后改变调压器的输出，使得异步电动机定子绕组的电压从 $(1.1 \sim 1.2)U_N$ 开始逐渐降低，直至电动机的转速发生明显变化为止；测量该过程中 7~9 个点，每次记录电动机定子电压 U_1、空载电流 I_0、空载输入功率 p_0 和转速 n；根据记录的数据，绘出空载特性曲线 $p_0 = f(U_1)$ 和 $I_0 = f(U_1)$，如图 4.35 所示。

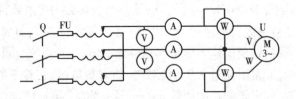

图 4.34　三相异步电动机空载实验接线图

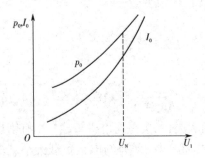

图 4.35　三相异步电动机
空载特性曲线

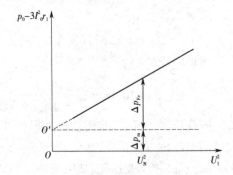

图 4.36　三相异步电动机机械损耗
和铁耗的分离

由等效电路可知，异步电动机空载时 ($s \approx 0$)，转子相当于开路，所以空载等效电路为定子漏阻抗与励磁阻抗相串联。此时电动机输入功率 p_0 主要消耗在定子铜耗 Δp_{Cu1}、铁耗 Δp_{Fe} 和机械损耗 Δp_m 上，即

$$p_0 = 3I_0^2 r_1 + \Delta p_{Fe} + \Delta p_m \tag{4.71}$$

从空载功率中扣除定子铜耗 Δp_{Cu1} 后，得铁耗和机械损耗之和

$$p_0 - 3I_0^2 r_1 = \Delta p_{Fe} + \Delta p_m \tag{4.72}$$

铁耗与电源电压的平方成正比，而机械损耗与电源电压无关，仅与转速有关，在空载实验中，转速变化不大，可认为机械损耗为常数。因此，作出 $\Delta p_{Fe} + \Delta p_m$ 与 U^2 的关系曲线，把这一曲线延长到与纵坐标相交于 O' 点，如图 4.36 所示。此交点的纵坐标就

表示机械损耗 Δp_{m}，过 O' 点作一平行于横轴的直虚线，该虚线以下代表与电压 U_1 无关的机械损耗，虚线以上部分就代表某一电压下的铁耗。这样，便把机械损耗和铁耗分离开来。

根据额定电压时的一组测量数据 U_{N}、I_0、p_0，可求得

$$z_0 = \frac{U_{\mathrm{N}}}{I_0}, r_0 = \frac{p_0 - \Delta p_{\mathrm{m}}}{3 I_0^2}, x_0 = \sqrt{z_0^2 - r_0^2} \tag{4.73}$$

由此得励磁参数

$$r_{\mathrm{m}} = r_0 - r_1, x_{\mathrm{m}} = x_0 - x_1 \tag{4.74}$$

式中，r_1 可以直接测量出来，x_1 可通过下面介绍的短路实验求得。

2. 短路实验

短路实验的目的是确定三相异步电动机的短路阻抗，转子电阻和定、转子漏电抗。

短路实验又称堵转实验，即把转子堵住不转，将电动机接到三相对称电源上。为防止堵转时电流过大，通常从 $U_1 = 0.4 U_{\mathrm{N}}$ 开始，逐渐降低电压，测量 5~7 个点。每次记录短路电压 U_{k}、短路电流 I_{k} 和输入功率 p_{k}。根据测取的数据可作出短路特性曲线 $I_{\mathrm{k}} = f(U_1)$ 和 $p_{\mathrm{k}} = f(U_1)$，如图 4.37 所示。

堵转时转差率 $s = 1$，等效电路中附加电阻为零，相当于短路；$z_{\mathrm{m}} \gg z_2$，可认为励磁支路开路。因此，堵转时的等效电路由短路电阻 $(r_1 + r_2')$ 和短路电抗 $(x_1 + x_2')$ 串联组成。

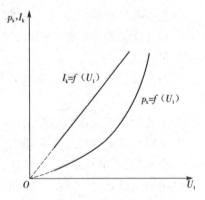

图 4.37　三相异步电动机的
短路特性曲线

由于短路实验时外加电压低，铁耗可略去不计，又因堵转时输出功率和机械损耗为零，所以输入功率 p_{k} 全部变为定、转子铜损耗，即

$$p_{\mathrm{k}} \approx 3 I_{\mathrm{k}}^2 (r_1 + r_2') = 3 I_{\mathrm{k}}^2 r_{\mathrm{k}} \tag{4.75}$$

根据额定电流时的一组测量数据 U_{k}、I_{N}、p_{k}，可求得短路阻抗 z_{k}、短路电阻 r_{k} 和短路电抗 x_{k}，即

$$z_{\mathrm{k}} = \frac{U_{\mathrm{k}}}{I_{\mathrm{N}}}, r_{\mathrm{k}} = \frac{p_{\mathrm{k}}}{3 I_{\mathrm{k}}^2}, x_{\mathrm{k}} = \sqrt{z_{\mathrm{k}}^2 - r_{\mathrm{k}}^2} \tag{4.76}$$

因此

$$r_2' = r_{\mathrm{k}} - r_1 \tag{4.77}$$

对大、中型三相异步电动机可取 $x_2' \approx x_1 \approx \dfrac{x_{\mathrm{k}}}{2}$。对于 100 kW 以下的小型异步电动机可取 $x_2' \approx 0.67 x_{\mathrm{k}} (2、4、6 极)$，$x_2' \approx 0.57 x_{\mathrm{k}} (8、10 极)$。

4.8 三相异步电动机的故障分析及维护

4.8.1 电动机运行前的准备和启动

1. 电动机运行前的检查

①对新安装或久未运行的电动机,在通电使用之前必须测量绕组相间绝缘电阻和绕组对地绝缘电阻。对绕线转子电动机,除检查定子绝缘外,还应检查转子绕组及滑环对地和滑环之间的绝缘电阻。冷态下,测量的绝缘电阻应不小于 1 MΩ。若绝缘电阻达不到要求,则应进行烘潮处理。

②检查三相电源电压高低是否正常,三相电压是否对称。

③检查启动设备接线是否正常,启动装置是否灵敏。

④检查电动机所配熔丝的型号是否符合要求,外壳接地是否良好。

⑤检查电动机装配是否灵活,螺栓是否拧紧,轴承是否缺油。

⑥检查联轴器中心是否校正,安装是否正确,机组是否可靠,转动时有无卡住和不正常的声音。

⑦对绕线转子还应检查集电环上的电刷和举刷装置是否正常,电刷压力是否合适。

以上各项检查无误后,方可合闸启动。

2. 电动机启动时的注意事项

①合闸后,若电机不转,应迅速、果断地拉闸,以免烧毁电机。

②电机启动后,应空转一段时间。注意观察电动机、传动装置、控制设备、生产机械和各种仪表有无异常,电动机是否有不正常噪音、振动、局部过热。若有异常情况,应立即停机,查明原因并进行处理。

③电动机连续启动次数不能太多,一般空载连续启动不超过 5 次。电动机经长时间工作至热态,连续启动次数不超过 3 次。否则,电动机可能会因过热而烧坏。

④由同一台变压器供电的几台电动机,应由大到小逐台启动。

4.8.2 电动机运行中的监视和维护

对正常运行中的电动机,日常巡视检查它的电压、电流、温度及声音,使电动机保持在良好的运行状态。一旦出现不正常的现象,能及时地发现并消除,防止意外事故发生。

1. 电动机电压的监视

电源电压不应高于电动机额定电压 10%;不低于电动机额定电压 5%;三相电源电压不对称的差值不应超过额定值的 5%。

2. 电动机电流的监视

当异步电动机的电压一定时,它的运行电流直接反映了其负载的大小。电动机负载过轻,容量得不到充分利用,电动机的效率和功率因素都比较低;电动机过载则会导致发热加剧、温度升高,影响电动机的使用寿命。

一般情况下,电动机的运行电流不得超过铭牌上规定的额定值。三相电流不平衡的差值在空载时不超过额定电流的10%,中载时不超过额定电流的5%。若超过此值则说明电动机有故障,应停机处理。

3.电动机温升的监视

所谓温升,是指电动机运行温度与环境温度的差值。电动机任何不正常的情况,都会通过温度的变化表现出来。所以可通过测量电动机不同部位的温度是否高于正常情况时的温度来判断是否有故障。对未装有专门电流表的中小型异步电动机,测量温度是监视电动机运行状况的简便有效的手段。

4.电动机声音的监听

电动机发生声音可分成电磁噪音、通风噪音、轴承噪音和机械连接部件产生的噪声。监听这些噪声的变化,大多数能将事故在未形成前检查出来。

5.停机处理

当电动机运行中发生以下情况时,应立即停机处理:人身触电事故;电动机冒烟起火;电动机剧烈振动;电动机轴承剧烈发热;电动机转速迅速下降,温度迅速升高。

4.8.3　电动机的定期维修

异步电动机定期维修是消除故障隐患、防止故障发生的重要措施。电动机维修分月维修和年维修,俗称小修和大修。前者不拆开电动机,后者需把电动机全部拆开进行维修。

1.定期小修

定期小修是对电动机的一般清理和检查,应经常进行。小修包括以下内容。

①清擦电动机外壳,除掉运行中积累的污垢。

②测量电动机对地和相间绝缘电阻,测后注意重新接好线,拧紧接线头螺钉。

③检查电动机各固定部分螺丝是否紧固,接地线是否可靠。

④检查电动机与负载机械间的传动装置是否良好。

⑤拆下轴承盖,检查润滑介质是否变脏、干涸,轴承是否有杂音和磨损情况。

⑥检查集电环表面有无机械损伤、火花灼痕和集电环绝缘部件上碳尘附着程度。

⑦检查电刷和刷架装置是否良好。

⑧检查电动机启动和保护设备是否完好。

2.定期大修

异步电动机的定期大修应结合负载机械的大修进行。大修时,拆开电动机进行以下项目的检查修理。

①检查电动机各部件有无机械损伤,若有则应做相应修复。

②对拆开的电动机和启动设备进行清理,清除所有油泥、污垢。

③检查绕组绝缘状况。若绝缘为暗褐色,说明绝缘已经老化,若有脱落则应进行

局部绝缘修复和刷漆。

④检查定、转子绕组是否有短路、断路、错接等现象,鼠笼转子是否存在端环断裂、断条故障。应针对发现的问题进行修复。

⑤检查定、转子铁芯有无磨损和变形,若观察到有磨损处或发亮点,说明可能存在定、转子铁芯相擦。若有变形应予修整。

⑥清洗轴承并检查其磨损情况。若轴承表面粗糙,说明油脂不合格;若轴承表面出现蓝紫色,说明油脂已受热退火。应根据检查结果,对油脂或轴承进行更换。

⑦检查安装基础的水平及螺栓紧固状态。

⑧用兆欧表测量所有带电部位的绝缘电阻,阻值应大于 1 MΩ。

⑨电动机装配、安装后,应进行修理后的检查和试验,符合要求后,方可带载运行。

4.8.4 常见故障分析和处理

表4.6列出了三相异步电动机本身电气和机械方面常见的故障现象、原因和处理方法。

表4.6 三相异步电动机常见故障和处理方法

故障现象	故障原因	处理方法
1. 电动机不能启动	1. 定、转子绕组有断路 2. 定子绕组相间短路 3. 定子绕组接地 4. 定子绕组接线错误 5. 轴承损坏或有异物卡住 6. 负载过大	1. 查明断路部位,进行修复 2. 查明短路部位,进行修复 3. 查明接地部位,进行修复 4. 检查定子绕组接线,加以纠正 5. 更换轴承或清除异物 6. 减载
2. 电动机启动后无力,转速较低,同时电流表指针不稳、摆动	1. 定子绕组短路 2. 定子绕组接线错误 3. 绕线式转子电刷接触不良 4. 绕线式转子集电环短路接触不良 5. 绕线式转子一相断路 6. 鼠笼转子断条或端环断裂	1. 查明短路部位,进行修复 2. 检查定子绕组接线,加以纠正 3. 调整电刷压力或更换电刷 4. 清理和修理集电环短路装置 5. 查明断路处,进行修复 6. 查明断条、断裂处,予以修复或更换转子
3. 轴承过热	1. 润滑脂过多或过少 2. 轴承间隙过大或过小 3. 轴承装配不良 4. 转轴弯曲	1. 按规定加润滑脂(容积的1/3～2/3) 2. 更换新轴承 3. 检查轴承与转轴、轴承与端盖的配合状况,进行调整或修复 4. 校正转轴或更换

续表

故障现象	故障原因	处理方法
4.电动机过热或冒烟	1.电动机表面污垢多,通风道堵塞 2.定、转子相擦 3.灼线时,铁芯被灼,使铁损增大 4.重绕后定子绕组浸漆不良 5.电动机过载或频繁启动 6.鼠笼转子断条或绕线转子绕组接线松脱 7.定子绕组短路、断路、接地或接线错误	1.清扫或清洗电动机并使风道畅通 2.检查相擦原因并进行修复 3.检修铁芯,排除故障 4.采用二次浸漆工艺或真空浸漆 5.减载或按规定次数控制启动 6.查明断条和松脱处,重新补焊或紧固螺丝 7.检查定子绕组,排除故障
5.电动机运行时声音不正常	1.转子与定子绝缘纸或槽楔相擦 2.定、转子铁芯松动 3.定、转子铁芯相擦 4.定子绕组接错或短路 5.风扇碰风罩或风道堵塞 6.轴承损坏或润滑脂干涸	1.修剪绝缘纸或检修槽楔 2.查明松动原因,进行修复 3.查明相擦原因,进行修复 4.查明定子绕组故障,进行修复 5.修理风扇和风罩,清理风道 6.更换轴承或润滑脂
6.绕线式集电环火花过大	1.集电环上有污垢杂物 2.电刷压力太小或刷压不均 3.电刷被卡在刷握内,使电刷与集电环接触不良 4.电刷型号或尺寸不符合要求	1.清除污垢杂物,灼痕严重或凹凸不平应修复 2.调整电刷压力,使之符合要求 3.修磨电刷,使电刷在刷握内、间隙符合要求 4.更换合适的电刷
7.电动机外壳带电	1.引出线与接线盒接地 2.绕组受潮 3.绕组绝缘损坏 4.接地不良	1.包扎或更换引出线绝缘,修理接线盒 2.应进行干燥处理 3.查找绝缘损坏部位并进行修复 4.查找原因并采取相应措施

习　　题

1.三相异步电动机为什么会旋转？如何改变它的旋转方向？

2.什么是三相异步电动机的转差率？如何根据转差率来判断异步电动机的运行状态？

3.有一台三相异步电动机,其 $n_N = 1\,470$ r/min,电源频率为 50 Hz,设在额定负载下运行。试求:(1)定子旋转磁场对定子的转速;(2)定子旋转磁场对转子的转速;

(3)转子旋转磁场对转子的转速;(4)转子旋转磁场对定子的转速;(5)转子旋转磁场对定子旋转磁场的转速。

4.三相异步电动机主要有哪些部件？它们各起什么作用？

5.电角度是如何定义的？它与机械角度有何关系？

6.一台四极 36 槽三相异步电动机,要求绕制成单层链式绕组。求极距、每极每相槽数、槽距角,并画出三相绕组展开图。

7.什么是相带？为什么采用60°相带分配三相绕组的槽？是否可以采用120°相带？为什么？

8.交流绕组与直流绕组有什么异同？为什么直流绕组的支路数必须是偶数,而交流绕组的支路数可以是奇数？

9.为什么交流绕组用短距和分布的方法可以改善磁动势波形和电动势波形？用物理概念说明当 $y_1 = \dfrac{4}{5}\tau$ 时,5 次谐波的磁动和电动势都不存在。

10.为了同时削弱磁动势和电动势中的 5 次和 7 次谐波,绕组节距应当怎样选择？

11.为什么交流绕组产生的磁动势既是空间函数,又是时间函数？分别用单相绕组产生的脉振磁动势和三相绕组产生的旋转磁动势加以说明。

12.证明两个空间位置和时间相位都相差 90°电角度的脉振磁动势可以合成为一个旋转磁动势。

13.星形连接的三相交流电机绕组,当电源断开一相时,磁动势性质怎样变化？

14.一台三相异步电动机的每相感应电动势 $E_{\Phi 1} = 350$ V,定子绕组的每相串联匝数 $N_1 = 312$,绕组系数 $k_{N1} = 0.96$,求每极磁通。

15.三相异步电动机与同容量的变压器相比较 ,哪个空载电流大？为什么？

16.当三相异步电动机在额定电压下正常运行时,如果转子突然被卡住,会产生什么后果？为什么？

17.三相异步电动机在修理时误减少了定子匝数,而其他条件不变,这会出现什么现象？为什么？

18.试说明异步电动机转轴上机械负载增加时,电动机的转速、定子电流、转子电流和输入功率如何变化。从空载到负载,电动机的主磁通有无变化,为什么？

19.比较变压器的折算和异步电动机的折算有哪些相同之处和不同之处。

20.试说明异步电动机 T 形等效电路中各个参数的物理意义。附加电阻能否用电抗或电容来代替？

21.为什么三相异步电动机空载运行时,转子功率因数较高,而定子功率因数却很低？为什么额定负载时定子功率因数却比较高？

22.一台三相异步电动机,额定电压为 380/220 V,定子绕组接法为 Y/△。试问:(1)定子绕组接成 △ 形,接于 380 V 的三相电源上,能否带负载或空载运行？为什么？(2)如果将定子绕组接成 Y 形，接于 220 V 的三相电源上，能否带负载或空载运行？为什么？

23.三相异步电动机运行时，有哪些损耗？哪些损耗基本不变？哪些损耗随负载变化？

24.三相异步电动机运行时电磁功率、机械功率和转子铜损耗之间有何关系？当电机堵转时，这台电机是否还有电磁功率、机械功率？

25.一台额定频率为 60 Hz 的三相异步电动机接到 50 Hz 的电源上，其他参数不变，其空载电流如何变化？若拖动额定负载运行，会出现什么问题？

26.对新安装的三相鼠笼异步电动机，在通电前应进行哪些检查才能通电启动？

27.三相异步电动机通电后，电动机不能启动首先应如何处理？可能原因有哪些？

28.一台型号为 Y132S-6 的三相异步电动机，铭牌数据为：$P_N = 3$ kW，$U_N = 220/380$ V，$n_N = 960$ r/min，$I_N = 12.8/7.2$ A，$\cos \varphi_N = 0.75$。试求：(1)$U_N = 380$ V 时，定子绕组采用何种接法；(2)额定转差率；(3)额定时输入功率；(4)额定时的效率；(5)额定转矩。

29.一台三相异步电动机运行时的输入功率为 50 kW，定子铜损耗为 650 W，定子铁损耗为 350 W，转差率为 0.03，求这台电动机的电磁功率、机械功率和转子铜损耗。

30.一台三相四极异步电动机的数据为：$P_N = 28$ kW，$U_N = 380$ V，定子为 △ 连接，$f_1 = 50$ Hz。额定运行时，定子铜损耗 $\Delta p_{Cu1} = 1$ kW，转子铜损耗 $\Delta p_{Cu2} = 700$ W，铁损耗 $\Delta p_{Fe} = 600$ W，机械损耗 $\Delta p_m = 200$ W，附加损耗 $\Delta p_s = 300$ W。求：(1)额定转速；(2)额定效率；(3)负载转矩；(4)空载转矩；(5)电磁转矩。

5

三相异步电动机的拖动与控制

三相异步电动机的拖动与控制,就是以三相异步电动机作为原动机带动生产机械,实现电力拖动系统的启动、制动、反转和调速的自动控制。目前电力拖动控制系统已向无触头、连续控制、弱电化、微机控制方向发展,而继电-接触器控制系统,它具有结构简单、维护方便、价格低廉等优点,能够满足各种生产机械不同的工艺要求,所以目前应用仍较广泛。本章主要将三相异步电动机的电力拖动与基本控制实现有机结合进行分析。

5.1 三相异步电动机的机械特性

三相异步电动机的机械特性是指电动机的转速 n 与电磁转矩 T 之间的关系,即 $n = f(T)$。由于异步电动机的转速与转差率 s 之间存在着一定的关系,所以异步电动机的机械特性也可用 $T = f(s)$ 的形式表示。

5.1.1 固有机械特性的分析

三相异步电动机的固有机械特性是指电动机在额定电压和额定频率下,按规定的接线方式接线,定、转子回路外接阻抗为零时的机械特性。

异步电动机 $T = f(s)$ 形式的机械特性如图 5.1 所示,根据 $n = (1-s)n_1$,可转换成 $n = f(T)$ 形式的机械特性,如图 5.2 所示。整个机械特性曲线可看做由两部分组成。

5.1.1.1 D—B 工作段部分

当异步电动机作电动运行时,转差率 s 在 0—1 之间。当 s 很小时,可将上章 (4.68) 电磁转矩参数表达式中的 r_1 及 $(x_1 + x'_2)$ 忽略,可得 $T \approx \dfrac{3pU_1^2}{2\pi f_1 r'_2} s$,$T$ 与 s 成正

比,近似为直线。随着 s 变大(转速 n 降低),转矩 T 增加,由电力拖动系统稳定运行条件知,该部分为电动机可靠稳定运行区间(即工作段部分)。

5.1.1.2 B—A 非工作段部分

当 s 比较大即接近 1 时,由于异步机的漏抗远大于电阻,可将电磁转矩参数表达式中的 $\left(r_1 + \dfrac{r'_2}{s}\right)$ 项忽略,可得 $T \approx$

$\dfrac{3pU_1^2 r'_2}{2\pi f_1 (x_1 + x'_2)^2} \dfrac{1}{s}$, T 与 s 成反比,近似为双曲线。随着 s 变大(转速 n 降低),转矩 T 反而减小。该部分只有当电动机带风

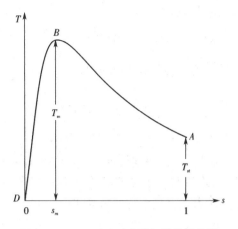

图 5.1 $T_{em} = f(s)$ 形式的机械特性曲线

机、泵类负载时,才能稳定运行,对其他负载,不能稳定运行,故该部分常称为非工作部分。

5.1.1.3 机械特性上特殊点

下面结合图 5.2 对固有机械特性的几个特殊点进行分析研究。

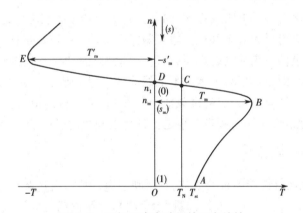

图 5.2 三相异步电动机的固有特性

1. 同步转速点 D

D 点是电动机的理想空载点,即转子转速达到了同步转速。此时 $n = n_1$, $s = 0$, $T = 0$,转子电流 $I_2 = 0$,定子电流 $I_1 = I_0$。

2. 最大转矩点 B

B 点是机械特性曲线工作段与非工作段的分界点,此时 $s = s_m$, $T = T_m$。一般情况下,电动机只能稳定运行在工作段上,所以 B 点也是电动机稳定与不稳定运行区域的临界点,临界转差率 s_m 由此而得名。一般三相异步电动机只能稳定运行在 $0 < s$

$\leqslant s_m$ 区间内。

对式(4.68)求导数 $\dfrac{\mathrm{d}T}{\mathrm{d}s}$,并令其等于零,可求得最大转矩 T_m 和临界转差率 s_m(对应的转速称为临界转速 n_m)。

$$s_m = \pm \frac{r_2'}{\sqrt{r_1^2 + (x_1 + x_2')^2}} \tag{5.1}$$

$$T_m = \pm \frac{3pU_1^2}{4\pi f_1 \left[\pm r_1 + \sqrt{r_1^2 + (x_1 + x_2')^2}\right]} \tag{5.2}$$

式中,正号对应电动状态;负号对应发电运行状态。

通常 $r_1 \ll (x_1 + x_2')$,故式(5.1)、(5.2)可以近似为

$$s_m \approx \pm \frac{r_2'}{x_1 + x_2'} \tag{5.3}$$

$$T_m \approx \pm \frac{3pU_1^2}{4\pi f_1(x_1 + x_2')} \tag{5.4}$$

由式(5.3)、(5.4)可以得出:

①最大转矩与电源电压平方成正比,临界转差率仅与电动机本身的参数有关,而与电源电压无关;

②临界转差率与转子电阻成正比,而最大转矩与转子电阻无关;

③临界转差率与最大转矩都近似地与短路电抗 $(x_1 + x_2')$ 成反比。

最大转矩对电动机来说具有重要意义。电动机运行时,若负载转矩短时突然增大,超出最大转矩,则电动机将因承载不了而停转。为了保证电动机不会因短时过载而停转,一般电动机应具有一定的过载能力。显然,最大转矩愈大,电动机短时过载能力愈强,因此把最大转矩与额定转矩之比称为电动机的过载能力,用 λ_m 表示,即

$$\lambda_m = \frac{T_m}{T_N} \tag{5.5}$$

λ_m 是表征电动机运行性能的重要参数,它反映了电动机短时过载能力的大小。一般电动机的过载能力 $\lambda_m = 1.6 \sim 2.2$,起重、冶金机械专用电动机 $\lambda_m = 2.2 \sim 2.8$。

3. 启动点 A

电动机接通电源开始启动瞬间,其工作点位于 A 点,此时,$n = 0$,$s = 1$,此时的电磁转矩 T 为启动转矩 T_{st}(又称堵转转矩)。将 $s = 1$($n = 0$ 时)代入式(4.46)得启动转矩

$$T_{st} = \frac{3pU_1^2 r_2'}{2\pi f_1 \left[(r_1 + r_2')^2 + (x_1 + x_2')^2\right]} \tag{5.6}$$

由式(5.6)可以得出:

①启动转矩与电源电压平方成正比;

②短路电抗 $(x_1 + x_2')$ 愈大,启动转矩愈小;

③在 $s_m \leqslant 1$ 的范围内增大转子电阻,则启动转矩增大。

T_{st} 与 T_N 之比称为启动转矩倍数,用 K_{st} 表示,即

$$K_{st} = \frac{T_{st}}{T_N} \tag{5.7}$$

K_{st} 是异步电动机性能的另一个重要参数,它反映了电动机启动能力的大小。显然,只有当启动转矩大于负载转矩,电动机才能启动起来。一般鼠笼异步电动机的 $K_{st} = 1.0 \sim 2.0$,起重和冶金专用的鼠笼异步电动机的 $K_{st} = 2.8 \sim 4.0$。

4. 额定运行点 C

电动机额定运行时,工作点位于 C 点,此时,$n = n_N$,$s = s_N$,$T = T_N$,$I_1 = I_N$。额定运行时转差率很小,一般 $s_N = 0.02 \sim 0.06$,所以电动机的额定转速略小于同步转速,这也说明了固有特性的工作段为硬特性。

5.1.2 人为机械特性的分析

三相异步电动机的人为机械特性是指人为地改变电源参数或电动机参数而得到的机械特性。三相异步电动机的人为机械特性种类很多,这里只介绍两种常见的人为机械特性。

1. 降低定子电压时的人为机械特性

当定子电压 U_1 降低时,电磁转矩 T 将与 U_1^2 成正比减小,s_m 和 n_1 因与 U_1 无关而保持不变,所以可得 U_1 下降后的人为机械特性,如图5.3所示。

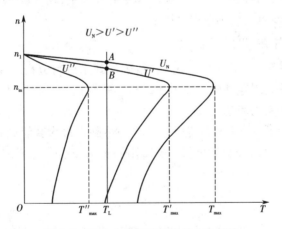

图5.3 异步电动机降压时的人为特性

由图5.3可见,降低电压后的人为机械特性,其线性工作段的斜率变大,即特性变软。T_{st} 和 T_m 均按与 U_1^2 成正比的关系减小,即电动机的启动转矩倍数和过载能力均显著下降。如果电动机在额定负载下运行,U_1 降低后将导致 n 下降、s 增大,转子电流将因转子电动势 $E_{2s} = sE_2$ 的增大而增大,从而引起定子电流增大,导致电动机过载。长期欠压过载运行,必然使电动机过热、电动机的使用寿命缩短。另外,电压

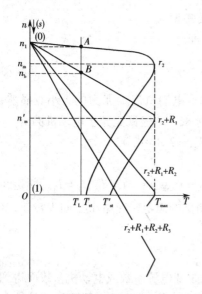

图 5.4 绕线式异步电动机转子电路
串接对称电阻

下降过多(如图 $U_1 = U''$ 时),将出现最大转矩小于负载转矩,造成电动机停转事故。

2. 转子回路串接对称电阻时的人为机械特性

在绕线异步电动机的转子三相回路中,可以串接三相对称电阻,由前面的分析可知,此时 n_1、T_m 不变,而 s_m 则随外接电阻的增大而增大。其人为机械特性如图 5.4 所示。

由图 5.4 可见,在 $s_m \leqslant 1$ 范围内增加转子电阻,可以增大电动机的启动转矩。当所串入的电阻使 $s_m = 1$ 时,如图中的 $(r_2 + R_1 + R_2)$ 曲线,对应的启动转矩等于最大转矩,如果再增大转子电阻,启动转矩反而会减小,如图中的 $(r_2 + R_1 + R_2 + R_3)$ 曲线。另外,转子串接对称电阻后,其机械特性曲线线性工作段的斜率增大,特性变软。

转子回路串接电阻适用于绕线式异步电动机的启动、制动和调速,这些内容将在以后几节中讨论。

除了上述两种人为机械特性外,关于改变电源频率、改变定子绕组极对数的人为机械特性,将在异步电动机调速中介绍。

5.1.3 电磁转矩的实用表达式

在实际工程计算中,用电磁转矩的参数表达式来进行分析计算显然是比较繁琐的。因此希望能够利用电动机的技术数据和铭牌数据来求得电动机的机械特性,下面导出电磁转矩的实用表达公式。

在忽略 r_1 的条件下,用电磁转矩公式(4.68)除以最大转矩公式(5.4)并考虑到临界转差率公式(5.3),简化后可得电磁转矩的实用表达式

$$T = \frac{2T_m}{\dfrac{s}{s_m} + \dfrac{s_m}{s}} \qquad (5.8)$$

式(5.8)中的 T_m 和 s_m 可由电动机额定数据方便地求得。已知电动机的额定功率 P_N、额定转速 n_N、过载能力 λ_m,则额定转矩

$$T_N = \frac{P_N}{\Omega_N} = \frac{P_N \times 10^3}{\dfrac{2\pi n_N}{60}} = 9\,550\,\frac{P_N}{n_N}\ \mathrm{N \cdot m} \qquad (5.9)$$

式中,P_N 的单位为 kW,n_N 的单位为 r/min。

最大转矩 $T_m = \lambda_m T_N$,额定转差率 $s_N = (n_1 - n_N)/n_1$。

忽略空载转矩,当 $s = s_N$ 时,$T = T_N$ 代入式(5.8)得

$$T_N = \frac{2T_m}{\dfrac{s_N}{s_m} + \dfrac{s_m}{s_N}}$$

将 $T_m = \lambda_m T_N$ 代入上式可得

$$s_m^2 - 2\lambda_m s_N s_m + s_N^2 = 0$$

其解为　$s_m = s_N(\lambda_m \pm \sqrt{\lambda_m^2 - 1})$。

因为 $s_m > s_N$,故上式中应取正号,于是

$$s_m = s_N(\lambda_m + \sqrt{\lambda_m^2 - 1}) \tag{5.10}$$

求出 T_m 和 s_m 后,式(5.8)便成为参数已知的机械特性方程式。只要给定一系列的 s 值,便可求出相应的 T 值,即可绘制出电动机的机械特性曲线。

当 s 很小时,由于 $\dfrac{s}{s_m} \ll \dfrac{s_m}{s}$,因此式(5.8)可简化为 $T \approx \dfrac{2T_m}{s_m}s$,即 T 与 s 近似成正比,机械特性的工作段部分可看成直线。而且 s 越小,机械特性越近似呈线性变化关系,用该简化公式计算的误差值也越小。

【例5.1】　一台绕线式异步电动机技术数据如下:$P_N = 60$ kW,$U_N = 380$ V,$n_N = 577$ r/min,$I_{2N} = 160$ A,$E_{2N} = 253$ V,$\lambda_m = 2.9$。试求:(1)固有机械特性方程和启动转矩;(2)转子串电阻 $R_1 = 2r_2$ 时的人为机械特性方程和启动转矩。

解:(1)固有机械特性

额定转矩　$T_N = 9\,550\dfrac{P_N}{n_N} = 9\,550 \times \dfrac{60}{577} = 993.1$ N·m

最大转矩　$T_m = \lambda_T T_N = 2.9 \times 993.1 = 2\,880$ N·m

额定转差率　$s_N = \dfrac{n_1 - n_N}{n_1} = \dfrac{600 - 577}{600} = 0.038$

临界转差率　$s_m = s_N(\lambda_T + \sqrt{\lambda_T^2 - 1}) = 0.038 \times (2.9 + \sqrt{2.9^2 - 1}) = 0.214$

则固有机械特性方程为　$T = \dfrac{2 \times 2\,880}{\dfrac{s}{0.214} + \dfrac{0.214}{s}} = \dfrac{1\,232.6\,s}{s^2 + 0.046\,s}$

启动转矩 $T_{st} = \dfrac{2 \times 2\,880}{\dfrac{1}{0.214} + 0.214} = 1\,178.7$ N·m

(2)人为机械特性

计算电动机转子绕组电阻

$$r_2 = s_N \frac{E_{2N}}{\sqrt{3}I_{2N}} = 0.038 \times \frac{253}{\sqrt{3} \times 160} = 0.035\ \Omega$$

$$r_2 + 2r_2 = 0.035 + 2 \times 0.035 = 0.105\ \Omega$$

计算电阻为 0.105 Ω 时最大转矩对应的临界转差率

$$s_m' = \frac{r_2 + 2r_2}{r_2}s_m = 3s_m = 3 \times 0.214 = 0.642$$

则人为机械特性方程为 $T = \dfrac{2 \times 2\,880}{\dfrac{s'}{0.642} + \dfrac{0.642}{s'}} = \dfrac{3\,697.9\,s'}{(s')^2 + 0.412s'}$

启动转矩 $T_{st}' = \dfrac{2 \times 2\,880}{\dfrac{1}{0.642} + 0.642} = 2\,618.6\ \text{N} \cdot \text{m}$

需要指出的是,对于鼠笼异步电动机,由于启动时集肤效应的影响较大,若用电磁转矩实用表达式计算启动转矩会存在较大误差,应根据启动转矩倍数计算电机的启动转矩。

5.2 三相异步电动机参数的工程计算

在工程实际中,现场在用的三相异步电动机往往不方便进行空载及堵转试验,因此根据三相异步电动机的铭牌数据和技术参数,结合分析固有机械特性得出的结论,比较准确地估算出异步电动机等值电路中的有关参数,无论是研究异步电机性能还是研究交流调速控制策略方面,都具有较强的实用价值。

异步电动机一般给出如下技术数据:

(1)额定功率 P_N;

(2)额定电压 U_N;

(3)额定线电流 $I_N(\text{A})$;

(4)额定转速 $n_N(\text{r/min})$;

(5)额定效率 $\eta_N(\%)$;

(6)额定功率因数 $\cos \varphi_N$;

(7)过载倍数 $\lambda_m(\lambda_m = T_{max}/T_N)$;

(8)对于绕线转子异步电动机,还给出转子额定电压 U_{2N}、额定电流 I_{2N}。

此外,还给出定子绕组的接线方式;工作制(或定额);负载持续率;最高温升(或绝缘材料等级);定子极对数 p;额定频率 $f_1 = 50$ Hz 等。对于现场在用的三相异步电动机往往很方便采取电桥或伏安法测取定子电阻 r_1,但要注意冷、热态电阻之分。

在已知上述数据的基础上,可用工程计算法计算异步电动机参数如下:

(1)额定转矩 $T_N(\text{N} \cdot \text{m})$

$$T_N = 9\,550 \frac{P_N}{n_N} \tag{5.11}$$

式中,P_N 的单位为 kW,n_N 的单位为 r/min。

(2)最大转矩 $T_{max}(\text{N} \cdot \text{m})$

$$T_{\max} = \lambda_{\mathrm{m}} T_{\mathrm{N}} \tag{5.12}$$

（3）临界转差率 s_{m}

$$s_{\mathrm{m}} \approx s_{\mathrm{N}} (\lambda_{\mathrm{m}} + \sqrt{\lambda_{\mathrm{m}}^2 - 1}) \tag{5.13}$$

（4）总电抗 $x(x = x_1 + x'_2)$ 按式（5.2）求 x，考虑到 $T_{\max} = \lambda_{\mathrm{T}} T_{\mathrm{N}}$，则

$$x = \sqrt{\left(\frac{3 U_\phi^2 p}{4 \pi f_1 \lambda_{\mathrm{m}} T_{\mathrm{N}}} - r_1 \right)^2 - r_1^2} \tag{5.14}$$

式中，U_ϕ 为定子绕组的相电压。

（5）转子电阻折算值

$$r'_2 = s_{\mathrm{m}} \sqrt{r_1^2 + x^2} \tag{5.15}$$

对于绕线转子异步电动机，由于 $r_2 = \dfrac{s_{\mathrm{N}} U_{2\mathrm{N}}}{\sqrt{3} \, I_{2\mathrm{N}}}$，且定、转子的相数相同，即 $m_1 = m_2$，

则 $k_e = k_i$，因此可得 $k_e = k_i = \sqrt{\dfrac{r'_2}{r_2}}$。

（6）空载电流 I_0

$$I_0 \approx I_{1\mathrm{N}} \left(\sqrt{1 - \cos \varphi_{1\mathrm{N}}^2} - \cos \varphi_{1\mathrm{N}} \, \mathrm{tg} \, \frac{s_{\mathrm{N}} x}{r'_2} \right) \tag{5.16}$$

（7）定子电抗 x_1 及转子电抗的折算值 x'_2

对大、中型异步电动机可取：$x_1 \approx x'_2 \approx 0.5x$

对 100 kW 以下的小型异步电动机可取：$x'_2 \approx 0.67x$（2、4、6 极电机） $\qquad\qquad$ (5.17)

$$x'_2 \approx 0.57x（8、10 极电机）$$

（8）励磁阻抗 z_{m}

对于绕线转子异步电动机

$$z_{\mathrm{m}} = \frac{k_e U_{2\mathrm{N}}}{\sqrt{3} \, I_0} \tag{5.18}$$

对于笼型转子异步电动机，定子 Y 联结

$$z_{\mathrm{m}} \approx \frac{0.95 U_{1\mathrm{N}}}{\sqrt{3} \, I_0} \tag{5.19}$$

定子 △ 联结

$$z_{\mathrm{m}} \approx \frac{0.95 \sqrt{3} \, U_{1\mathrm{N}}}{I_0}$$

若三相异步电动机定子电阻 r_1 不方便实测，可用下式估算：

定子 Y 联结：$r_1 \approx \dfrac{0.95 U_{1\mathrm{N}} s_{\mathrm{N}}}{\sqrt{3} \, I_{1\mathrm{N}}}$ $\qquad\qquad$ (5.20)

定子 △ 联结：$r_1 \approx \dfrac{0.95 \sqrt{3} \, U_{1\mathrm{N}} s_{\mathrm{N}}}{I_{1\mathrm{N}}}$

【**例** 5.2】 一绕线转子异步电动机定子绕组为 Y 联结,其技术数据为: $P_N = 330$ kW, $U_{1N} = 6\,000$ V, $I_{1N} = 47$ A, $n_N = 240$ r/min, $\eta_N = 0.878$, $\cos \varphi_{1N} = 0.77$, $\lambda_m = 1.9$, $U_{2N} = 495$ V, $I_{2N} = 410$ V。试用工程计算法计算异步电动机的下列参数: T_N, T_m, s_m, x, r'_2, k_e, k_i, I_0, x_1, x'_2 及 z_m 等。

解:应用本节所列公式,计算电动机参数如下:

(1) $T_N = 9\,550 \dfrac{P_N}{n_N} = 9\,550 \times \dfrac{330}{240}$ N·m $= 13\,131$ N·m

(2) $T_{max} = \lambda_m T_N = 1.9 \times 13\,131$ N·m $= 24\,949$ N·m

(3) $s_N = \dfrac{n_1 - n_N}{n_1} = \dfrac{250 - 240}{250} = 0.04$

(4) $r_2 = \dfrac{s_N U_{2N}}{\sqrt{3} I_{2N}} = \dfrac{0.04 \times 495}{\sqrt{3} \times 410}$ Ω $= 0.028$ Ω

(5) $s_m = s_N (\lambda_m + \sqrt{\lambda_m^2 - 1}) = 0.04 \times (1.9 + \sqrt{1.9^2 - 1}) = 0.141$

(6) $r_1 \approx \dfrac{0.95 U_{1N} s_N}{\sqrt{3} I_{1N}} = 2.8$ Ω

(7) $x = \sqrt{\left(\dfrac{U_\phi^2 p}{4\pi f_1 \lambda_m T_N} - r_1\right)^2 - r_1^2} = \sqrt{\left[\dfrac{(6\,000/\sqrt{3})^2 \times 12}{4\pi \times 1.9 \times 13\,131} - 2.8\right]^2 - 2.8^2} = 24.5$ Ω

(8) $r'_2 = s_m \sqrt{r_1^2 + x^2} = 0.141 \sqrt{2.8^2 + 24.5^2} = 3.48$ Ω

(9) $k_e = k_i = \sqrt{\dfrac{r'_2}{r_2}} = \sqrt{\dfrac{3.48}{0.028}} = 11.15$

(10) $x_1 \approx x'_2 \approx 0.5 x = 0.5 \times 24.5$ Ω $= 12.25$ Ω

(11) $I_0 \approx I_{1N} (\sin \varphi_{1N} - \cos \varphi_{1N} \mathrm{tg}\, \varphi_{2N}) = 47 \times (0.64 - 0.77 \times 0.258)$ A $= 20.7$ A

(12) $z_m = \dfrac{k_e U_{2N}}{\sqrt{3} I_0} = \dfrac{11.15 \times 495}{\sqrt{3} \times 20.7} = 154$ Ω

5.3 三相鼠笼异步电动机的启动与控制

采用三相异步电动机拖动生产机械,对电动机启动性能的要求如下。

①有足够大的启动转矩(大于负载转矩),保证生产机械能正常启动。一般场合下希望启动越快越好,以提高生产效率。

②在满足启动转矩要求的前提下,启动电流越小越好。因为过大的启动电流冲击对电网和电动机都不利。对电网而言,会引起较大的线路压降,特别是电源容量较小时,电压下降太多,影响到并在同一电网上的其他负载。对电动机本身而言,过大的启动电流将产生较大的损耗,引起发热,加速电动机绕组绝缘老化,而且在大电流冲击下,电动机绕组端部受电磁力的作用,易发生位移和变形,造成短路事故。

③启动平滑,即要求启动时加速平滑,以减小对生产机械的冲击。

④启动设备安全可靠,力求结构简单、操作方便。

⑤启动过程中功率损耗越小越好。

异步电动机在接入电网启动的瞬间,由于转子处于静止状态,旋转磁场以最快的相对速度切割转子导体,在转子绕组中感应很大的转子电势和转子电流,从而引起很大的定子电流,

一般启动电流 I_{st} 可达额定电流 I_N 的 4~7 倍。但由于启动时的转差率($s = 1$)远大于正常运行时的转差率($s = 0.02 ~ 0.06$),转子的功率因数 $\cos \varphi_{2st}$ 很低。由于启动电流大,定子绕组漏阻抗压降大,使定子绕组感应电势减小,导致对应的气隙磁通量 Φ 减小,因此,启动转矩 $T_{st} = C_t \Phi I'_{2st} \cos \varphi_{2st}$ 却不大,一般 $T_{st} = (0.8 ~ 1.5)T_N$。

异步电动机的这种启动性能和生产机械的要求是相矛盾的,为解决这一问题,必须根据具体情况,采取不同的启动方法。

在一定条件下,鼠笼异步电动机可以直接启动,当不允许直接启动时,应采取限制启动电流的降压启动。

5.3.1　直接启动与控制

所谓直接启动,就是将电动机定子绕组通过开关或接触器直接接入电源,在额定电压下进行启动,如图 5.5 所示。由于直接启动电流大,因此,能否采取直接启动,主要取决于电动机的功率与供电变压器的容量之比。一般有独立变压器供电的情况下,若电动机启动频繁,则电动机功率小于变压器容量的 20% 时允许直接启动;若电动机不经常启动,则电动机功率小于变压器容量的 30% 时也允许直接启动。如果没有独立的变压器供电(即与照明共用电源),电动机启动比较频繁,则常按经验公式来估算,满足下列关系则可直接启动:

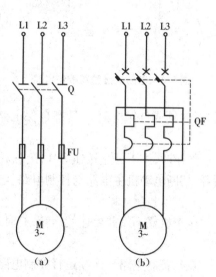

图 5.5　电动机开关控制电路
(a)刀开关控制电路　(b)断路器控制电路

$$\frac{3}{4} + \frac{S}{4P} \geqslant \frac{I_{st}}{I_N} = K_I \qquad (5.21)$$

式中: I_{st} ——电动机直接启动时启动电流,A;

　　I_N ——电动机额定电流,A;

　　S ——电源总容量,kV·A;

　　P ——电动机容量,kW;

　　K_I ——启动电流倍数。

1. 开关控制电路

图 5.5 是电动机开关控制电路,适用于不频繁启动的小容量电动机。其中图 5. 4(a)为刀开关控制电路,图 5.4(b)为断路器控制电路。前者能实现短路保护,后者能实现长期过载的热保护和过电流保护。

2. 接触器控制电路

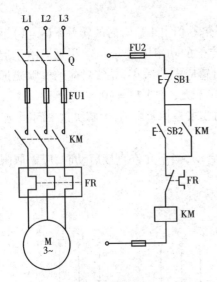

图 5.6 是电动机接触器控制电路。图中 Q 为电源开关,FU1、FU2 分别为主电路与控制电路熔断器,实现主、控电路的短路保护,KM 为接触器,SB1、SB2 分别为停止按钮与启动按钮,M 为三相鼠笼异步电动机,热继电器 FR 实现电动机的长期过载保护。

电动机启动控制:合上电源开关 Q,按下启动按钮 SB2,其常开触头闭合,接触器 KM 线圈通电吸合,其主触头闭合,电动机接入三相交流电源启动旋转;同时,与启动按钮 SB2 并联的接触器 KM 常开辅助触头闭合,从而使 KM 线圈经 SB2 触头与 KM 自身常开触头两路获得供电而吸合;当松开 SB2 按钮时,KM 线圈仍通过自身常开触头这一路径继续保持通电,从而使电动机获得连续

图 5.6　电动机接触器控制电路

运转(自锁或自保电路);具有自保电路的接触器控制具有欠电压与失电压保护作用。

停车时,按下停止按钮 SB1,接触器 KM 线圈断电,KM 常开主触头和辅助触头均断开,切断电动机主电路与控制电路,电动机停止旋转。

3. 点动控制电路

生产机械不仅需要连续运转,有时还需要点动控制,图 5.7 是电动机点动控制电路。

点动控制电路与连续运行控制电路的根本区别在于有无自保电路,在连续运转电路中应装设热继电器作长期过载保护,而在点动控制中主电路可不接热继电器。图 5.7(a)为既可实现电动机连续运转又可实现电动机点动控制的电路,由手动开关 SA 来进行选择,当 SA 闭合时为连续控制,SA 断开时为点动控制。图 5.7(b)为用连续运转按钮 SB2、点动按钮 SB3 来选择连续与点动的控制电路,SB1 为连续运转时的停止按钮,点动控制是利用 SB3 按钮的常闭触头断开自保电路实现的。

4. 可逆运行控制电路

生产机械的运动部件往往要求正反两个方向的运动,如主轴的正反转和起重机的升降等,这就要求拖动电动机能作正反向运转。由电机原理可知,改变电动机三相

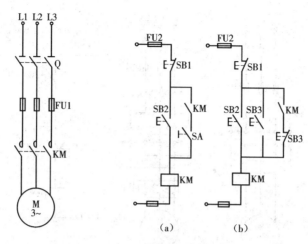

图5.7 电动机点动控制电路

(a)线路一 (b)线路二

电源相序即可改变电动机旋转方向,常用的电动机可逆运行控制电路有以下两种。

1)倒顺转换开关控制电路

图5.8是用倒顺转换开关控制电动机正反转电路图。其中图5.8(a)为用倒顺开关手动操作控制电动机正反转,由于倒顺开关无灭弧装置,仅适用于5.5 kW以下的小容量电动机的正反转控制。对于容量大于5.5 kW的电动机,则用图5.8(b)所示电路来控制,引入倒顺开关预选电动机旋转方向,而由接触器来接通与断开电源,实现电动机的启动与停止。由于采用了接触器控制,并接入热继电器FR,所以该电路具有长期过载和欠电压及零压保护。

2)互锁控制的可逆运行电路

图5.9是互锁控制的电动机正反转控制电路,主电路由正反转接触器KM1、KM2的主触头来改变电动机相序,实现电动机的可逆运行。由于正反转接触器KM1、KM2线圈不能同时通电吸合,否则将造成两相电源短路,为此,将KM1、KM2正反转接触器的常闭触头串接在对方线圈电路中,形成相互制约的电气互锁控制,如图5.9(a)所示电路。在这一电气互锁电路中,要实现电动机由正、反转之间的转换控制,都必须先按下停止按钮SB1,然后再进行反转或正转的启动控制,这就构成了正—停—反或反—停—正的操作顺序。

为了实现电动机正、反转之间直接转换控制,可采用图5.9(b)所示电路。即在图5.8(a)的基础上增设了启动按钮SB2、SB3的常闭触头构成的按钮互锁电路,从而构成具有电气、机械双重互锁的控制电路,实际操作时无须再按停止按钮,直接按下反转按钮SB3可使电动机由正转直接变为反转,反之亦然。

5.自动往复运行控制电路

有些生产机械的运动部件需要在一定距离内自动往复运行,如龙门刨床、导轨磨

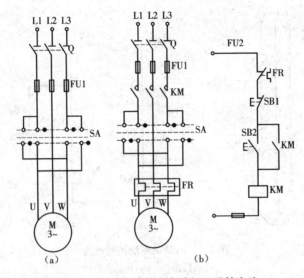

图 5.8　倒顺开关控制电动机正反转电路

(a)由倒顺开关直接控制电动机正反转　(b)由倒顺开关-接触器控制

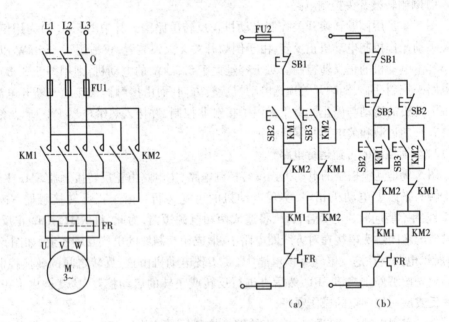

图 5.9　互锁控制的可逆运行电路

(a) 方案一　(b)方案二

床等。为此常用行程开关作为控制元件来控制电动机的正反转,行程控制是机械设备自动化和生产过程自动化中应用最广泛的控制方法之一。

　　图 5.10 中 SB1 为停止按钮,SB2、SB3 为电动机正、反转启动按钮,SQ1 为电动机

反转变为正转行程开关,SQ2 为电动机正转变为反转行程开关,SQ3 、SQ4 为正反向运动极限保护行程开关。当按下正转启动按钮 SB2 时,电动机正向启动旋转,拖动运动部件前进,当运动部件上的撞块压下换向行程开关 SQ2,正转接触器 KM1 断电释放,反转接触器 KM2 通电吸合,电动机由正转变为反转,拖动运动部件后退。当运动部件上的撞块压下换向开关 SQ1 时,又使电动机由反转变为正转,拖动运动部件前进,如此循环往复,实现运动部件自动往复运行。当按下停止按钮 SB1 时,电动机便停止旋转。行程开关 SQ3、SQ4 安装在运动部件的正、反向极限位置。当由于某路故障,运动部件到达换向开关位置并未能切断 KM1 或 KM2 时,运动部件继续移动,撞块压下极限行程开关 SQ3 或 SQ4,使 KM1 或 KM2 断电释放,电动机停止,从而避免运动部件由于越出允许位置而发生事故。因此,SQ3、SQ4 起限位保护作用。

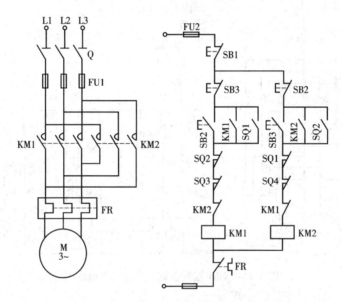

图 5.10 具有自动往返的电动机可逆旋转电路

5.3.2 减压启动与控制

减压启动的目的是限制启动电流。启动时,加到电动机上的电压小于额定电压,待电动机转速上升到一定数值时,再使电动机承受额定电压,保证电动机在额定电压下稳定工作。下面介绍几种常见的减压启动方法。

5.3.2.1 自耦变压器减压启动控制(启动补偿器)

启动时将自耦变压器一次侧接在电网上,二次侧接在电动机定子绕组上。这样电动机定子绕组得到的电压是自耦变压器的二次电压 U_2,设自耦变压器的电压比为 $k = N_1/N_2 = U_1/U_2 > 1$,则二次侧启动电流 I_{st2} 为直接启动时启动电流 I_{st} 的 $1/k$。由自耦变压器原理可知:一次电流与二次电流的关系为 $I_1 = I_2/k$,所以电网供给的一次侧启动电流 I'_{st} 减小为直接启动时的 $1/k^2$,即 $I'_{st} = I_{st}/k^2$。由于启动转矩正比于 U_1^2,所以启动转矩降为直接启动时的 $1/k^2$，$T'_{st} = T_{st}/k^2$。待电动机转速接近电动机额定转速时，切除自耦变压器，电动机在全压下运行。

为满足不同启动场合所需，在自耦变压器二次绕组上有多个抽头，以获得不同的电压，一般有 $80\%\ U_N$、$65\%\ U_N$ 和 $50\%\ U_N$ 三种。该方法优点是降低启动电流效果大；缺点是线路较复杂，设备价格较贵，不允许频繁启动。

自耦减压启动分手动控制和自动控制两种。手动操作补偿器有 QJ 系列等，自动操作补偿器有 XJ01 和 CT2 系列等。图 5.11 是 XJ01 系列自耦减压启动器电路图，适用于被控制电动机的功率为 14～30 kW 的减压启动，为两接触器控制型。

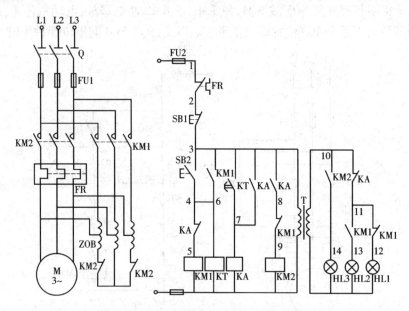

图 5.11　XJ01 系列自耦减压启动器电路图

图 5.11 中 KM1 为减压启动接触器，KM2 为运行接触器，KA 为中间继电器，KT 为减压启动时间继电器，HL1 为电源指示灯，HL2 为减压启动指示灯，HL3 为正常运行指示灯。

电路工作情况：合上电源开关 Q，HL1 灯亮，表明电源电压正常。按下启动按钮 SB2，KM1、KT 线圈同时通电并自保，将自耦变压器接入，电动机作减压启动，同时指示灯 HL1 灭，HL2 亮，显示电动机正进行减压启动。当电动机转速接近额定转速时，时间继电器 KT 通电延时闭合触头 KT(3—7)闭合，使 KA 线圈通电并自保，其触头 KA(4—5)断开，使 KM1 线圈断电释放，将自耦变压器切除；触头 KA(10—11)断开，HL2 指示灯断电熄灭；而触头 KA(3—8)闭合，使 KM2 线圈通电吸合，电源电压全部加在电动机定子上进入正常运转，同时 HL3 指示灯亮，表明电动机减压启动结束，进入正常运行。

5.3.2.2　Y—△减压启动控制电路

对正常运行定子绕组接成△的三相鼠笼异步电动机,可采用 Y—△启动。启动时,将定子绕组改接成 Y,接入三相交流电源,此时电动机相电压 U_ϕ 只为正常工作电压 U_N 的 $1/\sqrt{3}$,待电动机转速接近额定转速时,再将电动机定子绕组改为△,各相绕组承受额定工作电压,电动机进入正常运转。

当定子绕组接成△启动时,相电压 $U_\phi = U_N$,每相绕组中的启动电流为 U_ϕ/z_1,z_1 为定子每相漏阻抗,而线电流为相电流的 $\sqrt{3}$ 倍,则线路启动电流 $I_{st\triangle} = \sqrt{3}\,U_N/z_1$。而定子绕组 Y 接减压启动时,相电压 $U_\phi = U_N/\sqrt{3}$,线电流等于相电流,则线路启动电流 $I_{stY} = U_N/(\sqrt{3}\,z_1)$,所以 $I_{stY} = \dfrac{1}{3}I_{st\triangle}$。

由于 Y 连接的相电压是△连接时的 $1/\sqrt{3}$,故 Y 连接的启动转矩为 $T_{stY} = \dfrac{1}{3}T_{st\triangle}$。可见,Y—△减压启动时,启动电流和启动转矩都下降为直接启动时的 1/3。这种启动方法不仅简便、经济,而且可利用该设备,使电动机在轻载时改为 Y 连接运行,以节约电能。所以现在 Y 系列容量大于 4 kW 三相异步电动机都设计成三角形连接,以便采用 Y—△减压启动。

图 5.12 是用两个接触器和一个时间继电器实现 Y—△启动的控制电路,适用于 13 kW 以下电动机的控制。图中 KM1 为线路接触器,KM2 为 Y—△转换接触器,KT 为减压启动时间继电器。电路工作情况如下。合上电源开关 Q,按下启动按钮 SB2,接触器 KM1、时间继电器 KT 线圈同时通电吸合并自保,KM1 主触头闭合接入三相交流电源,由于 KM1(8—9)触头断开,使 KM2 线圈处于断电状态,电动机接成星形进行减压启动并升速。当时间继电器 KT 动作(延时时间长短可根据电动机启动时间要求事先确定),其通电延时断开触头 KT(3—7)断开,通电延时闭合触头 KT(3—8)闭合。前者使 KM1 线圈断电释放,其主触头断开,切断电动机三相电源。而触头 KM1(8—9)与 KT(3—8)闭合,使 KM2 线圈通电吸合并自保,KM2 主触头将电动机定子绕组接成三角形,KM2 辅助常闭触头断开,使电动机定子绕组末端脱离短接状态,另一触头 KM2(3—4)断开,使 KT 线圈断电释放。由于触头 KT(3—7)复原闭合,使接触器 KM1 线圈重新通电吸合,电动机在三角形连接下正常运转。可见,时间继电器 KT 延时动作时间就是电动机连成星形进行减压启动的时间。

图 5.13 是三接触器自动 Y—△启动器电路图,适用于 13 kW 以上电动机的控制。

电路工作情况:合上三相电源开关 Q,按下启动按钮 SB1,KM1、KT、KM2 线圈同时通电吸合并自锁,电动机接成星形,接入三相交流电源进行减压启动。当延时时间到,通电延时型时间继电器 KT 动作,其常闭触头延时断开,常开触头延时闭合。前者使 KM2 线圈断电释放,后者使 KM3 线圈通电吸合,电动机由星形改成三角形,进入正常运行。而 KM3 常闭触头的断开,使时间继电器 KT 在电动机星—三角启动完成后断电,并实现 KM2 与 KM3 的电气互锁。

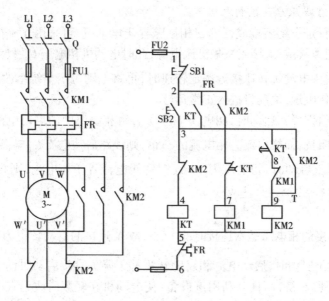

图 5.12 两接触器控制电动机星—三角(Y—△)减压启动电路

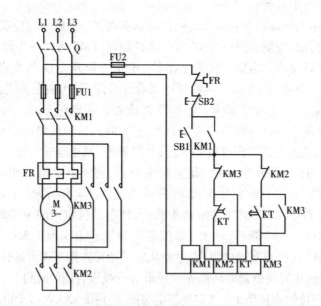

图 5.13 QX3—13 系列自动 Y—△ 启动器电路图

【例 5.2】 一台三相鼠笼异步电动机,$P_N = 75$ kW,$n_N = 1\,470$ r/min,$U_N = 380$ V,定子连接为△,$I_N = 137.5$ A,启动电流倍数 $K_I = 6$,启动转矩倍数 $K_{st} = 1.0$,带半载启动,电网容量为 $1\,000$ kV·A,试选择适当的启动方法。

解:(1)直接启动

电网允许电动机直接启动的条件是

$$\frac{1}{4}\left[3+\frac{电网容量}{电动机容量}\right]=\frac{1}{4}\left[3+\frac{1\,000}{75}\right]=4.08\geqslant K_I$$

因为电动机的 $K_I=6$，上式不成立，故不能采用直接启动。

（2）Y—△启动

$$I_{stY}=\frac{1}{3}I_{st\triangle}=\frac{1}{3}k_I I_N=\frac{1}{3}\times 6I_N=2I_N$$

$$T_{stY}=\frac{1}{3}T_{st\triangle}=\frac{1}{3}k_{st}T_N=\frac{1}{3}T_N=0.33T_N$$

因为 $T_{stY}<0.5T_N$，所以不能采用 Y—△降压启动。

（3）自耦变压器启动

选用电压抽头比为 80%、65% 和 50% 的启动补偿器。

选用 50% 抽头时有

$$k=\frac{1}{0.5}=2$$

$$I'_{st}=\frac{1}{k^2}I_{st}=\frac{1}{2^2}\times 6I_N=1.5I_N$$

$$T'_{st}=\frac{1}{k^2}T_{st}=\frac{1}{2^2}\times 1\times T_N=0.25T_N<0.5T_N$$

可见，启动转矩不能满足要求。

选用 65% 抽头时，计算结果与上相似，启动转矩也不满足要求。

选用 80% 抽头时有

$$k=\frac{1}{0.80}=1.25$$

$$I'_{st}=\frac{1}{1.25}\times 6I_N=3.84I_N<4I_N$$

$$T'_{st}=\frac{1}{1.25^2}\times 1\times T_N>0.64T_N>0.5T_N$$

可见，选用 80% 抽头时，启动电流和启动转矩均满足要求，所以该电动机可以采用 80% 抽头比的自耦变压器降压启动。

5.3.2.3　软启动

以上讨论了几种传统的降压启动方法，共同点是转子升至一定转速时切换到全压运行，电路简单。若切换时刻把握不好，就会造成启动过程不平滑且冲击较大。为克服上述缺点，目前，在电力拖动中应用广泛的有两种控制方法：一是变频器启动；二是软启动。软启动器是一种集电动机软启动、软停车、轻载节能和多种保护功能于一体的新颖电动机控制装置，国外称为 Soft Starter。

软启动器本质是一种由三相反并联晶闸管及其控制线路组成的交流调压器。其原理是：在启动过程中，通过控制移相角来调节定子电压并可采用闭环限制启动电流,确保电压、电流或转矩按设定曲线变化,直至启动结束;然后可将软启动器切除,使得电动机与电源直接相连。典型电子式软启动器框图如图 5.13 所示。

图 5.14 中设定曲线单元提供的是被控量目标期望值,并与检测单元获得的目标的实际值相比较,作为软启动控制器的输入信号,从而获得所需的移相角。最终通过交流调压器提供电动机所需的交流电压,从而实现设定曲线的要求。设定曲线主要采用的启动方式有:①斜波升压软启动;②斜波恒流软启动;③阶跃启动;④脉动冲击启动。

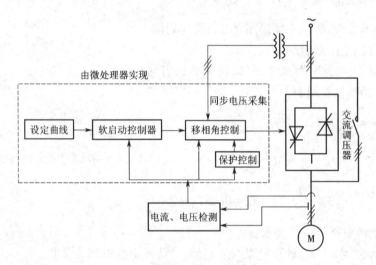

图 5.14　典型电子式软启动器框图

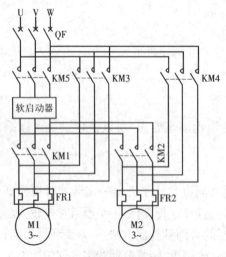

图 5.15　一台软启动器启动两台
电动机的控制线路

1. 软启动控制器与旁路接触器

对于泵类、通风机类负载往往要求软启动、软停车。如图 5.15 所示,在软启动控制器两端并联接触器 KM3,当电动机软启动结束后 KM3 合上,运行电流将通过 KM3 送到电动机。若要求电动机软停车,一旦发出停车信号,先将 KM3 分断,然后再由软启动器对电动机进行软停车。该电路有如下优点:①在电动机运行时可以避免软启动器产生的谐波;②软启动器仅在启动、停车时工作,可以避免长期运行使晶闸管发热,延长了使用寿命;③一旦软启动器发生故障,可由旁路接触器作为应急备用。

2. 单台软启动控制器启动多台电动机

一些工厂有多台电动机需要启动,当然最好都单独安装一台软启动控制器,这样既能方便控制,又能充分发挥软启动控制器的故障检测等功能。但在某些情况下,可用一台软启动控制器对多台电动机进行软启动,以节约资金投入。图 5.15 是用一台软启动器对两台电动机的启动、停机的电路,但不能同时启动或停机,只能分别启动、停机。

5.3.3 深槽式和双鼠笼异步电动机

三相鼠笼异步电动机降压启动时,启动电流减小了,但启动转矩也随之减小。为了克服这一缺点,从鼠笼异步电动机转子槽形着手,利用集肤效应实现启动过程中转子电阻的自动调节,即启动时转子电阻大,在正常运行时电阻又自动减小,具有这种改善启动性能的鼠笼电机有深槽式和双鼠笼异步电动机。

1. 深槽式异步电动机

深槽式异步电动机的转子槽形深而窄,通常槽深与槽宽之比大到 10 ~ 12 甚至更大。当转子导条中流过电流时,转子槽漏磁通的分布如图 5.16(a)所示。由图可见,与导条底部相交链的漏磁通比槽口部分相交链的漏磁通多得多,若将转子导条看成是由若干个沿槽高划分的小导条并联而成,则越靠近槽底的小导条就具有越大的漏电抗,而接近槽口部分的小导条的漏电抗越小。在电动机

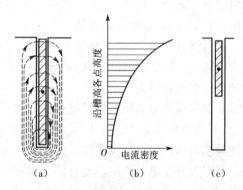

图 5.16 深槽式转子导条中电流的集肤效应

启动时,由于转子电流的频率较高,$f_2 = f_1 = 50$ Hz,转子导条的漏电抗较大,因此,各小导体中电流的分配将主要决定于漏电抗,漏电抗越大则电流越小。这样,在由气隙主磁通所感应的相同电动势的作用下,导条中靠近槽底处的电流密度将很小,而越靠近槽口则越大,这种现象称为电流的集肤效应,沿槽高的电流密度分布如图 5.16(b)所示。集肤效应的效果相当于减小了导条的高度和截面(图 5.16(c)所示),增大了转子电阻,从而满足了启动的要求。

当启动完毕、电动机正常运行时,由于转子电流频率很低,一般为 1~3 Hz,转子导条的漏电抗比转子电阻小得多,因此前述各小导体中电流的分配将主要决定于电阻。由于各小导体电阻相等,导条中的电流将均匀分布,集肤效应基本消失,转子导条电阻恢复(减小)为自身的直流电阻。可见,正常运行时,转子电阻能自动变小,从而满足了减小转子铜损耗、提高电动机效率的要求。

2. 双鼠笼异步电动机

双鼠笼异步电动机的转子上有两套笼,即上笼和下笼,如图 5.17(a)所示。上笼

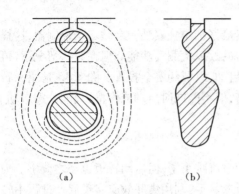

图 5.17 双鼠笼电动机的转子槽形

导条截面积较小,用黄铜或铝青铜等电阻系数较大的材料制成,电阻较大;下笼导条的截面积较大,用电阻系数较小的紫铜制成,电阻较小。双鼠笼电动机也常用铸铝转子,如图 5.17(b)所示。显然,下笼交链的漏磁通要比上笼多得多,因此下笼的漏电抗也比上笼的大得多。

启动时,转子电流频率较高,转子漏电抗大于电阻,上、下笼的电流分配主要决定于漏电抗,由于下笼的漏电抗比上笼的大得多,电流主要从上笼流过。因此启动时上笼起主要作用,由于它的电阻较大,可以产生较大的启动转矩,限制启动电流,所以常把上笼称为启动笼。

正常运转时,转子电流频率很低,转子漏电抗远比电阻小,上、下笼的电流分配决定于电阻,于是电流大部分从电阻较小的下笼流过,产生正常运行时的电磁转矩,所以把下笼称为运行笼。

双鼠笼异步电动机的机械特性曲线可以看成是上、下笼两条特性曲线的合成,改变上、下笼的参数就可以得到不同的机械特性曲线,以满足不同的负载要求,这是双鼠笼异步电动机的一个突出优点。

双鼠笼异步电动机的启动性能比深槽式异步电动机好,但深槽异步电动机结构简单,制造成本较低。它们的共同缺点是转子漏电抗较普通鼠笼电动机大,因此功率因数和过载能力要比普通鼠笼异步电动机低些。

5.4　三相绕线转子异步电动机的启动与控制

在绕线异步电动机转子回路串入适当的电阻,既能限制启动电流,又能增大启动转矩,克服了鼠笼异步电动机启动电流大、启动转矩不大的缺点,这种启动方法适用于大、中容量异步电动机重载启动。绕线式异步电动机的启动分为转子串电阻和转子串频敏变阻器两种启动方法。

5.4.1　转子串电阻启动与控制

为了在整个启动过程中获得比较大的加速转矩,缩短启动时间,使启动过程较平滑,应在转子回路中串入多级对称电阻,采用逐级切除(短接)启动电阻的方法。启动前,启动电阻全部接入以限流启动电流,随着转速升高,启动电流下降,电阻逐级短接,至启动完成时,全部电阻切除,电动机在全压下运行。这与直流电动机电枢串电阻启动相类似,称为电阻分级启动。图 5.18 为三相绕线式异步电动机转子串接三级对称电阻接线图和对应的机械特性。

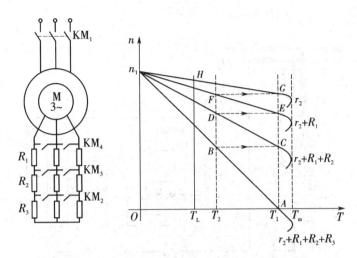

图5.18 绕线转子串三级电阻接线图和机械特性

5.4.1.1 启动过程

当启动开始时,接触器触点 KM1 闭合,KM2、KM3、KM4 断开,启动电阻全部串入转子回路中,对应的机械特性如图 5.18 中曲线($r_2 + R_1 + R_2 + R_3$)。启动瞬间,转速 $n = 0$,电磁转矩 T 为 T_1(称为尖峰转矩),因 T_1 大于负载转矩 T_L,于是电动机从 A 点沿曲线 AB 开始加速。随着 n 上升,T 逐渐减小,当减小到切换转矩 T_2 时(对应于 B 点),触点 KM2 闭合,切除 R_3,对应的机械特性曲线变为($r_2 + R_1 + R_2$)。由于惯性,切换瞬间转速来不及变化,电动机的运行点由 B 点移至 C 点,T 由 T_2 跃升为 T_1。此后,n、T 沿曲线 CD 加速,待 T 又减小到 T_2 时(对应 D 点),触点 KM3 闭合,切除 R_2,运行点由 D 点移至 E 点并沿曲线 EF 加速。到 F 点,触点 KM4 闭合,切除 R_1,转子绕组直接短路,电动机运行点由 F 点变到 G 点后沿固有特性 GH 加速到负载点 H 稳定运行,启动过程结束。一般取尖峰转矩 $T_1 = (0.7 \sim 0.85)T_m$,切换转矩 $T_2 = (1.1 \sim 1.2)T_L$。

分析三相异步电动机启动的过渡过程,仍然要依据运动方程式和机械特性方程式。对于绕线转子异步电动机来说,如果机械特性可用直线表示,又具备静负载转矩和飞轮矩都是常量的条件,过渡过程便具有指数规律。过渡过程方式和过渡过程时间的计算公式都可以仿照直流电动机过渡过程的有关内容得出。当机械特性不能用直线关系表示时,可以依据实用的机械特性表达式推导过渡过程方程式。利用 Matlab 软件仿真,可得到启动过渡过程中电流、转速的变化曲线,读者可仿真实践。

5.4.1.2 启动控制电路

1. 按时间原则控制的绕线转子串电阻启动电路

图 5.19 为按时间原则控制绕线转子串电阻启动的控制电路。图中 KM1 为电源线路接触器,KM2、KM3、KM4 为短接转子电阻接触器,KT1、KT2、KT3 为时间继电

器。

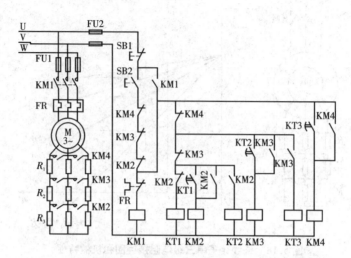

图 5.19 按时间原则控制的转子电路串电阻减压启动控制电路

启动时,合上电源开关,按下启动按钮 SB2,其常开触头闭合,接触器 KM1 线圈通电吸合并自保,其主触头闭合,电动机接入三相交流电源,转子串入全部电阻启动。同时,KT1 线圈得电开始延时,延时到事先整定的时限,KT1 的动合触点闭合使 KM2 通电吸合并自保,其主触头闭合切除转子电阻 R_3,动合辅助触点闭合使 KT2 得电。KT2 延时到其整定的时限,其动合触点闭合使 KM3 通电吸合并自保,其主触头闭合切除转子电阻 R_2,动合辅助触点闭合使 KT3 得电。经 KT3 延时后其动合触点闭合使 KM4 通电并自保,其主触头闭合切除转子电阻 R_1,此时电动机在固有特性上加速到稳定工作点正常运行。

当 KM4 通电并自保后,动断辅助触点断开,致使 KT1 ~ KT3 及 KM2、KM3 均不带电,起到节能和延长电器寿命的作用。

在电源线路接触器 KM1 线圈回路中串入 KM2 ~ KM4 的三个动断触点,是起保护作用。若 KM2 ~ KM4 中任一接触器在吸合后发生触点熔焊或因机械故障不能释放时,动断触点断开,防止了电动机转子不串相应的电阻直接启动的事故。

2. 按电流原则控制的转子电路串电阻启动电路

图 5.20 是按电流原则控制的转子电路串电阻启动电路。KM1 ~ KM3 为短接电阻接触器,KA 为中间继电器,KM4 为线路接触器,KI1、KI2、KI3 为电流继电器,它们的吸合电流相同,而释放电流不同(KI1 最大,KI2 次之,KI3 最小)。

启动时,合上电源开关 Q,按下启动按钮 SB2,KM4 通电并自保,电动机定子接通三相交流电源。同时 KA 通电,其动合触点闭合,为 KM1 ~ KM3 通电作准备。

电动机刚启动时,由于启动电流大于 KI1 ~ KI3 的吸合电流,所以三个电流继电器全部吸合,其常闭触头都断开,使 KM1 ~ KM3 处于断电状态,保证电动机转子串入全部电阻启动。电动机启动加速后,启动电流逐渐下降,当启动电流减小到 KI1 释放

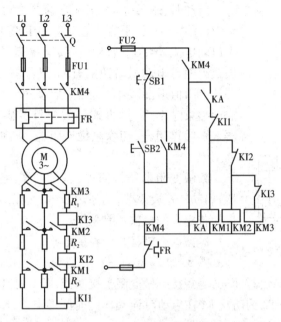

图 5.20 按电流原则控制的转子电路串电阻启动控制电路

整定电流时,KI1 首先释放,其常闭触头闭合,使 KM1 通电,KM1 主触头切除转子电阻 R_3。由于转子电阻被短接,转子电流又上升,启动转矩加大,致使转速继续升高,这又使电流下降,当降至 KI2 释放整定电流时,KI2 释放,其常闭触头闭合,使 KM2 通电,其主触头短接转子电阻 R_2。重复上述过程,直至 KM3 吸合切除转子全部电阻,电动机加速到稳定工作点正常运行。

为保证电动机启动时转子串入全部电阻,必须使 KI1 ~ KI3 的动断触点在 KM1 ~ KM3 吸合前断开,这个时间差就是利用中间继电器 KA 因机械惯性的延时而实现的。

需要指出的是:按时间原则控制电路,由于切除各段电阻的时间不变,当负载变大时,启动加速度小,电流下降慢,因此切换后将出现大于设计值的冲击电流。按电流原则控制的电路,切换转矩和尖峰转矩不变,不会出现冲击电流,但当负载变化时,却会影响启动时间的长短。为解决此问题,可采取电流和时间原则混合控制电路,如矿井提升机 TKD 电控系统多采用混合控制,读者可查阅有关资料。

5.4.2 转子串频敏变阻器启动

1. 频敏变阻器

频敏变阻器是一种无触点的电磁元件,它的铁芯由较厚的铸铁板或钢板叠成三柱式,在铁芯上分别套有线圈连成星形,并与绕线异步电动机的转子绕组相串联,如图5.21所示。实际上,它是一个铁损很大的三相电抗器,由于它的等效电阻随通过电流的频率变化而变化,故称频敏变阻器。

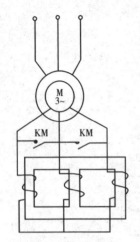

图 5.21 转子串频敏变阻器

启动时，$n=0$，$s=1$，转子电流频率较高（$f_2=sf_1$），铁损较大（铁损与 f_2 的平方成正比），所以等效电阻大，既限制了启动电流，增大了启动转矩，又提高了转子电路的功率因数。随着电动机转速的升高，转子频率 f_2 逐渐降低，其等效电阻值逐渐减小，相当于启动过程中自动切除电阻。启动结束时，f_2 很小，此时频敏变阻器基本不起作用，接触器 KM 触点闭合，切除频敏变阻器，实现了平滑无级的启动。

频敏变阻器结构简单，运行可靠，但与转子串电阻相比，启动转矩要小些，功率因数低，所以对要求低速运转和启动转矩大的机械不宜采用。

2. 频敏变阻器启动控制电路

图 5.22 是 TG1—K21 型频敏变阻器启动控制电路。图中 KM1 为线路接触器，KM2 为短接频敏变阻器接触器，KT1 为启动时间继电器，KI 为过电流继电器，KT2 为防止 KI 在启动时误动作的时间继电器，KA1 为启动中间继电器，KA2 为短接 KI 的中间继电器。

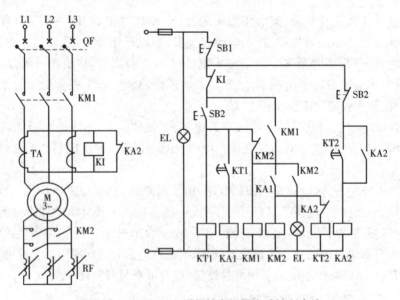

图 5.22 TG1—K21 型频敏变阻器启动控制电路

启动时，合上电源开关 QF，按下启动按钮 SB2，KT1、KM1 线圈通电吸合并自保，KM1 主触头闭合，电动机接入三相交流电源，转子串入频敏变阻器启动。同时，KT1 线圈得电开始延时，延时到事先整定的电动机实际启动所需时间，KT1 的动合触点闭合使 KA1 通电吸合，KA1 常开触头闭合使 KM2、KT2 线圈通电吸合并自保，KM2 主触头闭合切除频敏变阻器,电动机启动过程结束,绿色正常运行指示灯 EL 亮。KT2 得电后经延时动作,使 KA2 通电吸合并自保,其短接 KI 的常闭触头打开,将 KI 串入定子电路,对电动机实行过电流保护。可见,KT2、KA2 是为了防止启动时电流大引起过电流继电器 KI 误动作而设置的。为防止转子回路中短接频敏变阻器的 KM2 主触头因熔焊而不能断开,造成电动机直接启动,所以在控制电路中设置 KM2 的常闭触头作为 KM1 线圈得电的条件。

5.5　三相异步电动机的调速与控制

从异步电动机的转速关系式 $n = \dfrac{60f}{p}(1 - s)$ 可知,若要改变异步电动机转速,有以下三种方法:改变定子磁极对数 p;改变电源频率 f_1;改变转差率 s。

5.5.1　变极调速

在电源频率 f_1 不变的条件下,改变电动机的磁极对数 p,电动机的同步转速 n_1 就会变化,电动机的极数增加一倍,同步转速就降低一半,电动机的转速也几乎下降一半,从而实现转速的调节。要改变电动机的极数,通常是利用改变定子绕组接法来改变极数,这种电机称为多速电机,变极调速只适用于鼠笼转子电动机,因为其转子的极数能自动地与定子极数相适应。

5.5.1.1　变极原理

图 5.23 是三相绕组中的 U 绕组的示意图。U 绕组由两个线圈 1、2 组成,每个线圈代表 U 相绕组的一半,称为半绕组。图 5.23(a) 表示两个半绕组顺向串联,对应的极数为 $2p = 4$。如将其中的半个绕组 2 进行反接,使其电流方向与半绕组 1 的电流方向相反,则可得到极数 $2p = 2$ 的磁场,如图 5.23(b)、(c)所示,(b) 是反向串联,(c) 是反向并联。由此可见,改变定子每相的半个绕组的电流方向,就可改变磁极对数。

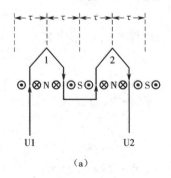 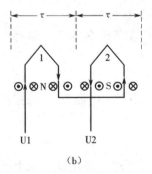 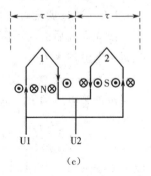

(a)　　　　　　　　　(b)　　　　　　　　　(c)

图 5.23　绕组变极原理图

(a)$2p = 4$　(b)$2p = 2$　(c)$2p = 2$

5.5.1.2 常用的变极接线方式

图 5.24 示出了单星形改接成双星形(Y/YY)变极接线原理图,图 5.25 示出了三角形改接成双星形(△/YY)变极接线原理图。这两种接线方式都是使每相中半个绕组电流变向,因而电动机极对数减少一半。

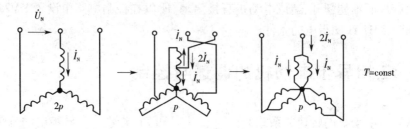

图 5.24 Y/YY 变极接线原理图

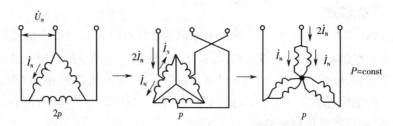

图 5.25 △/YY 变极接线原理图

当改变定子绕组接线时,必须同时改变定子绕组的相序,以保证调速前后电动机的转向不变。这是因为电角度 = p × 机械角度,当 $p=1$ 时,三相绕组在空间分布的电角度依次为 0°、120°、240°;而当 $p=2$ 时,三相绕组在空间分布的电角度变为 120° ×2 = 240°、240° ×2 = 480°(即 120°)。可见,变极前后三相绕组的相序发生了变化,因此变极后只有对调定子的两相绕组出线端,才能保证电动机的转向不变。

5.5.1.3 变极调速的性质和机械特性

设变极前后的功率因数和效率都不变,为了确保电动机得到充分利用,每相半个绕组中电流均为 I_N。

1. Y—YY 连接方式

设外施电压为 U_N,每相绕组额定电流为 I_N,当接成星形时,电动机的输出功率

$$P_Y = 3 \frac{U_N}{\sqrt{3}} I_N \eta_1 \cos \varphi_1 \tag{5.22}$$

改成双星形后,支路电流为 I_N,每相电流为 $2I_N$。改接前后电动机的输出功率

$$P_{YY} = 3 \frac{U_N}{\sqrt{3}} 2I_N \eta_1 \cos \varphi_1 \tag{5.23}$$

改接前后输出功率之比

$$\frac{P_{YY}}{P_Y} = \frac{3\frac{U_N}{\sqrt{3}}2I_N\eta_1\cos\varphi_1}{3\frac{U_N}{\sqrt{3}}I_N\eta_1\cos\varphi_1} = 2 \qquad (5.24)$$

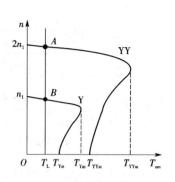

图 5.26　恒转矩变极调速
的机械特性图

可见,由 Y 改接成 YY 后,电动机的输出功率增加一倍,但转速也增加一倍,由于 $T = 9\,550\frac{P_N}{n}$,因此转矩不变,适用于恒转矩负载如起重机、传送带等,其机械特性如图 5.26 所示。

2. △—YY 连接方式

设外施电压为 U_N,每组绕组的额定电流为 I_N,则△连接时输出功率

$$P_\triangle = 3U_N I_N \eta_1 \cos\varphi_1 \qquad (5.25)$$

当改接成 YY 后,电流为 $2I_N$,电动机的输出功率

$$P_{YY} = 3\frac{U_N}{\sqrt{3}}2I_N\eta_1\cos\varphi_1 \qquad (5.26)$$

改接前后输出功率之比

$$\frac{P_{YY}}{P_\triangle} = \frac{3\frac{U_N}{\sqrt{3}}2I_N\eta_1\cos\varphi_1}{3U_N I_N\eta_1\cos\varphi_1} = \frac{2}{\sqrt{3}} = 1.15 \qquad (5.27)$$

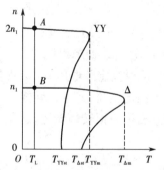

图 5.27　恒功率变极调速
的机械特性

上式说明,改接前后电动机的输出功率变化很小,所以转矩 T 几乎减小一半,适用于恒功率负载如各种机床粗、精加工等,其机械特性如图 5.27 所示。

变极调速时,转速几乎是成倍变化,所以调速的平滑性差。但它在每个转速等级运转时,与普通的异步电动机一样,具有较硬的机械特性,稳定性较好。变极调速既可用于恒转矩负载,又可用于恒功率负载,所以对于不需要无级调速的生产机械,可采用多速电动机拖动。

5.5.1.4　双速电动机控制电路

图 5.28 是双速电动机 △/YY 变换控制电路,在主电路中,接触器 KM1 的触头闭合,为三角形连接;KM2 和 KM3 的触头闭合为双星形连接。控制电路采用选择开关 SA,SA 位于"1"的位置选择低速运行时,接通 KM1 线圈,直接启动低速运行。SA 位于"2"的位置,选择高速运行,首先时间继电器 KT 得电,其瞬时动作常开触点 KT 闭合,KM1 线圈得电,电动机低速启动。当延时时间到,时间继电器 KT 的延时断、动合触点分别断开和闭合,使 KM1 失电,KM2 和 KM3 得电动作,电动机 YY 型连接进

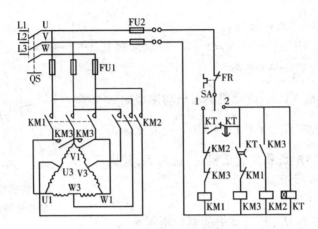

图 5.28 双速电动机变速控制电路

入高速运行。为防止两种接线方式同时存在,KM1、KM2、KM3 的常闭触头在控制电路中构成电气互锁。

5.5.2 变频调速

变频调速是通过改变电动机定子电源频率来改变同步转速实现调速的。一般情况下,转差率 s 很小,由于 $n = n_1(1-s) = \dfrac{60f_1}{p}(1-s)$,所以可近似地认为 $n \propto n_1 \propto f_1$。可见,调节电源频率,就可以平滑地改变电动机的转速,以电源 $f_1 = 50$ Hz 为基本频率,既可向下调,也可向上调。

1. 低于基频向下调速

当降低电源频率 f_1 时,若端电压 U_1 不变,由于 $U_1 \approx E_1 = 4.44 f_1 N_1 K_{N1} \Phi_m$,则主磁通将增加,这将导致磁路过分饱和,励磁电流增大,功率因数降低,铁芯损耗增大。为了使电动机保持较好的运行性能,在降低频率 f_1 的同时,应改变定子电压 U_1,以维持 Φ_m 不变,即保持 U_1/f_1 = 常数。在不同频率下,当电流为额定电流,其输出转矩恒为额定转矩,所以采取 U_1/f_1 之比为常数的变频调速控制方法称为恒转矩调速,适用于恒转矩负载。

根据电动机的最大转矩简化公式 $T_m \approx \dfrac{3pU_1^2}{4\pi f_1(x_1 + x'_2)} = \dfrac{3p}{8\pi^2(L_1 + L'_2)}\left(\dfrac{U_1}{f_1}\right)^2$ 和

转速降 $\Delta n_m = s_m n_1 = \dfrac{r'_2}{2\pi f_1(L_1 + L'_2)} \dfrac{60f_1}{p}$ = 常数可知,只要保持电压与频率成正比调节,在调速过程中,电动机最大转矩 T_m 和 Δn_m 均不变,机械特性随频率的降低而向下平移,如图 5.29 中虚线所示。

上面分析最大转矩中忽略了定子电阻 r_1,由于 r_1 的存在,随着 f_1 降低,实际上 T_m 将减小,当 f_1 很低时,T_m 减小很多,如图 5.29 中实线所示。在低速时为保证电动机有足够大的 T_m 值,U_1 应比 f_1 降低的比例小一些,使 U_1/f_1 的值随 f_1 的降低而略有增加,即采用定子压降补偿,适当提高电压 U_1,增强带载能力,从而获得图 5.29 中虚线所示的机械特性。

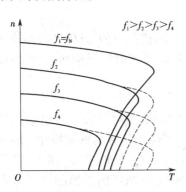

图 5.29 低于基频向下调速时的机械特性

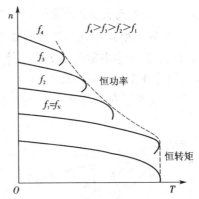

图 5.30 高于基频向上调速时的机械特性

2. 高于基频向上调速

当电动机转速需要调整到高于基速工作时,电源频率将增加到高于额定频率,如果仍按电源电压与频率成正比的方法进行控制,则加在定子上的电压势必超过额定电压,这当然是不容许的。往往采用保持 $U_1 = U_N$,则当 f_1 增加时,主磁通 Φ_m 将减小。如果定义在额定电流下的输出转矩为额定转矩,则在不同频率下的额定转矩随 f_1 增加而减小,因而转矩与转速的乘积,即额定输出功率 $P_N = T\Omega$ 将大致恒定。因此这种高于额定频率的调速属于恒功率调速,适用于恒功率负载,其机械特性如图 5.30 所示。

变频调速平滑性好,调速范围广,运行效率高,尤其适用于鼠笼异步电动机的调速。但它需要专用的变频电源(变频器),成本较高。随着电力电子、计算机等技术的发展,变频调速的应用越来越广,正在取代着直流电动机调速系统。

【例5.3】 一台三相四极笼型异步电动机的额定数据为:$U_N = 380$ V,$I_N = 30$ A,$n_N = 1\,455$ r/min,采用变频调速带动 $T_L = 0.8\,T_N$ 恒转矩负载,要求转速 $n = 1\,000$ r/min。已知变频电源输出电压与频率之比为常数。试求:此时变频电源输出线电压 U_1 和频率 f_1 各为多少?

解:额定转差率 $s_N = \dfrac{n_1 - n_N}{n_1} = \dfrac{1\,500 - 1\,455}{1\,500} = 0.03$

根据 T 与 s 成正比 $s = \dfrac{T_L}{T_N} s_N = 0.8 \times 0.03 = 0.024$

$T_L = 0.8 T_N$ 时的转速降为 $\Delta n = s n_1 = 0.024 \times 1\,500 = 36$ r/min

因变频调速时机械特性斜率不变,则变频后的同步转速

$n'_1 = n + \Delta n = 1\,000 + 36 = 1\,036$ r/min

$f_1 = \dfrac{p n'_1}{60} = \dfrac{2 \times 1\,036}{60} = 34.53$ Hz

$$U_1 = \frac{U_N}{f_N}f_1 = \frac{380}{50} \times 34.53 = 262.4 \text{ V}$$

5.5.3 改变转差率调速

三相异步电动机通过改变转差率 s 可以达到调节转速的目的,具体方法是改变定子电压、转子串电阻及串级调速等。改变转差率调速,低速时转子铜耗大,所以效率低,经济性差(除串级调速外)。

1. 转子串电阻调速

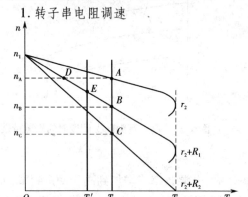

图 5.31 绕线式异步电动机的转子串电阻调速

图 5.31 为绕线式异步电动机转子串接对称电阻时的机械特性。串入电阻后,n_1、T_m 不变,但 s_m 增大,特性斜率增大,电动机的转速随转子串电阻的增大而减小。如图 5.31 所示,电动机转子串入电阻 R_1 后,在负载为 T_L 的情况下,其工作点由 A 点经 D 点移到人为特性的 B 点稳定运行。调速的物理过程与直流电动机电枢串电阻调速相同。

由于转子串电阻时最大转矩不变,由转矩实用表达式的简化公式可得 $\frac{s_m}{s}T = 2T_m = $ 常数。设转子外串电阻前稳定工作时量为 s、s_m、T_L,外串电阻 R 后稳定工作量为 s'、s'_m、T'_L,则可得

$$\frac{s_m}{s}T_L = \frac{s'_m}{s'}T'_L \tag{5.28}$$

又因临界转差率与转子电阻成正比,故

$$\frac{r_2}{s}T_L = \frac{R+r_2}{s'}T'_L \tag{5.29}$$

于是转子外串电阻值为

$$R = \left(\frac{s'T_L}{sT'_L} - 1\right)r_2 \tag{5.30}$$

当负载转矩不变时,如图 5.31 中的 A、B 两点,则由上式可得 $R_1 = \left(\frac{s_B}{s_A} - 1\right)r_2$。

由式(5.29)可得 $\frac{s_A}{s_B} = \frac{r_2}{r_2 + R_1}$,即调速前后稳态时转差率之比等于转子电阻之比。

如果调速前后负载转矩不同,如图 5.31 中的 A、E 两点,则应用式(5.30)计算外串电阻值。

【例 5.4】 一台绕线式异步电动机:$P_N = 75 \text{ kW}$,$U_N = 380 \text{ V}$,$n_N = 1\ 460 \text{ r/min}$,$E_{2N} = 399 \text{ V}$,$I_{2N} = 116 \text{ A}$,$\lambda_m = 2.8$。试求:(1)转子串入电阻 0.5 Ω,电机运行的转速

是多少? (2)额定负载转矩不变,要把转速降至 500 r/min,转子每相应串多大电阻?

解:(1)额定转差率 $s_N = \dfrac{n_1 - n_N}{n_1} = \dfrac{1\,500 - 1\,460}{1\,500} = 0.027$

转子每相电阻 $r_2 = \dfrac{s_N E_{2N}}{\sqrt{3}\,I_{2N}} = \dfrac{0.027 \times 399}{\sqrt{3} \times 116} = 0.053\,6\ \Omega$

串入电阻 $R_1 = 0.5\ \Omega$ 时,转差率 $s_B = \dfrac{r_2 + R_1}{r_1} s_N = \dfrac{0.554}{0.053} \times 0.027 = 0.282$

转速 $n_B = (1 - s_B) n_1 = (1 - 0.282) \times 1\,500 = 1\,076.7\ \text{r/min}$

(2)转子串电阻后转差率 $s'_B = \dfrac{n_1 - n}{n_1} = \dfrac{1\,500 - 500}{1\,500} = 0.667$

转子每相应串电阻 $R_1 = \left(\dfrac{s'_B}{s_N} - 1\right) r_2 = \left(\dfrac{0.667}{0.027} - 1\right) \times 0.053\,6 = 1.27\ \Omega$

这种调速方法的优点是:设备简单、易于实现。缺点是:有级调速,不平滑,调速范围小;效率低,特性软。目前主要在中小容量的绕线转子异步电动机中得到应用,如桥式起重机、矿井提升机等恒转矩负载。

2.串级调速

上述转子回路串电阻调速时,将在转子回路中产生转差功率 sP_{em} 损耗,且转速越低,转差率越大,转差功率损耗越大,效率就越低。三相绕线式异步电动机的串级调速,就是在转子回路中串入一个可控的外加电压 $\dot{U}_2$,其频率与转子频率 f_2 相同,其相位与转子电势 E_{2s} 反向或同相。其工作原理图如图 5.32 所示。

当转子回路串入外加电压 $\dot{U}_2$ 时,转子电流为

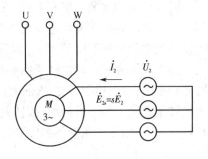

图5.32　串级调速原理图

$$I_2 = \frac{sE_2 \pm U_2}{\sqrt{r_2^2 + (sx_2)^2}} = \frac{E_2 \pm U_2/s}{\sqrt{(r_2/s)^2 + x_2^2}} \tag{5.31}$$

式中"–"号表示转子电势与外加电压反相,"+"号表示两者同相。

当外加电压与转子电势相位相反时,电动机转速将下降。因为反相上式(5.31)中($sE_2 - U_2$),使转子电流立即减小,电动机电磁转矩也随之减小,电动机开始减速运行,转差率 s 增大。随着 s 增大,转子电流、电磁转矩也随之回升,一直到转速降到某个值,电磁转矩回升到与负载转矩相等,减速过程结束,电动机在此低速下稳定运行,称为低同步串级调速。反相外加电压幅值越大,电动机稳态转速就越低。

当外加电压与转子电势同相位,电动机转速将上升。因为同相上式(5.31)中($sE_2 + U_2$),使转子电流、电磁转将相应上升,电动机开始加速运行,转差率 s 减小。随着 s 减小,转子电流、电磁转矩也随之下降,一直到转速升到某个值,电磁转矩回升到与负载转矩相等,加速过程结束,电动机在此高速下稳定运行。当外加电压幅值增

加到一定值时,电动机转速将超过同步转速,称为超同步串级调速。

串级调速的机械特性曲线如图 5.33 所示。当外加电压为零时,电机工作在其固有机械特性曲线上;当外加电压与转子电势同相位时,机械特性基本上朝着右上方平移;当外加电压与转子电势反相位时,机械特性基本上朝着左下方平移。显然,机械特性曲线的线性段比较硬,但低速时,最大转矩和起动转矩减小,过载能力降低。

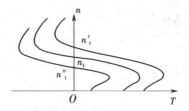

图 5.33 串级调速的机械特性

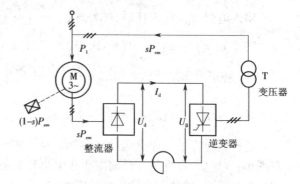

图 5.34 低同步串级调速系统

实现串级调速的方案有多种,现以图 5.34 所示低同步串级调速系统为例,介绍其运行原理。绕线式异步电动机的转子电压经整流器整流得到直流电压,经滤波电抗器滤波加到有源逆变器上,有源逆变器将 U_β 逆变成交流电压经变压器 T 送回电网。逆变器给异步电动机转子回路提供了外加直流电压,其极性与 I_d 相反,起到吸收转差功率的作用,通过改变 U_β 的大小,实现低于同步转速的电动调速运行。由于该系统转子整流器是不可控的,故转差功率只能单方向从转子流出,无法实现转差功率从转子流入,因此该系统不能实现高于同步转速的电动运行和低于同步转速的回馈制动。

由于电动机、变压器需要励磁及有源逆变造成电流滞后等因素,整个系统的功率因数将低于转子串电阻调速。功率因数差是串级调速的一个重要缺点。

若转子绕组的线电势为 sE_{20};整流器直流侧的电压为 U_d;逆变器直流侧的电压为 U_β,逆变器交流侧的二次侧线电压为 U_{2l},则有下列关系式:

$$U_d = 1.35sE_{20} \tag{5.32}$$

$$U_\beta = 1.35U_{2l}\cos\beta \tag{5.33}$$

电动机稳定运行时,$U_d = U_\beta$,则

$$s = \frac{U_{2l}\cos\beta}{E_{20}} \tag{5.34}$$

可见,改变逆变角 β 的大小,就能改变转差率 s,进而调节转子转速。β 越大,s 越小,转速越高。当 $\beta = \pi/2$,$U_\beta = 0$ 相当于转子短路,电动机工作在固有机械特性上。

串级调速优点是效率高,缺点是功率因数差,在低速时电动机的过载能力较低,适用于调速范围不大(一般为 2 ~ 4)的场合,如拖动风机、泵类负载。

3. 双馈调速

上述图 5.34 所示串级调速不能发电运行。为了能发电运行,转子回路中能量的流动应该是双向的,即低于同步转速发时,能量流入转子,高于同步转速发电时,能量流出转子。若将图 5.34 中的二极管桥换成晶闸管桥,转子回路就能够实现双向能量传送,在低同步转速下可以发电(亦可电动),在超同步转速下可以电动(亦可发电),成为真正意义上的双馈调速。

双馈调速方案还可以用于风力发电系统中,如图 5.35 所示,称为变速恒频(VSCF)发电系统,定子输出功率等于轴上输入的机械功率与转子输入的电功率(可正可负)之和。转子电路使用了双侧电压型 PWM 变流器。

当风速变化引起电机转速 n 变化时,应根据关系式 $f_1 = \dfrac{pn}{60} \pm f_2$ 控制转子电流频率 f_2,使定子输出频率 f_1 恒定。当转子转速低于气隙磁场的旋转速度时,处于低同步

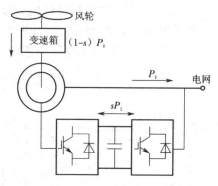

图 5.35 风力变速恒频双馈发电系统

发电运行,此时变频器向电机转子提供正相序励磁,上式取正号;当转子转速高于气隙磁场的旋转速度时,处于超同步发电运行,此时变频器向电机转子提供负相序励磁,上式取负号;当转子转速等于气隙磁场的旋转速度时,处于同步发电运行,$f_2 = 0$,变频器向电机转子提供直流励磁。

4. 定子降压调速

普通异步电动机降低定子电压的机械特性如图 5.36(a)所示。当定子电压降低时,电动机的同步转速 n_1 和临界转差率 s_m 均不变,但其最大转矩和启动转矩均随着电压平方关系减小,过载能力明显降低。因此,降压调速仅适用于轻载调速场合。

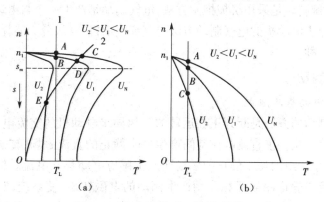

图 5.36 降低定子电压的机械特性
(a)普通鼠笼异步电动机 (b)高转差率鼠笼异步电动机

对于风机、泵类负载,由图 5.36(a)中曲线 2 可见,电动机在全段机械特性上都能稳定运行,在不同电压下的稳定工作点分别为 C、D、E,所以,改变定子电压可以获得较低的稳定运行速度。对于恒转矩负载,由图 5.36(a)中曲线 1 可见,电动机只能在机械特性的线性段稳定运行,调速范围小。对于高转差率异步电动机,则可得到较宽的调速范围,如图 5.36(b)所示。但低速时的机械特性太软,低压时过载能力也较差。

为提高调压调速的机械特性的硬度,增大电动机调速范围,可采取如下两种方案:一是采用速度反馈闭环控制,如图 5.37 所示,此时的机械特性基本上是一簇平行的特性;二是将调压调速与变极调速相结合,可进一步扩大调速范围。

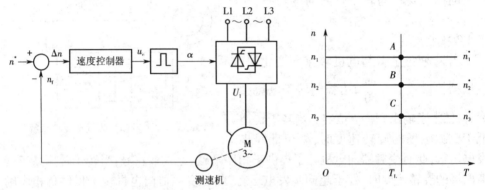

图 5.37　具有速度反馈的异步电动机调压调速系统

5.6　三相异步电动机的制动与控制

电动机断电后,由于惯性作用,停车时间较长。某些生产工艺要求电动机能迅速准确地停车或限速,这就需要对电动机进行强迫制动。制动的方式有机械制动和电气制动两种,机械制动是采用机械抱闸方法;电气制动是产生一个与电动机转向相反的电磁转矩。异步电动机的电气制动方法与直流电动机一样,分为能耗制动、反接制动及回馈制动三种。

5.6.1　能耗制动

5.6.1.1　能耗制动基本原理

实现能耗制动的方法是断开正在运转的三相异步电动机的交流电源,然后向定子绕组通入直流电流。该直流电在空间产生一个静止的直流磁场,转子由于惯性继续旋转,于是转子绕组因切割静止的磁场而产生感应电动势和电流。根据左手定则可以判断该电流与静止磁场互相作用产生制动的电磁转矩,使系统减速停车,如图 5.38 所示。这种方法是将负载的能量(动能和位能)通过电动机转化为电能,并消耗在转子回路的电阻上,所以称为能耗制动。

可以证明,能耗制动状态下的机械特性与电动状态的形状相类似,但由于定子绕

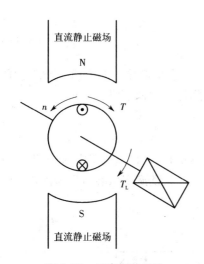

图 5.38　异步电动机的
能耗制动原理图

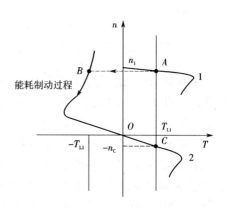

图 5.39　能耗制动时的制动过程

组通入直流电,磁场的旋转速度为零,所以机械特性由电动状态时的过同步点变成过原点,如图 5.39 所示曲线 2。设电动机原来工作在固有特性曲线 1 上的 A 点,在制动瞬间,因转速不能突变,工作点便由 A 点平移至能耗制动特性曲线 2 上的 B 点,在制动转矩和负载转矩的共同作用下,电动机开始减速,工作点沿曲线 2 变化,直到原点。当 $n=0$ 时,$T=0$,所以能耗制动能使反抗性负载准确停车。如果是位能性负载,当转速过零时,若要停车,必须立即用机械抱闸将电动机轴刹住,否则电动机将在位能负载作用下倒拉反转,直到进入第四象限中的 C 点($T=T_{L1}$),系统处于稳定的能耗制动运行状态,这时重物将保持匀速下降。

　　图 5.40 中能耗制动机械特性曲线 1 和曲线 2 具有相同的转子电阻,但曲线 2 比曲线 1 具有较大的直流电流,即 $I_2>I_1$;曲线 1 和曲线 3 具有相同的直流电流,即 $I_1=I_3$,但曲线 3 比曲线 1 具有较大的转子电阻。可见,转子电阻较小时(曲线 1),初始制动转矩比较小。对于鼠笼异步电动机,为了增大初始制动转矩,就必须增大直流电流(曲线 2)。对绕线式异步电动机,一般采用转子串电阻的方法来增大初始制动转矩(曲线 3),既限制了转子电流又得到了较大的制动转矩,从而提高了制动效果。

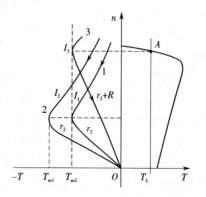

图 5.40　不同参数下能耗制动的机械特性

　　能耗制动过程中,定子绕组外加直流电流可按下列数据选择:对鼠笼异步电动机,直流 $I=(4\sim5)I_0$;对绕线式异步电动机,直流 $I=(2\sim3)I_0$。转子外串电阻可按下式计算：

$$R = (0.2 \sim 0.4)\frac{E_{2N}}{\sqrt{3}\,I_{2N}} - r_2 \tag{5.35}$$

能耗制动广泛应用于要求平稳准确停车的场合，也可应用于起重机一类带位能性负载的机械上，用来限制重物下降的速度，使重物保持匀速下降。

5.6.1.2 能耗制动控制电路

1. 按时间原则控制的单向运行能耗制动电路

图5.41是按时间原则控制电动机单向运行能耗制动电路图。图中KM1为运行接触器，KM2为能耗制动接触器，KT为时间继电器，T为整流变压器，VC为桥式整流电路，RP为调节直流电大小的可变电阻。

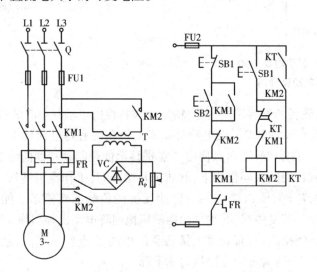

图5.41　按时间原则控制的电动机能耗制动电路

启动时，合上电源开关Q，按下启动按钮SB2，其常开触头闭合，接触器KM1线圈通电吸合并自保，其主触头闭合，电动机接入三相交流电源启动运行。

停车时，按下停止按钮SB1，KM1线圈断电，电动机定子脱离三相交流电源；同时，KM2、KT线圈同时通电并自保。KM2主触头将电动机两相定子绕组接入直流电源进行能耗制动，使电动机转速迅速接近于零时，时间继电器KT延时时间到，其常闭延时触头断开，使KM2、KT线圈相继失电，制动过程结束。

图中将KT常开瞬动触头与KM2自保触头串接，是考虑时间继电器故障引起其延时常闭触头断不开时，防止电动机长期通入直流电。KM1和KM2的常闭触头进行互锁的目的是防止交流电和直流电同时加入电动机定子绕组。

2. 按速度原则控制的可逆运行能耗制动电路

图5.42是按速度原则控制的可逆运行能耗制动电路。图KM1、KM2为电动机正反转接触器，KM3为能耗制动接触器，KS为速度继电器。

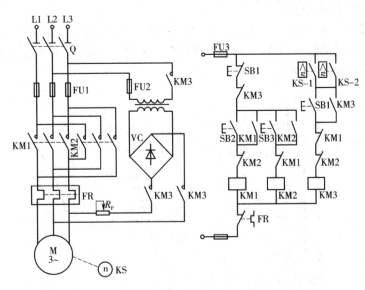

图 5.42　按速度原则控制的可逆运行能耗制动电路

启动时,合上电源开关 Q,根据要求按下正转或反转启动按钮 SB2 或 SB3,相应接触器 KM1 或 KM2 通电吸合并自保,电动机正转或反转,此时速度继电器的正转或反转触头 KS-1 或触头 KS-2 闭合。

停车时,按下停止按钮 SB1,KM1 或 KM2 线圈断电,电动机定子脱离三相交流电源;接触器 KM3 线圈通电吸合并自保,接入直流电源进行能耗制动,使电动机转速迅速下降。当转速降至约 100 r/min 时,速度继电器 KS-1 或 KS-2 触头断开,使 KM3 断电释放,能耗制动结束。

5.6.2　反接制动

当异步电动机定子旋转磁场的旋转方向与转子的旋转方向相反时,电动机便处于反接制动状态,它分两种情况:一是在电动状态下突然将电源两相反接,使定子旋转磁场的方向改变,这种情况下的制动称为电源反接制动;二是保持定子磁场的转向不变,而转子在位能负载作用下进入倒拉反转,这种情况下的制动称为倒拉反接制动。

5.6.2.1　电源反接制动

如图 5.43 所示,设 KM1 闭合,电动机处于电动状态运行,其工作点为固有特性曲线上的 A 点。当 KM1 断开,KM2 闭合,使电源两相对调,由于改变了电源相序,旋转磁场反向,即 n_1 变为负,则如图 5.43 所示的机械特性曲线 2 过 $-n_1$ 点。制动瞬间,由于机械惯性作用,转速 n 来不及变化,工作点由 A 点平移到 B 点,电磁转矩 T 反向($T < 0$),这时系统在制动的电磁转矩和负载转矩共同作用下迅速减速,工作点沿曲线 2 移动,当到达 C 点时,转速为零,制动过程结束。如要停车,则应立即切断电源,

否则电动机可能将反向启动。

对于绕线式异步电动机,为了限制制动瞬间的转子电流以及增大制动转矩,通常在定子两相反接的同时,在转子回路中串接较大的制动电阻 R,这时对应的机械特性如图 5.43 中的曲线 3 所示。

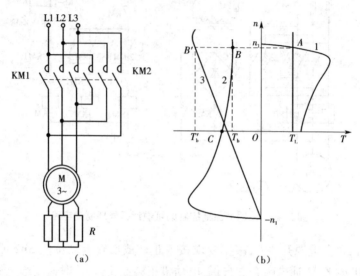

图 5.40 电源反接制动

(a)原理图 (b)机械特性

电源反接制动时,电动机既要从电网吸收电能,又要从轴上吸收机械能,因此能耗大,经济性较差。但在转速降至很小时,其制动转矩仍较大,制动迅速。适用于反抗性负载快速停车和快速反向。

5.6.2.2 电源反接制动控制电路

1. 单向运行反接制动控制电路

图 5.44 是电动机单向运行反接制动控制电路。图中 KM1 为电动机单向运行接触器,KM2 为反接制动接触器,KS 为速度继电器,R 为反接制动电阻。

启动时,合上电源开关 Q,按下启动按钮 SB2,接触器 KM1 线圈通电吸合并自保,电动机在全压下启动运行,当转速大于 120 r/min 时,速度继电器 KS 常开触头闭合,为反接制动 KM2 通电作准备。

停车时,按下停止按钮 SB1,KM1 线圈断电释放,KM2 线圈通电并自保,电动机定子串入不对称电阻接入反相序电源进行反接制动,电动机转速迅速下降,当电动机转速低于 100 r/min 时,速度继电器 KS 的常开触头复位,使 KM2 线圈断电释放,电动机断开反相序电源,以自然停车至零。

2. 电动机可逆运行反接制动电路

图 5.45 是电动机可逆运行反接制动电路。图中 KM1、KM2 为电动机正、反转接触器,KM3 为短接反接制动电阻接触器,KA1、KA2、KA3 为中间继电器,KS 为速度继

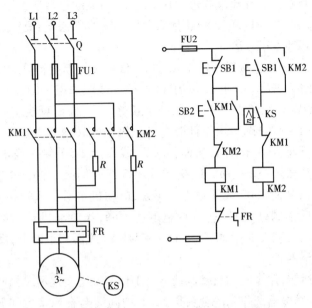

图 5.44　电动机单向运行反接制动控制电路

电器,其中 KS-1 为正转触头,KS-2 为反转触头,R 为反接制动电阻。下面以电动机正向运转、反接制动停车分析电路的工作过程。

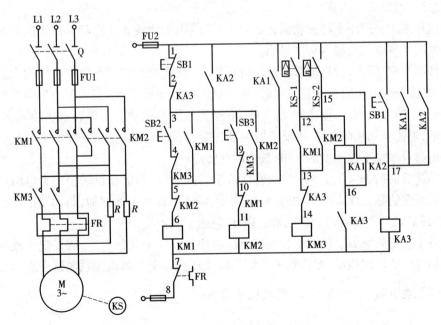

图 5.45　电动机可逆运行反接制动电路

合上电源开关 Q,按下正向启动按钮 SB2,KM1 线圈通电并自保,电动机定子串

入电阻 R 接入正相序三相交流电源进行减压启动,当电动机转速大于 120 r/min 时,速度继电器 KS 动作,其正向触头 KS-1 闭合,使 KM3 线圈通电,短接定子电阻,电动机在全压下启动并进入正常运行。

当需停车时,按下停止按钮 SB1,KM1、KM3 线圈相继断电释放,电动机脱离正相序电源并串入电阻。当将 SB1 按钮按到底时,KA3 线圈通电,其触头 KA3(13—14)再次断开 KM3 线圈电路,确保 KM3 线圈处于断电状态,保证反接制动电阻的接入;而另一触头 KA3(16—7)闭合,由于此时电动机因惯性转速仍大于速度继电器释放值,使触头 KS-1 仍处于闭合状态,从而使 KA1 线圈经 KS-1 触头通电吸合,其触头 KA1(1—17)闭合,确保停止按钮 SB1 松开后 KA3 线圈仍保持通电状态,KA1 的另一触头(1—10)闭合,又使 KM2 线圈通电。于是,电动机定子串入反接制动电阻接入反相序电源进行反接制动,使电动机转速迅速下降,当电动机转速低于 100 r/min 时,速度继电器释放,触头 KS-1 断开,KA1、KM2、KA3 线圈相继断电,反接制动结束,电动机自然停车至零。

电动机反向运转,停车时的反接制动电路工作情况与上述情况相似,读者可自行分析,但此时速度继电器起作用的触头是 KS-2,中间继电器 KA2 替代 KA1。

由上分析可知,电阻 R 具有限制启动电流和反接制动电流的双重作用。同时,停车时应将 SB1 按钮按到底,否则将因 SB1(1—17)不闭合而无反接制动。热继电器发热元件接于图中位置,可避免启动电流和制动电流的影响。

5.6.2.3 倒拉反接制动

这种方法一般用于将重物低速稳定下放,适用于绕线异步电动机拖动位能性负载的情况。现以起重机为例来说明。

如图 5.46 所示,设拖动系统处于静止状态,在绕线式转子回路中串接较大的电阻 R,并按提升重物的方向接入电源,电动机产生启动转矩 T_{st},虽然其方向与重物位能转矩 T_L 的方向相反,但由于 $T_{st} < T_L$,不能实现提升运动。而是在重物转矩 T_L 的作用下,迫使电动机向与 T_{st} 相反的方向加速旋转,即为转速反向。此时电动机的电磁转矩起着限制下放速度的作用,故为制动转矩。

转速反向后,$n < 0$,$T > 0$,机械特性位于第四象限,是电动机转子串大电阻的人为机械特性的延长线 CD 段,如图 5.46 所示,随着下放速度的增加,制动转矩 T 也增大,直到 $T = T_L$ 即 D 点时,转速稳定,以 n_2 匀速下放重物。

以上介绍的电源反接制动和倒拉反接制动具有一个共同特点,就是定子磁场的转向与转子的转向相反,即转差率 s 大于 1。因此,异步电动机等效电路中表示机械负载的等效电阻 $\frac{1-s}{s}r_2'$ 是个负值,其机械功率

$$P_m = 3I_2'^2 \frac{1-s}{s} r_2' = -3I_2'^2 \frac{s-1}{s} r_2' < 0 \tag{5.36}$$

定子传递到转子的电磁功率

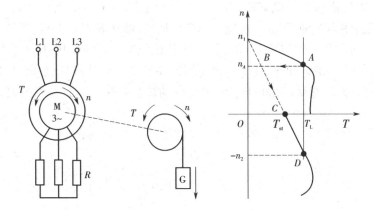

图 5.46 异步电动机倒拉反转的反接制动

$$P_{em} = 3I_2'^2 \frac{r_2'}{s} > 0 \tag{5.37}$$

P_m 为负值,表明电动机从轴上输入机械功率;P_{em} 为正值,表明定子从电源输入电功率。轴上输入的机械功率转变成电功率后,连同定子传递给转子的电磁功率一起即 $(P_{em} + |P_m|)$ 全部消耗在转子回路电阻上,所以在反接制动时,能量损耗较大。这亦是在实施倒拉反转制动时,应在绕线式电动机转子回路串入较大电阻的原因。

5.6.3 回馈制动

所谓回馈制动是指三相异步电动机的转子转速超过了同步转速($n > n_1$、$s < 0$)的一种制动状态。其中,三相异步电动机的同步转速相当于直流电动机的理想空载转速。实际上,回馈制动就是将负载的动能或位能转变成电能并回馈到电网的发电运行状态,所以又称再生发电制动。此时,轴上总机械动率为

$$P_m = 3I_2'^2 \frac{1-s}{s} r_2' < 0 \tag{5.38}$$

通过气隙传递的电磁动率

$$P_{em} = 3I_2'^2 \frac{r_2'}{s} < 0 \tag{5.39}$$

可见,在回馈制动中,轴上的机械能被转换为电能,并由转子传递到定子侧。此时,由于 $s < 0$,所以 $\cos \varphi_2 < 0$,$T_{em} < 0$,为制动转矩。同时,由于 $\cos \varphi_2 < 0 (\varphi_2 > 90°)$,分析异步电机回馈制动时的相量图可得出 $\cos \varphi_1 < 0 (90° < \varphi_1 < 180°)$,相应的定子侧功率为 $P_1 = 3U_1 I_1 \cos \varphi_1 < 0$,即转子传递到定子侧的电功率被回馈到电网,回馈制动的名称由此而来。

在生产实际中,异步电动机的回馈制动有两种:一种是下放重物的回馈制动;另一种是变极或变频调速过程中的回馈制动。

1. 下放重物时的回馈制动

图 5.47 所示为提升设备从静止状态下放重物。当电动机接通电源后,电动机的

旋转方向与重物拖动电动机旋转方向一致,在电磁转矩 T 与位能转矩 T_L 共同作用下,沿第三象限机械特性曲线 r_2 快速反向启动加速,即从 B 点到 C 点,当转子转速等于同步转速 $-n_1$ 时,电磁转矩 $T=0$。但由于负载位能转矩的作用,电动机沿第四象限机械特性曲线 r_2 继续加速,转子转速超过同步转速 $-n_1$,转差率为负,电磁转矩 T 反向,与转速 n 方向相反,为制动转矩,最后电动机在曲线 (r_2) 上 E 点高速稳定下放重物。

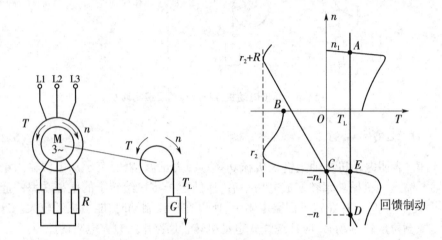

图 5.47 异步电动机下放重物时的回馈制动

在下放重物回馈制动中,若在转子回路中串入附加电阻,特性曲线变软。转子回路串入电阻越大,下放重物速度越高,如图 5.47 曲线 (r_2+R) 上 D 点。为防止下放重物速度过高而引起事故,所以不允许在转子回路中串入太大的制动电阻。

2. 变极或变频调速过程中的回馈制动

这种制动发生在变极调速或变频调速过程中,如图 5.48 所示。如果原来电动机在机械特性曲线 1 上的 A 点稳定运行,当采用变极(如增加极数)或变频(如降低频率)进行调速时,其机械特性变为曲线 2,同步转速变为 n_1'。在调速瞬间,转速不突变,工作点由 A 平移到 B。在 B 点,转速 $n_B>0$,电磁转矩 $T_B<0$,为制动转矩。又因为 $n_B>n_1'$,即转子转速大于定子三相交流电产生的旋转磁场转速(同步转速),故电机处于回馈制动状态。

在图 5.48 中,工作点沿曲线 2 的 B 点到 n_1' 点这一段变化过程为回馈制动过程,在此过程中,电机将动能转换成电能并回馈到电网。电机沿曲线 2 的 n_1' 点到 C 点的变化过程为电动状态的减速过程,C 点为调速后的稳态工作点。

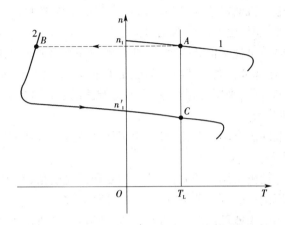

图 5.48 变极或变频调速过程中的回馈制动

习　题

1. 三相异步电动机的定子电压、转子电阻、定转子漏电抗对最大转矩、临界转差率及启动转矩有何影响?

2. 试证明三相绕线转子异步电动机转子每相电阻的工程估算公式,并说明其使用条件及近似性。

$$r_2 = \frac{s_N E_{2N}}{\sqrt{3} I_{2N}}$$

3. 试证明三相异步电动机定子每相电阻的工程估算公式,并说明其使用条件及近似性。

$$r_1 \approx \frac{0.95 U_{1N} \cdot s_N}{\sqrt{3} I_{1N}}$$

4. 三相异步电动机带额定负载运行时,如果负载转矩不变,当电源电压降低时,电动机的定子电流、转子电流如何变化? 为什么?

5. 三相鼠笼异步电动机直接启动时,为什么启动电流很大,启动转矩却不大?

6. 三相异步电动机分别采用 Y—△ 和自耦变压器降压启动时,其启动电流、启动转矩与直接启动相比有何变化?

7. 绕线异步电动机采用转子串电阻启动时,所串电阻愈大,启动转矩是否也愈大?

8. 深槽式和双鼠笼异步电动机为什么能改善启动性能?

9. 什么是软启动? 试说明其基本思想?

10. 三相异步电动机变极调速时为什么要改变定子电源的相序？若保持相序不变,由低速到高速变极时,会发生什么现象？

11. 三相异步电动机拖动恒转矩负载,在基频以下变频调速过程中,为什么要保持电压与频率成正比调节？若保持电压为额定值不变,仅改变频率会导致什么后果？

12. 对于恒功率负载,采用变频调速,为保持调速前后过载能力不变,电压与频率的调节应保持何种关系？

13. 绕线异步电动机串电阻调速,最适用于何种负载？调速前后转差率之比与转子电阻之比有何关系？

14. 绕线异步电动机采用串级调速,减小逆变器的逆变角,其转子转速如何变化？

15. 为提高调压调速的调速范围,可采取哪几种方案？

16. 异步电动机采用能耗制动,可否与直流电动机一样将定子绕组直接接到电阻上？为什么？

17. 当三相异步电动机拖动位能性负载时,为了限制负载下降时的速度,可采用哪几种制动方法？如何改变制动运行时的速度？

18. 一般在什么情况下三相异步电动机才采用回馈制动？此时的转差率以及定子侧的输入功率有何特点？

19. 在电动机主电路中,既然装有熔断器,为什么还要装热继电器？

20. 为什么电动机要设有零电压和欠电压保护？

21. 一台电控设备中的异步电动机因过载而自动停车,立即按启动按钮不能开车,试分析可能原因？

22. 为限制点动调整时电动机的冲击电流,试设计控制电路。要求正常运行时为直接启动,而在点动调整时串入限流电阻。

23. 现有两台鼠笼异步电动机,试设计一个既能分别启动和停止,又能同时启动和停止的控制线路。

24. 为什么图5.12中Y—△启动控制电路只适用于控制功率较小的电动机？而图5.13适用于功率较大的电动机？

25. 试分析变速比2:1的双速电动机变极原理。

26. 分析图5.20按电流原则控制的转子电路串电阻启动电路,若转子接触器发生触点熔焊,能否防止转子不串相应电阻直接启动？

27. 试分析异步电动机定子极对数突然增加时,电动机的调速的物理过程。

28. 现有一双速电动机,试按要求设计控制线路:(1)分别用两个按钮操作电动机的高、低速运行,用一个按钮控制电动机停转;(2)高速运行时,应先低速启动延时后切换到高速;(3)应有短路和过载保护。

29. 对功率较小的电动机,可采用无变压器的单管半波整流实现能耗制动。试设计主电路和控制电路。

30. 设计一控制电路,三台鼠笼异步电动机启动时,M1先启动,经10 s后M2自行启动,运行 30 s 后 M1 停止并同时使 M3 自行启动,再运行 30 s 后电动机全部停止。

31. 试分析图 5.44 中,若将速度继电器的常开触头误接为常闭触头,会发生何种情况? 反接制动效果与速度继电器释放值有无关系?

32. 一台三相异步电动机数据为:$P_N = 40$ kW, $U_N = 380$ V, $f_N = 50$ Hz, $n_N = 1\,470$ r/min, $\eta = 90\%$, $\cos\varphi_N = 0.9$, $I_{st}/I_N = 6.5$, $T_{st}/T_N = 1.2$, $\lambda_m = 2$, △连接。试求:

(1)当负载转矩为 250 N·m 时,在 $U = U_N$ 和 $U' = 0.8U_N$ 两种情况下电动机能否启动?

(2)欲采用 Y—△换接启动,当负载转矩为 $0.45\,T_N$ 和 $0.35\,T_N$ 两种情况下,电动机能否启动?

(3)若采用自耦变压器降压启动,设降压比为 0.64,电源线路中通过的启动电流和电动机的启动转矩。

33. 一台三相四极鼠笼异步电动机的数据为:$P_N = 11$ kW, $U_N = 380$ V, $f_N = 50$ Hz, $n_N = 1\,460$ r/min, $\lambda_m = 2$,当拖动 $0.8T_L$ 恒转矩负载:(1)电动机的转速。(2)若降低电源电压到 $0.8U_N$ 时转速。(3)若降低电源频率到 40 Hz,保持 U_1/f_1 不变时电动机转速。

34. 一台三相绕线式异步电动机的数据为:$P_N = 75$ kW, $U_N = 380$ V, $n_N = 970$ r/min, $\lambda_m = 2.05$, $E_{2N} = 238$ V, $I_{2N} = 210$ A,定、转子绕组均为 Y 连接。拖动位能性额定恒转矩负载运行时,若在转子回路中串接三相对称电阻 $R = 0.8$ Ω,则电动机的稳定转速为多少? 运行于什么状态?

35. 在回馈制动状态下,三相异步电动机将负载的动能或位能变为电能回馈至电网,为什么还必须从电网获取滞后的无功功率?

6

同步电机

同步电机主要用作发电机,亦也可用作电动机。本章主要介绍同步发电机、同步电动机的原理和特性。

6.1 概述

6.1.1 同步电机的结构

同步电机分成定子和转子两个基本组成部分。其定子与三相异步电动机的定子相同,主要由机座、定子铁心和三相绕组等组成。

同步电机的转子是磁极,其铁心上套有励磁绕组,用直流励磁。按照其磁极结构不同,可分为凸极式和隐极式两种。凸极式转子有着明显的凸出的磁极,示意图见 6.1(a);隐极式转子,示意图见 6.1(b)。

凸极式同步电机的结构简单,机械强度低,宜用于低速(通常 $n = 1000$ r/min 以下)。隐极式同步电机的制造工艺复杂,机械强度高,宜用于高速($n = 3000$ 或 1500 r/min)。

应该指出,一般情况下同步电机中是由定子作为电枢(所谓电枢就是电机中产生感应电动势的部分),而转子作为磁极。这样,由于电枢绕组是静止的,不仅绝缘较为可靠,并且毋需通过滑环而直接与外电路相联接;结构简单。但在容量较小,电压不高的同步电机中,也可以将磁极固定,而使电枢旋转。

6.1.2 同步电机的励磁方式

同步电机运行时,必须在励磁绕组中通入直流电流,以便建立磁场。这个电流称为励磁电流,即同步电机的磁极要用直流来励磁。主要的励磁方式有以下几种:

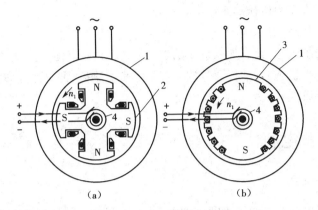

图 6.1 同步电机的示意图
（a）凸极式 （b）隐极式
1—定子 2—凸极转子 3—隐极转子 4—滑环

1. 直流励磁机励磁

直流励磁机是一台直流发电机,和同步电机是同轴的,发出的直流电流经电刷和滑环送到同步电机的转子励磁绕组。直流励磁机本身可以是自励的,也可以是他励的;如果是他励的,还要附装一台容量更小的副励磁机,以给励磁机励磁。

直流励磁机有不少缺点,如制造工艺复杂,成本高,要经常维修,工作不可靠。

2. 静止的交流整流励磁

励磁系统由交流励磁机与整流装置构成。励磁电流主要是由静止的硅整流器整流后提供的。分自励与他励两种。其优点在于去掉了直流励磁机的换向器,解决了换向器的火花问题,但是仍然存在电刷和滑环。

3. 无刷励磁(旋转的交流整流励磁)

硅整流器与交流励磁机的电枢、同步电机电枢磁极一起旋转,使交流励磁机三相电流整流后直接送给同步电机的励磁绕组,不需要再经过电刷和滑环,成为无刷励磁系统。根据励磁源的不同,又可细分为谐波励磁、相复励励磁等形式。可详见相关文献。

6.1.3 同步电机的三种工作状态

原则上讲,同步电机的运行状态是可逆的,即同步电机既可以工作在发电状态,也可以工作在电动状态,还可以工作在同步调相机状态。

1. 发电状态

同步电机的转子由原动机(如汽轮机、水轮机、柴油机或汽轮机等)拖动并以同步转速运行,转子加入直流励磁。此时,原动力输入的机械功率通过电机内部的电磁作用而转换为电功率输出。

2. 电动状态

定子三相绕组通电,转子加入直流励磁,则转子将拖动机械负载以同步转速运行。进而将电功率变为机械功率输出。

3.同步调相状态

定子三相绕组通电,转子加入直流励磁,且转子上未带任何负载,则同步电机将工作在同步调相机状态。此时,通过调节转子的直流励磁,便可改变向电网输出无功功率的大小和性质。

6.2 同步发电机

6.2.1 空载运行

图6.2是同步发电机的接线图。在空载时,电机中只有由励磁电流 I_f 产生的磁极磁场。磁极由原动机驱动,转速为 n,因此磁极磁场是在空间旋转的。设磁极磁场的磁感应强度沿空气隙是近于按正弦规律分布的,当磁极旋转时,通过电枢每相绕组的磁通也是随时间按正弦规律变化的。通过每相绕组的磁通最大值,在数值上等于磁极磁通 Φ_0(每极的)。因为通过每相绕组的磁通是个正弦量,于是就在电枢绕组中感应出对称的三相正弦电动势 e_A、e_B、e_C。

每相电动势的有效值为

$$E_o = 4.44fNK_{N1}\Phi_0 \tag{6.1}$$

电动势的频率为 $f = \dfrac{pn}{60}$

图6.3所示的是同步发电机的空载特性曲线 $E_0 = f(I_f)$,它表示当转速 n 为额定转速时空载电动势 E_0 与 Φ_0 成正比,而 $\Phi_0 = f(I_f)$ 表示一磁化曲线,所以空载特性曲线与磁化曲线相似。空载特性曲线通常由实验得出,它表明同步发电机工作时的磁

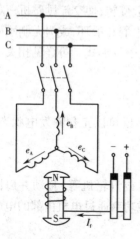

图6.2 同步发电机的接线图

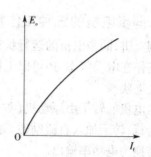

图6.3 同步发电机的空载特性曲线

路饱和情况。

6.2.2　电枢反应

当发电机带负载时,电枢绕组中通过三相电流。在异步电动机中已知,三相电流要产生旋转磁场,其转速为 $n_1 = \dfrac{60f}{p}$,可见 $n = n_1$,即转子的转速与电枢旋转磁场的转速相等,此即"同步"名称的由来。

磁极(转子)磁场与电枢磁场(其每极磁通为 Φ_a)转速相等,同时旋转方向相同,所以两者是相对静止的。因此带负载时,同步电机中的旋转磁场实际上可认为是由二者合成而得。合成磁场的轴线及其每极磁通 Φ 的大小,与磁极磁场相比,有所不同。这种电枢磁场对磁极磁场的影响,称为电枢反应。电枢反应与发电机所接负载的性质有关,下面先讨论三种极限情况,而后再讨论在一般负载运行时的电枢反应。

1. $\dot{I}$ 与 $\dot{E}_0$ 同相的情况

在图 6.4 中,i 是电枢电流,e_0 是磁极磁通 Φ_0 通过电枢绕组所产生的电动势,即上述的空载电动势。图中虽然只画出一相(A 相)绕组,但根据异步电动机前述,三相对称电流所产生的旋转磁场的轴线与电流达到最大值的绕组的轴线是重合的。在图 6.4 中,设 A 相绕组中的电流 i 达到正的(从末端 X 流向始端 A)最大值,此时电枢旋转磁通 Φ_a 的轴线方向是从左向右。

当磁极转到图 6.4(a)的位置时,A 相绕组中的电流 i 和电动势 e_0 都达到正的最大值,所以 $\dot{I}$ 与 $\dot{E}_0$ 同相。由图可见,磁极磁通 Φ_0 的轴线方向与电枢磁通 Φ_a 的轴线方向在空间是正交的,这种称为交轴(或称横轴)电枢反应。在磁极的前半边,Φ_0 与 Φ_a 的方向相反,磁场被削弱了;在磁极的后半边,两者方向相同,磁场被加强了。

变轴电枢反应把磁场扭斜了,合成磁场的轴线从磁极磁场的轴线往转动方向的后方偏斜了一个角度 θ。

2. $\dot{I}$ 较 $\dot{E}_0$ 滞后 90° 的情况

当磁极转到图 6.4(b)的位置时,A 相绕组中的电流 i 才达到正的最大值,而这时其中电动势 e_0 已经过最大值而变为零,此即 $\dot{I}$ 较 $\dot{E}_0$ 滞后 90° 的情况。由图可见,Φ_0 与 Φ_a 两轴线方向相反,使合成磁通 Φ 大为减小。这种情况称为直轴(或称纵轴)去磁电枢反应。

3. $\dot{I}$ 较 $\dot{E}_0$ 越前 90° 的情况

在图 6.4(c)中,A 相绕组中的电流 i 达到正的最大值而电动势 e_0 为零,当磁极再转过 90 时 e_0 才达到正的最大值,此即 $\dot{I}$ 较 $\dot{E}_0$ 越前 90° 的情况。由图可见,Φ_0 与 Φ_a 两轴线方向相同,结果使合成磁通 Φ 大为增大。这种情况称为直轴(或称纵轴)增磁电枢反应。

在一般的情况下,$\dot{I}$ 与 $\dot{E}_0$ 之间的相位差为 φ,$0 < \varphi < 90$。若发电机接的是电感

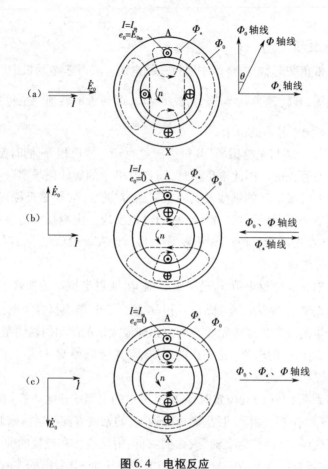

图 6.4 电枢反应

(a) $\dot{I}$ 与 $\dot{E}_0$ 同相 (b) $\dot{I}$ 较 $\dot{E}_0$ 滞后 90° (c) $\dot{I}$ 较 $\dot{E}_0$ 超前 90°

性负载,则 $\dot{I}$ 较 $\dot{E}_0$ 滞后 φ 角。这时可将电流分为两个分量 $\dot{I}_q$ 和 $\dot{I}_d$[图 6.5(a)],前者与 $\dot{E}_0$ 同相,产生交轴电枢反应将磁场扭斜;后者较 $\dot{E}_0$ 滞后 90°,产生直轴去电枢反应使磁场减弱。在图 6.5(b)中,示出了 Φ_0、Φ_a 和 Φ 的轴线方向。同理,若发电机接的是电容性负载,则 $\dot{I}$ 较 $\dot{E}_0$ 超前 φ 角。这时也可将电流分成两个分量,它们分别产生交轴电枢反应和直轴增磁电枢反应。

6.2.3 外特性与调节特性

外特性曲线 $U=f(I)$ 表示当转速 n 为额定值,励磁电流 I_f 和负载功率因数 $\cos\varphi$ 为常数时,发电机端电压 U 与负载电流 I 之间的关系。图 6.6 表示同步发电机接有电阻性负载、电感性负载和电容性负载时的三条外特性曲线。由于负载性质不同,电枢电流在发电机内所产生的电枢反应的作用也不同。当发电机接有电阻性负载时,主要产生交轴电枢反应,负载电流增加时,端电压稍有降低;当接有电感性负载时,在

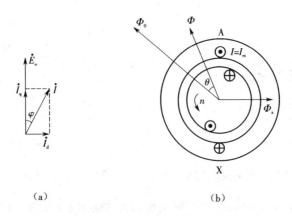

$$(a) \qquad\qquad\qquad (b)$$

图 6.5　发电机接有电感性负载时的电枢反应

发电机内产生交轴电枢反应和直轴去磁电枢反应,随着负载电流的增加,去磁作用显著增大,端电压下降较多,并且功率因数愈低时,电压下降愈甚;当接有电容性负载时,在发电机内产生交轴电枢反应和直轴增磁电枢反应,负载电流增加时,增磁作用显著增大,使端电压上升。

通常端电压的变化愈小愈好。从空载到额定负载电压的变化程度用电压变化率 ΔU 表示,即

$$\Delta U = \frac{U_0 - U_N}{U_N} \times 100\% \tag{6.2}$$

式中 U_0 是发电机空载时的端电压,即 $U_0 = E_0$; U_N 是额定电压。同步发电机的电压变化率约为 $20\% \sim 40\%$。

一般负载要求所加电压保持不变或在容许范围内变化。随着负载的增加,必须相应调节励磁电流以使发电机端电压差不多保持不变。

调节特性曲线 $I = f(I)$ 表示当转速 n 和发电机端电压 U 为额定值,负载功率因数 $\cos \varphi$ 为常数时,励磁电流 I_f 与负载电流 I 之间的关系。图 6.7 示出了三条不同性质负载下的调节特性曲线。

在现代发电厂中,调整同步发电机的端电压都是采用自动电压调整器。

6.2.4　电压方程与相量图

发电机在空载时,每相空载电动势的有效值为 $E_0 = 4.44 f N K_{N1} \Phi_0$,它是由磁极磁通 Φ_0 通过每相绕组产生的。

当发电机接有负载时,三相电枢电流产生电枢旋转磁场。和磁极磁场一样,当电枢磁场旋转时,通过电枢每相绕组的磁通是个正弦量,其最大值在数值上等于电枢磁场每极磁通 Φ_a。于是,在电枢每相绕组中也要感应出正弦电动势,其有效值为 $E_a = 4.44 f N \Phi_a$。

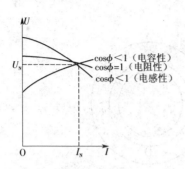

图 6.6 同步发电机的外特性曲线图

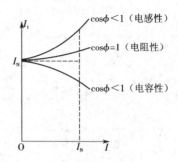

图 6.7 同步发电机的调节特性曲线

如忽略电机磁饱和磁滞的影响,则电枢磁通 Φ_a 与电枢电流 I 相位相同,大小成正比。而 $\dot{E}_a$ 较 $\dot{\Phi}_a$ 滞后 $90°$,大小成正比。所以,$\dot{E}_a$ 也较 $\dot{I}$ 滞后 $90°$,大小成正比,即

$$\dot{E}_a = -j\dot{I}x_a \tag{6.3}$$

式中 x_a 称为电枢反应感抗,它是相应于 Φ_a 的。

有负载时,电枢每相绕组中的电动势 E 实际上是由合成磁通 Φ 产生的,即

$$\dot{E} = \dot{E}_0 + \dot{E}_a$$

此外,电枢电流还要产生漏磁通 Φ_σ,从而在电枢每相绕组中感应产生漏磁电动势 E_σ,即

$$\dot{E}_\sigma = -j\dot{I}x_\sigma \tag{6.4}$$

式中 x_σ 为漏磁感抗,它是相应于 Φ_σ 的。

因此,根据克希荷夫电压定律,对同步发电机的电枢每相电路[图 6.8(a)]可列出

$$\dot{E} + \dot{E}_\sigma = \dot{I}R_a + \dot{U}$$

或

$$\dot{E}_0 + \dot{E}_a + \dot{E}_\sigma = \dot{I}R_a + \dot{U}$$

式中 R_a 是电枢每相绕组的电阻,其上电压降很小;U 是发电机的端电压。

上式也可写成(忽略 IR_a)

$$\dot{E}_0 = (-\dot{E}_a) + (-\dot{E}_\sigma) + \dot{U} = j\dot{I}x_a + j\dot{I}x_\sigma + \dot{U}$$
$$= j\dot{I}x_a + \dot{U} \tag{6.5}$$

$x_s = x_a + x_\sigma$ 称为同步电机的同步感抗或同步电抗。它同时考虑了磁通 Φ_a 和 Φ_σ 的作用。由式(6.5)得出同步发电机的每相简化等效电路(模型),如图 6.8(b)所示。

图 6.9 是同步发电机接有电感性负载时的简化相量图。图中 $\dot{E}_0$ 和 $\dot{U}$ 之间的相位差 θ 即为图 6.5(b)中磁极磁场的轴线与合成磁场的轴线之间的空间夹角。因为对每相电枢绕组讲,正弦量 $\dot{\Phi}_0$ 与 $\dot{\Phi}$ 间的相位差也是 θ。而 Φ_0 感应出 E_0,$\dot{E}_0$ 比 $\dot{\Phi}_0$ 滞后 $90°$;Φ 感应出 E,$\dot{E} \approx \dot{U}$,即 $\dot{U}$ 比 $\dot{\Phi}$ 也近似滞后 $90°$。于是 $\dot{E}$ 和 $\dot{U}$ 之间的相位差也就是 θ。这样 θ 角就有双重的物理意义:从磁场关系来看,θ 是磁极磁场轴线和合成

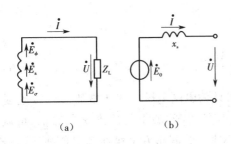

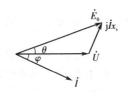

图 6.8

（a）同步发电机的每相电路图

（b）同步发电机的每相简化等效电路

图 6.9　同步发电机接有
电感性负载时的简化相量图

磁场轴线之间的夹角,也就是说,θ 是一个空间角;但是从电路关系来看,θ 又是空载电动势 $\dot{E}_0$ 和端电压 $\dot{U}$ 之间的相位差,也就是说,θ 是一个时间角。

6.2.5　转矩与功率

同步发电机空载运行时,$I=0$,原动机转矩 T_1 只须平衡发电机的空载损耗转矩（主要由机械损耗与铁心损耗所产生的）T_0,即 $T_1=T_0$,T_0 是阻转矩。这时发电机以同步转速稳定运行。

当发电机接有负载（设为电阻性负载）时,电枢绕组中出现电流 I,并产生电枢磁场。相量图和各磁场轴线的相对位置如图 6.10 所示。电枢电流与合成磁场作用产生电磁力 F,作用在电枢绕组上,而在磁极上受到大小相等方向相反的力 F' 作用。由 F' 产生电磁转矩 T,它是阻转矩。因此必须增大原动机的输出功率使其转矩 T_1 相应增大,达到新的转矩平衡,即

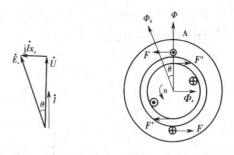

图 6.10　同步发电机接电阻性负载时的
相量图及电磁转矩的产生

$$T_1 = T + T_0$$

这时发电机仍以同步转速稳定运行。

随着负载电流的增大,电磁转矩也增大,原动机转矩必须相应增大。可见,要调节发电机的输出有功功率,必须调节原动机的转矩。此外,由外特性曲线的调节特性曲线可见,随着负载电流的增大,应调节励磁电流以保持电压值稳定。还要看到,由于电枢反应的加强,使磁极磁场的轴线与合成磁场的轴线之间的夹角 θ 增大。θ 的大小与发电机输出的有功功率大小有关,θ 角称为功率角。

发电机的输出功率 P 与功率角 θ 的关系式可从图 6.10 的相量图得出。输出功率 $P = 3UI\cos\varphi$。

在电阻性负载的情况下, $\cos\varphi = 1$。因此 $P = 3UI$

由图 6.10 的相量图可见,

$$\sin\theta = \frac{Ix_s}{E_0} \quad \text{或} \quad I = \frac{E_0}{x_s}\sin\theta \quad \text{故} \quad P = \frac{3UE_0}{x_s}\sin\theta \tag{6.6}$$

当发电机与大容量的电网并联运行时,可认为电网电压 U 等于常数,频率 f 也是基本上不变的。如果维持发电机的励磁电流不变,那么 E_0 也是常数, x_s 的数值,可认为是常数。因此,功率 P 的大小由 θ 角的大小决定。同步发电机在额定负载下运行时, θ 一般约为 $20° \sim 30°$。

6.2.6 同步发电机与电网并联运行时功率的调节

一般发电厂的同步发电机都是和电网并联运行时,只有在新建电厂的初始阶段,或在工厂的自用电厂和农村电站中,发电机才有时单机运行。

同步发电机在单机运行时,是根据负载的需要调节原动机的输出功率来调节发电机的有功功率的。当将发电机接入电网与电网并联运行时,虽然发电机的输出功率也是由负载决定的,但是,在电网总负载不变的情况下,发电机仍然有功率调节的问题。例如电网内某发电机需要检修,它原来承担的负载就要向其他发电机转移。如果电网的容量比发电机的容量大得多,某一发电机的功率调节对电网电压的影响很小,因此可以认为电网电压是不变的。下面对同步发电机与电网并联运行时功率的调节作一简单的分析。

1. 无功功率的调节

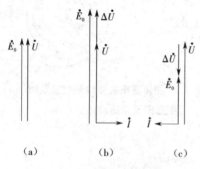

图 6.11 同步发电机空载时
无功功率的调节

(a)正常励磁 (b)过励磁 (c)欠励磁

当负载的功率因数不等于 1 时,在负载与电源之间将发生能量互换,能量互换的规模用无功功率 $Q = 3UI\sin\varphi$ 表示。电网的主要负载是电感性负载,它们不仅需要电网供给有功功率,而且还需要供给无功功率。发电机和电网并联运行后,怎样来调节它输出的无功功率呢?我们先来分析发电机和电网并联后空载运行的情况。这时发电机的空载电动势与电网电压大小相等,相位相同,即 $\dot{E}_0 = \dot{U}, \dot{I} = 0$,发电机既无有功功率又无无功功率输出。如图 6.11(a)的相量图所示。这是正常励磁的情况。

如果增大励磁电流使 $\dot{E}_0$ 增大,而电网电压 $\dot{U}$ 不变[图 6.11(b)],于是

$$\dot{E}_0 = \Delta\dot{U} + \dot{U} = j\dot{I}x_s + \dot{U}$$

由 $\Delta\dot{U}$ 产生电枢电流 $\dot{I}$,而 $\dot{I}$ 比 $\Delta\dot{U}$ 滞后 $90°$,也就是 $\dot{I}$ 比 $\dot{U}$ 滞后 $90°$。在这种情

况下,发电机输出电感性无功功率,但无有功功率输出。这是过励磁的情况。

图 6.11(c)是欠励磁的情况,这时 $\dot{E}_0$ 减小,电枢电流 $\dot{I}$ 比发电机电压 $\dot{U}$ 越前 90°。在这种情况下,发电机输出电容性无功功率,但也无有功功率输出。

可见,在发电机空载时,调节发电机的励磁电流就可以调节输出的无功功率,而不改变有功功率。当发电机有负载时,情况也是这样。

在发电机与电网并联运行时,如果保持其输出的有功功率恒定,即

$$P = \frac{3UE_0}{x_s}\sin\theta = 常数$$

$$P = 3UI\cos\varphi = 常数$$

因为上式中的电网电压 U 和发电机的同步感抗 x_s 都可视为常数,所以

$$E_0\sin\theta = 常数 \quad 和 \quad I\cos\varphi = 常数$$

在上述条件下,若改变励磁电流,必将引起磁极磁通 Φ_0 和电动势 E_0 的变化。由图 6.12 时无功功率的调节的相量图可见,相量 $\dot{E}_0$ 必定沿着虚线 aa 变化,而 $j\dot{I}x_s$ 也要随着发生变化。但电流相量 $\dot{I}$ 总是较 $j\dot{I}x_s$ 滞后 90°,所以电流的大小和相位也将发生变化,它必定沿着虚线 bb 而变。在图上示出了三种情况。设与某一励磁电流对应的

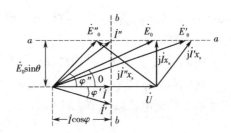

图 6.12　同步发电机 $P \neq 0$

电动势为 E_0,这时 $\dot{I}$ 与 $\dot{U}$ 同相,$\cos\varphi = 1$,无功功率为零,这是正常励磁情况。使励磁电流增大(过励),与之对应的电动势为 E_0',这时 $\dot{I}'$ 较 $\dot{U}$ 滞后,发电机输出电感性无功功率。使励磁电流减小(欠励),与这对应的电动势为 E_0'',这时 $\dot{I}''$ 较 $\dot{U}$ 越前,发电机输出电容性无功功率。

由上述可知,在保持有功功率不变的条件下,调节励磁电流可以调节发电机输出的无功功率。

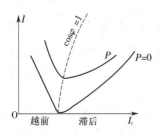

图 6.13　同步发电机的 V 形曲线

图 6.13 是同步发电机的 V 形曲线,它表示在调节无功功率时电枢电流 I 与励磁电流 I_f 之间的变化关系。下面一条是发电机空载时的情况,上面一条是输出一定有功功率时的情况。不同功率下的 V 形曲线的最低点,$\cos\varphi = 1$,这时电流 $\dot{I}$ 与电压 $\dot{U}$ 同相,而且电流 I 最小(见图 6.12),发电机不输出无功功率。

同步发电机的额定功率因数一般为 0.8 或 0.85(滞后),所以在一般情况下,发电机都是在过励的情况下运行。

2. 有功功率的调节

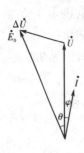

图 6.14　同步发电机
有功功率的调节

当将发电机和电网并联运行后,不论在图 6.11(a)的情况或图 6.11(b)的情况,都无有功功率输出。调节励磁电流只能调节无功功率,不能改变有功功率。只有调节原动机的转矩,才能调节发电机的有功功率。如在图 6.11(b)发电机空载时增大原动机的转矩,发电机的转子就得暂时加速,使磁极磁场向前移动 θ 角,于是它所产生的电动势 E_0 就要越前于端电压 U 一个 θ 角,如图 6.14 所示。这时,

$$\dot{E}_0 = \Delta\dot{U} + \dot{U} = \mathrm{j}\dot{I}x_s + \dot{U}$$

在 ΔU 的作用下,电枢绕组中的电流 $\dot{I}$ 与电压 $\dot{U}$ 之间的相位差为 $\varphi(\varphi > 90°)$。于是发电机就有有功功率输出。电枢电流与磁场作用产生阻转矩。当原动机的转矩与阻转矩达到平衡时,发电机重新以同步转速稳定运行。

由此可见,调节原动机的转矩,就改变了 θ 角,从而调节发电机输出的有功功率。

在调节有功功率的同时,无功功率也要跟着改变;为了满足负载的要求,必须相应地调节励磁电流以调节无功功率。

6.3　同步电动机

许多工矿企业大型生产机械如空压机、球磨机、水泵和风机等多采用三相同步电动机拖动。这是因为同步电动机在运行中,通过调节励磁电流可使其工作在电容性状态,从而改善了电网的功率因数。此外,同步电动机的气隙较大,便于安装,在运行性能上又具有较高的效率和较大的过载能力等优点。同步电动机的缺点是结构复杂,需要交直流两组电源。

6.3.1　三相同步电动机的工作原理

当同步电动机的定子三相绕组通入三相交流电流时,将产生以转速 $n_1 = 60f_1/p$ 旋转的磁场,如果在转子绕组内通入直流励磁电流则形成固定的磁极。根据磁极异性相吸的原理,这时转子磁极就会被旋转磁场的磁极所吸引,而作同步旋转,故称为同步电动机,如图 6.15 所示。

因此,同步电动机的转速 $n = n_1 = \dfrac{60f_1}{p}$

同步电动机的转速 n 恒等于同步转速 n_1。我国电源标准频率为 50 Hz,而电机的磁极对数为整数,故当 $p = 1$ 时,$n = 3\,000$ r/min;当 $p = 2$ 时,$n = 1\,500$ r/min;当 $p = 3$ 时,$n = 1\,000$ r/min;等等。可见,同步电动机转子转速不随负载而变化,其机械特

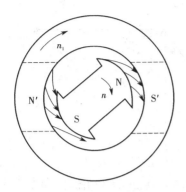

图 6.15　三相同步电动机
的工作原理

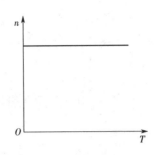

图 6.16　三相同步电动机
的机械特性

性是一条水平直线,属于绝对硬特性,如图 6.16 所示。

6.3.2　同步电动机的电路分析

与异步电动机相似,同步电动机接至电网运行时,其定子外加电源电压 U_1 将由其定子绕组中的感应电动势和内阻抗压降来平衡。它的电压平衡方程为

$$\dot{U}_1 = -\dot{E}_1 + (r_1 + jx_\sigma)\dot{I}_1 \tag{6.7}$$

定子绕组中的感应电势 E_1 是由定子磁场和转子主磁场 Φ_0(即两者合成磁场 Φ)所共同感应产生的,因此 E_1 可分解为

$$\dot{E}_1 = \dot{E}_0 + \dot{E}_a \tag{6.8}$$

式中:E_0——转子主磁场 Φ_0 在定子绕组中产生的电动势;

E_a——定子磁场在定子绕组中产生的电动势,称为电枢反应电势。

电枢反应电势 E_a 与定子电流 I_1 成正比,在定子绕组中形成电抗压降,可表示为

$$\dot{E}_a = -j\dot{I}_1 x_a \tag{6.9}$$

式中,x_a——定子磁场引起的电抗,称为电枢反应电抗。

将式(6.9)和式(6.10)代入式(6.8)得

$$\dot{U}_1 = -\dot{E}_0 + \dot{I}_1 r_1 + j\dot{I}_1(x_\sigma + x_a) = -\dot{E}_0 + \dot{I}_1 r_1 + j\dot{I}_1 x_s \tag{4.10}$$

式中,$x_\sigma + x_a = x_s$ 为同步电抗,因 x_σ 较小,故 $x_s \approx x_a$。

式(6.8)适用于隐极式同步电机。对于凸极式转子,气隙分布很不均匀,在磁极轴线(即直轴)附近气隙最小,在两极之间的中性线(即交轴)附近气隙最大,需采用双反应理论分析。为简便起见,本书以隐极式同步电动机为例进行讨论。

根据式(6.10)可画出同步电动机定子一相的向量图,如图 6.17 所示。图示为 I_1 滞后于 U_1 的情况。

由于定子绕组电抗和内阻很小,可忽略不计,得

$$\dot{U}_1 = -\dot{E}_1 = -\dot{E}_0 + j\dot{I}_1 x_s \tag{6.11}$$

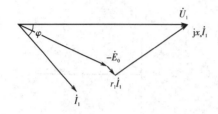

图6.17 同步电动机的向量图

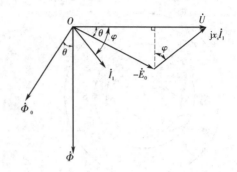

图6.18 同步电动机的简化向量图

根据上式可画出同步电动机的简化向量图,如图 6.18 所示。

图中 U_1 与 $(-E_0)$ 之间的相位角 θ 称为功角。由于 $\dot{U}_1 \approx -\dot{E}_1$,而合成磁场 Φ 滞后 $(-E_1)90°$,主磁场 Φ_0 滞后 $(-E_0)90°$,所以 Φ 与 Φ_0 之间的夹角也近似等于功角 θ。如果反映在空间关系上,由于合成磁通 Φ 与主磁通 Φ_0 都以同步转速旋转着,因此功角还是合成磁场轴线与主磁场轴线的夹角。可见功角 θ 既是时间角又是空间角,它是表示同步电动机情况的重要参数。值得指出的是,对于同步电动机来讲,$\dot{U}_1$ 超前于 $\dot{E}_0$ 功角 θ,有时规定功角 θ 为正;对于同步发电机来讲,$\dot{U}_1$ 滞后于 $\dot{E}_0$ 功角 θ,有时规定功角 θ 为负;进而 θ 的正负可以视为同步电机运行状态的一个重要标志。

6.3.3 同步电动机的功角特性

与异步电动机一样,同步电动机的电磁功率 P_{em} 等于定子绕组输入的电功率 P_1 减去定子铜损 p_{Cu} 和铁芯损耗 p_{Fe},即定子经气隙传递到转子上的功率。若忽略 p_{Cu} 和 p_{Fe},则电磁功率

$$P_{\text{em}} \approx P_1 = 3U_1 I_1 \cos \varphi \tag{6.12}$$

这时同步电动机产生的电磁转矩

$$T = \frac{P_{\text{em}}}{\Omega_1} = \frac{3U_1}{\Omega_1} I_1 \cos \varphi \tag{6.13}$$

由图 6.19 可知,$E_0 \sin \theta = x_s I_1 \cos \varphi$,代入上式得

$$T = \frac{3U_1 E_0}{\Omega_1 x_s} \sin \theta \tag{6.14}$$

上式说明,当电源电压 U_1 不变,励磁电流也不变(即 E_0 不变),则电磁转矩只与功角 θ 有关,它们之间的关系称为功角特性,如图 6.19 曲线所示。同步电动机的功角特性类似于异步电动机的机械特性,其中功率角 θ 相当于异步电动机的转差率 s,大家知道,随着负载转矩的增加,异步电动机的转差率 s 将有所增加,同样,对同步电动机,随着负载转矩的增加,同步电动机的功率角 θ 将有所增加,即 θ 是随负载的变化而变化的,由功角特性知,电磁转矩将相应增加,最终电磁转矩与负载转矩相平衡。需注意是最终转子的转速并未发生变化,同步电动机仍然保持同步。

从功角特性曲线可以看出:当 $\theta = 0$ 时,$T = 0$,这表明合成磁场的轴线与转子主磁场的轴线重合,不产生磁拉力,所以电磁转矩为零;当 $\theta = 90°$ 时,转矩达到最大值,即 $T = T_{\max}$;当 $\theta > 90°$ 时,会出现"失步"现象,同步电动机不能正常工作;同步电动机在 $0° < \theta < 90°$ 区间内能稳定运行,其额定功角 θ_N 一般为 $20° \sim 30°$,所以过载能力 $\lambda = \dfrac{T_{\max}}{T_N} = \dfrac{\sin 90°}{\sin \theta_N} = 2 \sim 2.9$。

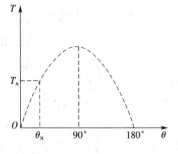

图 6.19　同步电动机的功角特性

6.6.4　同步电动机的功率因数调节

同步电动机在运行时的一个重要特性是改变励磁电流,可以改变 U_1 与 I_1 之间的相位差 φ,从而使同步电动机运行在电感性、电容性和电阻性三种状态。

同步电动机在运行时所需的磁动势是由定子与转子共同产生的,同步电动机转子励磁电流产生转子主磁场 Φ_0,定子电流产生定子磁场,两者合成总磁场为 Φ。当外加三相交流电的电压 U_1 一定时,由于 $U_1 \approx E_1$,因此合成总磁场 Φ 基本为定值。当改变同步电动机励磁电流使转子主磁场 Φ_0 改变时,因总磁场 Φ 不变,故产生定子磁场的定子电流 I_1 必然随着改变。当负载转矩不变时,同步电动机的输出功率亦不变,若略去电动机的内部损耗,则输入功率 $P_1 = 3U_1 I_1 \cos \varphi$ 也不变。可见,改变励磁电流引起 I_1 改变时,功率因数 $\cos \varphi$ 也随之改变。

(1)基准励磁状态　调节励磁电流至某值,恰使同步电动机功率因数 $\cos \varphi = 1$,这时,电动机的全部磁动势都是由直流产生的,交流方面无须供给励磁电流,在这种情况下,定子电流 I_1 与外加电压 U_1 同相,电动机相当于纯电阻性负载。

(2)欠励磁状态　当直流励磁电流小于基准励磁电流时,称为欠励,直流励磁的磁动势不足,定子电流将要增加一个励磁分量,即交流电源需要供给电动机一部分励磁电流,以保证总磁通不变。定子电流 I_1 滞后于外加电压 U_1,降低了电网的功率因数,电动机相当于感性负载。一般不允许同步电动机在欠励磁下运行。

(3)过励磁状态　当直流励磁电流大于基准励磁电流时,称为过励(直流励磁过剩)。在交流方面不仅无须电源供给励磁电流,而且还从电网吸取超前的无功电流,正好补偿了附近电感性负载的需要,使整个电网的功率因数提高。定子电流 I_1 超前于外加电压 U_1,电动机相当于电容性负载。

根据上面的分析可见,调节同步电动机转子的直流励磁电流便能控制 $\cos \varphi$ 的大小和性质(容性或感性),这是同步电动机最突出的优点。

同步电动机有时在过励下空载运行,在这种情况下电动机仅用以补偿电网滞后的功率因数,同步电机工作在同步调相状态,这时的同步电机也称为同步补偿机(或同步调相机)。

6.6.5 同步电动机的启动

同步电动机最大的缺点就是启动性能差,本身没有启动转矩。原因如下:当定子和转子分别接入交流电源和直流电源时,定子将产生旋转磁场。设合闸通电瞬间定子磁极和转子磁极的位置如图 6.20(a)所示,由于异性磁极相吸,转子受到顺时针方向的吸引力,但由于旋转磁场的转速很快,在转子因惯性还来不及转动

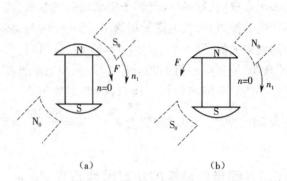

（a） （b）

图 6.20 同步电动机的启动转距为零

时,而旋转磁场已转到图 6.20(b)所示位置,这时转子又受到逆时针的斥力。可见在电流一个周期内,同步电动机产生的平均启动转矩为零,因此,同步电动机不能自行启动。为启动同步电动机可采用以下两种方法。

1. 异步启动法

所谓异步启动法就是在转子磁极的极掌上装着类似于异步电动机鼠笼绕组的启动绕组,如图 6.21 所示,让同步电动机靠异步转矩启动,启动前,先将励磁绕组经过电阻 R_{st}(为励磁绕组本身电阻 5 ~ 10 倍)短接,如图 6.22 所示,以防启动时,定子旋转磁场在励磁绕组中感应出很高的电势,避免对人或设备造成危害,并可改善同步电动机的启动性能。

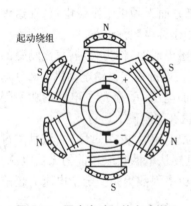

图 6.21 同步电动机的启动绕组

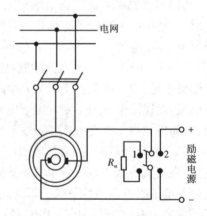

图 6.22 同步电动机异步启动法的接线图

然后定子接通三相交流电源,定子与启动绕组组成一台鼠笼异步电动机而启动,当电动机转速接近亚同步转速(约 $0.95n_1$)时,给转子通入励磁电流,依靠定子旋转磁场与转子磁场之间的吸引力,将转子牵入同步。同步电动机在停止运转时应先切

断定子电源,再切断直流励磁电源。由于采用异步电动机启动法,不需另加设备,操作简单,故应用广泛。

2. 变频启动法

变频启动法需要一个频率可调的变频电源,启动时,首先给转子直流励磁,然后在定子三相绕组上加低频交流电,低频旋转磁场可以拖动转子启动,然后逐渐提高电源频率,将电机启动到要求转速为止。这种方法耗能少,启动平稳,不足之处是需要一个变频电源,且励磁机必须是非同轴的,否则在低速时,励磁机无法提供所需的励磁电流。

6.3.6 同步电动机的制动与调速

一般的三相同步电动机只能采用能耗制动(结构原理与三相异步电动机相同)。反接制动和回馈制动都难以实现。调速方式见下节。

6.4 自控式同步电动机

6.4.1 同步电动机控制方式

由转速的表达式 $n_1 = 60f_1/p$,同步电动机的转速与供电变流器频率之间存在严格的同步关系,可以看出调速的唯一方式是变频调速。同步电动机的控制方式就从频率的控制谈起。三相同步电动机主要有两种控制方式,一种是他控式(又称为频率开环的控制方式);另一种是自控式(又称为频率闭环的控制方式)。

他控式同步电动机是通过独立控制外部供电变流器的频率来控制同步电动机的转子转速,不需要提供转子的信息。鉴于同步电动机的转速与供电变流器频率之间存在严格的同步关系,因此,通过控制同步电动机的定子频率就可以实现对转子转速的准确控制。

由于不需要转子转速任何信息,因此从系统角度看,他控式同步电动机是一种频率开环的控制方式。为了确保定子磁链保持不变,常采用恒压频比控制方式,即基频以下采用恒压频比的恒转矩调速方式。基频以上时则采用电压保持不变的恒功率调速。这一点与三相异步电动机的变频调速相同(见前述)。他控式同步电动机的特点是结构简单且同一台变流器可以拖动多台同步电动机运行;转子直流励磁电流可单独调节,确保定子侧的功率因数可调。

6.4.2 自控式同步电动机的结构

自控式永磁同步电动机的原理框图见6.23所示,基本结构示意图见6.24所示。图中,自控式同步电动机的定子三相绕组也是采用逆变器供电,半导体晶闸管也可用晶体管、*MOSFET* 等功率器件,组成了电子开关,控制各相绕组中电流。磁极传感器检测主转子位置,又叫位置传感器,可以是霍尔元件、旋转编码器、旋转变压器、高频感应元件等各种型式的传感器。

与他控式同步电动机不同的是,该逆变器的频率不是由外部电路独立进行控制,而是通过安装在转子轴上的位置传感器获得自身转子位置的信息,然后根据转子位置的信息控制定子各相绕组的通电频率以及各相绕组电流的大小。

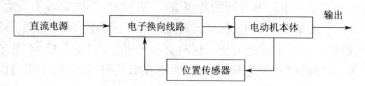

图 6.23　自控式同步电动机原理框图

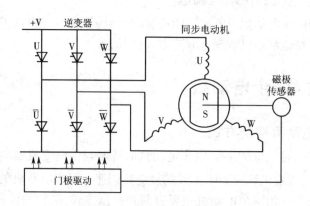

图 6.24　基本结构示意图

由此可见,自控式同步电动机采用的是一种严格意义上的频率闭环控制形式,其定子各相绕组电流的通断以及各相绕组电流的大小受控于自身转子的位置。转子转速越高,则定子通电频率越高。定子绕组的通电频率与转子转速之间保持严格的同步关系。至于转子转速,则可以通过调节定子绕组外加电压(或电流)的大小进行调节。

6.4.3　自控式同步电动机的原理

自控式同步电动机与直流电动机无论在运行原理还是特性方面均十分相似。为了说明定一相似性,首先需要深入了解直流电动机中电枢反应磁势与直流励磁(或永磁)磁势之间的相互关系,并从控制角度上分析自控式同步电动机与直流电动机之间的异同。

图 6.25(a) 给出了直流电动机的相应的磁势。图中,励磁磁势 $\bar{F}_{\mathrm{f}}$ 是由定子产生的,而电枢反应磁势 $\bar{F}_{\mathrm{a}}$ 则是由外加电源通过转子电枢绕组中的电流所产生的。由第2章可知,励磁磁势 $\bar{F}_{\mathrm{f}}$ 和电枢反应磁势 $\bar{F}_{\mathrm{a}}$ 两者皆相对定子静止不动,且空间互相垂直(见图 6.25(a))。

根据前面的章节我们知道,在直流电动机中,电刷和换向器起到了将外部直流转换为内部交流即机械式逆变器的作用。一旦与转子电枢绕组相联的换向片旋转至电刷下,则相应的电枢绕组便实现换流（即电流改变方向）。由此可见,电刷和换向器还起到了检测转子位置的作用。正是利用了电刷接触换向片进而检测到转子位置,才实现了各电枢绕组的正确换流,从而确保了直流电动机产生有效的平均电磁转矩,转子得以沿单一方向旋转。即换向器相当于机械式的逆变器,电刷相当于磁极位置传感器。

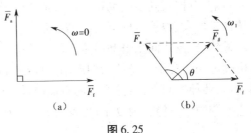

图 6.25

(a)给出了直流电动机的相应的磁势
(b)给出了自控式同步电动机的相应的磁势

与直流电动机相比,自控式同步电动机主要存在如下几方面的不同:

(1)电枢绕组位于定子,而转子励磁。而直流电机的磁极在定子上,电枢是旋转的。很显然,自控式同步电动机相当于一台定、转子交换的反装式直流电动机。

(2)转子位置的检测采用的是位置传感器,而定子电枢绕组的换流则是通过电子式逆变器来实现的,从而取代了机械式逆变器。

(3)励磁磁势 $\bar{F}_f$ 和电枢反应磁势 $\bar{F}_a$ 两者空间不是静止不动,而是均以同步速旋转。这就决定了励磁磁势 $\bar{F}_f$ 和电枢反应磁势 $\bar{F}_a$ 仍保持相对静止,从而保证了电磁关系的不变以及有效电磁转矩的产生。唯一不同的是, $\bar{F}_f$ 与 $\bar{F}_a$ 之间不再相互垂直,而是呈一定角度,如图 6.25(b)所示。

综上所述可以看出,自控式同步电动机与直流电动机具有十分相似的运行机理和电磁过程,因而表现为相同的机械特性。换句话说,自控式同步电动机采用位置传感器与电子式逆变器取代了直流电动机的机械换向器与电刷,从而获得了类似于直流电动机的性能。同时具有同步电动机的一些优点。

考虑到所采用同步电动机的不同,自控式同步电动机可分为两大类:一类是电机本体采用转子直流励磁同步电动机的自控式同步电动机(又称无换向器电动机);另一类是采用永磁转子同步电动机的自控式同步电动机。根据定子绕组感应电势波形的不同,自控式永磁同步电动机又包括正弦波永磁同步电动机和梯形波永磁同步电动机。由于不采用滑环和电刷,上述两种自控式永磁同步电动机皆称为无刷(永磁)直流电动机。但由于后者在定子感应电势波形上更接近直流电动机,因此,商业产品中所指的无刷直流电动机均是指梯形波自控式永磁同步电动机。

自控式同步电动机定子绕组的通电频率以及由此产生的定子旋转磁场受控于转子转速。这一特点决定了自控式同步电动机不存在他控式同步电动机的失步和振荡问题。此外,由于不存在电刷与换向器,且具有直流电动机的性能,因而,自控式同步电动机不仅降低了转子的质量,提高了拖动系统的快速性与调速范围,而且也大大改善了拖动系统的可靠性,并扩展了其应用范围。鉴于上述优点,大部分同步电动机均采用自控方式。

目前,自控式同步电动机广泛应用于要求生产机械具有四象限运行功能的伺服系统如机器人、数控机床等类型的负载中。

显然,自控式同步电动机是机电一体化产品,是电力电子技术、自动控制技术与电机理论相结合于一身的新型产品。详细的自控式同步电动机的基本运行原理、电磁过程、各种控制方式、无刷永磁直流电动机的稳态模型与动态模型、机械特性以及调速系统的组成等较为复杂,可参看相关文献。

习　　题

1. 同步发电机的转速是由什么确定的? 为什么要保持恒定?

2. 试从图6.9的相量图(电感性负载)推导式(6.6)。

3. 为什么在调节原动机转矩从而调节发电机输出有功功率的同时,无功功率也要跟着改变?

4. 同步发电机的电磁转矩为什么是阻转矩(与转子转动方向相反)? 当同步发电机空载时在过励和欠励两种情况下(图6.11),电枢电流与磁极磁场是否也相互作用而产生阻转矩?

5. 功角 θ 的物理意义是什么? 它的大小随什么而变?

6. 什么是同步电动机的功角特性? 它和异步电动机的 T—S 曲线的重要性是否一样?

7. 同步电动机正常运转时,如发生励磁断开故障,会出现什么现象? 为什么?

8. 为什么过励状态下同步电动机能提高电网的功率因数?

9. 同步电动机为什么不能自行起动? 一般采用什么方法起动?

7

驱动与控制微特电机

前面介绍的直流电机、变压器、异步电机和同步电机统称为普通电机。在电力拖动控制系统中还广泛使用着各种特殊结构和特殊用途的微特电机。微特电机包括驱动微电机和控制电机两大类。其中,驱动微电机同普通电机一样,主要作用是实现机电能量的转换,因而对它们的力能指标(效率和功率因数)有较高的要求。这类电机主要作执行电机用,如伺服电机、步进电机、直线电机、单相异步电机等;而控制电机主要是实现控制信号传递和变换,对它们的要求主要是高可靠性、高精度和快速响应等。这类电机包括测速发电机、自整角机、旋转变压器等。

微特电机种类繁多,本章主要介绍在电力拖动控制系统中常用的微特电机的结构、原理及运行特性。

7.1 伺服电动机

伺服电动机可以把输入的电压信号变换成为电机轴上的角位移或角速度输出,在控制系统中常作为执行元件,所以伺服电动机又称执行电动机。改变输入电压的大小和方向就可以改变转轴的转速和转向。

伺服电动机可分为直流伺服电动机和交流伺服电动机两大类。控制系统要求伺服电动机有较宽的调速范围,快速响应性能,高灵敏度,无自转现象。

7.1.1 直流伺服电动机

1. 分类和结构

直流伺服电动机有传统型和低惯量型。传统型直流伺服电动机分为他励式和永磁式两种,结构与普通直流电动机的结构相似。永磁式的定子磁极是永久磁铁,其磁通是不可控的;他励式的定子由硅钢片叠压而成。电枢绕组和励磁绕组由两个独立电源供电,实际上是一台他励直流电机。所不同的是:直流伺服电动机气隙较小,磁路不饱和;电枢电阻较大,机械特性为软特性;电枢比较细长,转动惯量小;换向容易,不需装换向极。

低惯量型直流伺服电动机又分无槽电枢型、空心杯电枢型、盘形电枢型、无电刷型,它们的特点是转动惯量小,对控制电压反应迅速。

2. 工作原理

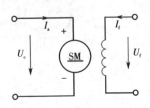

图 7.1 电枢控制方式
的直流伺服电动机
工作原理图

图 7.1 是他励直流伺服电动机的工作原理图。励磁绕组接在电压恒定的励磁电源上,电枢绕组接控制电压,控制电机的转速和方向,这种方式称为电枢控制;若反之,称为磁场控制。由于电枢控制的直流伺服电动机的机械特性线性度好,损耗小,响应速度比磁场控制快,所以在工程上多采用电枢控制。

直流伺服电动机的机械特性表达式为

$$n = \frac{U_c}{C_e\Phi} - \frac{R}{C_eC_t\Phi^2}T = n_0 - \beta T \qquad (7.1)$$

式中,U_c、R、C_e、C_t 分别是电枢电压、电枢回路的电阻、电动势常数、转矩常数,$n_0 = \frac{U_c}{C_e\Phi}$ 为理想空载转速,$\beta = \frac{R}{C_eC_t\Phi^2}$ 为斜率。

当控制电压 U_c 一定时,随着转矩 T 的增加,转速 n 下降,机械特性为向下倾斜的直线。当 U_c 不同时,其斜率 β 不变,机械特性为一组平行线,随着 U_c 的降低,机械特性平行地向下移动,如图 7.2 所示。

机械特性曲线与横轴的交点处的转矩就是 $n=0$ 时的转矩,即直流伺服电动机的堵转转矩。若负载转矩大于堵转转矩,则电机堵转。

直流伺服电动机的优点是启动转矩大、机械特性和调节特性的线性度好、调速范围大、不会出现自转现象,所以常用在功率稍大的系统中,其输出功率为 $1 \sim 600\ \mathrm{W}$。缺点是电刷

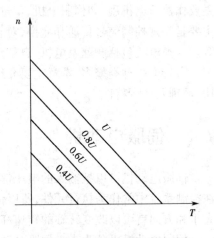

图 7.2 直流伺服电动机机械特性

和换向器之间的火花会产生无线电干扰信号,维修较困难。目前,开始较普遍应用的无刷直流伺服电动机克服了该缺点。直流伺服电动机的特点和适用范围见表 7.1。

表 7.1　直流伺服电动机的特点和适用范围

种类	励磁方式	产品型号	结构特点	性能特点	适用范围
一般直流伺服电动机	电磁或永磁	SZ 或 SY	与普通直流电动机相同,但电枢铁芯长度与直径之比大一些,气隙较小	具有下垂的机械特性和线性的调节特性,对控制信号响应快速	一般直流伺服系统
无槽电枢直流伺服电动机	电磁或永磁	SWC	电枢铁芯为光滑圆柱体,电枢绕组用环氧树脂粘在电枢铁芯表面,气隙较大	具有一般直流伺服电动机的特点,而且转动惯量和机电时间常数小,换向良好	需要快速动作、功率较大的直流伺服系统
空心杯形电枢直流伺服电动机	永磁	SYK	电枢绕组用环氧树脂浇注成杯形,置于内、外定子之间,内、外定子分别用软磁材料和永磁材料做成	具有一般直流伺服电动机的特点,且转动惯量和机电时间常数小,低速运转平滑,换向好	需要快速动作的直流伺服系统
印刷绕组直流伺服电动机	永磁	SN	在圆盘形绝缘薄板上印制裸露的绕组构成电枢,磁极轴向安装	转动惯量小,机电时间常数小,低速运行性能好	低速和启动、反转频繁的控制系统
无刷直流伺服电动机	永磁	SW	由晶体管开关电路和位置传感器代替电刷和换向器,转子用永久磁铁做成,电枢绕组在定子上,且做成多相式	既保持了一般直流伺服电动机的优点,又克服了换向器和电刷带来的缺点。寿命长,噪音低	要求噪音低、对无线电不产生干扰的控制系统

7.1.2　交流伺服电动机

1. 分类和结构

交流伺服电动机实际上是一台微形交流异步电动机,其定子结构与电容分相单相异步电动机相类似,交流伺服电动机的定子槽中装有两个互差 90°电角度的分布绕组,分别称为励磁绕组和控制绕组。励磁绕组与交流电源相连,控制绕组加控制电压 U_c。交流伺服电动机工作原理如图 7.3 所示。

交流伺服电动机转子有鼠笼和杯形两种。鼠笼转子结构与一般鼠笼异步电动机转子相类似,只是转子导条用高电阻率的材料(如黄铜、青铜)

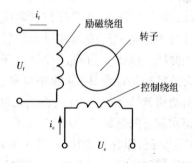

图 7.3　交流伺服电动机工作原理图

做成。另外,为减小转子的转动惯量,转子做得细而长。

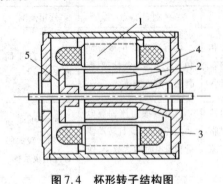

图7.4 杯形转子结构图

1—外定子铁芯 2—内定子铁芯 3—定子绕组
4—杯形转子 5—转子支架

杯形转子的结构如图7.4所示。杯形转子的定子分内、外两个定子,均用硅钢片叠成。外定子铁芯槽内安放有励磁绕组和控制绕组;内定子一般不放绕组,起闭合磁路作用,以减小磁阻。在内外定子间是一个杯形薄壁转子,由高电阻率非磁性材料制成,壁厚一般只有 0.2 ~ 0.8 mm,在电机旋转磁场作用下,杯形转子内产生涡流,涡流再与主磁场作用产生电磁转矩,使杯形转子转动起来。其优点是转动惯量很小,电机快速响应性能好,而且运转平稳,无抖动现象。缺点是气隙较大,故励磁电流较大,体积也较大。

2. 工作原理

交流伺服电动机的工作原理与单相异步电动机有相似之处。当没有控制电压时,气隙中只有励磁绕组产生的脉振磁场,转子无启动转矩而静止不动。当有控制电压且控制电流和励磁电流相位不同时,将产生一个椭圆或圆形的旋转磁场切割转子,在转子中产生感应电动势和转子电流,旋转磁场与转子电流相互作用产生电磁转矩,转子在电磁转矩作用下旋转起来。

对伺服电动机的要求不仅是加上控制电压就能旋转,而且要求控制电压消失后电动机应能立即停转。如果电压消失后像单相异步电动机那样继续旋转,即存在"自转"现象,这意味着失去控制,是不允许的。

为消除伺服电动机的自转现象,必须加大转子电阻,使临界转差率 $s_m > 1$。如图7.5中所示,曲线 1 为有控制电压伺服电动机的机械特性曲线,曲线 T^+ 和 T^- 为除掉控制电压后,脉振磁场可分解为正向旋转磁场和反向旋转磁场对应的转矩曲线。曲线 2 为除掉控制电压后单相供电时合成转矩特性曲线,从图中可见,它与异步电动机的机械特性曲线不同,在第二和第四象限。对正向旋转的电机,在控制电压消失后的电磁转矩 T 为负值,即为制动转矩,使电机制动停止;对反向旋转的电机,在控制电压消失后的电磁转矩 T 为正值,也为制动转矩,使电机迅速停止,这样就消除了"自转"现象。

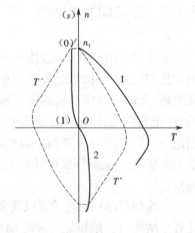

图7.5 交流伺服电动机机械特性曲线

3.控制方式

改变控制电压的大小和相位,可以控制交流伺服电动机的转速和转向。交流伺服电动机的控制方式有如下三种。

1)幅值控制

保持控制电压和励磁电压之间的相位差为90°,仅改变控制电压的幅值来改变转速的方式称为幅值控制。其原理如图7.6所示,控制电压的幅值在额定值与零之间变化,励磁电压保持为额定值。当控制电压为零时,气隙磁场为脉振磁场,无启动转矩电机不转;当控制电压与励磁电压的幅值相等时,所产生的气隙磁场为圆形旋转磁场,产生的转矩最大,伺服电机转速最高;当控制电压在额定电压与零电压之间变化时,气隙磁场为椭圆形旋转磁场,伺服电机的转速在最高转速至零转速间变化,气隙磁场的椭圆度越大,产生的电磁转矩越小,电机转速越慢。

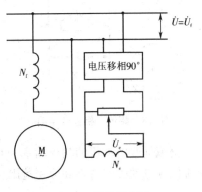

图7.6　幅值控制图

2)相位控制

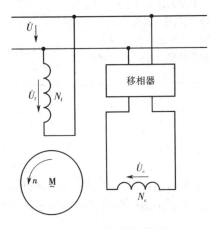

图7.7　相位控制图

保持控制电压的幅值不变,通过改变控制电压与励磁电压的相位差来改变电机转速的控制方式,称为相位控制。其原理如图7.7所示,控制电压的幅值不变,但它与励磁电压的相位差通过调节移相器改变,从而控制交流伺服电机的转速。

3)幅值－相位控制

励磁绕组串电容器后接交流电源,控制绕组通过电位器接至同一电源,如图7.8所示。控制电压与电源同频率、同相位,但其大小可以通过电位器来调节。当改变控制电压的大小时,由于转子绕组的耦合作用,励磁绕组中的电流会发生变化,使励磁绕组上的电压以及电容上的电压也跟随改变,控制电压与励磁电压的相位差也会发生变化,从而改变电机的转速,这种控制方式称为幅值－相位控制方式。

幅值－相位控制方式只需要电容器和电位器,电路简单、成本低、输出功率较大,成为最常用的一种控制方式。

图7.9是交流伺服电动机的机械特性曲线,由图可见,负载一定时,控制电压愈高,转速也愈高。在控制电压一定时,负载增加,转速下降。

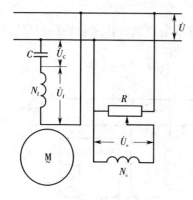

图7.8　幅值－相位控制图

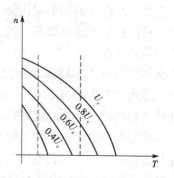

图7.9　交流伺服电动机的机械特性曲线

交流伺服电动机的输出功率为 0.1~100 W,其电源频率有 50、400 Hz 等几种。交流伺服电动机的特点和应用范围见表7.2。

表7.2　交流伺服电动机的特点和应用范围

种类	产品型号	结构特点	性能特点	应用范围
鼠笼转子	SL	与一般鼠笼电机结构相同,但转子做得细而长,转子导体用高电阻率的材料	励磁电流较小,体积较小,机械强度高,但是低速运行不够平稳,有时快时慢的抖动现象	小功率的自动控制系统
空心杯转子	SK	转子做成薄壁圆筒形,放在内、外定子之间	转动惯量小,运行平滑,无抖动现象,但是励磁电流较大,体积也较大	要求运行平滑的系统

7.2　测速发电机

测速发电机是一种能将旋转机械的转速转换成电压信号输出的小型发电机,在自动控制系统中,常用做测速元件或反馈元件等。在应用中,要求它的输出电压须精确地与转速成正比。

测速发电机分为交流和直流两大类。

7.2.1　直流测速发电机

1.分类与结构

直流测速发电机按励磁方式不同,分为永磁式和他励式两种。按电枢结构不同,又可分为有槽电枢、无槽电枢、空心杯电枢和盘式印刷绕组等。它们的结构和普通小型直流发电机的结构基本相同。

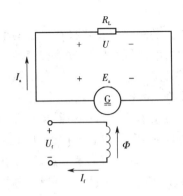

图 7.10　他励直流测速
发电机的工作原理

2. 工作原理

图 7.10 为他励直流测速发电机,在忽略电枢反应的情况下,电枢的感应电动势 $E_a = C_e \Phi n$。

当带上负载 R_L 后,输出的电压

$$U = E_a - R_a I_a = E_a - \frac{U}{R_L} R_a$$

整理后得

$$U = \frac{E_a}{1 + \frac{R_a}{R_L}} = \frac{C_e \Phi}{1 + \frac{R_a}{R_L}} n = cn \qquad (7.2)$$

式中,$c = \dfrac{C_e \Phi}{1 + \dfrac{R_a}{R_L}}$。

由上式可知,当励磁磁通 Φ 和负载电阻 R_L 都为常数时,直流测速发电机的输出电压 U 与转速 n 成正比,输出特性如图 7.11 所示。直线 1 为空载时的输出特性,直线 2 为负载时的输出特性。实际运行中,直流测速发电机的输出电压与转速之间不能严格保持正比关系,实际输出特性如图 7.11 中的曲线 3 所示,

事实上,测速发电机带上负载后,由于客观存在的电枢电流的去磁作用和电机温度变化等因素,都会使输出电压下降,从而破坏了输出电压和转速的线性关系。特别是当负载电阻较小、转速较高、电流较大时,输出电压与转速将不再保持线性关系,造成误差。在测速发电机的技术数据中,提供了最小负载电阻和最高转速,使用时应加以注意。

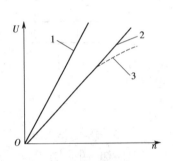

图 7.11　直流测速发电机
的输出特性

直流测速发电机的主要缺点是电刷与换向器的滑动接触,常因接触不良而影响测量的准确度。优点是灵敏度高,没有相位误差。因此,直流测速发电机在较高要求的测速系统中采用。

7.2.2　交流测速发电机

1. 分类和结构

交流测速发电机分为同步和异步两类。异步测速发电机又分为鼠笼转子和杯形转子两种。目前应用较多的是杯形转子异步测速发电机,其结构与杯形转子的交流伺服电动机相同。只是它的转子电阻值比伺服电动机的更大,定子上嵌有两个在空间上相差 90°电角度的绕组,其中一个为励磁绕组,另一个为输出绕组。

2. 工作原理

图 7.12 是杯形转子异步测速发电机工作原理图。励磁绕组直接接在恒定的单相交流电源上,其电压为 U_f,频率为 f_1。当转子不动时,励磁绕组中通过单相交流产生的脉动磁通穿过转子绕组,在转子绕组中产生感应电势,这个电势称为变压器电势。变压器电势使转子产生电流,转子电流产生磁通 Φ',由于磁势平衡关系,且 U_f 和 f_1 一定,其合成磁通基本不变,仍为 Φ 值,从图 7.12(a) 可看出,合同磁通 Φ 的方面与励磁绕组的轴线方向一致,但与输出绕组的轴线方向垂直,所以合成磁通 Φ 不会在输出绕组中产生感应电势,输出绕组的输出电压为零。当转子以转速 n 旋转时,在转子绕组中,除了产生变压器电势外,由于转子切割磁通 Φ 而产生第二个电势,称为旋转电势。旋转电势在转子中产生第二个电流,并在气隙中产生脉动磁通 Φ_V,如图 7.12(b)所示。Φ_V 的轴线与输出绕组的轴线相重合,所以在输出绕组中会产生感应电势 E_0。这个电势就是发电机的输出电势。显然 $E_0 \propto \Phi_V \propto n$。

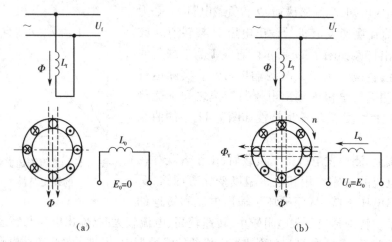

(a)   (b)

图 7.12　杯形转子异步测速发电机原理图

(a)转子不动　(b)转子转动

由此可见,在励磁电压 U_f 和频率 f_1 一定,且输出绕组负载很小(接高阻)时,交流测速发电机的输出电压与转速成正比,而其频率与转速无关,等于电源的频率。若被测机械的转向改变,则交流测速发电机的输出电压相位也相反。这样,根据异步测速发电机的输出电压大小及相位就可以测定电机的转速及方向。杯形转子测速发电机与直流测速发电机相比,具有结构简单、工作可靠等优点,是目前较为理想的测速元件。

7.3　步进电动机

步进电动机是一种将电脉冲信号变换成角位移或线位移的执行元件,其运行特点是:每输入一个电脉冲,电动机就转动一个角度或前进一步。因此,步进电动机又称为脉冲电动机。

7.3.1　分类和结构

步进电动机的种类很多,按运行方式可分为旋转运动、直线运动、平面运动等。通常使用的旋转式步进电动机又可分为反应式、永磁式和感应式三种。其中反应式步进电动机具有惯量小、反应快和速度高的特点,故使用较多。本节主要介绍反应式步进电动机。

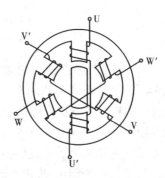

图 7.13 是三相反应式步进电动机的原理图。其定子、转子是用硅钢片或其他软磁材料制成的。定子上装有六个均匀分布的磁极,每对磁极上绕有一对绕组组成一相,三相绕组(定子上绕组的组数)连成星形,由脉冲电源供电。转子为两极,没有绕组。这种结构的电机,每转一步角度太大,不能适应一般要求,为符合要求,常采用图 7.14 所示的三相反应式步进电动机,在定子磁极和转子上都开有齿分度相同的小齿。采用适当的齿数配合,当 U 相磁极的小齿与转子小齿一一对应时,V 相磁极的小齿与转子小齿相互错开 1/3 齿距,W 相则错开 2/3 齿距,如图 7.15 所示。

图 7.13　三相反应式步进电动机原理图

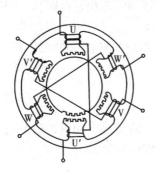

图 7.14　三相反应式步进电动机结构图

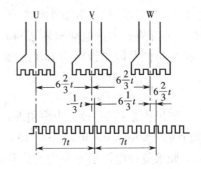

图 7.15　定、转子展开图

7.3.2　工作原理

如图 7.16(a)、(c)所示,当 U 相绕组单独通入电脉冲时,气隙中就产生一个沿 U—U′轴线方向的磁场,由于磁力线力图通过磁阻最小的途径,于是产生磁拉力使转子转至与 U 相绕组轴线重合的位置。如果改为 V 相通电,转子将在空间顺时针转过 60°,转到 V 相绕组的轴线位置,这叫做前进了一步,转过的角度叫步距角。如果三相绕组按 U、V、W、U 顺序通电,转子则按顺时针方向一步一步转动。如果通电顺序改为 U、W、V、U,转子将反向一步一步转动,其转速取决于脉冲的频率,频率越高,转速越高。

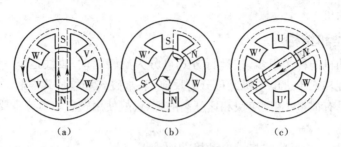

图 7.16　三相单三拍和三相六拍运行方式
(a)、(c)—三相单三拍　(a)、(b)、(c)—三相六拍

　　从一种通电换到另一种通电状态叫做一拍,这三相依次通电的运动方式叫做三相单三拍运行方式。如果 UV 两相同时通电,转子便转至 UV 两相之间的轴线上。这种按 UV、VW、WU 顺序两相同时通电运行方式叫做三相双三拍运行方式。如果按两者组合方式 U、UV、V、VW、W、WU 的方式通电,如图 7.16(a)、(b)、(c)所示,其步距角就变为原来的一半,这叫做三相六拍运行方式。

　　为了减小步距角,步进电动机常采用图 7.14 所示结构。当 U 相通电时,U 相磁极的小齿与转子小齿一一对齐,V 相小齿与转子小齿互相错开 1/3 齿距。若改为 V 相通电,则转子小齿转过的角度为 1/3 齿距,V 相磁极小齿与转子小齿一一对齐,这时 W 相小齿与转子小齿互相错开 1/3 齿距。所以在 V 相断电,W 相通电时,转子转过 1/3 齿距,使 W 相磁极小齿与转子小齿一一对齐。由此可见,当转子齿数为 Z_R 时,N 拍反应式步进电动机转子每转过一个齿距,相当于在空间转过 $360°/Z_R$,而每一拍转过的角度是齿距的 $1/N$,因此可知步距角

$$\theta = \frac{360°}{N \cdot Z_R} \tag{7.3}$$

　　如果拍数增加一倍,步距角即减小一半。对于 $Z_R = 40$ 的步进电动机,三相三拍运行时的步距角 $\theta = 360°/(40 \times 3) = 3°$;三相六拍运行时的步距角 $\theta = 1.5°$。

　　如果脉冲电源的频率为 f,则步进电动机的转速

$$n = \frac{\theta f}{360°} \times 60 = \frac{60f}{N \cdot Z_R} \text{ r/min} \tag{7.4}$$

　　步进电动机除三相的以外,也可以制成两相、四相、五相、六相或更多相的,相数越多,步距角越小,但脉冲电源复杂,成本亦较高。

7.3.3　驱动控制

　　步进电动机绕组中需要一系列有一定规律的电脉冲信号,从而使电机按照一定的方式运行。这个产生一系列有一定规律的电脉冲信号的电源称为驱动电源。驱动电源主要包括变频信号源、脉冲分配器和脉冲放大器三个部分,其方框图如图 7.17 所示。

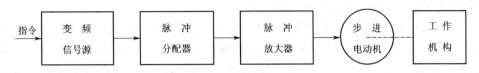

图7.17 步进电动机驱动控制方框图

变频信号源是一个频率可调的脉冲发生器,送出的脉冲个数和脉冲频率由控制信号进行控制。脉冲分配器是将脉冲信号按一定的逻辑关系加到脉冲放大器上,进行功率放大,然后驱动步进电动机按一定方式工作。

由于步进电动机的转速不受电压波动、负载变化的影响,而只与脉冲频率成正比并能按照控制脉冲的要求,立即启动、停止和反转。在不丢步的情况下,角位移的误差不会长期积累,控制精度高,故广泛应用于数字控制系统中做执行元件。

7.4 直线电动机

普通的旋转电动机是将电能转变为旋转运动的机械能输出,而直线电动机则能将电能直接转为直线运动的机械能输出。在生产机械需要作直线运动时,使用直线电动机,可以省掉大量的中间传动机构,提高了系统的效率和精度,加快了系统的响应速度。因此,直线电动机得到了广泛的使用。

7.4.1 分类和结构

直线电动机分为直线直流电动机、直线异步电动机、直线同步电动机三种,本节仅介绍使用最多的直线异步电动机。

直线异步电动机主要有平板形和管形两种结构。平板形直线电动机可以看成由旋转的异步电动机演变而来的。图7.18(a)表示一台旋转的异步电动机。设想将它沿径向剖开,并将定子、转子展成直线,就得到了最简单的平板形直线电动机,如图7.18(b)所示。由定子转变而来的一边叫初级,由转子转变而来的一边叫次级,又称

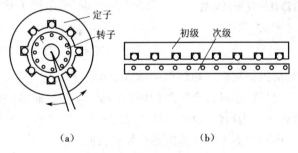

(a)   (b)

图7.18 平板形直线电动机的形式

(a)旋转电动机 (b)直线电动机

滑子,它是直线电机中作直线运动的部件。

图7.18(b)中直线异步电动机的固定件和移动部件一样长,这在实际应用中是行不通的。由于相对运动,移动部件必然远离固定部件,以致两者失去耦合作用,最后迫使移动部件停止移动。实际的直线异步电动机将初、次级做成长短不等,使长的有足够的长度,保证所需行程范围内初、次级有不变的耦合性。根据初、次级之间的相对长度,平板形电动机又分为"短初级"和"短滑子"两类,如图7.19所示。由于"短初级"结构简单,制造和运行费用较低,所以直线异步电动机一般采用短初级结构。

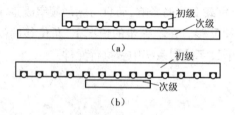

图7.19 直线电动机的两种基本类型

(a)短初级 (b)短次级

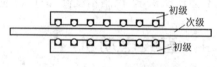

图7.20 双边形直线电动机

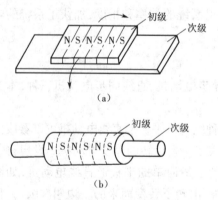

图7.21 管形直线异步电动机

(a)平板形 (b)管形

图7.19所示直线电动机只在转子的一侧装有初级,称为单边形。如果在滑子的两侧对称地装上初级,就形成了双边形直线电动机,如图7.20所示。与单边形直线电动机相比,双边形具有功率大和工作平稳等优点。

除了上述的平板形直线异步电机外,还有管形直线异步电动机。如果将图7.21(a)所示的平板形直线电机的初级和次级沿箭头方向卷曲,就形成了管形直线异步电动机,如图7.21(b)所示。

7.4.2 工作原理

当直线异步电动机的初级三相绕组中通入对称三相交流电后,与旋转异步电动机一样,将产生气隙磁场,不过这个气隙磁场不再是旋转的,而是按电源相序沿直线移动的磁场,这种磁场称为行波磁场,如图7.22所示。显然行波磁场直线移动速度与旋转磁场在定子内圆表面上的线速度是一样的,即

$$v_0 = \frac{2\pi n_1}{60} \cdot \frac{D}{2} = \frac{2\pi}{60} \cdot \frac{60f_1}{p} \cdot \frac{D}{2} = 2 \frac{\pi D}{2p} \cdot f_1 = 2\tau f_1 \ \mathrm{m/s} \tag{7.5}$$

式中:D——旋转电机定子内圆的直径,m;

p——电机的极对数；

f_1——电源频率，Hz；

τ——电机的极距，m。

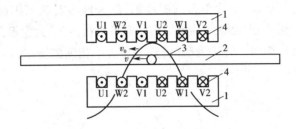

图 7.22　直线异步电动机原理图

1—定子　2—滑子　3—行波磁场　4—定子三相绕组

行波磁场切割滑子上的导条，在导条中将产生感应电动势及电流，该电流与气隙中行波磁场相互作用，便产生电磁力，使滑子顺着行波磁场移动的方向作直线运动。若滑子移动速度为 v，则电动机滑差率

$$s = \frac{v_0 - v}{v_0} \tag{7.6}$$

滑子的移动速度

$$v = (1 - s)v_0 = 2\tau f_1(1 - s) \text{ m/s} \tag{7.7}$$

显然，直线异步电动机的速度与电动机的极距及电源频率成正比，故改变极距和电源频率即可改变电机的速度。若改变直线电机初级绕组的通电相序，即可改变电动机的方向。故直线电机可实现往复直线运动。

直线电动机主要用于吊车传动、金属传送带、冲压锻压机床以及高速电力机车等方面。此外，还可以用于工件传送系统、机床导轨、门阀的开闭驱动装置等。

7.5　自整角机

自整角机是一种感应式控制电机，能对角位移或角速度的偏差进行自动整步，广泛应用于随动系统中。通常是两台或多台自整角机组合使用，使机械上互不相连的两根或多根机械轴能够自动地保持同时偏转或同步旋转。

7.5.1　分类和结构

在自动控制系统中，主令轴上装的自整角机称为发送机，产生信号；输出轴上装的自整角机称为接收机，接受信号。根据输出量的不同，自整角机又分为力矩式和控制式两类。力矩式自整角机输出转矩，直接带动轻负载（如仪表指针）转动，作为位置指示；控制式自整角机不直接带负载，而输出与角位差有关的电信号，经放大后，控制交流伺服电机,再带动负载转动。

自整角机由定子和转子两部分组成,定、转子铁芯由高导磁率、低损耗、薄硅钢片叠压而成。大都采用两极凸极或隐极结构。定、转子结构搭配有隐—凸极、凸—隐极和隐—隐极三种。在凸极上套单相励磁绕组,隐极槽内安放三相对称绕组(整步绕组)或单相绕组。图7-23为隐—凸极结构的自整角机,定子为隐极,嵌有星形连接的三相绕组,称为整步绕组。转子为凸极,其上套有单相励磁绕组,经电刷与集电环通入励磁电流。

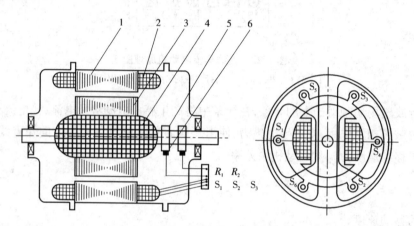

图 7.23　隐—凸极结构的自整角机

1—定子铁芯　2—三相整步绕组　3—转子铁芯　4—转子绕组　5—集电环　6—电刷

7.5.2　工作原理

1. 力矩式自整角机

图 7.24 为力矩式自整角机的工作原理图,由两台完全相同的自整角机组成。左边为发送机,右边为接收机。它们转子的励磁绕组接到同一个单相交流电源上,定子上的三相整步绕组按序依次连接。在自整角机中,通常以励磁绕组与 a 相整步绕组轴线间的夹角作为转子位置角。发送机转子位置角为 θ_1,接收机位置角为 θ_2,则失调角 $\theta = \theta_1 - \theta_2$。

由于发送机和接收机的励磁绕组接在同

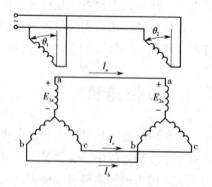

图 7.24　力矩式自整角机工作原理

一单相电源上,它们各自产生交变脉动磁通,此磁通在三相整步绕组中产生同相但幅值不等的感应电动势。各相绕组中感应电动势的大小和该绕组相对于励磁绕组的位置有关。若发送机转子和接收机转子对其整步绕组的位置相同,如图 7.24 中两边的偏转角 $\theta_1 = \theta_2$ 即 $\theta = 0$,那么,在两边对应的每相绕组中电动势 $E_{1s} = E_{2s}$,相应的两个电动势互相抵消,因此,在两边的三相整步绕组中没有电流。若此时发送机转子转过一个角即 $\theta \neq 0$,于是发送机和接收机相应的每相整步绕组中的两个电动势不能互相抵消,整步绕组中有电流,这个电流与励磁磁通作用而产生电磁转矩(称为整步转矩)。由于发送机的转子与主令轴刚性连接,不能任意转动,所以,整步转矩迫使接收机转子沿 θ 减少的方向运动,直到失调角等于零,从而实现了角度的传输。可见,力矩式自整角机一旦出现失调角,便有自整步的能力。

2. 控制式自整角机

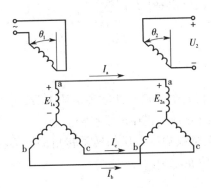

图 7.25　控制式自整角机工作原理图

控制式自整角机与力矩式自整角机结构基本相同。不同之处是,控制式自整角接收机的转子绕组不接励磁电源,而是输出与失调角有关的电压信号,经放大器放大送到伺服电机的控制绕组,控制伺服电机带动负载偏转,偏转的方向为失调角减少的方向,直至失调角为零,形成从动轴随主动轴一道偏转的随动系统。控制式自整角机原理接线图如图 7.25 所示。

接收机三相整步绕组中流过的电流产生脉动磁场,在其转子输出绕组中感应出总电动势有效值

$$E_2 = E_{2m} \cos(\theta_1 - \theta_2) = E_{2m} \cos \theta \tag{7.8}$$

式中:E_{2m}——$\theta = 0°$ 时的转子输出绕组最大感应电动势。

可见在控制式自整角机中,其接收机运行于变压器状态,又称为自整角变压器。实际应用时,为方便起见,希望当失调角 $\theta = 0°$ 时,自整角变压器输出电压等于零。因此,将它的转子绕组轴线放在与 a 相整步绕组轴线互相垂直的位置,这样,自整角变压器转子绕组感应电动势

$$E_2 = E_{2m} \cos(\theta - 90°) = E_{2m} \sin \theta \tag{7.9}$$

由式(7.9)可见,当失调角增大时,输出电压 U_2 随之增大。当 $\theta = 90°$ 时,达到最大值;当 $\theta = 0°$ 时,U_2 等于零。同时,输出电压 U_2 还随发送机转子转动方向的改变而改变极性。

自整角机应用很广,力矩式自整角机常用于精度较低的指示系统,如液面的高低、闸门的开启度、液压电磁阀的开闭等;控制式自整角机常用于精度较高、负载较大的伺服系统,如雷达高低角自动显示系统等。图 7.26 是控制式自整角机的应用实例。

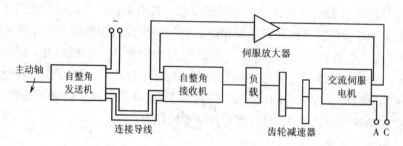

图 7.26 控制式自整角机在随动系统的应用

7.6 旋转变压器

旋转变压器是自动控制装置的一类精密控制微电动机。从物理本质上看,可以认为是一种可以旋转的变压器,它的一、二次绕组分别安置在定子和转子上。当旋转变压器的一次绕组施加交流电压励磁时,其二次绕组输出电压与转子转角保持某种函数关系,从而实现角度的检测、解算及传输等功能。

7.6.1 分类和结构

旋转变压器种类很多,按照有无电刷,可分为有刷旋转变压器和无刷旋转变压器两类;按照输出电压与转子转角的函数关系,可分为正余弦旋转变压器、线性旋转变压器和比例式旋转变压器;按照应用场合不同,可分为解算用旋转变压器、高精度随动系统中角度传输用旋转变压器等。

图 7.27 为有刷旋转变压器的电路原理图。其结构与绕线转子异步电动机类似,不过其定子、转子上均安装有两个在空间上互差 90 电角度的高精度正弦分布绕组,且定转子上两套绕组的匝数、线径和接线方式都相同。通常设计为两极,转子绕组经电刷和集电环引出。

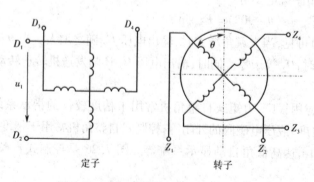

图 7.27 有刷旋转变压器的电路原理图

图 7.28 为无刷旋转变压器的电路原理图。其结构由两部分组成,一部分由两个

在空间上互差90电角度定子绕组和一相转子绕组组成(称为解算器);另一部分由安置在定、转子上的一、二次绕组构成的旋转变压器组成。由于旋转变压器的转子绕组与解算器的转子绕组同轴旋转,实现了无刷结构。工作时,在旋转变压器的一次绕组施加交流电压励磁,通过解算器的两个定子绕组分别输出与转子转角的正余弦成正比的电压信号。需要指出的是,无刷旋转变压器的输入与输出端口是可逆的。

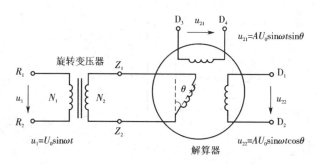

图7.28　无刷旋转变压器的电路原理图

7.6.2　正-余弦旋转变压器的工作原理

正-余弦旋转变压器因两个转子绕组输出的电压分别是转子转角的正、余弦函数关系而得名,图7.27为正－余弦旋转变压器的电路原理图。D_1D_2和D_3D_4为定子中两套互差90°电角度的正弦绕组,Z_1Z_2和Z_3Z_4为转子中两套互差90°电角度的正弦绕组。定义D_1D_2绕组的轴线方向为直轴,并取转子绕组Z_1Z_2轴线与直轴重合的位置为转子起始位置,规定转子沿逆时针偏离直轴的角度叫做转子的转角θ。

1. 空载运行

将交流电源接入定子的励磁绕组D_1D_2,如果转子上输出绕组开路,即是正－余弦旋转变压器的空载运行。励磁绕组D_1D_2在电压作用下产生交流电流,在气隙中建立一个正弦分布的脉振磁场,其轴线就是励磁绕组D_1D_2的轴线即直轴。当转角θ为任意值时,由于气隙磁通与转子两相绕组所交链的磁通分别为$\Phi_m\sin\theta$、$\Phi_m\cos\theta$,因此在励磁绕组、转子两相绕组产生感应电势的有效值分别为

$$E_D = 4.44fN_1K_{N1}\Phi_m$$
$$E_{Z12} = 4.44fN_2K_{N2}\Phi_m\cos\theta = kE_D\cos\theta \tag{7.10}$$
$$E_{Z34} = 4.44fN_2K_{N2}\Phi_m\sin\theta = kE_D\sin\theta$$

式中,N_1K_{N1}、N_2K_{N2}分别为定、转子绕组的有效匝数,k为转、定子绕组的有效匝数比。

当转子两相绕组空载时,其输出电压分别为

$$U_{Z12} = kE_D\cos\theta \tag{7.11}$$
$$U_{Z34} = kE_D\sin\theta$$

可以看出,余弦绕组输出的电压是转子转角θ的余弦函数,正弦绕组输出的电压是转子转角θ的正弦函数。

2. 负载运行

如图 7.29 所示,当余弦绕组接上负载后,转子绕组中将有电流流过,此时称为旋转变压器的负载运行。负载运行时,余弦绕组也产生脉动磁动势,使气隙磁场产生畸变,从而使输出电压产生畸变,不再是转角的余弦函数关系。

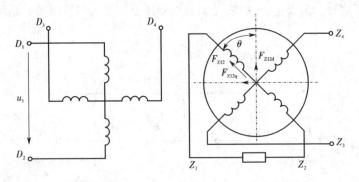

图 7.29   正余弦旋转变压器的负载运行

为消除输出电压产生的畸变,可通过下述两种方法进行补偿:第一,在转子侧的正弦绕组 Z_3Z_4 中接入合适的负载,使正弦绕组产生转子磁动势,用该磁动势去抵消余弦绕组产生的磁动势影响。这种补偿称为二次补偿。第二,在定子侧的补偿绕组 D_3D_4 中,接入负载阻抗或直接相连,补偿绕组与转子磁通交链产生感应电动势,经绕组及负载阻抗产生电流,此电流产生的磁动势去抵消转子磁动势的影响。该种补偿方法称一次侧补偿。为了减少误差,也可以在一次侧、二次侧同时进行补偿,如图 7.30 所示。

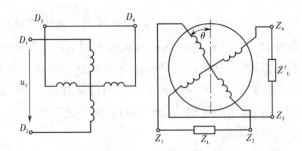

图 7.30   一次侧、二次侧补偿的正余弦旋转变压器

7.6.3   线性旋转变压器

顾名思义,输出电压与转子转角成正比关系的旋转变压器称为线性旋转变压器。事实上,正余弦旋转变压器在转子转角 θ 不超过 $\pm 4.5°$ 时,有 $\sin \theta \approx \theta$,此时线性度在 $\pm 0.1\%$ 以内,就可看做是一台线性旋转变压器。若要扩大转子转角范围,可将正余弦旋转变压器的线路进行改接,如图 7.31 所示,励磁绕组 D_1D_2 与余弦绕组 Z_1Z_2 串联后接到单相交流电源 U_D 上,定子的补偿绕组 D_3D_4 直接短接或接阻抗短接,正弦绕组

Z_3Z_4接负载阻抗输出电压信号。

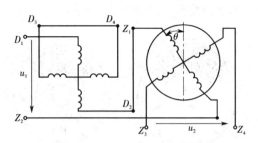

图7.31 线性旋转变压器接线图

单相电流接入绕组后产生的脉振磁通是一个直轴脉振磁通,它与励磁绕组、余弦正弦绕组交链分别产生感应电动势,则正弦绕组Z_3Z_4的输出电压为

$$U_2 = \frac{k\sin \theta}{1 + k\cos \theta}U_D \tag{7.12}$$

式中,k为转子、定子绕组的有效匝数比。

可以证明,当k为某一数值时,输出电压U_2在一定范围内与转角θ成线性关系,线性误差不超过0.1%。如图7.32所示,当$-60° \leqslant \theta \leqslant +60°$时,输出电压$U_2$与转角$\theta$满足线性关系。

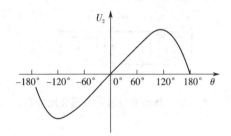

图7.32 输出电压U_2与转角θ关系($k = 0.52$)

7.7 感应同步器

感应同步器是一种高精度位置(角度或位移)检测元件,利用两个绕组的互感随其位置而变化的原理,把位移或转角变换为电信号,以实现位置监测。就基本工作原理而言,与旋转变压器相同,只是结构和运动形式不同。感应同步器具有结构简单、制造方便、工作可靠、精度高等优点,因而在机床数显系统、数控机床闭环伺服系统以及高精度跟踪系统中得到了广泛应用。

7.7.1 分类和结构

感应同步器基本结构形式为圆盘式和直线式,前者测量转角,后者用于测量直线位移。圆盘式感应同步器定、转子皆为圆板形,转子上是连续绕组,定子上为分段绕组(sin 为正弦绕组,cos 为余弦绕组),如图 7.33 所示。

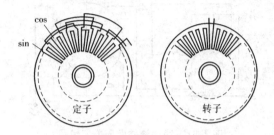

图 7.33　圆盘式感应同步器绕组分布

直线式感应同步器由定尺 1 和滑尺 2 两部分组成,定尺和滑尺都是平板形,互相平行,在两尺的相对表面上都有印刷绕组,其印刷导片相连元件的节距都为 y。定尺为连续绕组,滑尺为分段绕组(sin、cos 绕组),两段绕组相对定子绕组错开 1/4 节距,如图 7.34 所示。

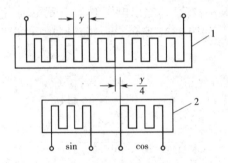

图 7.34　直线式感应同步器绕组分布

7.7.2　工作原理

下面以直线型感应同步器为例进行介绍。当滑尺正弦绕组用一定频率的交流电压励磁时,将产生同频率的交变磁通,这个交变磁通与定子绕组耦合,在定子绕组上感应出同频率的感应电势,感应电势的幅值与两绕组相对位置有关。

当滑尺的正弦绕组 sin 和定尺绕组位置重合时,如图 7.35 所示 A 点,耦合磁通最大,感应电势也最大;当滑尺相对定尺平行移动,感应电势逐渐减少,在刚好错 1/4 节距的位置 B 时,感应电势减为零;再继续移动到 1/2 节距的位置 C 时,得到的感应电势值与 A 的位置相同,但极性相反;移动到 3/4 节距的位置 D 时,感应电势又变为零;在移动整一个节距到位置 E 时,又回到与起始位置 A 完全相同的耦合状态,感应电势为最大。这样,滑尺相对定尺移动了一个节距,定尺上感应电势变化了一个余弦波形,即图 7.35 中的曲线 1。同理,由滑尺余弦绕组 cos 励磁产生的感应电势如图 7.35 中的曲线 2 所示。

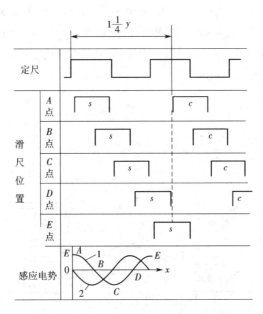

图 7.35　感应电势与定、滑尺相对位置的关系

1—由 sin 励磁的感应电势曲线　2—由 cos 励磁的感应电势曲线

综上所述,定尺绕组的感应电势随滑尺的相对移动呈现周期性变化,定尺绕组的感应电势是一个能反映滑尺相对位移的交变电势。感应同步器就是利用定子绕组感应电势的变化,而进行位移监测的。

7.7.3　输出信号的处理方式

感应同步器测量系统可采用两种励磁方式:一种是以滑尺励磁,由定尺绕组输出感应电势信号;另一种是以定尺励磁,由滑尺绕组输出感应电势信号。目前多采用第一种励磁方式,在信号处理方面又分为鉴相型和鉴幅型两类测量方法。

1. 鉴相型

所谓鉴相型就是根据感应同步器输出电压的相位来监测位移量的一种工作方式。在滑尺的正、余弦绕组上分别供给频率和幅值相同,但相位相差 90° 的正弦励磁电压,即 $u_s = U_m \sin \omega t$,$u_c = U_m \cos \omega t$。

当正弦绕组单独励磁时,定尺绕组的感应电势为

$$e_s = k\omega U_m \cos \omega t \cos \theta_x \tag{7.13}$$

当余弦绕组单独励磁时,定尺绕组的感应电势为

$$e_c = k\omega U_m \sin \omega t \sin \theta_x \tag{7.14}$$

式中:k——电磁耦合系数;

θ_x——滑尺相对定尺在空间的相位角。

根据叠加原理,定尺上总感应输出电压为

$$e = e_s + e_c = k\omega U_m \cos (\omega t - \theta_x) \tag{7.15}$$

由式(7.15)可知,定尺感应输出电压是一个幅值不变、相位随定尺和滑尺相对位置而变化的交流电压。感应输出电压的相位 θ_x 在一个节距 y 内,与定尺、滑尺的相对位移 x 有确定的对应关系。每经过一个节距,θ_x 变化一个周期(即 2π),因此,在一个节距内,位移 x 与 θ_x 的关系应当为

$$\theta_x = \frac{2\pi}{y}x \tag{7.16}$$

把式(7.16)代入(7.15)可得

$$e = k\omega U_m \cos\left(\omega t - \frac{2\pi}{y}x\right) \tag{7.17}$$

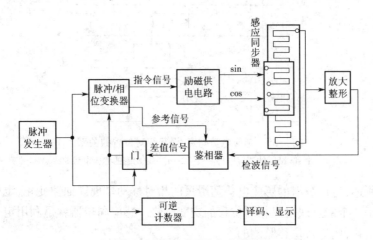

图 7.36　鉴相形测量电路方框图

式(7.17)表明:通过鉴别定尺绕组输出电压的相位,即可测量定、滑尺间的相对位移。图 7.36 是鉴相形测量电路方框图。脉冲发生器发出频率一定的脉冲序列,经脉冲相位变换器进行分频,输出方波参考信号和指令信号。指令信号使励磁供电电路产生振幅和频率相同,而相位差 90° 的正弦信号供给滑尺的正、余弦绕组。定尺绕组上产生的感应电势,经放大整形后变为方波,并和方波参考信号在鉴相器进行比较。鉴相器的输出是感应电势信号与参考信号的相位差。相位差信号和高频脉冲信号一起进入与门电路,由相位差信号控制门的开闭。当相位差为零时,门关闭;当相位差不为零时,门打开,允许高频脉冲信号通过。由此可见,门输出信号的脉冲数与相位差成正比。该脉冲进入可逆计数器计数,并由译码和显示器显示数字。

通过门电路的信号脉冲还送到脉冲相位变换器中,修改参考信号,使之跟随感应电势信号,因而滑尺在继续移动时又有信号输出。

2. 鉴幅型

鉴幅型是根据感应同步器输出电压的振幅变化来检测位移量的一种工作方式。给滑尺的正弦、余弦绕组分别供给频率和相位相同,但幅值不等的正弦励磁电压,即 $u_s = U_m \sin\varphi \sin\omega t$,$u_c = U_m \cos\varphi \cos\omega t$,式中 φ 为励磁电压幅值的电相角。

同理,在定尺绕组上产生的感应电势分别为:

$$e_s = k\omega U_m \sin \varphi \cos \omega t \cos \theta_x \qquad (7.18)$$

$$e_c = k\omega U_m \cos \varphi \sin \omega t \sin \theta_x \qquad (7.19)$$

根据叠加原理,定尺绕组总的感应感应电势为

$$e = e_s + e_c = k\omega U_m \sin (\varphi - \theta_x) \cos \omega t = k\omega U_m \sin \left(\varphi - \frac{2\pi}{y}x\right) \cos \omega t \qquad (7.20)$$

由式(7.20)可以看出,定尺绕组的感应输出电压是一个频率不变,但幅值随相对位移量 x 变化的信号,所以,通过检测定尺感应输出电压的幅值变化,来测得定尺与滑尺之间的相对位移。图 7.37 是鉴幅型测量电路方框图。

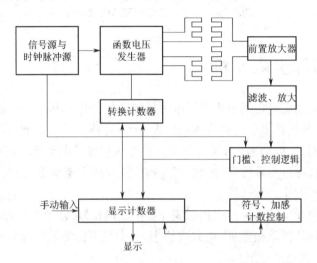

图 7.37　鉴幅型感应同步测量系统框图

当滑尺由初始位置移动 Δx 时,感应电势位移相角变化 $\Delta\theta$,使 $\Delta\varphi = \varphi - \theta_x \neq 0$,$E \neq 0$,当 $\Delta\varphi$ 达到一定值,即感应电势达到一定值时,门槛电路就发出指令脉冲,转换计数器开始计数并控制函数变压器,调节励磁电压幅值的相角 φ,使其跟踪 θ_x。当 $\varphi = \theta_x$ 时,感应电势幅值又下降到门槛电平以下,门槛电路撤销指令脉冲,转换计数器停止计数,所以转换计数器的计数值与滑尺位移相对应,即代表了位移的大小。

7.7.4　感应同步器的应用

图 7.38 为采用直线感应同步器数字式幅值控制的伺服系统。反馈脉冲和进给脉冲互相比较后经数—模转换器转换成模拟量,再经过放大器进行功率放大以驱动直流伺服电机带动工作台运动。

当进给脉冲发来时,进给脉冲与反馈脉冲有差值信号,将使工作台移动,此时 $\theta_x - \varphi \neq 0$,从而在定尺上产生感应电势,且通过电压频率变换器产生一系列频率正比于 $|E|$ 的反馈脉冲。此脉冲一方面作为反馈脉冲与指令脉冲相减;另一方面进入 sin/cos 信号发生器,改变励磁信号相位 φ 的大小,使 φ 随着 θ_x 而变化。当 $\theta_x - \varphi = 0$

即差值信号消失,工作台停止运动。

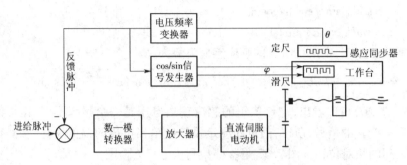

图7.38　数字式幅值控制的伺服系统

7.8　单相异步电动机

单相异步电动机是指用单相交流电源供电的异步电动机,与同容量的三相异步电动机相比较,单相异步电动机的体积较大,运行性能较差。因此,单相异步电动机只作成小容量的,一般功率在1 kW以下。由于单相异步电动机具有电源方便、结构简单、成本低廉、噪声小等优点,因此,还是被广泛应用于电动工具、家用电器、医疗器械等小功率电器上作为原动机。

单相异步电动机的结构与三相鼠笼异步电动机相似,转子为普通鼠笼,定子上通常有两个在空间位置上相差90°电角度绕组,一个是工作绕组(又称主绕组),另一个是启动绕组(又称辅助绕组)。

7.8.1　单相异步电动机的工作原理

1. 单相绕组通电异步电动机的机械特性

定子单相绕组通入单相交流电流将产生脉振磁动势,可以将该脉振磁动势分解为两个幅值相等、转速相同、转向相反的两个圆形旋转磁动势。即在定、转子间将产生两个方向相反的旋转磁场(正向旋转磁场、反向旋转磁场),在正向旋转磁场作用下产生电磁转矩为T^+,在反向旋转磁场作用下产生电磁转矩T^-。T^+企图使转子正转,T^-企图使转子反转,这两个转矩叠加起来就是电动机的合成转矩T。

$n=f(T^+)$及$n=f(T^-)$之间的关系与三相异步电动机的机械特性相同,上述两条曲线的合成即为单相绕组通电异步电动机的机械特性曲线$n=f(T)$,如图7.39所示。

由图可见,单相绕组通电异步电动机有以下几个主要特点。

①当转速为零时,合成电磁转矩为零,即单相绕组异步电动机无启动转矩,不能自行启动。由此可知,三相异步电动机电源断一相时,相当于一台单相异步电动机,故不能启动。

②在外力作用下使电动机转动起来，合成转矩就不为零，即使去掉外力，电动机仍能继续旋转(合成转矩应大于负载转矩)。因此单相异步电动机虽无启动转矩，但一经启动，便可达到某一稳定转速工作，而旋转方向则取决于启动时施加外力的方向。

由此可知，三相异步电动机运行中断一相，电动机仍能继续运转，但由于存在反向转矩，使合成转矩减小，当负载转矩不变时，电动机转速将下降，定、转子电流增加，从而使得电动机温升增加。

③理想空载转速低于同步转速，表明单相绕组异步电动机的额定转差率要高于普通三相异步电动机。

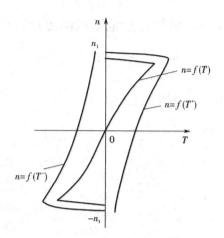

图 7.39　单相绕组异步电动机的机械特性曲线

④由于反向转矩的作用，使合成转矩减小，最大转矩也随之减小，故单相异步电动机的过载能力较低。

2. 两相绕组异步电动机的机械特性

如上所述，单相绕组通电的异步电动机无启动转矩，不能自行启动。因此对单相异步电动机来讲，关键是如何在启动时形成一个旋转磁场，使电机产生启动转矩。仿照前述三相异步电动机产生旋转磁场的分析方法，可分析得出如下结论：在空间不同相的绕组中通以时间不同相的电流，其合成磁动势就是一个旋转磁动势。所以，在实际单相异步电动机的定子上除装有工作绕组外，还有启动绕组。若在两个绕组中通入不同相位的电流，产生正转磁动势 F^+ 和反转磁动势 F^-，由于正、反磁动势幅值不等，且转向相反，所以其合成磁动势是一个幅值变化的椭圆旋转磁动势。

图 7.40 给出了两相绕组异步电动机当主、副绕组中通入不同相位的电流且 $F^+ > F^-$ 时的机械特性。由于 $F^+ > F^-$，则 $T^+ > T^-$，这样，$n = f(T)$ 不经

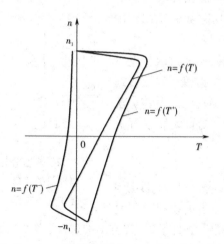

图 7.40　两相绕组异步电动机的机械特性

过坐标原点，可见，当主、副绕组中通入不同相位的电流时，两相绕组异步电动机能产生正向启动转矩。

7.8.2 单相异步电动机的启动和控制

单相异步电动机按照启动方法不同,可分成下列几种主要类型。

7.8.2.1 分相电动机

1.电阻分相电动机

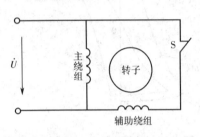

图 7.41 电阻分相电动机的接线图

电阻分相电动机定子上嵌有主、辅两个绕组,并在空间相差 90°电角度,它们接在同一单相电源上,如图 7.41 所示,其中 S 为一离心开关,平时处于闭合状态。辅助绕组一般用较细的导线绕成,以增大电阻(或者在辅助绕组中串入适当的电阻)。由于主、辅绕组的阻抗不同,流过两个绕组的电流的相位就不同,形成椭圆形旋转磁场,从而产生启动转矩。

通常辅助绕组是按短时工作设计的,为避免长期工作而过热,在启动后,当电动机转速达到一定数值时,离心开关 S 自动断开,切除辅助绕组。

由于主、辅绕组的阻抗都是感性的,因此电阻分相电动机两相电流的相位差不大,而产生的旋转磁场椭圆度较大,所以产生的启动转矩较小,启动电流较大。

2.电容分相电动机

电容分相电动机与电阻分相相似,只是在辅助绕组中串入一个电容,若电容器容量选择适当,可使主、辅绕组中的电流相差 90°,得到一个近圆形的旋转磁场,从而获得较大的启动转矩。电动机启动后,通过离心开关 S 切除辅助绕组。由于电容器为短时工作,一般选用交流电解电容器。

如果要实现单相异步电动机的正、反转,可通过改变电容器 C 的串联位置来实现,如图 7.42 所示,即改变 SA 的接通位置,就可改变旋转磁场的方向,从而实现电动机的反转。洗衣机中的单相异步电动机,就是靠定时器中的自动转换开关来实现正、反转的。

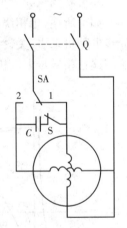

图 7.42 电容分相
电动机的正反
转接线原理图

7.8.2.2 电容运行电动机

电容运行电动机的结构与电容分相相同,只是辅助绕组和电容器能长期工作,实质上是一台两相异步电动机。因为电容器要长期工作,应选用油浸式或金属膜纸介电容器,其容量的选配,主要从运行时能产生接近圆形的旋转磁场,提高电动机运行性能方面考虑。所以电容运行电动机在启动性能方面比电容分相要差些。

如果要使单相异步电动机在启动和运行时都能得到较好的性能,则可采用两个电容器并联后再与辅助绕组串联的接线方式(称为电容启动与运行电动机),如图7.43所示。电容器 C_1 容量较大,C_2 为运行电容,容量小。启动时 C_1、C_2 并联,有较大的启动转矩,启动后切除电容器 C_1,电动机有较好的运行性能。

7.8.2.3 罩极式电动机

罩极式异步电动机的结构有凸极式和隐极式两种,其中以凸极式最为常见,如图7.44所示。

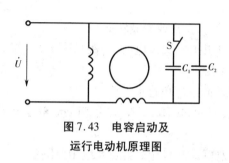

图 7.43 电容启动及
运行电动机原理图

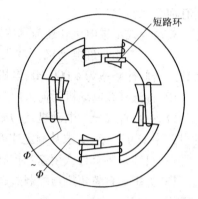

图 7.44 凸极式罩极电动
机的结构示意图

凸极式异步电动机的定子类似直流电动机的定子,在每个凸出极上装有集中绕组,称为主绕组。每个极的极靴上开一个小槽,槽中嵌入短路铜环,一般罩住极靴面积的1/3左右,所以叫罩极式异步电动机。当绕组中通以单相交流电时,产生脉振磁通,一部分通过磁极的未罩部分,一部分通过短路环,后者必然在短路环中产生电流,根据楞次定律,该电流的作用总是阻止磁通变化,这就使通过短路环的磁通滞后于未罩部分磁通一个角度。于是就会在电动机内产生一个类似于旋转磁场的移行磁场,方向由磁极未罩部分向着短路环方向连续移动,从而使转子产生启动转矩。

习　　题

1. 有一台直流伺服电动机,电枢控制电压和励磁电压均保持不变,当负载增加时,电动机的控制电流、电磁转矩和转速如何变化?

2. 直流伺服电动机的控制方式有哪几种? 一般采用哪种控制方式?

3. 若直流伺服电动机的励磁电压一定,当电枢控制电压 $U_c = 100$ V 时,理想空载转速 $n_0 = 3\,000$ r/min;当 $U_c = 50$ V 时,n_0 等于多少?

4. 何谓"自转"现象? 交流伺服电动机是怎样克服这一现象,使其当控制信号消失时能迅速停止?

5. 幅值控制和相位控制的交流伺服电机,什么条件下电机气隙磁动势为圆形旋转磁动势?

6. 为什么直流测速发电机的转速不能超过最高转速? 其负载电阻为什么不能小于规定值?

7. 交流异步测速发电机的输出电压与转速有何关系? 若其转向改变,其输出电压有何变化?

8. 反应式步进电机转速与哪些因素有关? 怎样改变其转向?

9. 一台三相步进电动机,当采用三相单三拍方式供电时,步距角为 1.5°,求转子齿数。若脉冲频率为 4 000 Hz,电机的转速为多少?

10. 直流直线电动机为何采用"双边形"而不用单边形?

11. 一台直线异步电动机,已知电源频率为 50 Hz,极矩 τ 为 10 cm,额定运行时的滑差率 s 为 0.05,试求其额定速度。

12. 自整角机有什么用途? 控制式和力矩式各有什么特点及应用范围?

13. 力矩式自整角机与控制式自整角机控制方式有何不同? 转子的起始位置有何不同?

14. 若一对自整角机定子整步绕组的三根边线中有一根断线,或接触不良,试问能不能同步转动?

15. 简述无刷旋转变压器的结构特点。

16. 正余弦旋转变压器接上负载后输出电压为什么会发生畸变? 如何解决?

17. 简述直线型感应同步器的工作原理。

18. 简述感应同步器输出信号的测量处理方法。

19. 单相电容运转电动机电容器开路,电动机能否启动? 罩极电动机定子上短路铜环开断,电动机能否启动? 为什么?

20. 如图 7.42 所示,为什么改变 SA 的接通方向即可改变单相异步电动机的旋转方向?

21. 单相罩极式异步电动机是否可以用调换电源的两根线端来使电动机反转? 为什么?

22. 三相异步电动机断了一根电源线后,为什么不能启动? 而在运行时断了一线,为什么仍能继续转动? 这两种情况对电动机将产生什么影响?

8

典型生产机械的电气控制

工厂电气设备与生产机械电力拖动电气控制线路主要是以各类电动机或其他执行电器为控制对象。生产机械种类繁多,其拖动方式和控制线路各不相同,在阅读分析各种电气图纸过程中,重要的是要掌握其基本分析方法。本章首先介绍电气图的类型、国家标准及规定画法,然后通过对典型生产机械电气控制线路的实例分析,进一步阐述电气控制系统的分析方法和分析步骤,使读者掌握阅读分析电气控制图的方法,培养读图能力,熟悉常用电气控制系统,为电气控制系统的设计、安装、调试、运行维护打下基础。

8.1 电气控制系统图

电气控制系统是由许多电器元件按照一定要求连接而成的。为了表达生产机械电气控制系统的结构、原理等设计意图,同时也为了便于电气系统的安装、调试、使用和维修,需要将电气控制系统中各电器元件及其连接用一定图形表达出来,这种图就是电气控制系统图。

电气系统图一般有三种,即电气原理图、电器布置图、电气安装接线图。在图上用不同的图形符号表示各种电器元件,用不同的文字符号表示电器元件的名称、序号和电气设备或线路的功能、状况和特征,还要标上表示导线的线号和接点编号等,各种图纸有其不同的用途和规定的画法,下面分别加以说明。

8.1.1 电气控制系统图中的图形符号和文字符号

电气控制系统图中,电器元件的图形符号和文字符号必须有统一的国家标准。我国在 1990 年以前采用国家科委 1964 年颁布的《电工系统图图形符号》(GB312—64)的国家标准和《电工设备文字符号编制通则》(GB315—64)的规定。近年来,各部门都相应引进了许多国外的先进设备和技术,为了适应新的发展需要,为了便于掌握引进的先进技术和国际交流,国家标准局颁布了《电气图用图形符号》(GB4728—84)及《电气制图》(GB6988—87)和《电气技术中的文字符号制订通则》(GB7159—87)。国家规定从1990年1月1日起,电气系统图中的文字符号和图形符号必须符合新的国家标准。

8.1.2　电气原理图

电气系统图中电气原理图应用最多。为便于阅读与分析控制线路,根据简单、清晰的原则,采用电器元件展开的形式绘制而成,它包括所有电器元件的导电部件和接线端点,但并不按电器元件的实际位置来画,也不反映电器元件的形状、大小和安装方式。

由于电气原理图具有结构简单、层次分明,适于研究、分析电路的工作原理等优点,所以无论在设计部门还是生产现场都得到了广泛应用。

现以图8.1所示的某一机床的电气原理图为例来说明电气原理图的规定画法和应注意的事项。

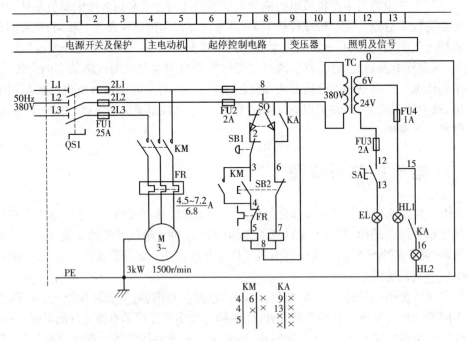

图8.1　某机床电气原理图

1.绘制电气原理图时应遵循的原则

绘制电气原理图时应遵循以下原则。

①原理图一般分主电路和辅助电路两部分。主电路就是从电源到电动机的大电流通过的通路。辅助电路包括控制回路、照明电路、信号电路及保护电路等,由继电

器和接触器的线圈、继电器的触头、接触器的辅助触头、按钮、照明灯、控制变压器等电器元件组成。

②原理图中,各电器元件不画实际的外形图,而采用国家规定的统一标准,文字符号也要符合国家规定。

③原理图中,各个电器元件和部件在控制线路中的位置,应根据便于阅读的原则安排,同一电器元件的各部件根据需要可以不画在一起,但文字符号要相同。

④图中所有电器的触头,都应按没有通电和没有外力作用时的初始开闭状态画出。例如,继电器、接触器的触头按吸引线圈不通电时的状态画,控制器按手柄处于零位时的状态画,按钮、行程开关触头按不受外力作用时的状态画出等。

⑤原理图中,无论是主电路还是辅助电路,各电器元件一般按动作顺序从上到下、从左到右依次排列,可水平布置或者垂直布置。

⑥原理图中,有直接联系的交叉导线连接点,要用黑圆点表示。无直接联系的交叉导线连接点不画黑圆点。

2. 图区的划分

图纸上方的 1、2、3 等数字是图区编号,它是为了便于检索电气线路、方便阅读分析、避免遗漏而设置的。图区编号也可以设置在图的下方。

图区编号下方的"电源开关及保护"等字样,表明对应区域下方元件或电路的功能,使读者能清楚地知道某个元件或某部分电路的功能,以利于理解全电路的工作原理。

3. 符号位置的索引

符号位置的索引用图号、页次和图区编号的组合索引法。索引代号的组成如下:

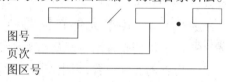

当某一元件相关的各符号元素出现在不同图号的图纸上,而当每个图号仅有一页图纸时,索引代号应简化成如下形式:

当某一元件相关的各符号元素出现在同一图号的图纸上,而该图号有几张图纸时,可省略图号,而将索引代号简化成如下形式:

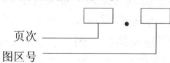

图 8.1 中 KM 线圈及 KA 线圈下方的是接触器 KM 和继电器 KA 相应触头的索引。形式如下：

	KM			KA	
4	6	×		9	×
4	×	×		13	×
5				×	×
				×	×

电气原理图中,接触器和继电器线圈与触头的从属关系应用附图表示。即在原理图中相应线圈的下方,绘出触头的图形符号,并在其下面注明相应触头的索引代号,对未使用的触头用"×"表明,有时也可采用上述省去触头的表示法。

对于接触器,上述表示法中各栏的含义如下：

左栏	中栏	右栏
主触头所在图区号	辅助动合触头所在图区号	辅助动断触头所在图区号

对于继电器,上述表示法中各栏的含义如下：

左栏	右栏
动合触头所在图区号	动断触头所在图区号

4.电气原理图中技术数据的标注

电器元件的数据和型号,一般用小写字体注在电器代号下面,如图 8.2 中就是热继电器动作电流值范围和整定值的标注。

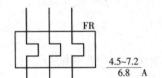

图 8.2　热继电器技术数据标注

8.1.3　电器元件布置图

电器布置图主要是用来表明电气设备上所有电机电器的实际位置,为生产机械电器控制设备的制造、安装、维修提供必要的资料。以机床电器布置图为例,它主要由机床电器设备布置图、控制柜及控制板电器设备布置图、操纵台及悬挂操纵箱电器设备布置图等组成。电器布置图可按电气控制系统的复杂程度集中绘制或单独绘制。但在绘制这类图形时,机床轮廓线用细实线或点画线表示,所有能见到的及需表示清楚的电气设备,均用粗实线绘制出简单的外形轮廓。

8.1.4　电气安装接线图

电气控制线路安装接线图,是为了安装电气设备和电器元件进行配线或检修电器故障服务的。在图中可显示出电气设备中各元件的空间位置和接线情况,可在安装或检修时对照原理图使用。它是根据电器位置布置依合理经济等原则安排的,图 8.3 是根据图 8.1 电气原理图绘制的接线图,它表示机床电气设备各个单元之间的接线关系并标注出外部接线所需的数据。根据机床设备的接线图就可以进行机床电气设备的总装接线。图中中心线框中部件的接线可根据电气原理图进行。对某些较为复杂的电气设备,电气安装板上元件较多时,还可画出安装板的接线图。对于简单设备,仅画出接线图就可以了。实际工作中,接线图常与电气原理图结合起来使用。

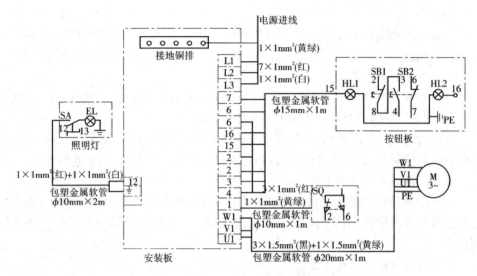

图 8.3　某机床电气接线图

图 8.3 表明了该电气设备中电源进线、按钮板、照明灯、行程开关、电动机与机床安装板接线端之间的连接关系,也标注了所采用的包塑金属软管的直径和长度、连接导线的根数、截面积及颜色。如按钮板与电气安装板的连接,按钮板上有 SB1、SB2、HL1 及 HL2 四个元件,根据图 8.1 电气原理图,SB1 与 SB2 有一端相连为"3",HL1 与 HL2 有一端相连为"地"。其余的 2、3、4、6、7、15、16 通过 7×1 mm^2 的红色线接到安装板上相应的接线端,与安装板上的元件相连。黄绿双色线是接到接地铜排上的。所采用的包塑金属软管的直径为 $\phi15$ mm、长度为 1 m。其他元件与安装板的连接关系这里不再赘述。

8.2　电气控制分析基础

8.2.1　电气控制分析的内容和要求

通过对各种技术资料的分析,掌握电气控制线路的工作原理、技术指标、使用方法、维护要求等。分析的具体内容和要求主要包括以下几方面。

1. 设备说明书

设备说明书由机械(包括液压部分)与电气两部分组成。在分析时首先要阅读这两部分说明书,重点掌握以下内容。

①设备的构造,主要技术指标,机械、液压、气动部分的传动方式和工作原理。

②电气传动方式,电机及执行电器的数目、规格型号、安装位置、用途与控制要求。

③了解设备的使用方法,各操作手柄、开关、旋钮、指示装置的布置以及在控制线路中的作用。

④必须清楚地了解与机械、液压部分直接关联的电器(行程开关、电磁阀、电磁离合器、传感器等)的位置、工作状态及与机械、液压部分的关系,在控制中的作用等。

2. 电气控制原理图

这是控制线路分析的中心内容。电气控制原理图由主电路、控制电路、辅助电路、保护和联锁环节以及特殊控制电路等部分组成。

在分析电气原理图时,必须与阅读其他技术资料结合起来。例如,各种电动机及执行元件的控制方式、位置及作用,各种与机械有关的位置开关,主令电器的状态等,只有通过阅读说明书才能了解。

在原理图分析中还可以通过所选用的电器元件的技术参数,分析出控制线路的主要参数和技术指标,估计出各部分的电流、电压值,以便在调试或检修中合理地使用仪表。

3. 电气设备的总装接线图

阅读分析总装接线图,可以了解系统的组成分布状况,各部分的连接方式,主要电气部件的布置、安装要求,导线和穿线管的规格型号等。这是安装设备不可缺少的资料。

阅读分析总装接线图要与阅读分析说明书、电气原理图结合起来。

4. 电器元件布置图与接线图

这是制造、安装、调试和维护电气设备必需的技术资料。在调试、检修中可通过布置图和接线图方便地找到各种电器元件和测试点,进行必要的检测、调试和维修保养。

8.2.2　电气原理图的阅读分析方法

从说明书中已了解生产设备的构成、运动方式、相互关系以及各电动机与执行电器的用途和控制要求,电气原理图就是根据这些要求设计而成。原理线路图阅读分析的基本原则是:化整为零,顺藤摸瓜,先主后辅,集零为整,安全保护,全面检查。

最常用的方法是查线分析法,即采用化整为零的原则,以某一电动机或电器元件(如接触器或继电器线圈)为对象,从电源开始,自上而下、自左而右,逐一分析其接通断开关系(逻辑条件)并区分出主令信号、联锁条件、保护要求。根据图区坐标标注的检索和控制流程的方法可以方便地分析出各控制条件与输出结果之间的因果关系。

电气原理图的分析方法和步骤如下。

1. 分析主电路

无论线路设计还是线路分析都是先从主电路入手。主电路的作用是保证整机拖动要求的实现。从主电路的构成可分析出电动机或执行电器的类型、工作方式,启动、转向、调速、制动等控制要求和保护要求等内容。

2. 分析控制电路

主电路各控制要求是通过控制电路来实现的,运用"化整为零"、"顺藤摸瓜"的原则,将控制电路按功能不同划分为若干个局部控制线路,从电源和主令信号开始,经过逻辑判断,写出控制流程,以简便明了的方式表达出电路的自动工作过程。

3. 分析辅助电路

辅助电路包括执行元件的工作状态显示、电源显示、参数测定、照明和故障报警等。这部分电路具有相对独立性,起辅助作用但又不影响主要功能。辅助电路中很多部分是受控制电路中的元件控制的。

4. 分析联锁与保护环节

生产机械对于安全性、可靠性有很高的要求,实现这些要求,除了合理地选择拖动、控制方案外,在控制线路中还设置了一系列电气保护和必要的电气联锁。在电气控制原理图的分析过程中,电气联锁与电气保护环节是一个重要内容,不能遗漏。

5. 分析特殊控制环节

在某些控制线路中,还设置了一些与主电路、控制电路关系不密切以及相对独立的某些特殊环节。如产品计数装置、自动检测系统、晶闸管触发电路、自动调温装置等。这些部分往往自成一个小系统,其读图分析的方法可参照上述分析过程并灵活运用所学过的电子技术、变流技术、自控原理、检测与转换等知识逐一分析。

6. 总体检查

经过"化整为零",逐步分析了每一局部电路的工作原理以及各部分之间的控制关系之后,还必须用"集零为整"的方法检查整个控制线路,看是否有遗漏。特别要从整体角度去进一步检查和理解各控制环节之间的联系,以达到正确理解原理图中每一个电器元件的作用、工作过程及主要参数。

8.3 普通车床的电气控制

普通卧式车床是一种应用最为广泛的金属切削机床,主要用来车削外圆、端面、内圆和螺纹,还可以进行钻孔、扩孔、铰孔等。本节以常用的 CA6140 卧式车床为例说明普通车床电气控制系统的分析方法。

8.3.1 主要结构及运动情况

1. 主要结构

如图 8.4 所示,卧式车床主要由床身、主轴箱、挂轮箱、进给箱、溜板箱、刀架、尾座、光杆和丝杠等部分组成。

2. 运动情况

车床的主运动为工件的旋转运动,由主轴通过卡盘或顶尖带动工件旋转。由于工件的材料、工件尺寸、车刀、加工方式及冷却条件等不同,要求的切削速度也不同,

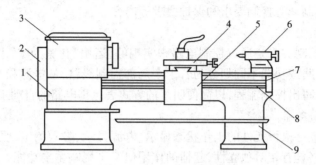

图 8.4　普通车床的结构示意图

1—进给箱　2—挂轮箱　3—主轴变速箱　4—溜板与刀架　5—溜板箱
6—尾座　7—丝杠　8—光杆　9—床身

这就要求主轴要有相当大的调速范围,卧式车床的调速范围一般大于 70。为适应加工螺纹的需要,要求主轴实现正反转运行。

车床的进给运动为刀架的纵向与横向直线运动。纵向与横向进给运动可由主轴箱的输出轴,经挂轮箱、进给箱、光杆传入溜板箱获得,也可手动实现。加工螺纹时,工件的旋转速度与刀架的进给速度应有严格的比例关系。

车床的辅助运动为溜板箱的快速移动、尾座的移动和工件的夹紧与松开。

8.3.2　电力拖动与电气控制要求

根据车床的加工工艺要求,电力拖动与控制应满足以下要求。

①为保证主运动与进给运动的严格比例关系,两者采用一台电动机拖动,而且从经济性、可靠性出发,主拖动电动机选用三相鼠笼异步电动机。

②为满足调速的要求,采用机械变速,主拖动电动机与主轴之间用齿轮箱连接。有的车床采用机电联合调速,即用多速鼠笼异步电动机与变速箱结合进行调速。对于重型或超重型车床,为实现无级变速,主轴往往采用直流电动机拖动。

③为车削螺纹,主轴要求正反转。有的车床采用机械方法实现,有的小型车床采用主电动机正反转来实现。

④主拖动电动机一般采用直接启动。当电动机容量较大时,常采用星形—三角形降压启动。

⑤车削加工时,刀具与工件都可能产生高温,应设一台冷却泵。冷却泵电动机只需要单向旋转,但冷却泵电动机应在主拖动电动机启动后方可启动,当主拖动电动机停止时,冷却泵电动机应自动停止。

⑥为了提高生产效率,减少工人劳动强度,车床刀架的快速移动由一台电动机单独拖动。有些小型车床采用手动。

⑦应有必要的保护环节及信号电路。

⑧需有由安全电压供电的局部照明电路。

8.3.3 CA6140 卧式车床的电气控制

如图 8.5 所示为 CA6140 卧式车床的电气控制线路图。电源经断路器 QF 引入机床。M1 为主拖动电动机，M2 为冷却泵电动机，M3 为刀架快速移动电动机。

1. 主拖动电动机的控制

先用钥匙旋转电源开关锁 SQ2，再合上 QF 接通电源，按下按钮 SB1，接触器 KM1 得电吸合并自锁，主轴电动机 M1 启动；按下按钮 SB2，KM1 断电，主轴拖动电动机 M1 停止，此按钮按下后即行锁住，右旋后方能复位。

2. 快速电动机的控制

如果要快速移动溜板，可将操作手柄扳到需要的方向，按下快速移动按钮 SB3，KM3 得电，其主触点闭合，M3 旋转。该电动机靠按钮 SB3 点动操作，放开 SB3，M3 停止。

3. 冷却泵电动机的控制

当主拖动电动机 M1 开始运行后，接触器 KM1 的辅助触点闭合，此时合上 SA1 方可让 KM2 得电，使冷却泵电动机 M2 启动。

4. 照明及指示电路

照明电路由控制变压器供给交流 24 V 安全电压，经照明开关 Q 控制照明灯 EL。指示电路由变压器供给 6 V 电压，指示灯 HL 作为电源指示，当机床引入电源后 HL 亮。

5. 保护环节

熔断器 FU1、FU2 作为各部分的短路保护；热继电器 FR1、FR2 分别为电动机 M1、M2 的过载保护；断路器 QF 对机床供电回路实现总的保护。

为了保护人身安全，通过行程开关 SQ1、SQ2 进行断电保护。当 SA2 左旋打开电器控制盘壁笼门时，SQ2 行程开关闭合，QF 自动断开；当打开主轴箱后，SQ1 断开，使主拖动电动机停止，以确保人身安全。

当需要打开控制壁笼门进行带电维修时，只要将 SQ2 的传动杆拉出，QF 仍可合上。关上壁笼门后，SQ2 复原，保护作用正常。

8.4 铣床的电气控制

铣床可用来加工各种形状的表面，如平面、成形面、沟槽等，甚至还可加工回转体。铣床的效率很高。铣床按结构形式和加工特点不同，可分为立式铣床、卧式铣床、龙门铣床、仿形铣床和各种专用铣床。

铣床所用的切削刀具为各种形式的铣刀。铣床的主运动是刀具的旋转运动；进给运动在大多数铣床上是由工件在垂直铣刀轴线方向的直线移动来实现的。为了调整铣刀与工件的相对位置，工件或铣刀可在三个相互垂直的方向上作调整运动。而且根据加工要求，可在其中的任何一个方向上作进给运动，下面以 X62W 型万能升降

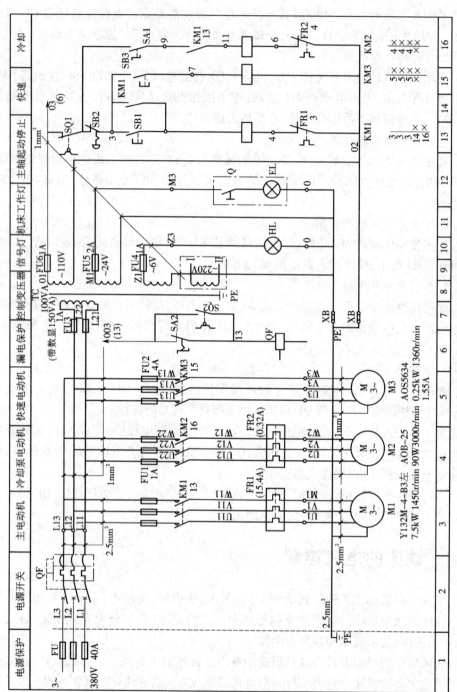

图8.5 CA6140 卧式车床的电气控制线路图

台铣床为例加以介绍。

8.4.1　铣床结构外形与运动形式

铣床结构外形如图 8.6(a)所示。箱形的床身 1 内装有主轴传动机构及主轴变速操纵机构,在床身的顶部有水平导轨,其上装着带有一个或两个刀杆支架的悬梁 2。刀杆支架 3 上安装与主轴 4 相连的刀杆及铣刀,以进行切削加工。顺铣时刀具为一转动方向,逆铣时刀具为另一转动方向,在床身的前方有升降导轨 7,一端悬持的升降台 6 可沿导轨作上下移动,带动工作台 5 完成垂直方向的进给;升降台 6 上的水平工作台还可在左右(纵向)方向上移动进给以及在平行于主轴线的方向(横向)移动进给。回转工作台可单向转动。进给电动机经机械传动链传动,通过机械离合器在选定的进给方向驱动工作台移动进给。进给运动传递示意如图 8.6(b)所示。

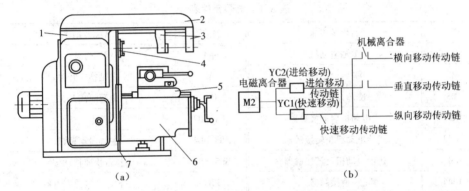

图 8.6　铣床结构及运动简图

(a)铣床结构外形图　(b)运动传递简图

1—床身(立柱)　2—悬梁　3—刀杆支架　4—主轴　5—工作台　6—升降台　7—升降导轨

8.4.2　X62W 型铣床的电力拖动特点及控制要求

X62W 型铣床的电力拖动特点及控制要求的具体内容如下。

①铣床主轴的旋转运动为主运动,主轴电动机 M1(功率 7.5 kW)空载时直接启动,为满足顺铣和逆铣两种工作方式,要求主轴能正反转,采用电磁制动器控制主轴停车制动和主轴上刀制动,主轴电动机 M1 可在两处进行启停操作。

②铣床工作台的进给运动,由电动机 M2 拖动,直接启动。为满足工作台在三个相互垂直方向上的进给运动,要求 M2 能正反转,工作台还可在三个相互垂直方向上的快速直线移动,铣床的纵向进给能实现自动循环,并由手柄操作机械离合器选择进给运动的方向。

③铣床在铣削加工时,为提高生产率,发挥机床潜力,在小进给量时用高速铣削,反之用低速铣削。这就要求主传动系统能够调速,而且在各种铣削速度下保持功率不变,这就是铣床主轴的恒功率调速的要求。为此,主轴电动机采用鼠笼异步电动机,经齿轮变速箱拖动主轴。主轴运动和进给运动的速度都可以通过机械方法调节,

采用变速孔盘选择较合适的速度。变换速度时,主轴电动机和进给电动机都能作瞬时冲动,以使变速齿轮易于啮合。

④具有可靠的电气联锁与保护环节:(a)只有在主轴电动机已经启动的情况下,才能开动工作台的进给和快速运动,否则将造成设备事故;(b)主轴电动机的接触器一旦失电释放,进给电动机的接触器也要失电释放;(c)操作手柄和开关能使工作台六个方向的进给和快速运动,但在同一时刻只能选择其中之一。

8.4.3 X62W 型铣床的电气控制

图 8.7 是 X62W 型铣床电气控制电路图。图中所用电器元件符号及功能说明见表 8.1。

表 8.1 电器元件表

符号	名称及用途	符号	名称及用途
M1	主轴电动机	SA4	照明灯开关
M2	进给电动机	SA5	主轴换向开关
M3	冷却泵电动机	QS	电源隔离开关
KM1	主电动机启动接触器	SB1,SB2	主轴停止按钮
KM2	进给电动机正转接触器	SB3,SB4	主轴启动按钮
KM3	进给电动机反转接触器	SB5,SB6	工作台快速移动按钮
KM4	快速接触器	FR1	主轴电动机热继电器
SQ1	工作台向后进给行程开关	FR2	进给电动机热继电器
SQ2	工作台向左进给行程开关	FR3	冷却泵热继电器
SQ3	工作台向前、向下进给行程开关	FU1—FU8	熔断器
SQ4	工作台向后、向上进给行程开关	TC	变压器
SQ6	进给变速瞬时点动开关	U	整流器
SQ7	主轴变速瞬时点动开关	YB	主轴制动电磁制动器
SA1	工作台转换开关	YC1	快速进给电磁离合器
SA2	主轴上刀制动开关	YC2	进给传动电磁离合器
SA3	冷却泵开关	EL	照明灯

8.4.3.1 主拖动控制电路分析

1. 主轴电动机的启动控制

图 8.7 中主轴电动机 M1 空载直接启动,启动前,由组合开关 SA5 预选电动机的转向,控制电路中选择开关 SA2 选定电动机为正常工作方式,即 SA2—1 触头闭合,SA2—2 触头断开,然后按动按钮 SB3 或 SB4,KM1 线圈得电吸合,其主触头接通 M1 电路,实现 M1 按给定方向启动旋转;按下停止按钮 SB1 或 SB2,主轴电动机 M1 停

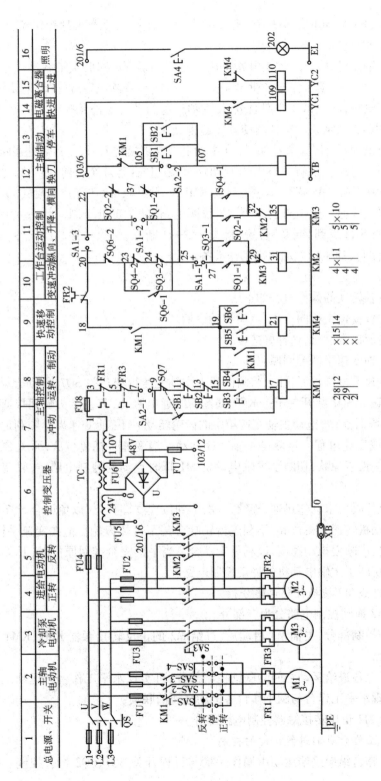

图 8.7 X62 W 型铣床电气控制电路图

转。SB3 或 SB4 与 SBl 或 SB2 分别位于两个操作板上,以实现两地操作控制。

2. 主轴电动机制动及换刀制动控制

为使主轴能迅速停车,控制电路采用电磁制动器 YB 构成主轴制动停车控制环节,如图8.7所示。按下停车按钮 SBl 或 SB2,KM1 线圈断电释放,主轴电动机 M1 断开三相交流电源;同时,YB 线圈通电,使主轴迅速制动。当松开按钮 SB1 或 SB2 时,YB 线圈断电,制动结束。这种制动方式迅速、平稳。

为防止主轴意外转动发生事故,在主轴上刀或更换铣刀时,主轴需处在断电停车和制动状态。电路上设有主轴上刀制动环节,在主轴上刀换刀前,将 SA2 扳到"接通"位置,触头 SA2—1 断开,使主轴启动 KMl 线圈断电,M1 不能启动旋转;另一触头 SA2—2 闭合,接通主轴电磁制动器 YB 线圈电路,使主轴处于制动状态。上刀换刀结束后,再将 SA2 扳到"断开"位置,触头 SA2—2 断开,解除主轴制动状态,同时,触头 SA2—1 闭合,为主轴电动机启动作准备。

3. 主轴的变速冲动控制

变换主轴转速的操作过程如下。

①将主轴变速手柄向下压,然后拉动手柄。

②旋转变速数字盘,选择好速度。

③将主轴变速手柄推回原位。

在把变速手柄推回原位时,将瞬间压下主轴变速行程开关 SQ7,使动合触头 SQ7 闭合,动断触头 SQ7 断开。于是 KM1 线圈瞬间通电吸合,其主触头瞬间接通主轴电动机 M1 作瞬时点动,拖动主轴变速箱中的齿轮转动一下,使变速齿轮顺利地滑入啮合位置,完成变速过程。这就是主轴变速冲动。当变速手柄复位后,开关 SQ7 就不再受压,触头恢复原状,切断了主轴电动机 M1 瞬时点动的控制电路,主轴变速冲动一次结束。

手柄复位时要求动作迅速、连续,一次不到位应立即拉出,以免压合 SQ7 时间过长,主轴电动机转速升得过高,不利于齿轮啮合甚至打坏齿轮。但在变速手柄推回,接近原位时,应减慢推动速度,以利齿轮啮合。当手柄完全推回原位时,开关 SQ7 又恢复原状,切断了主轴电动机的冲动控制电路。

8.4.3.2 进给 M2 拖动控制电路分析

进给 M2 拖动控制电路分为三部分。

①顺序控制部分,主轴 M1 启动后,进给 M2 的正反转接触器 KM3、KM4 线圈才能得电吸合;

②工作台各进给运动之间的联锁控制部分,可实现水平工作台各运动之间的联锁,也可实现水平工作台与圆工作台各运动之间的联锁;

③进给 M2 正反转接触器控制电路部分。

1. 水平工作台纵向进给运动的控制

水平工作台纵向进给运动由操作手柄与行程开关 SQ1、SQ2 组合控制。纵向操作手柄有左、右两个工作位和一个中间不工作位。扳动该手柄,在完成相应的机械挂挡同时,压合相应的行程开关,使接触器 KM2(或 KM3)通电吸合,启动进给电动机 M2 正转(或反转),拖动工作台按预定方向运动。水平工作台纵向进给运动的控制过程如表8.2 所示。

表 8.2　工作台纵向进给运动过程

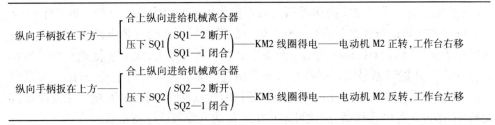

纵向操作手柄扳到中间位置时,纵向机械离合器脱开,行程开关都处于未被压下的原始状态。M2 不转动,工作台停止移动。工作台两端装有限位撞块,当工作台运行到终端位置时,撞块撞击手柄,使其回到中间位,工作台终端停车实现了限位保护。

2. 水平工作台横向和升降进给运动控制

通过十字复式手柄和行程开关 SQ3、SQ4 组合控制,操作手柄有上、下、前、后四个工作位和一个中间不工作位。扳动该手柄到选定运动方向的工作位,就可接通该运动方向的机械传动链,在电气上(见图 8.7)压下了行程开关 SQ3 或 SQ4,其动合触头 SQ3 或 SQ4 闭合,使接触器 KM2 或 KM3 线圈通电吸合,M2 转动,拖动工作台在相应方向上移动;而动断触头 SQ3 或 SQ4 断开,起相应的联锁控制。水平工作台横向和垂直方向进给过程如表 8.3 所示。

表 8.3　工作台横向和垂直方向进给过程

	合上垂直进给机械离合器			
十字复合手柄扳在下方——	压下 SQ3	(SQ3—2 断开 / SQ3—1 闭合)	——KM2 线圈得电——电动机 M2 正转,工作台上移	
十字复合手柄扳在上方——	合上垂直进给机械离合器 压下 SQ4	(SQ4—2 断开 / SQ4—1 闭合)	——KM3 线圈得电——电动机 M2 反转,工作台下移	
十字复合手柄扳在前方——	合上横向进给机械离合器 压下 SQ3	(SQ3—2 断开 / SQ3—1 闭合)	——KM2 线圈得电——电动机 M2 正转,工作台前移	
十字复合手柄扳在后方——	合上横向进给机械离合器 压下 SQ4	(SQ4—2 断开 / SQ4—1 闭合)	——KM3 线圈得电——电动机 M2 反转,工作台后移	

十字复式操作手柄扳回中间位置时,横向和垂直方向的机械离合器脱开,图8.7中 SQ3、SQ4 不再受压而复位,动合触头 SQ3 或 SQ4 断开,KM2 或 KM3 线圈断电释放,电动机 M2 停止旋转,工作台向前进给停止。

3. 水平工作台进给运动的联锁控制

工作台六个方向的运动,在同一时刻只容许一个方向有进给运动,这就需要进行互锁。图8.7 控制线路中采用机械与电气方法实现。机械方法使用两套操作手柄(纵向操作手柄和十字复式操作手柄),每个操作手柄的每个位置只有一种操作。

电气方法是由行程开关 SQ1—SQ4 各自的动断触头连成互锁电路来实现的。纵向操作手柄控制的 SQ1、SQ2 的动断触头串联在一条支路上,而十字复式操作手柄控制的 SQ3、SQ4 的动断触头串联在另一条支路上。扳动任一操作手柄,只能切断其中一条支路,则另一条支路仍能正常通电。若同时扳动两个操作手柄,则两条支路都被切断,工作台立即停止移动,这就可防止机床运动干涉造成设备事故。

4. 水平工作台的快速移动

水平工作台选定进给方向后,可通过电磁离合器 YC1 接通快速移动传动系统,实现工作台空行程的快速移动。采用手动控制,如图 8.7 所示,按下 SB5 或 SB6,KM4 线圈得电吸合,其动断触头断开,使正常进给电磁离合器 YC2 线圈失电,断开正常进给传动系统;KM4 动合触头闭合,使快速进给电磁离合器 YC1 线圈得电,接通快速移动传动系统,水平工作台沿选定进给方向快速移动。松开 SB5 或 SB6,KM4 线圈失电,YC1 线圈失电,YC2 线圈得电,恢复水平工作台的工作进给。

5. 圆工作台进给运动的控制

为进行弧形加工,由进给电动机经传动机构驱动圆工作台的回转运动。图8.7中 SA1 开关为水平工作台与圆工作台的选择开关。

圆工作台工作时,首先将转换开关 SA1 扳到"圆工作台"位置,SA1—1、SA1—3 两触头打开,SA1—2 触头闭合。工作台六个方向的进给运动都停止,按下主轴启动按钮 SB3 或 SB4,KM1 线圈通电吸合,KM1 动合主触头闭合,主轴电动机 M1 启动旋转。同时,KM1 动合辅触头闭合,接通圆工作台控制电路,接触器 KM2 线圈经 SQ1—SQ4 行程开关的动断触头 SQ7—2→SQ4—2→SQ3—2→SQ1—2→SQ2—2→SA1—2→KM2 线圈通电吸合,KM2 主动合触头闭合,于是进给电动机 M2 启动正转,拖动圆工作台单方向回转。此时,工作台两个进给操纵手柄均置于中间位置。水平工作台不动,只拖动圆工作台回转。

6. 水平工作台的变速冲动

水平工作台的变速冲动原理与主轴变速冲动一样,变速手柄拉出后,选择好速度,再将变速手柄复位,在复位过程中瞬时压动 SQ6,图 8.7 中动合触头 SQ6 闭合,KM2 线圈得电,KM2 动合触头闭合,M2 转动。动断触头 SQ6 断开,切断 KM2 线圈的自保持电路。变速手柄复位后,松开 SQ6。

手柄复位时要求动作迅速、连续,若一次不到位应立即拉出,再重复瞬时点动操作,直到实现齿轮处于良好啮合状态,进入正常工作。

8.4.3.3 冷却泵与机床照明的控制

冷却泵电动机 M3 通常在铣削加工时由转换开关 SA3 操作,如图 8.7 所示。当扳至"接通"位置时,M3 启动旋转,拖动冷却泵,送出冷却液,供铣削加工冷却用。

机床局部照明由变压器 TC 输出 24 V 电压供给,由开关 SA4 控制照明灯 EL。

8.4.3.4 控制电路的联锁

控制电路的联锁概括为以下三点。

①进给运动与主运动的顺序联锁。

②工作台六个运动方向间的联锁。

③水平工作台与圆工作台间的联锁。

8.4.3.5 X62W 铣床的控制特点和常见故障分析

1. 电气控制特点

①采用电磁摩擦离合器的传动装置,实现主轴电动机的停车制动和主轴上刀时的制动及对工作台的工作进给与快速进给的控制。

②主轴变速和进给变速均设有冲动环节。

③进给电动机的控制采用机械挂挡与电气开关联动的手柄操作,而且操作手柄扳动方向与工作台运动方向一致,直观性好。

④工作台上下左右前后六个方向均具有联锁保护。

2. 常见故障分析

下面就这些电气控制来分析该铣床的常见故障。

1)主轴停车制动效果不明显或无制动

制动效果不明显故障主要原因在于:按下停止按钮时间太短,松手过早;可能未将停止按钮按到位,导致 YB 线圈无法通电而无制动;可能整流输出直流电压偏低,使制动效果差;或者由于 YB 线圈断线,造成主轴无制动。

2)主轴变速和进给变速时无变速冲动

由于主轴变速冲动开关 SQ7 或进给变速冲动开关 SQ6 在频繁压合下,开关位置改变以致压不上,甚至开关底座被撞碎或 SQ7、SQ6 触头接触不良,无法接通 KM2,都将造成主轴变速与进给变速时无瞬时冲动。

3)工作台控制电路的故障

这一部分电路故障较多,如:工作台能够左右运动,但无垂直与横向运动。既然能左右运动则说明进给电动机 M2 及 KM3、KM4 都运行正常,但操作横向垂直操纵手柄无运动,这可能是由该手柄压合的行程开关 SQ3 或 SQ4 压合不上,也可能是 SQ1 或 SQ2 在纵向操纵手柄扳回中间位置后不能复位。有时,进给变速冲动开关 SQ6 损坏,其动断触头 SQ6 闭合不上,也会出现上述故障。

8.5 磨床的电液控制

磨床是利用砂轮的周边或端面对工件的外圆、内圆、平面、端面、螺纹及球面等进行磨削加工的一种精密机床。

磨床的种类很多,有外圆磨床、内圆磨床、平面磨床、工具磨床、无心磨床及各种专用磨床。本节以常用的 M7130 平面磨床为例,介绍其电气及液压控制。

8.5.1 主要结构及运动情况

1. 主要结构

图 8.8 为 M7130 平面磨床的结构示意图。平面磨床主要由床身、工作台、电磁吸盘、砂轮架、滑座及立柱等部分组成。

床身中装有液压系统,立柱固定在床身上,滑座安装在立柱的垂直导轨上,在滑座的水平导轨上安装砂轮架,砂轮架由装入式电动机直接拖动,工作台上有 T 形槽,用来安装电磁吸盘或直接安装大型工件。

2. 运动情况

平面磨床的主运动为砂轮的旋转运动。平面磨床的进给运动有:工作台带动工件的纵向往返进给、砂轮架间断性的横向进给以及砂轮架连同滑座沿立柱垂直导轨间断性的垂直进给。

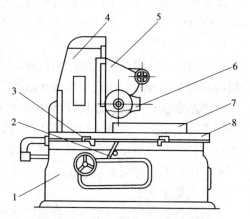

图 8.8 M7130 平面磨床结构示意图
1—床身 2—工作台往复运动换向手柄
3—工作台换向撞块 4—立柱 5—滑座
6—砂轮架 7—电磁吸盘 8—工作台

工作台每完成一次往返进给运动,砂轮架作一次间断性的横向进给,当加工完整个平面后,砂轮架作一次间断性的垂直进给。

平面磨床的辅助运动有:砂轮架在滑座的水平导轨上作快速横向移动、滑座在立柱的垂直导轨上作快速垂直移动等。

8.5.2 对电气、液压控制的要求

1. 对液压系统的要求

①平面磨床是一种精密的加工机床,为了保证加工精度,使其运行平稳,工作台换向惯性小、无冲击。因此,工作台的纵向往返进给运动采用液压传动,直接通过工作台上的撞块操纵床身上的液压换向机构,实现工作台的换向和自动往返进给。

②由于工作台的纵向往返进给运动与砂轮架的横向进给运动联系紧密,即工作

台完成一次往返进给运动,砂轮架作一次间断性的横向进给。因此,砂轮架横向进给也采用液压传动。另外,砂轮架的快速横向移动也用液压传动。

③通过液压系统来实现工作台导轨的润滑。

2. 对电气控制的要求

①为使砂轮有较高的转速,砂轮电动机采用两极(理想空载转速为 3 000 r/min)的鼠笼异步电动机拖动。砂轮电动机只要求单方向旋转且不需调速。

②液压系统专门用一台液压泵电动机拖动,只要求单向旋转。

③磨削加工中温度高,为减少工件的热变形,必须使工件得到充分的冷却,同时应及时冲走磨屑和砂粒,以保证磨削精度。因此,必须有一台冷却泵电动机。

④冷却泵电动机应随砂轮电动机的启动而启动。若加工中不需要切削液,可单独关断冷却泵电动机。

⑤为方便安装和加工小工件,为了工件在加工过程中发热能自由伸缩,平面磨床采用电磁吸盘来吸持工件。

⑥在正常加工中,若电磁吸盘吸力不足或消失,砂轮电动机与液压泵电动机应立即停止工作,以防止工件被砂轮打飞而发生人身和设备事故。不加工时,在电磁吸盘不工作的情况下,允许砂轮电动机与液压泵电动机工作,以便磨床作调整。

⑦电磁吸盘具有吸牢工件的正向励磁、松开工件的断开励磁以及为抵消剩磁便于取下工件的反向励磁环节。

⑧具有完善的保护环节、工件退磁环节和安全照明电路。

8.5.3　M7130 平面磨床电气控制

图 8.9 为 M7130 平面磨床电气控制线路图。电气设备安装在床身后部的壁笼盒内,控制按钮安装在床身前部的电气操纵盒上。

8.5.3.1　电动机的控制

1. 主电路

砂轮电动机 M1、冷却泵电动机 M2 由接触器 KM1 控制,其中 M2 经过 X1 插座可实现单独关断。液压泵电动机 M3 由接触器 KM2 控制。

三台电动机共用熔断器 FU1 实现短路保护。M1 和 M2 由热继电器 FR1、M3 由热继电器,FR2 实现过载保护。

2. 控制电路

电动机控制电路的控制电源为 380 V。由按钮 SB1、SB2 控制接触器 KM1 线圈的得电与断电,从而实现砂轮电动机 M1 的启动与停止。由 SB3、SB4 控制 KM2 的得电与断电,实现液压泵电动机 M3 的启动与停止。两者独立操作控制,但都必须在电磁吸盘 YH 工作且欠电流继电器 KA 吸合,触点 KA(3—4)闭合,或 YH 不工作,但转换开关 SA1 处于"去磁"位置,触点 SA1(3—4)闭合后方可启动运行。

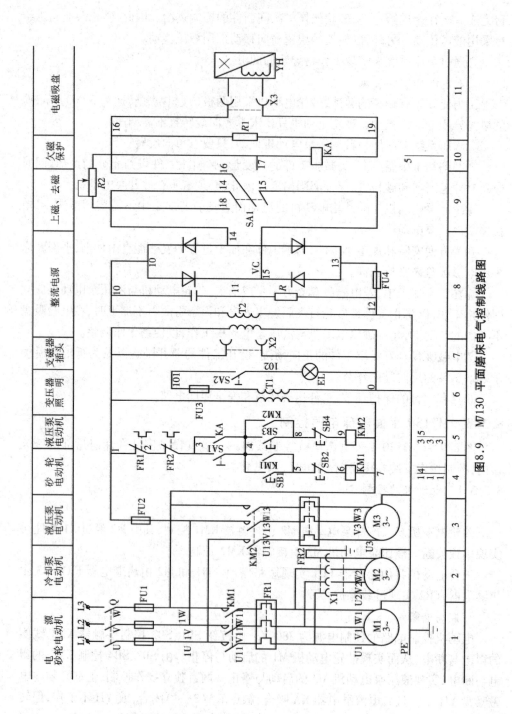

图8.9 M7130 平面磨床电气控制线路图

8.5.3.2 电磁吸盘的控制

1.电磁吸盘结构及工作原理

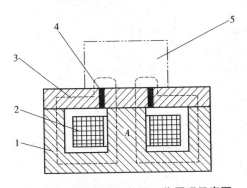

图 8.10 电磁吸盘结构及工作原理示意图

1—钢制吸盘体　2—线圈　3—钢制盖板

4—隔离层　5—工件

电磁吸盘的外形有长方形和圆形两种,M7130 平面磨床使用长方形电磁吸盘。图 8.10 为长方形电磁吸盘的结构及工作原理示意图。图中,1 为钢制吸盘体,在它的中部凸起的芯体上绕有线圈 2,钢制盖板 3 被绝缘材料 4 隔开。在线圈 2 中通入直流电时,芯体磁化,磁力线经盖板、工件、吸盘体、芯体构成闭合磁路(图中虚线部分所示),将工件吸住。盖板中的隔磁层由铅、铜及巴氏合金等非磁性物质制成,其作用是使绝大多数磁力线都通过工件再回到吸盘体,

而不致直接通过盖板回到吸盘体,以增强对工件的吸持力。

2.电磁吸盘控制电路

电磁吸盘控制电路由整流、控制和保护三部分组成。

整流部分由变压器 T2 与桥式全波整流器 VC 组成,输出 110 V 直流电压对电磁吸盘供电。

控制部分通过操作转换开关 SA1 实现。SA1 有"充磁""断电"和"去磁"三个位置。当 SA1 处于"充磁"位置时,SA1 触点(14—16)、(15—17)接通;当 SA1 处于"去磁"位置时,触点(14—18)、(15—16)、(3—4)接通;当 SA1 处于"断电"位置时,SA1 所有的触点都断开。

当 SA1 处于"充磁"位置时,电磁吸盘 YH 获得 110 V 直流电源,其极性是 19 端为正,16 端为负,同时欠电流继电器 KA 与 YH 串联,若电磁吸盘充磁电流足够大,KA 动作,其触点(3—4)闭合,说明电磁吸盘吸力足够将工件吸牢,这时才能启动 M1、M2 电动机进行磨削工作。加工结束,为了便于取下工件,若对工件去磁,此时应将 SA1 从"充磁"位置扳到"去磁"位置。

当 SA1 处于"去磁"位置时,电磁吸盘 YH 通入反向电流,即 16 端为正,19 端为负,并在电路中串入可变电阻 $R2$,用以限制并调节去磁电流大小,达到既去磁又不被反向磁化的目的。去磁结束将 SA1 扳到"断电"位置,便可取下工件。若对去磁要求严格,在取下工件后,还要用交流退磁器进行处理。交流退磁器是平面磨床的一个附件,使用时只要将交流退磁器插头插在插座 X2 上,再将工件放在退磁器上即可。

交流退磁器的结构及工作原理如图 8.11 所示。铁芯 1 由硅钢片制成,在其上套有线圈 2,铁芯柱上装有软钢制成的极靴 3,两极靴之间为隔磁层 4。使用时,线圈通入交流电,在铁芯和极靴上产生交变磁通,将工件放在极靴上往复移动若干次,工件

即可退磁。

3. 电磁吸盘的保护

1)电磁吸盘的欠电流保护

为了防止磨床在磨削过程中断电或吸盘电流减小，使电磁吸盘失去吸力或吸力减小，造成工件飞出，引起工件损坏或人身事故，所以在电磁吸盘电路中串入欠电流继电器 KA，只有当直流电源符合设计要求、吸盘具有足够吸力时，KA

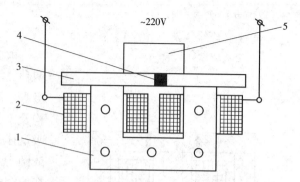

图 8.11　交流退磁器的结构及工作原理示意图
1—铁芯　2—线圈　3—极靴　4—隔离磁层　5—工件

才吸合，触点 KA(3—4)闭合，为启动 M1、M2、M3 进行加工作准备。否则，不能开动磨床进行加工。若已在磨削加工中，出现电磁吸盘电路电流减小或消失，触点 KA(3—4)断开，KM1、KM2 线圈断电，M1、M2、M3 立即停止，避免事故发生。

2)电磁吸盘的过电压保护

电磁吸盘线圈匝数多，电感大，当线圈断电时，在线圈两端将产生高电压，使线圈绝缘及其他电器设备损坏。所以在线圈两端并联了 R1 作为放电电阻，以吸收线圈储存的能量。

3)电磁吸盘的短路保护

电磁吸盘短路保护是用装在整流变压器 T2 二次侧的 FU4 来实现的。

4)整流装置的过电压保护

交流电路产生过电压和直流侧电路通断时，都会在变压器 T2 的二次侧产生浪涌电压，所以在 T2 的二次侧并联 R、C 串联支路，以实现过电压保护。

8.5.3.3　照明电路

照明电路由变压器 T1 将 380 V 降为 24 V 安全电压供电，用开关 SA2 控制照明灯 EL 的通断。在 T1 的二次侧装有熔断器 FU3 作短路保护。

8.6　起重机械的电气控制

8.6.1　概述

8.6.1.1　用途和类型

起重机是专门用来起吊和短距离搬移重物的一种生产机械，通常也称为吊车、行车或天车。它广泛应用于工矿企业、车站、港口、仓库、建筑工地等场所，以完成各种繁重任务，改善人们的劳动条件，提高劳动生产率，是现代化生产不可缺少的工具之一。

按其结构的不同，起重机可分为桥式起重机、门式起重机、塔式起重机、旋转起重机及缆索起重机等。其中以桥式起重机的应用最为广泛并具有一定的代表性。

起重机按起吊的重量可划分为三级:小型 5~10 t,中型 10~50 t,重型 50 t 以上。

本节主要分析应用最广泛的桥式起重机的控制线路。

8.6.1.2 桥式起重机的结构及运动情况

桥式起重机由桥架以及装有提升机构的小车、大车移行机构和操纵室等几部分组成,其结构如图 8.12 所示。

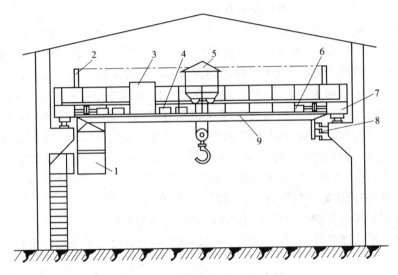

图 8.12 桥式起重机结构示意图

1—驾驶室 2—辅助滑线架 3—交流磁力控制盘 4—电阻箱 5—起重小车 6—大车拖动电动机与传动机构 7—端梁 8—主滑线 9—主梁

1. 桥架

桥架是桥式起重机的基本构件,是由主梁 9、端梁 7 等几部分组成。主梁跨架在车间上空,其两端联有端梁,主梁外侧装有走台并设有安全栏杆。桥架上装有大车移行机构 6、交流磁力控制盘 3、电阻箱 4、起吊机构、小车运行道轨以及辅助滑线架 2。桥架的一头装有驾驶室 1,另一头装有引入电源的主滑线 8。

2. 大车移行机构

大车移行机构是由驱动电动机、制动器、传动轴、减速器和车轮等几部分组成。其驱动方式有集中驱动和分别驱动两种。目前我国生产的桥式起重机,大部分采用分别驱动方式,它具有自重轻、安装维护方便等优点。整个起重机在大车移行机构驱动下,沿车间长度方向前后移动。

3. 小车运行机构

由小车架、小车移行机构和提升机构组成。小车架由钢板焊成,其上装有小车移行机构、提升机构、栏杆及提升限位开关。小车可沿桥架主梁上的轨道左右移行。在小车运动方向的两端装有缓冲器和限位开关。小车移行机构由电动机、减速器、卷筒、制动器等组成。电动机经减速后带动主动轮使小车运动。

提升机构由电动机、减速器、卷筒、制动器等组成,提升电动机通过制动轮、联轴节与减速器连接,减速器输出轴与起吊卷筒相联。

通过桥式起重机的结构分析可知,其运动形式有三种,即由大车拖动电动机驱动的前后运动、由小车拖动电动机驱动的左右运动以及由提升电动机驱动的重物升降运动。每种运动都要求有极限位置保护。

8.6.1.3 桥式起重机对电力拖动和电气控制的要求

起重机械的工作条件通常十分恶劣,而且工作环境变化大,大都是在粉尘多、高温、高湿度或室外露天场所等环境中使用。其工作负载属于重复短时工作制。由于起重机的工作性质是间歇的(时开时停,有时轻载,有时重载),要求电动机经常处于频繁启动、制动、反向工作状态,同时能承受较大的机械冲击并有一定的调速要求。为此,专门设计了起重用电动机,它分为交流和直流两大类。交流起重用异步电动机有绕线和鼠笼两种,一般用在中小型起重机上;直流电动机一般用在大型起重机上。

为了提高起重机的生产效率及可靠性,对其电力拖动和自动控制等方面都提出了很高要求,这些要求集中反映在提升机构的控制上,而对大车及小车移行机构的要求就相对低一些,主要是保证有一定的调速范围和适当的保护。

起重机对提升机构电力拖动和自动控制的主要要求如下。

①空钩能快速升降,以减少辅助工时,轻载的提升速度应大于额定负载的提升速度。

②具有一定的调速范围,普通起重机调速范围一般为3:1,而要求高的地方则要求达到5:1~10:1。

③在提升之初或重物接近预定位置附近时,都需要低速运行。因此,升降控制应将速度分为几档,以便灵活操作。

④提升第一挡的作用是为了消除传动间隙,使钢丝绳张紧,为避免过大的机械冲击,这一挡的电动机的启动转矩不能过大,一般限制在额定转矩的一半以下。

⑤在负载下降时,根据重物的大小,拖动电动机的转矩可以是电动转矩,也可以是制动转矩,两者之间的转换是自动进行的。

⑥为确保安全,要采用电气与机械双重制动,既减小机械抱闸的磨损,又可防止突然断电而使重物自由下落造成设备和人身事故。

⑦具有完备的电气保护与联锁环节。

由于起重机使用很广泛,所以它的控制设备已经标准化。根据拖动电动机容量的大小,常用的控制方式有两种:一种是采用凸轮控制器直接去控制电动机的启停、正反转、调速和制动。这种控制方式由于受到控制器触点容量的限制,故只适用于小容量起重电动机的控制。另一种是采用主令控制器与磁力控制屏配合的控制方式,适用于容量较大,调速要求较高的起重电动机和工作十分繁重的起重机。对于15 t以上的桥式起重机,一般同时采用两种控制方式,主提升机构采用主令控制器配合控制屏控制的方式,而大车小车移行机构和副提升机构则采用凸轮控制器控制方式。

8.6.2 凸轮控制器控制线路分析

凸轮控制器控制线路具有线路简单、维护方便、价格便宜等优点,适用于中小型起重机的平移机构电动机和小型提升机构电动机的控制。

图 8.13 是采用 KT14—25J/1 与 KT14—60J/1 型凸轮控制器直接控制起重机平移或提升机构的启停、正反转、调速与制动的线路原理图。

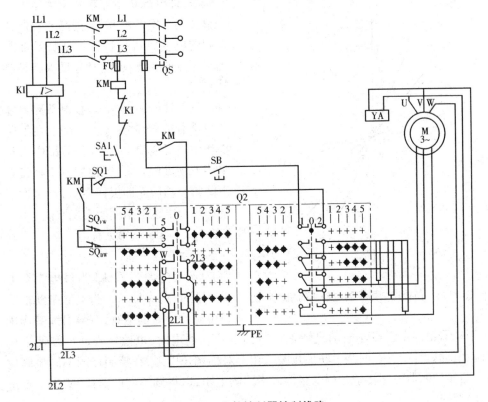

图 8.13 凸轮控制器控制线路

8.6.2.1 线路特点

①采用可逆对称控制方式。凸轮控制器左右各有五个控制位置,采用对称接法,即左右正反转各挡控制位置,电动机的工作情况完全相同,区别仅在于电源进线两相互换。被控制的绕线式异步电动机转子三相串接不对称电阻,以减少转子电阻的段数及控制触头的数目。

②用于控制提升机构电动机时,提升与下放重物,电动机处于不同的工作状态。

提升重物时,控制器的第一挡为预备级,用于张紧钢丝绳,在二、三、四、五挡时提升速度逐渐提高。

下放重物时,电动机工作在发电制动状态,为此操作重物下降时应将控制器手柄从零位迅速扳至第五挡,中间不允许停留。往回操作时也应从下降第五挡快速扳至零位,以免引起重物的高速下落而造成事故。

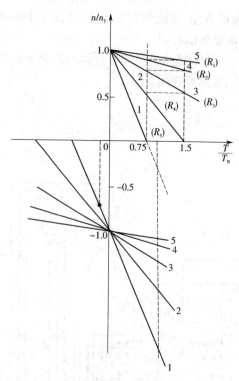

图 8.14   凸轮控制器控制电动机的机械特性

对于轻载提升,第一挡为启动级,第二、三、四、五挡逐渐提高,但提升速度变化不大;下降时若吊物太轻而不足以克服摩擦转矩,电动机工作在强力下降状态,即电磁转矩与重物重力矩方向一致帮助下降。图 8.14 为凸轮控制器控制的电动机机械特性。从特性曲线上工作点的变化,也能充分反映其控制特点。

从上述分析可知,该控制线路不能获得重载或轻载的低速下降。在下降操作中需要准确定位时(如装配中),可采用点动操作方式,即控制器手柄扳至下降第一挡后立即扳回零位,经多次点动并配合电磁抱闸便能实现准确定位。

8.6.2.2   控制线路分析

1. 主电路分析

QS 为电源开关;KI 为过电流继电器,用于过载保护;YA 为电磁制动抱闸的电磁铁,YA 断电时,在强力弹簧作用下制动器抱闸紧紧抱住电动机转轴进行制动,YA 通电时,电磁铁吸动抱闸使之松开。电动机转子三相回路串联了几段三相不对称调速电阻,在控制器的不同控制位置,凸轮控制器控制转子各相电路接入不同的电阻,以得到不同的转速,实现一定范围的调速。

在电动机的定子与转子回路中共使用了凸轮控制器的九对触点,其中四对触点用于定子回路电源的倒相控制,五对触点接在转子回路中,用于转子电阻的接入与切除以实现调速。电动机定子回路的三相电源进线中的一相直接引入,其余两相经凸轮控制器控制。由图 8.13 可知,当控制器手柄位于左边 1~5 挡与位于右边 1~5 挡的区别是两相电源位置更换,实现正转与反转控制目的。电磁制动器 YA 与电动机同时得电或失电,从而实现停电制动的目的。凸轮控制器操作手柄使电动机定子和转子电路同时处在左边或右边对应各挡控制位置。左右边 1~5 挡转子回路接线完全一样。当操作手柄处于第 1 挡时,由图 8.13 可知,各对触点都不接通,转子电路电阻全部接入,电动机转速最低。而处在第 5 挡时,五对触点全部接通,转子电路电阻全部短接,电动机转速最高。

由此可见,凸轮控制器的控制触点串联在电动机的定子、转子回路中,用来直接控制电动机的工作状态。

2. 控制电路分析

凸轮控制器的另外三对触点串接在接触器 KM 的控制回路中,当操作手柄处于零位时,触点 1—2、3—4、4—5 接通,此时若按下 SB 则接触器得电吸合并自锁,电源接通,电动机的运行状态由凸轮控制器控制。

3. 保护联锁环节分析

本控制线路有过电流、失压、短路、安全门、极限位置及紧急操作等保护环节。其中主电路的过电流保护由串接在主电路中的过电流继电器来实现,其控制触点串接在接触器 KM 的控制回路中,一旦发生过电流,KI 动作,KM 释放而切断控制回路电源,起重机便停止工作。由接触器 KM 线圈和零位触点串联来实现失压保护。操作中一旦断电,接触器释放,必须将操作手柄扳回零位并重新按启动按钮方能工作。控制电路的短路保护是由 FU 实现的,串联在控制电路中的 SA、SQ1、SQ$_{FW}$ 及 SQ$_{BW}$,分别是紧急操作、安全门开关及提升机构上极限位置与下极限位置保护开关。

8.6.3　主令控制器控制线路分析

由凸轮控制器组成的起重机控制线路虽然具有线路简单、操作维护方便、经济等优点,但也存在严重不足,特别受到触点容量的限制,调速性能也不够好。因此,在下述工作条件下,必须采用主令控制器与磁力控制屏相配合的控制方式。

①电动机容量大,凸轮控制器触点容量不够。

②操作频繁,每小时通电次数在 600 次以上。

③工作繁重并要求电气设备有较长的寿命。

④运动机构多,操作频繁,要求降低操作人员的劳动强度。

⑤要求有较好的调速性能。

图 8.15 是采用主令控制器与磁力控制屏相配合的控制线路。控制系统中只有尺寸较小的主令控制器安装在驾驶室,其余设备如控制屏、电阻箱、制动器等均安装在桥架上。

主令控制器控制线路的主要特点是由主令控制器控制各接触器,再由接触器控制电动机的工作状态,因而工作可靠,维护方便,操作轻便,适用于繁重工作状态,多用来对主提升机构进行控制。

下面分析由 LK1—12/90 型主令控制器与 PQR10A 系列磁力控制屏组成的桥式起重机主提升机构的控制系统。

LK1—12/90 型主令控制器共有 12 对触点,提升、下降各有六个控制位置。通过 12 对触点的闭合与分断组合去控制定子电路与转子回路的接触器,决定电动机的工作状态(转向、转矩、转速等),使主钩上升、下降,高速及低速运行。由于主令控制器为手动操作,所以电动机的工作状态由操作者掌握。

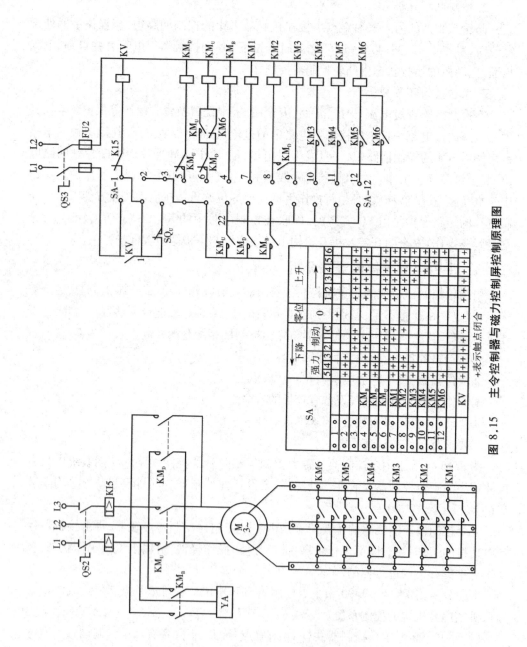

图 8.15 主令控制器与磁力控制屏控制原理图

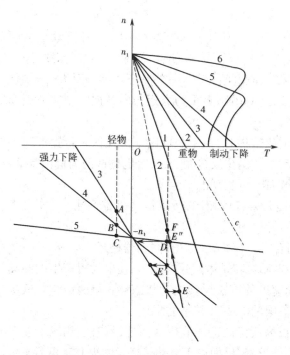

图 8.16 磁力控制屏控制的电动机的机械特性

在图 8.15 中，KM_U 与 KM_D 为电动机正反转控制接触器(控制吊钩升降)，YA 为三相制动电磁铁，K15 为过电流保护继电器;电动机转子电路中共有七段对称连接的电阻，其中前两段为反接制动电阻，由接触器 KM1、KM2 控制，后四段为启动加速调速电阻，分别由接触器 KM3 ~ KM6 控制，最后一段为固定的软化特性电阻，一直串接在转子电路中。与主令控制器的各控制位置相对应的电动机的机械特性如图 8.16 所示。

控制屏的工作过程为:先合上 QS2、QS3，当主令控制器操作手柄置于零位时，SA—1 闭合，使电压继电器 KV 吸合并自锁，控制线路便处于准备工作状态。当控制手柄处于工作位置时，虽然 SA—1 断开，但不影响 KV 的吸合状态。但当电源断电后，却必须使控制手柄回到零位后才能再次启动。这就是零压和零位保护作用。

下面来分析提升和下降的控制过程。

1. 正转提升控制

如图 8.15 所示，正转提升有六个控制位置，当主令控制器操作手柄转到上升第 1 位时，SA—3、SA—4、SA—6、SA—7 闭合，接触器 KM_U、KM_B、KM1 得电吸合，电动机接上正转电源，制动电磁铁同时通电，松开电磁抱闸，由于转子电路中 KM1 的触点短接一段电阻，所以电动机是工作在第一象限特性 1 上(见图 8.16)，对应的电磁转矩较小，一般吊不起重物，只作张紧钢丝绳和消除齿轮间隙的预备启动级。

当控制手柄依次转到上升第 2、3、4、5、6 位时，控制器触点 SA—8 ~ SA—12 相继闭合，依次使 KM2、KM3、KM4、KM5、KM6 通电吸合，对应的转子电路逐渐短接各段电阻，电动机的工作点从第 2 条特性向第 3、第 4、第 5 并最终向第 6 条特性过渡，提升速度逐渐增加，可获得五种提升速度。

主令控制器手柄在提升位置时，SA—3 触点始终闭合，限位开关 SQ_U 串入控制回路起到上升限位保护作用。

2. 下降操作

由图 8.15 可知，下降控制也有六个位置，根据吊钩上负载的大小和控制要求，分三种情况。

①C 位(下降位第一挡)用于重物稳定停于空中或在空中作平移运动。由图可知,此时主令控制器的 SA—3、SA—6、SA—7、SA—8 闭合,使 KM$_U$、KM1、KM2 通电吸合,电动机定子正向通电,转子短接两段电阻,产生一个提升转矩。而 KM$_B$ 未通电,因此电磁抱闸对电动机起制动作用,此时吊钩上重物力矩与电磁抱闸制动力矩及提升转矩相平衡,使重物能安全停留在空中。

该操作挡的另一个作用是在下放重物时,控制手柄由下降任何一位置扳回零位时,都要经过第一挡,这时既有电动机的倒拉反接制动,又有电磁抱闸的机械制动,在两者共同作用下,可以防止重物的溜钩,以实现准确停车。

下降 C 位电动机转子电阻与提升第二位相同,所以该挡机械特性为上升特性 2 及其在第四象限的延伸。

②下降第 1、2 位时,SA—4 闭合,KM3 和 YA 通电,制动器松开,SA—8、SA—7 相继断开,KM2、KM1 相继断电释放,电动机转子电阻逐渐加入,使电动机产生的制动力矩减小,进而使电动机工作在不同速度的倒拉反接制动状态。获得两级重载低降速度,其机械特性如图 8.16 中第四象限的 1、2 两条特性所示。

必须注意,只有在重物下降时,为获得低速才能用这两挡,倘若空钩或下放轻物时操作手柄置于第 1、2 位,非但不能下降,反而由于电动机产生的提升转矩大于负载转矩,还会上升。此时应立即将手柄推至强力下降控制位置。为防止误操作而产生空钩或轻载在第 1、2 位不下降反而上升超过上极限位置,因而操作手柄在下降第 1、2 位置时使 SA—3 闭合,将上升限位、保护限位开关 SQ$_U$ 串入控制回路,以实现上升极限位置保护作用。

③下降第 3、4、5 位为强力下降。当操作手柄在下降第 3、4、5 位置时,KM$_D$ 及 KM$_B$ 得电吸合,电动机定子反向通电,同时电磁抱闸松开,电动机产生的电磁转矩与吊钩负载力矩方向一致,强迫推动吊钩下降,故称为强力下降,适用于空钩或轻物下降,因为提升机构存在一定摩擦阻力,空钩或轻载时的负载力矩不足以克服摩擦转矩自动下降。

从第 3 位到第 5 位,转子电阻相继切除。可以获得三种强力下降速度,电动机的工作特性对应于图 8.16 中第三象限的 3、4、5 三条特性。

3. 控制电路的保护措施

由于起重机控制是一种远距离控制,很可能发生判断失误。例如实际上是一个重物下降,而司机估计不足,以为是轻物,将操作手柄扳到下降第 5 位,在电磁转矩及重物力矩的共同作用下,电动机的工作状态沿下降特性 5 过渡到第四象限的 d 点,电动机转速超过同步转速而进入发电制动状态。以高速下放重物是危险的,必须迅速将手柄从第 5 位转到下降第 1 或 2 位,以获得重物低速下降。但是,在转位过程中手柄必须经过下降的第 4、第 3 位,电动机的工作状态将沿下降特性 4 到下降特性 3 一直到 e 点再过渡到 f 点,才稳定下来。在转位过程中将会产生更危险的超高速,可能发生人身及设备事故。

为避免因判断错误而引起的重物高速下降危险,从下降第 5 位转回第 2 位或第 1 位的过程中,希望从特性 5 上的 D 点直接过渡到 F 点稳定下来,即希望在转换过程中,转子电路中不串人电阻,使电动机工作点变化保持在下降特性 5 上。为此,在控制电路中,采用 KM$_D$ 和 KM6 常开触点串联使 KM6 通电后自锁,转换中经 4、3 位时,KM6 保持吸合,电动机始终运行在下降特性 5 上,由 D 点经 E″ 点平稳过渡到 F 点,最后稳定在低速下降状态,避免超高速下降出现危险。在 KM6 自锁触点回路中串入 KM$_D$ 触点的目的是为了不影响上升操作的调速性能。

在下降第 3 位转到第 2 位时,SA—5 断开,SA—6 接通,KM$_D$ 断电,KM$_U$ 通电吸合,电动机由电动状态进入反接制动状态。为了避免反接时的冲击电流和保证正确进入第 2 位的反接特性,应使 KM6 立即断开,以加入反接制动电阻,并且要求只有在 KM6 断开之后,KM$_U$ 才能闭合。因此,除了在主令控制器上保证 SA—8 断开后 SA—6 才闭合外,同时采用 KM6 常闭触点和 KM$_U$ 常开触点并联的联锁触点,以保证在 KM6 常闭触点复位后,KM$_U$ 才能吸合并自锁。此环节也可防止由于 KM6 主触点因电流过大而烧结,使转子短路,造成提升操作时直接启动的危险。

控制电路中采用了 KM$_U$、KM$_D$、KM$_B$ 常开触点并联,是为了在下降第 2 位、第 3 位转换过程中,避免高速下降瞬间机械制动引起强烈震动而损坏设备和发生人身事故。因 KM$_U$ 与 KM$_D$ 之间采用了电气互锁,故一个释放后另一个才能接通。换接过程中必然有一瞬间两个接触器均不通电,这就会造成 KM$_B$ 突然失电而发生突然的机械制动。采用 KM$_U$、KM$_D$、KM$_B$ 三个触点并联,则可避免以上情况。

为了保证各级电阻按顺序切除,在每个加速电阻接触器线路中,都串入了前一级接触器的辅助常开触点,因此只有前一级接触器投入工作后,后一级接触器才能吸合,以防止工作顺序错乱。

此外,该线路还具有零位保护、过电流保护及上极限位置保护,零位保护还起到零压保护的作用。

8.6.4 起重机电气控制中的保护设备

起重机械在使用过程中对安全、可靠性提出了很高的要求,因此,各种起重机械电气控制系统中均设置了完善的自动保护和联锁环节,主要有电动机的过电流保护、短路保护、控制器的零压零位保护、各运动方向的极限位置保护、舱门和端梁及栏杆门安全保护、紧急操作保护及必要的警报及指示信号等。由于起重机使用很广泛,所以其控制设备,包括保护装置均已标准化并形成系列产品。常用的保护配电柜有 GQX6100 系列和 XQB1 系列等,主要根据被控电动机的数量及电动机的容量来选择。其电路原理如图 8.17 所示。图中 QS1 为控制总电源的刀开关,KI 为总过电流继电器,KI1 ~ KI4 为各相应电动机保护用过电流继电器。SA1 为紧急操作开关,在特殊危急情况下,切断 SA1 则起重机各运动机构电动机均立即停止,SQ1 ~ SQ3 分别为驾驶舱门、顶盖出入口、桥架栏杆出入口等联锁开关,KI 及 KI1 ~ KI4 为过电流继电器的常闭触点,Q1、Q2、Q3、分别为小车、提升机构、大车控制器的零位触点,SB 为控制按钮,以上几部分串联后共同控制接触器 KM 的吸合与释放,起到紧急保护、控制器零位保护、失压保护、安全门保护、过电流与短路保护等作用。

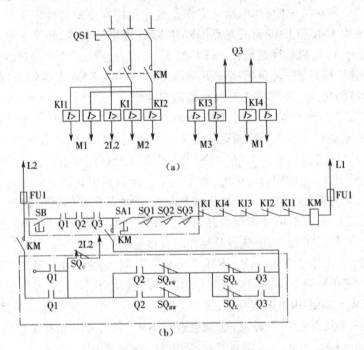

图 8.17 保护配电柜简化电路图

(a)主电路 (b)控制电路

注:点画线框中的元件不包括在保护配电柜内

控制电路中的 SQ_U、SQ_{FW}、SQ_{BW}、SQ_L、SQ_R 分别为提升机构、小车和大车各运动方向的极限位置保护的限位开关,当机构运行至某个方向极限位置时,相应的限位开关断开使 KM 断电,整个起重机停止工作。此后必须将全部控制器置于零位,重新按 SB 送电后,机构才可以向另一方向运行。

保护箱上还附有照明信号设备,图中未画出。

8.6.5 20/5 t 桥式起重机整机控制线路分析

图 8.18 为 20/5 t 桥式起重机整机的电气控制原理。起吊负荷在 15 t 以上的桥式起重机,一般有主、副提升机构,简称主钩和副钩。双钩起重机是以分数形式表示起吊重量,分子表示主钩起吊重量,分母为副钩起吊重量。通常主钩用来提升重物,副钩除用于提升轻物外,还可协同主钩倾斜或翻倒工件,但不允许两钩同时提升两个物体,当两个吊钩同时工作时,物体重量不允许超过主钩起吊重量。

整机线路由主电路和控制电路两部分组成。控制电路又分凸轮控制器控制和主令控制器控制两种形式。其中 M1 为副钩拖动电动机,M2 为小车拖动电动机,大车

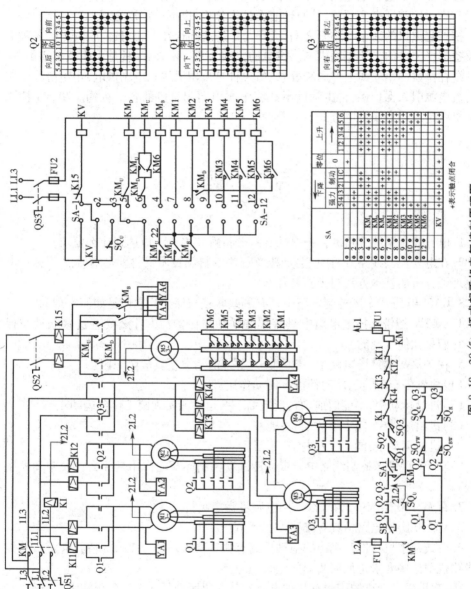

图 8.18 20/5t 桥式起重机电气控制原理图

移行机构为分别驱动,由 M3、M4 拖动。M1、M2、M3、M4 分别由凸轮控制器 Q1、Q2、Q3、Q4 控制,而主提升机构是由主令控制器 SA 配合交流磁力控制屏进行控制。两种控制方式的控制原理在前面已分别作了介绍,这里不再重复。

控制线路中设有过电流、短路、零位、限位、安全门、紧急操作等各种保护,是由保护柜与磁力控制屏来实现的,其原理前面已作分析,也不再重复介绍。

桥式起重机的大车与小车之间、大车与厂房之间存在着相对运动,其上的各种电气设备都由公共的交流电网供电。供电的方式通常有两种:一种是采用软电缆供电,软电缆在拉紧的钢丝绳上伸展和叠卷;另一种是采用滑线和电刷供电,用主滑线将三相交流电源引入保护柜,再由辅助滑线将电源引向起重机的各个机构。20/5 t 桥式起重机就是采用滑线供电方式。

习　　题

1.电气控制系统分析的任务是什么? 分析哪些内容? 应达到什么要求?

2.在电气控制线路分析中,主要涉及哪些资料和技术文件? 各有什么用途? 电气原理图分析的基本方法与步骤是什么?

3.CA6140 卧式车床控制电路中具有哪些联锁与保护? 它们是如何实现的?

4. X62W 型铣床控制电路中具有哪些联锁与保护? 为什么要有这些联锁与保护? 它们是如何实现的?

5.在 X62W 型铣床电路中,若发生下列故障,请分析其故障原因:

(1)主轴停车时,正、反向都没有制动作用;

(2)进给运动中,不能向前、右,能向后、左,也不能实现圆工作台运动;

(3)进给运动中,能上下右前,不能左;

(4)进给运动中,能上下左右前,不能后。

6.X62W 型铣床控制线路中设置变速冲动控制环节的作用是什么? 说明其控制过程。

7.在 M7130 磨床中,为什么采用电磁吸盘来吸持工件?

8.M7130 磨床电路中具有哪些保护环节?

9.桥式起重机对提升机构的拖动控制有哪些要求? 结合 20/5 t 桥式起重机的控制线路说明这些要求是如何实现的?

10.起重机电动机的控制有几种方式? 其主要区别是什么? 各用在哪些场合?

11.桥式起重机控制线路中为什么不采用热继电器对电动机进行过载保护?

12.起重机上采用了各种电气制动,为何还必须设有机械制动?

13.当起重机正在起重,大车向前、小车向左运动时,当小车碰撞终端开关时,将会影响哪些运动?

9

电气控制系统的设计

前面学习了一些典型控制环节和典型生产机械的电气控制线路,已经能对一般生产机械的电气控制线路进行分析。但作为一名电气工程技术人员,仅仅能做到这一点还不够,还必须掌握电气控制线路设计的基本原则、设计内容和一般设计方法,以便根据生产机械的拖动要求及工艺需要去设计各类图纸和必要的技术资料。

任何生产机械电气控制系统的设计都包括两个基本方面:一个是满足生产机械和工艺的各种控制要求,另一个是满足电气控制装置本身的制造、使用以及维修的需要。因此,电气控制设计包括原理与工艺设计两个方面。原理设计决定一台设备的使用效能和自动化程度,即决定着生产机械的先进性、合理性;工艺设计决定电气控制设备的生产可行性、经济性、造形美观和使用、维护是否方便等。

本章将在前面分析的基础上,讨论电气控制系统的设计过程。电气控制系统设计要求设计人员具有较丰富的实践经验。这里仅讨论设计中的一般共性问题。

9.1 电气控制线路设计的一般原则和基本内容

正确的设计思想和工程观点是高质量完成设计任务的保证。

9.1.1 电气控制线路设计的一般原则

在电气控制系统的设计过程中,通常应遵循以下几个原则。

①最大限度地满足生产机械和工艺对电气控制的要求。电气控制设计的目的是为生产机械服务,不能满足生产机械及工艺要求的设计没有任何实际意义,必须把满足生产机械及工艺要求作为最基本的原则。

②在满足控制要求的前提下,设计方案应力求简单、经济,不宜盲目追求高自动化和高指标。

③妥善处理机械与电气的关系。很多生产机械是采用机电联合控制方式来实现控制要求的,要从工艺要求、制造成本、结构复杂性、使用维护方便等方面协调好二者的关系。

④正确合理地选用电器元件。

⑤确保使用安全、可靠。设计时应考虑到生产机械在使用过程中由于电网电压波动、负载变动、控制失灵、误操作、突然断电等情况下引起的故障而可能造成的人身与设备事故,控制线路应有可靠的保护措施。

⑥造形美观,使用维护方便。

9.1.2　电气控制线路设计的基本任务和内容

电气控制设计的基本任务是根据控制要求设计和编制出设备制造和使用维修过程中所必需的图纸、资料,包括电气原理图、电气系统的组件划分与元器件布置图、安装接线图、电气箱图、控制面板及电器元件安装底板、非标准紧固件加工图等,编制外购件目录、单台材料消耗清单、设备说明书等资料。

可见,电气控制设计包括原理设计和工艺设计两个基本部分,以电力拖动控制设备为例,两方面的设计内容分述如下。

9.1.2.1　原理设计的内容

电气控制系统原理设计主要内容如下。

①拟订电气设计任务书。

②选择拖动方案与控制方式。

③确定电动机的类型、容量、转速并选择具体型号。

④设计电气控制原理框图,确定各部分之间的关系,拟定各部分技术要求。

⑤设计并绘制电气原理图,计算主要技术参数。

⑥选择电器元件,制订元器件目录清单。

⑦编制设计说明书。

电气设计任务书是整个设计工作的指导文件,要说明被控设备的型号、用途、工艺过程、技术性能、传动参数、动作要求以及现场工作条件;用户供电电网的种类,电压等级、频率及容量;电气传动的基本特征,有关电气控制要求;操作、照明、信号、报警等要求,主要电气设备等。电气原理图是整个设计的中心环节,因为它是工艺设计和制订其他技术资料的依据。

9.1.2.2　工艺设计内容

工艺设计的主要目的是便于组织电气控制装置的制造及安装,实现原理设计要求的各项技术指标,为设备的调试、使用、维护提供必要的图纸资料。工艺设计主要内容如下。

①根据设计的原理图及选定的电器元件,设计电气设备的总体配置,绘制电气控制系统的总装配图及总接线图。总图应反映出电动机、执行电器、电气箱各组件、操作台布置、电源以及检测元件的分布状况和各部分之间的接线关系与连接方式。本

部分设计资料供总装、调试及日常维护使用。

②按照原理框图或划分的组件,对总原理图进行编号,绘制各组件原理电路图,列出各部分的元件目录表,根据总图编号统计出各组件的进出线号。

③根据组件原理电路及选定的元件目录表,设计组件装配图(电器元件布置与安装图)、接线图,图中应反映各电器元件的安装方式与接线方式。这些资料是组件装配和生产管理的依据。

④根据组件装配要求,绘制电器安装板和非标准的电器安装零件图纸,表明技术要求。这些图纸是机械加工和外协加工所必需的技术资料。

⑤设计电气箱。根据组件尺寸及安装要求确定电气箱结构与外形尺寸,设置安装支架,标明安装尺寸、面板安装方式、各组件的连接方式、通风散热以及开门方式。在电气箱设计中,应注意操作维护方便与造形美观。

⑥根据总原理图、总装配图及各组件原理图等资料,进行汇总,分别列出外购件清单、标准件清单及主要材料消耗定额。这些是生产管理(如采购、调度、配料等)和成本核算所必须具备的技术资料。

⑦编写使用维护说明书。

9.2　电力拖动方案的确定

电力拖动方案的确定是电气控制系统设计的重要部分,因为只有在总体方案正确的前提下,才能保证生产设备各项技术指标实施的可能性。在设计过程中即使个别控制环节或工艺图纸设计不当,可以通过不断改进、反复试验来达到设计要求,但如果总体方案出现错误,则整个设计必须重新开始。因此,在电气控制系统设计主要技术指标确定并以任务书格式下达后,必须认真做好调查研究工作,要注意借鉴已经获得成功并经过生产考验的类似设备或生产工艺,列出几种可能的方案并根据具体条件和工艺要求进行比较后作出决定。

所谓电力拖动方案,是指根据生产机械的结构、运动部件的数量、运动要求、负载性质、调速要求去确定拖动电动机的类型、数量、传动方式以及拟定电动机的启动、运行、调速、转向、制动等控制要求,作为电气控制原理图的设计和电动机、电器元件选用的依据。

在选择电动机时,由于交流电动机,尤其是鼠笼异步电动机结构简单、运行可靠、价格低廉、维护方便而应优先考虑。只有当要求调速范围大,频繁启、制动的场合,才考虑用直流或交流调速系统。所以,首先应根据调速要求来考虑电力拖动方案。

例如,在研制某些高效专用加工机床时,可以采用交流拖动也可以采用直流拖动,可以采用集中拖动也可以采用分散拖动,要根据各方面因素综合考虑、比较作出选择。

9.2.1　根据调速要求选择电力拖动方案

1. 对于不要求电气调速的生产机械

当不需要电气调速和启、制动次数不频繁时,应采用鼠笼异步电动机拖动;如果启动转矩或转差率不能满足要求时,可以考虑选用绕线异步电动机;当负载很平稳、容量较大且启动次数很少时,可采用同步电动机拖动。

2. 对于要求电气调速的生产机械

这时应根据调速技术要求来选择拖动方案,在满足技术指标的前提下,再作设备投资、调速效率、功率因数、维修费用等方面的经济比较,最后确定最优拖动方案。

①若调速范围 $D = 2 \sim 3$,调速级数 ≤4,一般可采用双速或多速鼠笼异步电动机,并配以适当级数齿轮变速。

②若调速范围 $D < 3$ 且不要求平滑调速时,可采用绕线式异步电动机,但仅适用于短时负载及重复短时负载。

③若调速范围 $D = 3 \sim 100$,要求平滑调速,可考虑采用晶闸管直流拖动方案或交流变频调速拖动方案。

9.2.2　根据负载特性来选择电力拖动方案

生产设备的各个工作机构具有不同的负载特性。有些运动机构的负载特性为恒功率负载;有些运动机构的负载特性为恒转矩负载。调速特性是指在整个调速范围内,电动机转矩、功率与转速的关系。为了充分利用电动机的容量,要求调速特性与负载特性相吻合,即要求恒转矩负载选择恒转矩调速方案,恒功率性质的负载选择恒功率调速方案。否则,电动机的容量将得不到充分利用。

例如,车床的主运动需要恒功率传动,进给运动则要求恒转矩传动。若采用双速异步电动机,当定子绕组由 △ 改成 Y 连接时,转速由低到高,功率却增加很少,适用于恒功率传动。而定子绕组由 Y 改成 YY 连接时,电动机所输出的转矩不变,适用于恒转矩调速。

9.2.3　根据其他方面的要求来选择电力拖动方案

1. 集中拖动与分散拖动的要求

在确定拖动方案时,要根据生产机械设备的结构和工艺要求来决定采用集中拖动还是分散拖动。集中拖动时,一台设备只用一台电动机拖动,或者几个相关动作采用一台电动机拖动,通过机械传动链将动力传送到每个运动部件。分散拖动时,一台设备由多台电动机分别驱动各个运动部件。分散拖动所用电动机数量较多,但可以简化机械结构,便于实现对各运动部件的单独控制,系统效率高、可靠性强。

2. 启动、制动和转向控制的要求

当启动转矩要求不大时,可采用一般异步电动机;当启动负载较大时,可选用高启动转矩电动机或采用专门提高启动转矩的措施。对于启动、制动、反向频繁的拖动系统,必须考虑限制启动与制动电流,避免电动机过热和对电网产生过大的冲击。

9.3　电动机的选择

9.3.1　电动机选择的基本原则

电动机选择的基本原则如下。

①电动机的机械特性应满足生产机械的要求,保证一定负载下的转速稳定,具有一定的调速范围和良好的启、制动性能。

②电动机工作过程中,其额定功率能得到充分利用,即温升接近而又不会超过额定温升值。

③电动机的结构型式应满足机械设计提出的安装要求和适应周围环境工作条件。

9.3.2　电动机结构形式的选择

电动机的结构形式包括安装方式和多种防护形式。根据机械设计要求选用立式还是卧式的安装方式。根据电动机工作的环境条件,电动机防护形式选择的原则如下。

①干燥及清洁的室内环境选择开启式电动机,其价格便宜,散热条件好,但容易渗入铁屑、粉尘、油垢而影响其寿命及正常工作。

②干燥、灰尘不多,无腐蚀性、爆炸性气体的室内环境,可选用防护式电动机。它具有防滴、防雨、防溅及其它异物进入电动机内部的能力,但不能防尘及腐蚀性气体。

③在潮湿和具有腐蚀性气体及灰尘的环境中,应选用封闭式电动机。它具有防止水和灰尘进入电动机内部的能力,但价格较贵。

④.在易燃易爆的场合,要选用防爆式电动机。

9.3.3　电动机类型的选择

常用电动机的类型有绕线式异步电动机,笼型异步电动机,直流他励电动机,直流并励电动机,同步电动机等。其选择原则如下。

①优先考虑采用三相交流异步电动机,尤其是笼型异步电动机。对于要求启动转矩大,并且有一定调速要求的生产机械,宜选用绕线式异步电动机。对于只要求几种速度的生产机械,可选用多速异步电动机。

②拖动功率大,需要补偿电网功率因数以及稳定的工作速度时,优先考虑选用同步电动机。

③需要大的启动转矩和恒功率调速的,常采用直流串励电动机。对于调速范围大,调速性能指标要求高,要求具有硬的机械特性和大的启动转矩的系统,一般选用直流电动机或交流变频调速系统。

9.3.4 电动机额定电压及转速的选择

1.额定电压的选择

中小型异步电动机的额定电压有 220/380 V、380/660 V 两种,大容量电动机额定电压有 3000 V、6000 V、10000 V 三种。直流电动机的额定电压常选用 220 V 或 110 V,大容量可提高到 440~1000 V。可根据电源条件为电动机选择适当的额定电压。

2.额定转速的选择

电动机功率一定时,额定转速越高,重量越轻,成本越低,价格也就越便宜,故选择高速电动机越为经济。但有时额定转速较高时,所配用的齿轮变速级数可能增多,反而可能会引起整个装置的造价升高,效率降低,所以额定转速选择时应从机械和电气两个方面综合考虑。

9.3.5 电动机容量的选择

电动机的容量说明它的负载能力,选择的原则是在满足拖动要求的条件下,使电动机的容量得到充分利用。电动机的容量能否充分利用,关键在于电动机运行时的温升能否达到绝缘所容许的最高温升。容量选大了,不能充分利用电动机的工作能力,效率降低,增加设备投资,运行时浪费较大;容量选小了,会使电动机在运行时温升超过容许温升,缩短电动机的使用寿命,甚至烧毁电动机。因此必须为生产机械配备容量合适的电动机,才能保证电力拖动系统可靠经济地运行。

决定电动机功率时,要考虑电动机的发热、允许过载能力及起动能力三方面的因素,一般情况下,以发热问题最为重要。

9.3.5.1 电机的发热与冷却

电动机内部的发热与电动机自身的功耗以及额定容量等密切相关,因此,在讨论电动机额定功率的选择之前,首先应对电机的发热与冷却规律有所了解。

1.电动机的发热过程

在负载运行过程中,由于内部的各种损耗(包括绕组铜耗、铁耗、机械耗等),电机自身会发热,其结果造成电机的温度超过环境温度(标准环境温度为 40℃),超出的部分称为电机的温升。由于存在温升,电机便向周围的环境散热。当发出的热量等于散出的热量时,电机自身便达到一个热平衡状态。此时,温升为一稳定值。上述温度升高的过程即是电机的发热过程。

为了分析发热过程,假定:(1)电机为一均匀发热体,即各点的温度相同;(2)电机向周围环境散发的热量与温升成正比。

在发热过程中,一部分热量被电机自身吸收,而另一部分热量则向周围介质散发,由此可得到电机的热平衡方程式为

$$Qdt = Cd\tau + A\tau dt \qquad (9.1)$$

式中,Q 为电机单位时间内所产生的热量;C 为热容,它表示电动机的温度升高 1℃所需的热量,单位为 J/K;$A\tau$ 为单位时间散发的热量;A 为散热系数,它表示单位时间内

温升提高 1℃时的散热量;τ 为温升。

式(9.1)经整理后得

$$T_\theta \frac{\mathrm{d}\tau}{\mathrm{d}t} + \tau = \tau_L \tag{9.2}$$

其中,$T_\theta = \dfrac{C}{A}$ 为发热时间常数,它表示热惯性的大小,与电机的尺寸及散热条件有关;

$\tau_L = \dfrac{Q}{A}$ 为温升的稳态值。

设初始条件为 $\tau|_{t=0} = \tau_0$,由三要素法得方程式(9.2)的解为

$$\tau = \tau_L + (\tau_0 - \tau_L)e^{-\frac{t}{T_\theta}} \tag{9.3}$$

根据式(9.3)绘出电机发热过程的温升曲线如图 9.1(a)所示。图中,曲线 1 表示电机从非零初始温升开始运行的温升曲线;曲线 2 则表示电机从零初始温升开始运行时的温升曲线。

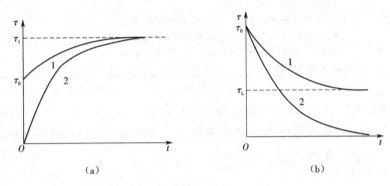

图 9.1　电动机发热与冷却过程的温升曲线
(a)发热过程　(b)冷却过程

2. 电动机的冷却过程

冷却过程与发热过程类似,冷却过程发生在负载减小或停车过程中。由于电机内部损耗的降低,导致单位时间内所产生的热量 Q 减少,发热少于散热,使得原来的热平衡状态被破坏,电机的温度自然下降。当发热与散热达到相等时,电机又处在一个新的热平衡状态。此时,温升也达到一个新的稳定值。上述温度降低的过程即是电机的冷却过程。

冷却过程仍可用式(9.3)来描述。相应的冷却过程的温升曲线如图 9.1(b)所示。图中,曲线 1 表示负载减小时的温升曲线;曲线 2 则表示电机完全停车时的温升曲线。

3. 电动机的额定功率与允许温升之间的关系

(1)电动机的允许温升

前面曾提到过,当电机负载运行时,由于存在内部损耗导致电机发热,其结果是一部分热量向周围介质散发,而一部分热量被电机自身吸收。后者引起电机内部温

升提高。当温度上升至一定程度,最先受到损坏的是电机内部的绝缘材料。因此,电机的绝缘材料决定了电机的寿命。绝缘材料的最高温度(或温升)决定了电机的最高允许温度或温升。

按照允许温度的不同,电机常用的绝缘材料可分为 A、E、B、F、H 共五级。不同等级的绝缘材料所采用材料的成分有所不同,价格也差异很大。按标准环境温度为 40℃计算,上述五级绝缘材料的允许温度和温升如表 9.1 所示。

表9.1　电机中常用绝缘材料的最高允许温度与温升

绝缘材料等级	所 用 材 料	最高允许温度 ℃	最高允许温升 ℃
A	经过绝缘浸渍处理的棉纱、丝、纸及普通漆包线	105	65
E	合成有机薄膜、合成有机瓷漆、高强度漆包线	120	80
B	树脂粘合或浸渍、涂复的云母、玻璃纤维、石棉等,以及其他无机材料,相容性有机材料。	130	90
F	合适的有机硅树脂粘合或浸渍、涂复后的云母、玻璃纤维、石棉等,以及其他无机材料,相容性有机材料	155	115
H	经相容性有机硅树脂粘合或浸渍、涂复的云母、玻璃纤维、石棉等材料	180	140

(2)电动机的额定功率与允许温升之间的关系

设电动机额定负载运行,根据前面的假定,电动机温升的稳态值可表示为

$$\tau_L = \frac{Q_N}{A} = \frac{0.24 \sum p_N}{A} \tag{9.4}$$

又

$$\sum p_N = P_{1N} - P_N = \frac{P_N}{\eta_N} - P_N = \left(\frac{1-\eta_N}{\eta_N}\right) P_N \tag{9.5}$$

将式(9.5)代入式(9.4)得

$$\tau_L = \frac{0.24}{A}\left(\frac{1-\eta_N}{\eta_N}\right) P_N$$

为了使电动机得到充分利用,应根据电动机稳态时的温升值 τ_L 等于最高允许温升 τ_{max} 的原则来选取电动机的额定功率,于是上式变为

$$P_N = \frac{A\eta_N\tau_{max}}{0.24(1-\eta_N)} \tag{9.6}$$

上式表明,对于尺寸相同的电动机,要想提高额定功率 P_N,可以采用如下措施:

① 提高额定效率 η_N。提高 η_N 相当于降低电动机的内部损耗。

② 提高散热系数 A。这可通过加大散热面积和介质的流通速度来实现。故,一般电动机多采用风扇(自带或采用附加通风机)和带散热筋的机壳。

③ 采用更高等级的绝缘材料,以提高电动机的最高允许温升 τ_{max}。

9.3.5.2 电动机不同工作制下的容量的选择

为了确保电动机的合理使用,按电动机发热的不同情况,一般将电动机分为三种工作制:连续工作制、短时工作制和断续周期性工作制。电动机的工作制与电动机的额定功率密切相关。

电动机的容量选择较为繁杂,不仅需要一定的理论分析计算,还需要经过试验校准。所以,在比较简单、无特殊要求、生产数量不多的电力拖动系统中,往往采用统计类比法或工程估算的方法选择电动机的额定功率,通常有较大的余量,造成一定的浪费。批量生产的产品,必须根据拖动系统的工作条件,合理而正确地选用电动机的额定功率。其基本步骤是:根据生产机械拖动负载提供的功率负载图 $P_L = f(t)$ 或转矩负载图 $T_L = f(t)$,并考虑电动机的过载能力,预选一台电动机,然后根据负载图进行发热校验,将校验结果与预选电动机的参数进行比较,若发现预选电动机的容量太大或太小,再重新选择,直到其容量得到充分利用,最后再校验其过载能力与启动转矩是否满足要求。现就电动机不同工作制下的容量的选择方法分别介绍如下。

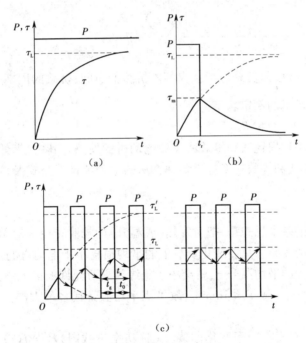

(a)　　　　　　　(b)

(c)

图 9.2 电动机的三种工作方式
(a)连续工作方式　(b)短时工作方式　(c)断续周期性工作方式

1.电动机连续工作制下的容量的选择

连续工作制又称为长期工作制,其特点是:电机的工作时间较长,一般大于$(3 \sim 4)T_\theta$(T_θ为电动机的发热时间常数),工作过程中的温升可以达到稳态值。图 9.2 给出了连续工作制下电动机的输出功率与温升随时间的变化曲线。

未加声明,电动机铭牌上的工作方式均是指连续工作制。采用连续工作制电机拖动的生产机械有通风机、水泵、造纸机以及机床的主轴等负载。

分如下两种情况进行讨论。

(1)对于连续恒定性负载

对于连续恒定性负载,利用负载转矩和转速便可计算出所需负载功率 P_L,然后,再按下式选择电动机的额定功率:

$$P_N \geqslant P_L = \frac{T_L n_N}{9550}(\text{kW}) \tag{9.7}$$

式中,T_L 为折算至电机轴上的负载转矩。

只要式(9.7)满足,则电动机工作时的温升就不会超过最大容许温升 $\tau_{\max}$,而发热则不需再进行校核。

(2)对于连续周期性负载

对于连续周期性变化的负载可先按下式计算一个周期内的平均负载功率:

$$P_L = \frac{P_{L1}t_1 + P_{L2}t_2 + \cdots + P_{Ln}t_n}{t_1 + t_2 + \cdots + t_n} = \frac{\sum\limits_{i=1}^{n} P_{Li}t_i}{T_c} \tag{9.8}$$

式中,P_{Li} 为第 i 段的负载功率;t_i 为各段持续的时间;负载的周期 $T_c = \sum\limits_{i=1}^{n} t_i$。然后按下式预选电动机的额定功率:

$$P_N = (1.1 \sim 1.6)P_L \tag{9.9}$$

最后再按照平均损耗法和等效法校验电动机的发热。其中,等效法又包括等效电流法、等效转矩法和等效功率法。各种方法的原理和计算公式及校验方法分别介绍如下。

① 平均损耗法

平均损耗法的基本思想是,把对发热(或温升)的校验转变为对单个循环周期内电动机平均损耗的校验。只要变化负载下的平均损耗小于电动机的额定损耗,则电动机在循环周期内的平均温升 τ_{av} 就会小于绝缘材料所允许的最大温升 $\tau_{\max}$(这里由于循环周期 T_c 较短,一般 $T_c \leqslant 10\text{min}$,故可用平均温升代替最大温升),则发热校验通过。

具体方法是:首先将功率变化曲线(又称功率负载图)$P_L = f(t)$ 变为损耗曲线 $\sum p_L = f(t)$。其中,损耗曲线中各段的损耗功率 $\sum p_{Li}$ 与负载功率 P_{Li} 之间的关系可由下式给出:

$$\sum p_i = \frac{P_{Li}}{\eta_i} - P_{Li} \tag{9.10}$$

式中,各段负载功率 p_{Li} 对应的效率 η_i 可由电动机的效率曲线查得。

然后,通过损耗曲线 $\sum p_L = f(t)$ 按下式计算负载变化下的平均损耗:

$$\sum p_{\mathrm{Lav}} = \frac{\sum p_{\mathrm{L1}}t_1 + \sum p_{\mathrm{L2}}t_2 + \cdots + \sum p_{\mathrm{Ln}}t_n}{t_1 + t_2 + \cdots + t_n} = \frac{\sum\limits_{i=1}^{n} \sum p_{\mathrm{Li}}t_i}{T_c} \qquad (9.11)$$

上式与式(9.8)类似,只需把负载功率变为损耗即可。这主要是因为各段的损耗功率 $\sum p_{\mathrm{Li}}$ 与负载功率 P_{Li} 成正比(见式9.10)。

最后,检验平均损耗 $\sum p_{\mathrm{av}}$ 是否满足下列条件: $\sum p_{\mathrm{av}} \le \sum p_{\mathrm{N}}$。其中,额定负载时的损耗 $\sum p_{\mathrm{N}}$ 的计算公式由式(9.5)给出。若上述条件满足,则发热校验通过。否则,需重新预选功率较大的电动机,再进行发热校验。

② 等效法

等效法包括等效电流法、等效转矩法和等效功率法。其中,等效电流法是根据平均损耗法获得的,而后两种方法则是由等效电流法推导而来的。现分别说明如下。

等效电流法　等效电流法的基本思想是:对单个循环周期内变化的负载,从发热等效的观点,求出一个与实际负载等效的电流,以此作为发热校验的依据。

具体方法是:首先根据负载电流的变化曲线 $I_{\mathrm{L}} = f(t)$,按下式求出单个循环周期 T_c 内的等效电流 I_{eq}(有效值):

$$I_{\mathrm{eq}} = \sqrt{\frac{1}{T_c} \sum_{i=1}^{n} I_i^2 t_i} \qquad (9.12)$$

然后,检验等效电流 I_{eq} 是否满足条件: $I_{\mathrm{eq}} \le I_{\mathrm{N}}$。若条件满足,则发热校验通过。

事实上,计算公式(9.12)可很容易通过平均损耗法获得。大家知道,电机内部的损耗由两部分组成:一部分称为不变损耗,即空载损耗 p_0。不变损耗的特点是随着负载电流的变化 p_0 基本保持不变;另一部分称为可变损耗,即铜耗 p_{Cu}。可变损耗的特点是 p_{Cu} 与负载电流的平方成正比,即 $p_{\mathrm{Cu}} = KI_i^2$。于是有

$$\sum p_i = p_0 + KI_i^2$$

将上式代入式(9.11)得

$$p_0 + KI_{\mathrm{eq}}^2 = \frac{\sum\limits_{i=1}^{n} (p_0 + KI_i^2)t_i}{T_c} \qquad (9.13)$$

由此便可获得等效电流的计算公式(9.12)。

值得说明的是,式(9.12)仅适用于负载电流在各时间段内按矩形规律变化的情况,如图9.3(a)所示。若负载电流是按三角形或梯形变化(见图9.3(b)),则应将各时间间隔内的电流换算为有效值后,再利用式(9.12)计算等效电流 I_{eq}。例如对于图9.3(b),其对应 t_1 时间段内三角形电流的有效值为

$$I_{\mathrm{1eq}} = \sqrt{\frac{1}{t_1} \left(\frac{I_1}{t_1}t\right)^2 \mathrm{d}t} = \frac{I_1}{\sqrt{3}}$$

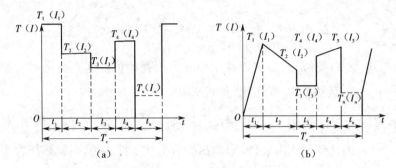

图9.3 周期性变化负载下电动机的负载电流或转矩曲线

同样,可求得对应 t_2 时间段内梯形电流的有效值为

$$I_{2eq} = \sqrt{\frac{1}{t_2}\int_0^{t_2}\left[I_1 - \frac{I_1 - I_2}{t_2}t\right]^2 dt} = \sqrt{\frac{I_1^2 + I_1 I_2 + I_2^2}{3}}$$

其他各段电流的有效值均可按上述方法求得。

等效转矩法 在电动机运行过程中,若电磁转矩与电流成正比(如直流电机的励磁磁通不变、异步机的磁通与 $\cos\varphi_2$ 近似不变),则等效电流的计算公式(9.12)可直接转变为等效负载转矩的计算公式:

$$T_{eq} = \sqrt{\frac{1}{T_c}\sum_{i=1}^n T_i^2 t_i} \tag{9.14}$$

若满足 $T_{eq} \le T_N$,则发热校验通过。

等效转矩法仅适用于恒定磁通场合,若希望在弱磁升速范围内也能够使用等效转矩法,则需按下式修正:

$$T'_i = \frac{n}{n_N}T_i \tag{9.15}$$

这里,$n > n_N$。

等效功率法 在电动机运行过程中,若转速基本不变,则式(9.14)可以转变为等效负载功率的计算公式:

$$P_{eq} = \sqrt{\frac{1}{T_c}\sum_{i=1}^n P_i^2 t_i} \tag{9.16}$$

若满足 $P_{eq} \le P_N$,则发热校验通过。

上述推导过程表明,只有平均损耗法和等效电流法才直接反映电动机的发热情况,而等效转矩法和等效功率法的有效性是有条件的,使用时需特别注意。

③ 考虑起、制动及停歇过程时发热校验公式的修正

当在单个周期内涉及起、制动和停歇过程时,若采用他扇冷却式电动机,由于冷却风扇的转速不会因上述过程的存在而发生变化,因而散热条件同正常运行时相同。但若采用自扇冷却式电动机,由于上述过程的存在使得冷却风扇的转速下降,导致散

热条件恶化,最终引起稳态温升提高。

为了考虑这一因素的影响,在采用平均损耗法、等效电流法、等效转矩法以及等效功率法进行计算时,可在对应于起动、制动时间上乘以一散热恶化系数 α,在停歇时间上乘以散热恶化系数 β。对于直流电动机,一般取 $\alpha = 0.75, \beta = 0.5$;对于异步电动机,一般取 $\alpha = 0.5, \beta = 0.25$。如对于图 9.4 所示的负载电流,其修正后的等效电流可按下式计算:

$$I_{eq} = \sqrt{\frac{I_1^2 t_1 + I_2^2 t_2 + I_3^2 t_3}{\alpha t_1 + t_2 + \alpha t_3 + \beta t_0}} \tag{9.17}$$

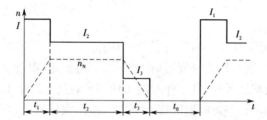

图9.4   包括起、制动和停歇时间的负载电流图

2. 电动机短时工作制下的容量的选择

短时工作制的特点是:电机的工作时间 t,较短,一般小于 $(3 \sim 4) T_\theta$,工作过程中温升达不到稳定值,而停歇时间又较长,停歇后温升降为零。

短时工作制电动机铭牌上的额定功率是按 30 min、60 min、90 min 三种标准时间规定的。采用短时工作制电动机拖动的生产机械有吊车、闸门提升机构以及机床夹紧装置等负载。图 9.2(b)给出了短时工作制下电动机的输出功率与温升随时间的变化曲线。

对于短时工作制,可以选用为连续工作制而设计的电动机,也可以选用为短时工作制而设计的电动机。现介绍如下。

① 选择连续工作制电动机

考虑到连续工作制的电动机工作在短时工作制时可以在额定功率以上运行,因此,短时工作制下,不是根据实际负载功率预选电动机,而是先将短时工作制下的负载功率折算到连续工作制,然后再预选电动机的额定功率。折算可按下式进行:

$$P_{\text{N}} \geq P_{\text{LN}} = P_{\text{L}} \sqrt{\frac{1 - e^{\frac{t_g}{T_\theta}}}{1 + k e^{\frac{t_g}{T_\theta}}}} \tag{9.18}$$

式中,T_θ 为电动机的发热时间常数;t_g 为短时工作时间;P_{LN} 为折算到连续工作制下的负载功率。

将短时工作制的负载功率折算至连续工作制,然后预选电动机的额定功率,其后也不需要进行温升校核。但考虑到电动机的额定功率要比实际(折算前的)负载功率低,因此一定要对电动机的过载能力和起动能力进行校核。

② 选择短时工作制电动机

专门设计的短时工作制电动机有三种:30 min、60 min、90 min。若短时工作方式负载的工作时间 t_g 与标准时间相同,则选择电动机额定功率时只需确保 $P_N \geqslant P_L$ 即可,不必再校核发热。

若负载的实际工作时间与标准时间不同,则应先将负载的功率折算至最接近的标准时间 t_{gN},然后再选择电动机。其折算可按下式进行:

$$P_N \geqslant P_{LN} = P_L \sqrt{\frac{t_g}{t_{gN}}} \tag{9.19}$$

发热也不必再校核。

3. 电动机断续周期性工作制下的容量的选择

断续周期性工作制又称为重复短时工作制,其特点是:电动机工作与停歇交替进行,两者持续的时间都比较短,其工作时间 t_g 和停歇时间 t_o 均小于 $(3 \sim 4)T_\theta$。工作过程中温升达不到稳定值,停歇时温升降不到零。按国家标准规定,断续周期性工作制下,电动机工作与停歇周期 $t_T = t_g + t_o$ 应小于 10 min。

断续周期性工作制下,电动机每个周期内的工作时间与整个周期之比定义为负载持续率 ZC%,即

$$ZC\% = \frac{t_g}{t_g + t_o} \times 100\% \tag{9.20}$$

断续周期性工作制电动机共有四种标准的负载持续率:15%、25%、40% 和 60%。

图 9.2(c) 给出了断续周期性工作制下电动机的输出功率与温升随时间的变化曲线。

如果负载的持续率与标准负载持续率相同,则可按下式预选电动机的额定功率:

$$P_N \geqslant (1.1 \sim 1.6)P_L = (1.1 \sim 1.6)\frac{1}{t_g}\sum_{i=1}^{n} P_{Li}t_i \tag{9.21}$$

若负载持续率 ZC% 与标准负载持续率不同,则应先将负载的功率折算至最接近的标准负载持续率 ZC_N 上,然后再选择电动机。其具体计算公式为

$$P_N \geqslant (1.1 \sim 1.6)P_{LN} = (1.1 \sim 1.6)P_L \sqrt{\frac{ZC}{ZC_N}}$$

$$= (1.1 \sim 1.6)\frac{1}{t_g}\sum_{i=1}^{n} P_{Li}t_i \sqrt{\frac{ZC}{ZC_N}} \tag{9.22}$$

需要说明的是,采用上式计算时,时间只需计及工作时间 t_g 即可,而不需将停歇时间 t_0 计算在内,因为 t_0 已在负载持续率中考虑过了。

需要指出的是,如果实际负载持续率 $ZC \leqslant 10\%$,一般选择短时工作制电动机;若 $ZC \geqslant 70\%$,则应选择连续工作制电动机。

原则上,只要按照发热等效的观点适当地选择电动机的功率,每一类电动机均可三种工作制下运行。但从全部性能角度看,生产机械的实际工作制最好与电动机规定的工作制相一致。这主要是考虑到:为连续工作制设计的电动机,全面考虑了连续工作方式下的起动、过载、机械强度等特点,因而不适宜长期频繁起、制动的周期性短时工作方式。而为周期性短时工作制设计的电动机若在长期工作制下运行,其起动、过载、机械强度等必然得不到充分利用,而且从价格上以及实际运行效率上均造成不必要的浪费。

4.非标准环境温度下电动机额定功率的修正

国际电工技术委员会(IEC)标准规定:电动机的标准使用环境温度为40℃。电动机的额定功率即是在这一温度下给出的。若实际的环境温度偏离了标准温度,则额定功率应按下式作必要的修正:

$$P = P_N \sqrt{\frac{\theta_m - \theta_0}{\theta_m - 40 \ ℃}(k + 1) - k} \tag{9.23}$$

式中,θ_0 为实际的环境温度,θ_m 为绝缘材料的最高允许温度(与最高温升 τ_{max} 相对应)。

式(9.23)表明,当环境温度低于40℃时,电动机的实际输出功率有所增加;反之,电动机的实际输出功率有所减少。

9.3.6　电动机功率选择举例

图9.5为具有尾绳和摩擦轮的矿井提升机示意图。电动机直接与摩擦轮1相联,摩擦轮旋转,靠摩擦力带动绳子及罐笼3(内有矿车及矿物 G)提升或下放。尾绳系在两罐笼之下,以平衡提升机左右两边绳子的重量。已知下列数据:

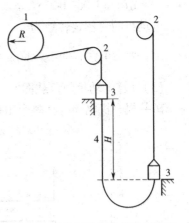

(1)井深 H = 915 m;

(2)负载重量 G = 58 800 N;

(3)每个罐笼(内有一空矿车)重量 G_3 = 77 150 N;

(4)主绳与尾绳每米重量 G_4 = 106 N/m;

(5)摩擦轮直径 d_1 = 6.44 m;

(6)摩擦轮飞轮矩 GD_1^2 = 2 730 000 N·m²;

图9.5　矿井提升机的传动示意图
1—摩擦轮　2—导轮　3—罐笼　4—尾绳

(7)导轮直径 d_2 = 5 m;

(8)导轮飞轮矩 GD_1^2 = 584 000 N·m²;

(9)额定提升速度 v_N = 16m/s;

(10)提升加速度 a_1 = 0.89 m/s²;

(11)提升减速度 a_2 = 1 m/s²;

(12)周期长 $t_z = 89.2s$;

(13)罐笼与导轨的摩擦阻力使负载重量增加20%。

试选择拖动电动机功率。

解:(1)计算负载功率

$$P_L = k \frac{(1 + 0.2)Gv_N}{1\,000} = 1.2 \times \frac{1.2 \times 58\,800 \times 16}{1\,000} \approx 1\,355(kW)$$

式中,k 是由于起动、制动过程中的加速转矩而使电动机转矩增加的系数,一般 $k = 1.2 \sim 12.5$。现取 $k = 1.2$。

(2)预选电动机功率

由于负载功率较大,系统又经常处于起、制动状态,为了减少系统的飞轮矩 GD^2 以缩短过渡过程时间及减少过渡过程损耗,拟采用双电机拖动。预选电动机为他励直流电动机。选取每个电动机的功率为 700 kW,连续工作方式,过载倍数 $K_T = 1.8$,自扇冷式。

电动机的转速为

$$n_N = \frac{600v_N}{\pi d_1} = \frac{60 \times 16}{\pi \times 6.44} = 47.5(r/min)$$

对于功率为 700 kW、转速为 47.5r/min 的电动机,其飞轮矩 $GD_D^2 = 1065000$ N·m^2,两台电动机的飞轮矩为

$$GD_D^2 = 1\,065\,000 \times 2 = 2\,130\,000(N \cdot m^2)$$

电动机的总额定转矩为

$$T_N = 9\,550\frac{P_N}{n_N} = 9\,550 \times \frac{2 \times 700}{47.5} = 281\,474(N \cdot m^2)$$

(3)计算电动机的负载图

矿井提升机电动机在整个工作过程的转速曲线 $n = f(t)$,如图9.6所示。

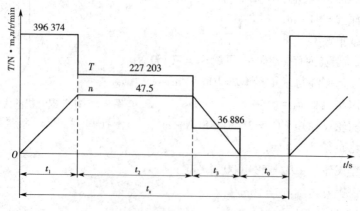

图9.6　矿井提升机的负载图 $T = f(t)$ 及 $n = f(t)$

在第一段时间 t_1 内电动机起动,转速从零加速到 $n = 47.5$ r/min,罐笼上升高度为 h_1;第二段时间 t_2 内电机恒速运行, $n = 47.5$ r/min,罐笼上升高度为 h_2;第三段时间 t_3 内电机制动,转速从 $n = 47.5$ r/min 减速到零,此段时间内罐笼仍在上升,上升高度为 h_3;总的上升高度应为 $H = h_1 + h_2 + h_3$,第四段时间 t_0 内电机停歇,在这段时间内一个罐笼卸载,另一个罐笼装载,总的周期 $t_z = t_1 + t_2 + t_3 + t_0 = 89.2$ s,为四段时间之和。

阻转矩可用下式计算:

$$T_{\text{L}} = (1 + 0.2)G\frac{d_1}{2} = 1.2 \times 58\ 800 \times \frac{6.44}{2} = 227\ 203\,(\text{N} \cdot \text{m}^2)$$

加速时间: $t_1 = \dfrac{v_N}{a_1} = \dfrac{16}{0.89} = 18\,(\text{s})$

加速阶段罐笼的高度: $h_1 = \dfrac{1}{2}a_1 t_1^2 = \dfrac{1}{2} \times 0.89 \times 18^2 = 144.2\,(\text{m})$

减速时间: $t_3 = \dfrac{v_N}{a_3} = \dfrac{16}{1} = 16\,(\text{s})$

减速阶段罐笼行经高度: $h_3 = \dfrac{1}{2}a_3 t_3^2 = \dfrac{1}{2} \times 1 \times 16^2 = 128\,(\text{m})$

稳定速度罐笼的高度: $h_2 = H - h_1 - h_3 = 915 - 144.2 - 128 = 642.8\,(\text{m})$

稳定速度运行时间: $t_2 = \dfrac{h_2}{v_N} = \dfrac{642.8}{16} = 40.2\,(\text{s})$

停歇时间: $t_0 = t_z - t_1 - t_2 - t_3 = 89.2 - 18 - 40.2 - 16 = 15\,(\text{s})$

为了计算加速转矩,必须求出折算到电动机轴上系统总的飞轮矩 GD^2。

$$GD^2 = GD_a^2 + GD_b^2$$

式中, GD_a^2 为系统中转动部分折算到电动机轴上的飞轮矩; GD_b^2 为系统中直线运动部分折算到电动机轴上的飞轮矩。

导轮转速: $n_2 = \dfrac{60v_N}{\pi d_2} = \dfrac{60 \times 16}{\pi \times 5} = 61\,(\text{r/min})$

转动部分折算到电动机轴上的飞轮矩 GD_a^2 为

$$GD_a^2 = GD_D^2 + GD_1^2 + 2GD_2^2\left(\frac{n_2}{n_1}\right)^2$$

$$= 2\ 130\ 000 + 2\ 730\ 000 + 2 \times 584\ 000\left(\frac{61}{47.5}\right)^2$$

$$= 6\ 786\ 262\,(\text{N} \cdot \text{m}^2)$$

系统直线运动部分总重量为

$$G' = G + 2 \cdot G_3 + G_4(2H + 90)$$

$$= 58\ 800 + 2 \times 77\ 150 + 106(2 \times 915 + 90)$$

$$= 416\ 620\,(\text{N})$$

其中,90 m 是绕摩擦轮及两导轮的绳长。

系统直线运动部分重量折算到电动机轴上的飞轮矩 GD_b^2 为

$$GD_b^2 = \frac{365 G' v_N^2}{n_N^2} = \frac{365 \times 416\ 620 \times 16^2}{47.5^2} = 17\ 253\ 838(N \cdot m^2)$$

系统总飞轮矩为

$$GD^2 = GD_a^2 + GD_b^2 = 6\ 786\ 262 + 17\ 253\ 838 = 24\ 040\ 100(N \cdot m^2)$$

加速阶段的动态转矩为

$$T_{a1} = \frac{GD^2}{375}\left(\frac{dn}{dt}\right)_1 = \frac{GD^2}{375}\left(\frac{n_N}{t_1}\right) = \frac{24\ 040\ 100}{375} \times \frac{47.5}{18} = 169\ 171 \quad (N \cdot m)$$

加速阶段的电磁转矩:$T = T_L + T_{a1} = 227\ 203 + 169\ 171 = 396\ 374(N \cdot m)$

减速阶段的动态转矩

$$T_{a2} = \frac{GD^2}{375}\left(\frac{dn}{dt}\right)_3 = -\frac{GD^2}{375}\left(\frac{n_N}{t_3}\right) = -\frac{24\ 040\ 100}{375} \times \frac{47.5}{16}$$

$$= -190\ 317 \quad (N \cdot m)$$

减速阶段的电磁转矩:$T = T_L + T_{a3} = 227\ 203 - 190\ 317 = 36\ 886 \quad (N \cdot m)$

按上列数据绘出电动机的负载转矩如图 9.6 所示。

(4)发热校验

设散热恶化系数 $\alpha = 0.75$,$\beta = 0.5$,则等效转矩 T_{dx} 为

$$T_{dx} = \sqrt{\frac{T_1^2 t_1 + T_2^2 t_2 + T_3^2 t_3}{\alpha t_1 + t_2 + \alpha t_3 + \beta t_0}}$$

$$= \sqrt{\frac{396\ 374^2 \times 18 + 227\ 203^2 \times 40.2 + 36\ 886^2 \times 16}{0.75 \times 18 + 40.2 + 0.75 \times 16 + 0.5 \times 15}}$$

$$= 259\ 386 \quad (N \cdot m)$$

由于 $T_{dx} < T_N = 281\ 474 N \cdot m$,所以发热校验通过。

(5)过载能力校验

由图 9.6 可知,电动机的最大转矩为 $T_{max} = 396\ 374 N \cdot m$,则

$$\frac{T_{max}}{T_N} = \frac{396\ 374}{281\ 474} = 1.41 < 1.8$$

因此,预选的电动机是合适的。

9.4 电气控制原理线路设计的方法和步骤

在生产机械的电力拖动方案及拖动电动机的容量确定以后,在明确了控制系统设计的一般要求基础上,就可以进行电气控制原理图的设计。原理线路设计是原理设计的核心内容。在总体方案确定之后,具体设计是从电气原理图开始的,各项设计指标是通过控制原理图来实现的,同时它又是工艺设计和编制各种技术资料的依据。

9.4.1 电气原理图设计的基本步骤

电气原理图设计的基本步骤如下。

①根据选定的拖动方案及控制方式设计系统的原理框图,拟定出各部分的主要技术要求和主要技术参数。

②根据各部分的要求,设计出原理框图中各个部分的具体电路。对于每一部分的设计总是按主电路→控制电路→辅助电路→联锁与保护→总体检查的步骤进行,并要反复修改与完善。

③绘制总原理图。按系统框图结构将各部分联成一个整体。

④正确选用原理线路中每一个电器元件并制订元器件目录清单。

只有各个独立部分都达到技术要求,才能保证总体技术要求的实现,保证总装调试的顺利进行。

9.4.2 电气原理图的设计方法及设计实例

电气原理图设计的方法主要有分析设计法和逻辑设计法两种。分别介绍如下。

9.4.2.1 分析设计法

所谓分析设计法是根据生产工艺的要求去选择适当的基本控制环节(单元电路)或经过考验的成熟电路按各部分的联锁条件组合起来并加以补充和修改,综合成满足控制要求的完整线路。当找不到现成的典型环节时,可根据控制要求边分析边设计,将主令信号经过适当的组合与变换,在一定条件下得到执行元件所需要的工作信号。设计过程中,要随时增减元器件和改变触头的组合方式,以满足拖动系统的工作条件和控制要求,经过反复修改得到理想的控制线路。由于这种方法是以熟练掌握各种电气控制线路的基本环节和具备一定的阅读分析电气控制线路的经验为基础,所以又称为经验设计法。

分析设计法的特点是无固定的设计程序,设计方法简单,容易为初学者所掌握,对于具有一定工作经验的电气人员来说,也能较快地完成设计任务,因此在电气设计中被普遍采用。其缺点是设计方案不一定是最佳方案,重复工作量较大,设计速度慢,当经验不足或考虑不周时会影响线路工作的可靠性。

下面通过某立式车床横梁升降电气控制原理线路的设计实例,进一步说明分析设计法的设计过程。

1.电力拖动方式及其控制要求

为适应不同高度工件加工时对刀的需要,要求安装有左、右立刀架的横梁能通过丝杠传动快速作上升下降的调整运动。丝杠的正反转由一台三相异步电动机 M1 拖动,为了保证零件的加工精度,当横梁点动到需要的高度后应立即通过夹紧机构将横梁夹紧在立柱上。每次移动前要先放松夹紧装置,故设置另一台三相异步电动机 M2 拖动夹紧机构,以实现横梁移动前的放松和到位后的夹紧动作。在夹紧、放松机构中,设置两个行程开关 SQ1、SQ2(见图 9.7)分别检测已放松与已夹紧信号。

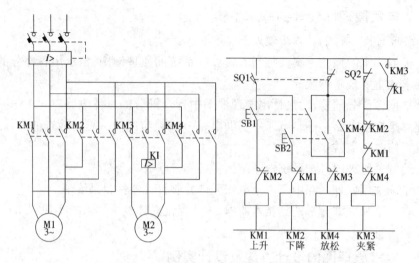

图 9.7　主电路与控制电路设计草图之一

横梁升降控制要求如下。

①采用短时工作的点动控制。

②横梁上升控制动作过程:按上升按钮→横梁放松(夹紧电动机反转)→压下放松位置开关→停止放松→横梁自动上升(升/降电动机正转)→已放松位置开关松开,达到一定夹紧度,已夹紧位置开关压下,上升过程结束。

③横梁下降控制动作过程:按下降按钮→横梁放松→压下已放松位置开关→停止放松,横梁自动下降→到位放开下降按钮→横梁停止下降并自动短时回升(升/降电动机短时正转)→横梁自动夹紧→已放松位置开关松开并夹紧至一定紧度,已夹紧位置开关压下,下降过程结束。

可见,下降与上升控制的区别在于到位后多了一个自动的短时回升动作,其目的在于消除移动螺母上端面与丝杠的间隙,以防止加工过程中因横梁倾斜造成的误差,而上升过程中移动螺母上端面与丝杠之间不存在间隙。

④横梁升降动作应设置上、下极限位置保护。

2.设计过程

1)根据拖动要求设计主电路

由于升降电动机 M1 与夹紧放松电动机 M2 都要求正反转,所以采用 KM1、KM2 及 KM3、KM4 接触器主触头变换相序控制。

考虑到横梁夹紧时有一定的紧度要求,故在 M2 正转即 KM3 动作时,其中一相串过电流继电器 KI 检测电流信号,当 M2 处于堵转状态,电流增加至动作值时,过电流继电器 KI 动作,使夹紧动作结束,以保证每次夹紧度相同。据此便可设计出如图9.7 所示的主电路。

2）设计控制电路草图

如果暂不考虑横梁下降控制的短时回升,则上升与下降控制过程完全相同。当发出"上升"或"下降"指令时,首先是夹紧放松电动机 M2 反转（KM4 吸合）,由于平时横梁总是处于夹紧状态,行程开关 SQ1（检测已放松信号）不受压,SQ2 处于受压状态（检测已夹紧信号）,将 SQ1 常开触头串在横梁升降控制回路中,常闭触点串于放松控制回路中（SQ2 常开触头串在立车工作台转动控制回路中,用于联锁控制）,因此在发出上升或下降指令时（按 SB1 或 SB2）,必然是先放松（SQ2 立即复位,夹紧解除）,当放松动作完成 SQ1 受压,KM4 释放,KM1（或 KM2）自动吸合实现横梁自动上升（或下降）。上升（或下降）到位,放开 SB1（或 SB2）停止上升,由于此时 SQ1 受压,SQ2 不受压,所以 KM3 自动吸合,夹紧动作自动发出直到 SQ2 压下,再通过 KI 常闭触点与 KM3 的常开触头串联的自保回路继续夹紧至过电流继电器 KI 动作（达到一定的夹紧度）,控制过程自动结束。按此思路设计的草图如图 9.7 所示。

3）完善设计草图

图 9.7 设计草图功能不完善,主要是未考虑下降的短时回升。下降到位的短时自动回升,是满足一定条件下的结果,此条件与上升指令是"或"的逻辑关系,因此它应与 SB1 并联,应该是下降动作结束即用 KM2 常闭触点与一个短时延时断开的时间继电器 KT 触头的串联组成,回升时间由时间继电器控制。于是便可设计出如图 9.8 所示的设计草图之二。

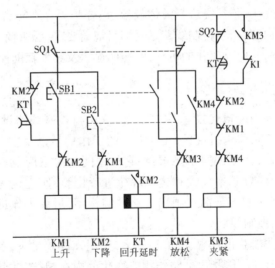

图 9.8　控制电路设计草图之二

4）检查并改进设计草图

图 9.8 在功能上已达到上述要求,但仔细检查会发现 KM2 的辅助触头使用已超出接触器拥有数量,同时考虑到一般情况下不采用二常开二常闭的复式按钮,因此可采用中间继电器 KA 来完善设计,如图 9.9 所示。其中 R—M、L—M 为工作台驱动电

动机正反转联锁触头,以保证机床进入加工状态,不允许横梁移动。反之横梁放松时就不允许工作台转动,是通过行程开关 SQ2 的常开触头串联在 R—M、L—M 的控制回路中来实现。另一方面在完善控制电路设计过程中,进一步考虑横梁上下极限位置保护而采用 SQ3、SQ4 的常闭触点串接在上升或下降控制回路中。

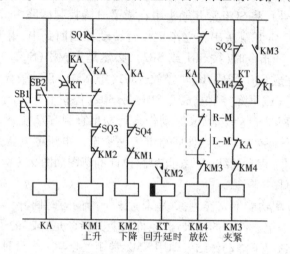

图 9.9 控制电路设计草图之三

5)总体校核

控制线路设计完毕,最后需进行总体校核,检查是否存在不合理、遗漏或进一步简化的可能。检查内容包括:控制线路是否满足拖动要求,触头使用是否超出允许范围,必要的联锁与保护,电路工作的可靠性,照明显示及其他辅助控制要求,以及进一步简化的可能等。

9.4.2.2 逻辑设计法

逻辑设计法是利用逻辑代数这一数学工具来进行控制线路设计的,即根据生产机械的拖动要求及工艺要求,将执行元件需要的工作信号以及主令电器的接通与断开状态看成逻辑变量,并根据控制要求,将它们之间的关系用逻辑函数关系式来表达,然后再运用逻辑函数基本公式和运算规律进行化简,使之成为需要的最简单的"与、或、非"关系式,再根据最简式画出电路的结构图,最后再作进一步的检查和完善,即能获得需要的控制线路。

采用逻辑设计法能获得理想、经济的方案,所用元件数量少,各元件能充分发挥作用,当给定条件变化时,能指出电路作相应变化的内在规律,尤其在复杂控制电路的设计中,更能显示出它的优点。

对于任何控制线路,控制对象与控制条件之间都可以用逻辑函数式来表示,所以逻辑法不仅能用于线路设计,也可用于线路简化和读图分析。该图的优点在于各控制元件的关系能一目了然,不会读错或漏读。如图 5.9(a)所示的三相异步电动机的正反转控制线路,可用下面的逻辑函数式来表示:

$$KM1 = \overline{SB1} \cdot (SB2 + KM1) \cdot \overline{KM2} \cdot \overline{FR}$$
$$KM2 = \overline{SB1}(SB3 + KM2) \cdot \overline{KM1} \cdot \overline{FR}$$

根据上面的逻辑表达式,可以很快地绘出三相异步电动机的正反转控制线路。

由于这种设计方法难度较大,整个设计过程较复杂,因此,在一般常规设计中,很少单独使用。

9.4.3 电气原理图设计中应注意的问题

电气控制设计中应重视设计、使用和维修人员在长期实践中总结出来的许多经验,使设计线路简单、正确、安全、可靠,结构合理,使用维修方便。一般应注意以下问题。

①尽量减少控制线路中电流、电压的种类,控制电压等级应符合标准等级,在控制线路比较简单的情况下,可直接采用电网电压,即交流 220 V、380 V 供电,以省去控制变压器。当控制系统所用电器数量比较多时,应采用控制变压器降低控制电压,或用直流低压控制,既节省安装空间,又便于采用晶体管无触点器件,具有动作平稳可靠、检修操作安全等优点。对于微机控制系统应注意强弱电之间的隔离,以免引起电源干扰。照明、显示及报警等电路应采用安全电压。

②尽量减少电器元件的品种、规格和数量。在电器元件选用中,尽可能选用性能优良、价格便宜的新型器件,同一用途尽可能选用相同型号。电气控制系统的先进性总是与电器元件的不断发展、更新紧密联系在一起的,因此,设计人员必须密切关注电机技术、电器技术、电子技术的新发展,不断收集新产品资料,以便及时应用于控制系统设计中,使控制线路在技术指标、稳定性、可靠性等方面得到进一步提高。

③正常工作中,尽可能减少通电电器的数量,以利节能,延长电器元件寿命及减少故障。

④合理使用电器触头。在复杂的继电接触控制线路中,各类接触器、继电器数量较多,使用的触头也多,线路设计应注意以下方面。

a. 主副触头的使用量不能超过限定对数,因为各类接触器、继电器的主副触头数量是一定的。设计时应注意尽可能减少触头使用数量,如图 9.10(b)比图 9.10(a)就节省一对触头。因控制需要触头数量不够时,可以采用逻辑设计化简方法改变触头的组合方式,以减少触头使用数量,或增加中间继电器来解决。

b. 检查触头容量是否满足要求,避免因使用不当而造成触头烧坏、黏滞和释放不了的故障,要合理安排接触器主副触头的位置,避免用小容量继电器触头去切断大容量负载。总之,要计算触头断流容量是否满足被控制负载的要求,以保证触头工作寿命和可靠性。

⑤做到正确连线。具体应注意以下方面。

a. 正确连接电器线圈。电压线圈通常不串联使用,即使是两个同型号电压线圈也不能采用串联,以免电压分配不均引起工作不可靠,如图 9.11 所示。

b. 合理安排电器元件及触点位置。对一个串联回路,各电器元件或触点位置互

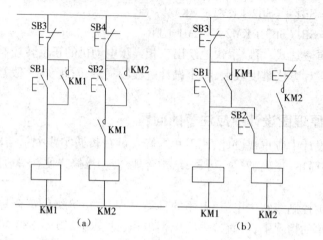

图 9.10   减少触头使用量

(a)不合理   (b)合理

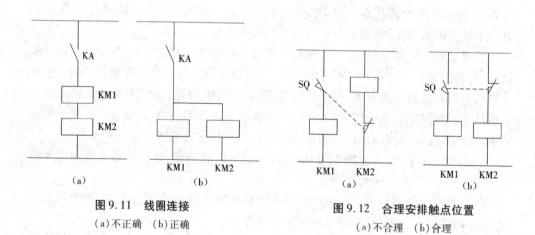

图 9.11   线圈连接

(a)不正确   (b)正确

图 9.12   合理安排触点位置

(a)不合理   (b)合理

换并不影响其工作原理,但从实际连线上却影响到安全、节省导线等方面的问题。如图 9.12 两种接法所示,两者工作原理相同,但是采用图 9.12(a)接法既不安全而且浪费导线。因为限位开关 SQ 的常开、常闭触点靠得很近,在触点断开时,由于电弧可能造成电源短路,很不安全,而且这种接法电气箱到现场要引出四种线,很不合理。图 9.12(b)所示的接法较合理。

c.注意避免出现寄生回路。在控制电路的动作过程中,如果出现不是由于误操作而产生的意外接通的电路,称为寄生回路。图 9.13 所示为电动机可逆运行控制线路,FR 为热继电器保护触头。为了节省触头,显示电动机工作状态的指示灯 HL_R 和 HL_L 采用图中所示的接法,正常情况下线路能完成启动、正反转及停止操作。但在运行中电动机过载,FR 触头断开就会出现如图中虚线所示的寄生回路,使接触器不能可靠释放从而得不到过载保护。如果将 FR 触头位置移接到 SB1 上端就可避免产生寄生回路。

⑥尽可能提高电路工作的可靠性、安全性。设计中应考虑以下几方面。

a.电器元件动作时间配合不好引起的竞争。复杂控制电路中,在某一控制信号下,电路从一种状态转换到另一种状态,常常有几个电器元件的状态同时变化,考虑电器元件总有一定的动作时间,对时序电路来说,就会得到几个不同的输出状态。这种现象称为电路的"竞争"。另外,对于开关电路,由于电器元件的释放延时作用,也会出现开关元件不按要求的逻辑功能输出的可能性,这种现象称为"冒险"。"竞争"与"冒险"现象都将造成控制回路不能按要求动作,引起控制失灵。

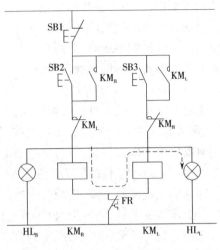

图9.13　寄生回路

b.误操作可能带来的危害。特别是一些重要设备应仔细考虑每一控制程序之间必要的联锁,即使发生误操作也不会造成设备事故。

c.故障状态下,设备的自动保护作用。

d.应根据设备特点及使用情况设置必要的电气保护。

⑦线路设计要考虑操作、使用、调试与维修的方便。例如设置必要的显示,随时反映系统的运行状态和关键参数,考虑到刀具调整与运动机构修理必要的单机点动、单步及单循环动作,必要的照明,易损触点及电器元件的备用,等等。

⑧原理图绘制应符合国家有关标准规定。

9.5　电气控制设备的工艺设计

工艺设计的目的是为了满足电气控制设备的制造和使用要求。工艺设计必须在原理设计完成之后进行。在完成电气原理设计及电器元件选择之后,就可以进行电气控制设备总体配置,即总装配图、总接线图设计,然后再设计各部分的电器装配图与接线图,并列出各部分的元件目录、进出线号以及主要材料清单等技术资料,最后编写使用说明书。

9.5.1　电气设备总体配置设计

各种电动机及各类电器元件根据各自的作用,都有一定的装配位置,例如拖动电动机与各种执行元件(电磁铁、电磁阀、电磁离合器、电磁吸盘等)以及各种检测元件(限位开关、传感器等)必须安装在生产机械的相应部位。各种控制电器(接触器、继电器、电阻、断路器、放大器等)、保护电器(熔断器、各类保护继电器等)可以安放在单独的控制柜内,而各种控制按钮、控制开关、各种指示灯、指示仪表、需经常调节的电位器等,则必须安放在控制台面板上。由于各种电器元件安装位置不同,在构成一个完整的自动控制系统时,必须划分组件,同时要解决组件之间、控制柜之间以及控制柜与控制装置之间的连线问题。

划分组件的原则如下。

①将功能类似的元件组合在一起。例如用于操作的各类按钮、开关、键盘,指示检测、调节等元件集中为控制面板组件;各种继电器、接触器、熔断器、照明变压器等控制电器集中为电气板组件;各类控制电源、整流、滤波元件集中为电源组件等等。

②尽可能减少组件之间的连线数量,接线关系密切的控制电器置于同一组件中。

③强弱电控制器分离,以减少干扰。

④力求整齐美观,将外形尺寸、重量相近的电器组合在一起。

⑤便于检查与调试,将需经常调节、维护和易损元件组合在一起。

电气控制设备的各部分及组件之间的接线方式通常有以下方面。

①电器板、控制板、电器设备的进出线一般采用接线端子(按电流大小及进出线数选用不同规格的接线端子)。

②被控制设备与控制柜之间采用多孔接插件,便于拆装、搬运。

③印制电路板及弱电控制组件之间宜采用各种类型标准接插件。

电气设备总体配置设计任务是根据电气原理图的工作原理与控制要求,将控制系统划分为几个组成部分(组件)。以龙门刨床为例,可划分机床电器部分(各拖动电动机、抬刀机构电磁铁、各种行程开关等)、机组部件(电机扩大机组、电动发电机组等)以及电气控制柜(各种控制电器、保护电器、调节电器等)。根据电气设备的复杂程度,每一部分又可划分成若干组件,如印制电路组件、电器安装板组件、控制面板组件、电源组件等。要根据电气原理图的接线关系整理出各部分的进出线号并调整它们之间的连接方式。

总体配置设计是以电气系统的总装配图与总接线图形式来表达的,图中应以示意形式反映出各部分主要组件的位置及各部分接线关系、走线方式及使用管线要求等。

总装配图、接线图是进行分部设计和协调各部分组成一个完整系统的依据。总体设计要使整个系统集中、紧凑,同时在场地允许条件下,对发热厉害、噪声振动大的电气部件,如电动机组、启动电阻箱等尽量放在离操作者较远的地方或隔离起来,对于多工位加工的大型设备,应考虑两地操作的可能。总电源紧急停止控制应安放在方便而明显的位置。总体配置设计合理与否将影响到电气控制系统工作的可靠性,并关系到电气系统的制造、装配质量和调试、操作及维护是否方便。

9.5.2 电器元件布置图的设计与绘制

电器元件布置图是某些电器元件按一定原则的组合,例如,电气控制柜中的电器板、控制面板、放大器等。电器元件布置图的设计依据是部件原理图(总原理图的一部分）。同一组件中电器元件的布置应注意以下方面。

①体积大和较重的电器元件应安装在电器板的下面，而发热元件应安装在电器板的上面。

②强弱电分开并注意屏蔽，防止外界干扰。

③需要经常维护、检修、调整的电器元件的安装位置不宜过高或过低。

④电器元件的布置应考虑整齐、美观、对称。外形尺寸与结构类似的电器安放在一起，以利加工、安装和配线。

⑤电器元件布置不宜过密，要留有一定的间距，若采用板前走线槽配线方式，应适当加大各排电器间距，以利布线和维护。

各电器元件的位置确定以后，便可绘制电器布置图。布置图是根据电器元件的外形绘制，并标出各元件间距尺寸。每个电器元件的安装尺寸及其公差范围，应严格按产品手册标准标注，作为底板加工依据，以保证各电器的顺利安装。

在电器布置图设计中，还要根据本部件进出线的数量（由部件原理图统计出来）和采用导线规格，选择进出线方式，并选用适当接线端子板或接插件，按一定顺序标上进出线的接线号。

9.5.3　电气部件接线图的绘制

电气部件接线图是根据部件电气原理图及电器元件布置图绘制的。它是表示成套装置的连接关系，是电气安装与查线的依据。接线图应按以下要求绘制。

①接线图和接线表的绘制应符合 GB6988 中 5—86《电气制图接线图和接线表》的规定。

②电器元件按外形绘制，并与布置图一致，偏差不要太大。

③所有电器元件及其引线应采用与电气原理图中相一致的文字符号及接线号。原理图中的项目代号、端子号及导线号的编制应分别符合《电气技术中的项目代号》（GB5904—85）、《电器接线端子的识别和用字母数字符号标志接线端子的通则》（GB4026—83）及《绝缘导线标记》（GB4884—85）等规定。

④与电气原理图不同，在接线图中同一电器元件的各个部分（触头、线圈等）必须画在一起。

⑤电气接线图一律采用细线条。走线方式有板前走线及板后走线两种，一般采用板前走线。对于简单电气控制部件，电器元件数量较少、接线关系不复杂的，可直接画出元件间的连线。但对于复杂部件，电器元件数量多、接线较复杂的情况一般采用走线槽，只要在各电器元件上标出接线号，不必画出各元件间的连线。

⑥接线图中应标出配线用的各种导线的规格型号、截面积及颜色要求。

⑦部件的进出线除大截面导线外，都应经过接线板，不得直接进出。

9.5.4　电气控制柜的设计

在电气控制比较简单时，控制电器可以附在生产机械内部，而在控制系统比较复杂或生产环境及操作需要时,通常都带有单独的电气控制柜,以利制造、使用和维护。

电气控制柜设计要考虑以下几方面问题。

①根据控制面板及柜内各电气部件的尺寸,确定电气控制柜总体尺寸及结构方式。

②结构紧凑,外形美观,应与生产机械相匹配,应提出一定的装饰要求。

③根据控制面板及柜内电气部件的安装尺寸,设计柜内安装支架并标出安装孔或焊接、安装螺栓尺寸,或注明采用配作方式。

④从方便安装、调整及维修要求的角度,设计其开门方式。

⑤在柜体适当部位设计通风孔或通风槽,以利于柜内电器的通风散热。

⑥为便于电气柜的搬运,应设计合适的起吊钩、起吊孔、扶手架或柜体底部带活动轮。

根据以上要求,先勾画出箱体的外形草图,估算出各部分尺寸,然后按比例画出外形图,再从对称、美观、使用方便等方面考虑进一步调整各尺寸比例。

外形确定以后,再按上述要求进行各部分的结构设计,绘制箱体总装图及门、控制面板、底板、安装支架、装饰条等零件图,注明加工要求,视需要选用适当的门锁。

9.5.5　各类元器件及材料清单的汇总

在电气控制系统原理设计和工艺设计结束后,应根据各种图纸,对本设备需要的各种元件及材料进行综合统计,列出外购件清单表、标准件清单表、主要材料消耗定额表及辅助材料消耗定额表,以便采购人员、生产管理部门按设备制造需要备料,做好生产准备工作。这些资料也是成本核算的依据。

9.5.6　编写设计说明书及使用说明书

新型生产设备的设计制造中,电气控制系统的投资占有很大比重。同时,控制系统对生产机械运行可靠性、稳定性起着重要作用。因此,控制系统设计方案完成后,在投入生产前应经过严格的审定,为了确保生产设备达到设计指标,设备制造完成后,又要经过仔细调试,使设备运行在最佳状态。设计说明及使用说明是设计审定及调试、使用、维护过程中不可少的技术资料。

设计说明书及使用说明书应包含以下内容。

①拖动方案选择依据及本设计的主要特点。

②主要参数的计算过程。

③设计任务书中要求各项技术指标的核算和评价。

④设备调试要求和调试方法。

⑤使用、维护要求及注意事项。

习　　题

1. 电气控制设计中应遵循的原则是什么？设计内容包括哪些主要方面？

2. 如何根据设计要求去选择拖动方案与控制方式？列出你所知道的电气控制方式，说明其控制原理与使用场合。

3. 在电力拖动中拖动电动机的选用包含哪些内容？选用依据是什么？

4. 正确选用电动机容量有何意义？如何根据拖动要求正确选择电动机容量？

5. 某一电动机在常温及负载不变的条件下工作，试问在下述两种情况时，其起始温升和稳定温升是否相同？

（1）电动机在充分冷却以后，起动至稳定运行并达稳定温升；

（2）电动机工作后，温度还未冷却至室温，又重机关报起动至稳定运行并达稳定温升。

6. 电动机工作方式分为几类？各有何特点？

7. 一台绕线式异步电动机用来拖动起重量为 19 620 N 的绞车，绞车的工作情况如下：以 120 r/min 的速度将重物吊起，提升高度为 20 m，然后空钩下放。空钩的重量为 981 N，下降速度和提升速度相等，重物提升后和空钩下放前的停歇时间，以及空钩下放后和重物提升前的停歇时间各为 28 s。假定提升重物和下放空钩时的传动损耗相等，各为绞车有效功率的 6%，电动机的过载能力为 2，电动机停歇时的散热系数为全速时的一半。如不考虑启动、制动过程，求在标准负载持续率时电动机的功率。

8. 电气原理图设计的方法有几种？常用什么方法？

9. 采用分析设计法，设计一个以行程原则控制的机床控制线路。要求工作台每往复一次（自动循环），就发出一个控制信号，以改变主轴电动机的转向一次。

10. 试设计某机床主电动机的控制线路。要求：（1）可正反转；（2）可正向点动；（3）有短路和过载保护；（4）有电源指示和正反转运行指示。

11. 在电气控制工艺设计中要绘制哪些图纸资料？结合实际生产过程说明每种图纸资料的用途。

12. 设计说明书及使用说明书应包含哪些主要内容？

附　录

附录 A　MATLAB 简介

MATLAB(矩阵实验室 MATrix LABoratory 的缩写)是美国 MathWorks 公司生产的,主要针对科学和工程计算专门设计的交互式大型软件,它是一个可以完成各种精确计算和数据处理的、可视化的、强大的计算工具。它集图示和精确计算于一身,在应用数学、物理、机电工程、金融和其他需要进行复杂数值计算的领域得到了广泛应用。

MATLAB 的基本数据单位是矩阵,它的指令表达式与数学、工程中常用的形式十分相似,开放性使 MATLAB 广受用户欢迎。MATLAB 包括拥有数百个内部函数的主包和三十几种工具包。工具包又可以分为功能性工具包和学科工具包。除内部函数外,所有 MATLAB 主包文件和各种工具包都是可读可修改的文件,用户可以构造新的专用工具包。

MATLAB 不仅是一个在各类工程设计中便于使用的计算工具,而且也是一个在数学、数值分析和工程计算等课程教学中的优秀的教学工具。MATLAB 已成为世界各地的高等院校、研究机构最为流行的科学计算及仿真软件。在"电机拖动与控制"课程中运用 MATLAB 能方便地对课程中特性曲线和各种电机进行仿真实验,将使课程内容更加形象,易于理解。

一、MATLAB 桌面

MATLAB 环境是一种为数值计算、数值分析和图形显示服务的交互式环境。进入 MATLAB 环境,即打开 MATLAB 窗口,见图 1 。环境包括 MATLAB 标题栏、主菜单栏和常用工具栏。在默认显示状态下,第一行为菜单栏,第二行为工具栏,下面是三个最常用的窗口。左上方前台为发行说明书窗口(Launch pad)，左下方为命令历史(Command History)，后台为工作空间(Workspace)，右边最大的是命令窗口(Command Window)。

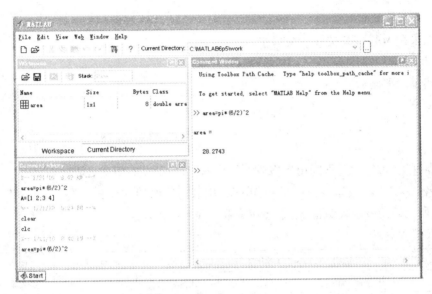

图 1　MATLAB 窗口

1. 命令窗口

该窗口是进行 MATLAB 操作最主要的窗口，用户可以在提示符" > >"后面输入交互的命令。

例如，你要计算直径为 6 m 的圆的面积，就在命令子窗口输入：

> > area = pi * (6/2)^2

按下回车后，MATLAB 便执行命令，并把运算结果存到变量 area 中，

area =

28. 2743

当命令执行完毕后，该变量仍然可用于下一步的计算中。

2. 发行说明书窗口

发行说明书窗口是 MATLAB 所特有的，用来说明用户所拥有的 Mathworks 公司产品的工具包、演示以及帮助信息。

3. 工作空间

在默认桌面，位于左上方窗口前台，列出内存中 MATLAB 工作空间的所有变量的变量名、尺寸、字节数。用鼠标选中变量，击右键可以进行打开、保存、删除、绘图等操作。

4. 命令历史

该窗口列出在命令窗口执行过的 MATLAB 命令行的历史记录。用鼠标选中命

令行,击右键可以进行复制、执行(Evaluate Selection)、删除等操作。

除上述窗口外,MATLAB 常用窗口还有编程器窗口、图形窗口等。

二、MATLAB 基本运算

1. 变量和赋值

如果在 MATLAB 的命令窗口中输入:

> >A = [1 2;3 4]

回车后则显示出:

A =

    1   2

    3   4

在这里,每行的元素间用空格或逗号分隔,行与行之间用分号或回车隔开。A 为矩阵名,"＝"为赋值运算。如果在 MATLAB 语句后面加一个分号";",表示暂时不显示,所以即使变量被赋值,也不会在屏幕上显示出来。

2. 算术运算

算术运算符	说明	算术运算符	说明	算术运算符	说明
+	加	/	矩阵右除	^	矩阵乘方
-	减	./	数组右除	.^	数组乘方
*	矩阵乘	\	矩阵左除	'	矩阵转置
.*	数组乘	.\	数组左除	.'	数组转置

3. 关系运算

MATLAB 的关系运算和逻辑运算符都是对于元素的操作,其结果是特殊的逻辑数组(logical array),"真"用 1 表示,"假"用 0 表示,而逻辑运算中,所有非零元素作为 1(真)处理。

关系运算符	说明	关系运算符	说明
= =	等于	<	小于
~ =	不等于	> =	大于等于
>	大于	< =	小于等于

4. 逻辑运算

逻辑量只有 0(假)和 1(真)两个值,逻辑的基本运算有:与(&)、或(|)、非(~)和异或运算(xor)四种。

逻辑运算	A = 0		A = 1	
	B = 0	B = 1	B = 0	B = 1
A&B	0	0	0	1
A|B	0	1	1	1
~ A	1	1	0	0
Xor(A,B)	0	1	1	0

三、常用函数

在 MATLAB 中有许多预先定义的函数可以供使用者使用,下表给出常用的一些函数。

函 数 名	说　　明
abs	计算绝对值
clear	清空 workspace 中的变量,以释放内存空间
clf	清空图形窗口
conv	两个多项式相乘
cos	计算余弦值
grid on	给当前的图形加上格子线
log	计算自然对数
plot	产生线性坐标的图形
sin	计算正弦值
sign	判断变量的正负号
sqrt	计算二次方根
xlabel	为当前图的 X 轴加上标注
ylabel	为当前图的 Y 轴加上标注

四、Simulink

Simulink 是 MATLAB 最重要的组件之一,它提供一个动态系统建模、仿真和综合分析的集成环境。它与 MATLAB 语言的主要区别在于,其与用户交互接口是基于 Windows 的模型化图形输入,其结果是使得用户可以把更多的精力投入到系统模型的构建,而非语言的编程上,无需大量书写程序,而只需要通过简单直观的鼠标操作,就可构造出复杂的系统,它提供了一种更快捷、直接明了的方式,而且用户可以立即看到系统的仿真结果。Simulink 具有适应面广、结构和流程清晰及仿真精细、贴近实际、效率高、灵活等优点,并基于以上优点,Simulink 已被广泛应用于控制理论和数字信号处理的复杂仿真和设计。

在 Simulink 中有一个电力系统仿真模块集,功能强大,是专用于 RLC 电路、电力电子电路、电机传动控制系统和电力系统仿真用的模块库。模块库中包含了各种交直流电源、大量电气元器件和电工测量仪表等。可以很方便地对电力电子电路和电力拖动控制系统进行仿真。

我们对电力电子电路和电力拖动控制系统进行仿真时,主要用到 Simulink 模块库和电力系统模块库。Similink 模块库按功能进行分为以下 8 类子库:Continuous(连续模块)、Discrete(离散模块)、Function&Tables(函数和平台模块)、Math(数学模块)、Nonlinear(非线性模块)、Signals&Systems(信号和系统模块)、Sinks(接收器模块)、Sources(输入源模块)。电力系统模块库主要有以下 7 类子库:Electrical Sources(电源模块库)、Elements(电器元件)、Machines(电机)、Power Electronics(电力电子元件)、Connectors(连接件)、Measurements(测量仪器)、Extra Library(其他电气模块库)。

附录 B MATLAB 仿真实例

例 1:直流电动机分级启动

本仿真实验有关数据见第 2 章例题 2.6,实验步骤如下:

a. 建立仿真模型

首先建立一个仿真模型的新文件。在 MATLAB 的菜单栏上点击 File,选择 New,再在弹出菜单中选择 Model,这时出现一个空白的仿真平台,在这个平台上绘制电路的仿真模型。并给文件命名。

b. 提取电路元器件模块

在仿真模型窗口的菜单栏上调出模型库浏览器,按照电路图提取相应模块放到仿真平台上。

c. 设置模块参数:基本模块搭建完毕,同样需要对各模块进行参数设置。

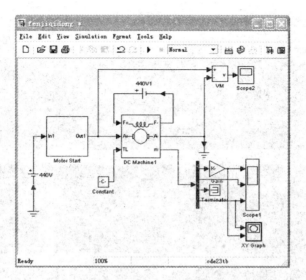

图1.1 直流电动机分级启动

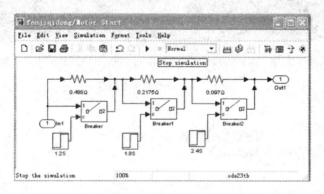

图1.2 分级启动电阻

仿真结果如下:

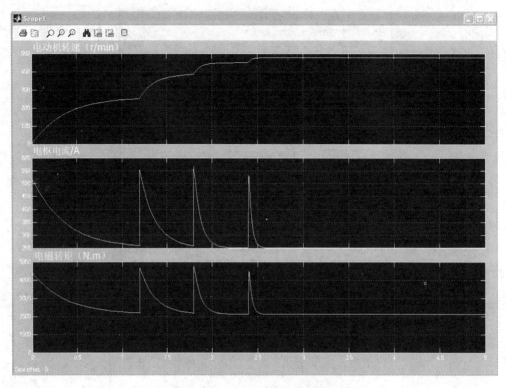

图 1.3　分级启动仿真结果

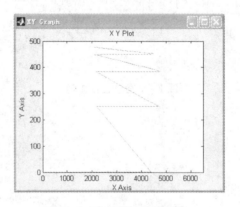

图 1.4　分级启动机械特性

例 2：直流电动机降压启动

直流电动机降压启动模型引入电枢电流负反馈，通过控制晶闸管的触发角实现降压启动，并在启动过程中保持电枢电流为定值（恒流启动）。仿真步骤同上例。

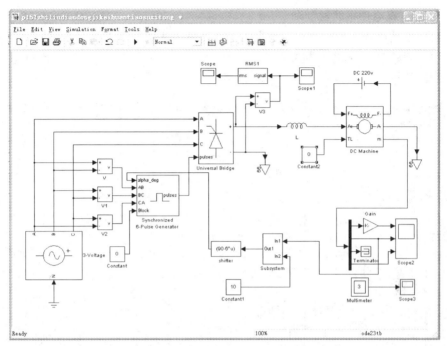

图2.1　直流电动机降压启动模型

仿真结果:第一路为电动机转速,第二路为电枢电流,第三路为电磁转矩。

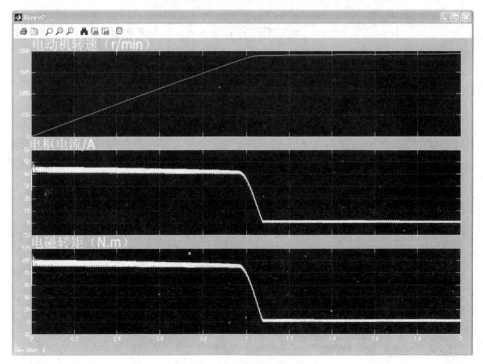

图2.2　降压启动仿真结果

例3:直流电动机能耗制动

直流电动机额定参数及相关数据的计算见第2章例题2.7,仿真步骤同上例。

仿真开始时,直流电动机立即启动,当转速上升至1 000 转/分时,系统自动转入能耗制动停车。

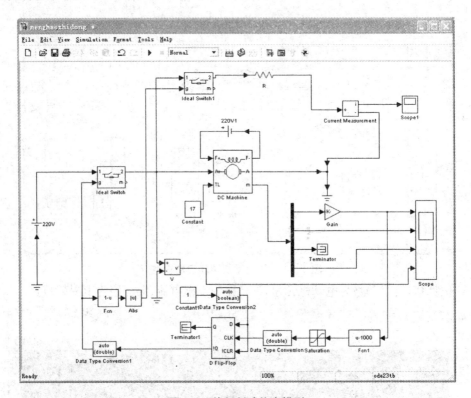

图 3.1　能耗制动仿真模型

仿真结果如下:

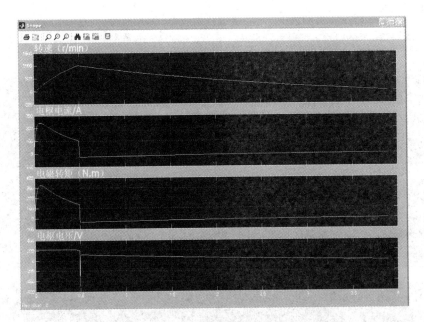

图 3.2　能耗制动仿真结果

例 4:直流电动机的调压调速

仿真运行时,脉冲发生器的输入电压为 8 V,则晶闸管的触发角 $\alpha = 90 - 6 * 8 = 42$,所以整流输出电压为 $U = 2.34 * U2 * \cos \alpha = 2.34 * 115 * \cos 42 = 200$ V;当时间到达 5 s 时,阶跃模块触发,脉冲发生器的输入电压为 5 V,则 $U = 134.6$ V。

仿真步骤同上例,仿真模型如下:

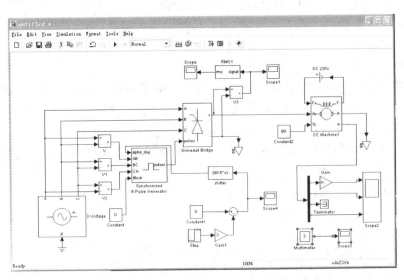

图 4.1　直流电动机降压调速

仿真结果：

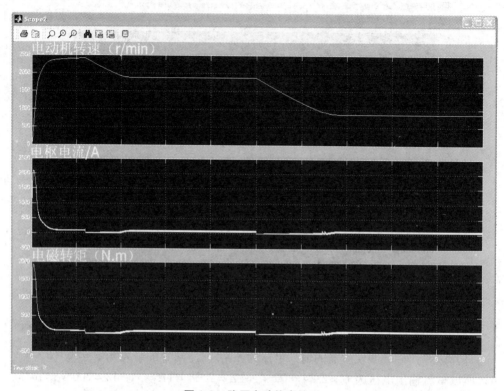

图 4.2 降压启动仿真结果

例 5：他励直流电动机调速时机械特性的绘制

本项目有关数据见第 2 章例题 2.11，分别对降压调速、串电阻调速的机械特性曲线进行计算绘制。

1. 降压调速

直流电动机电枢电压分别为 220 V、200 V、180 V、160 V，编程绘制直流电动机在四种电压下的机械特性曲线。程序如下：

% Rated Value and Parameters of Soparately Excited DC Motor

Pn = 10 * 1e + 3;Un = 220;In = 12. 5;Nn = 1500;ra = 0. 8;% unit:W, V, A, r/min, ohm

% Calculate the flux and constants

Cefai = (Un-In * ra)/Nn;

Ctfai = 9. 55 * Cefai;

Tn = Ctfai * In   % % 额定电磁转矩

% four applied voltage values

Un1 = 1;Un2 = 200/220;Un3 = 180/220;Un4 = 160/220;

```
for m = 1 :4
    if m = = 1
        Una = Un1 ;
    elseif m = = 2
            Una = Un2 ;
        elseif m = = 3 ;
                Una = Un3 ;
            else
                Una = Un4 ;
    end
    for i = 1 :1000
        Tem( i ) = 2 * Tn * i/1000 ;
        rpm( i ) = Una * Un/Cefai-ra/( Cefai * Ctfai ) * Tem( i ) ;
        TL( i ) = Tn ;
    end
    r = 1 :Tn ;
    plot( r ,Nn ,' - ') ;
    plot( Tem ,rpm ,' - ',TL ,rpm ,' - ',Tn ,Nn ,'o')
    hold on ;
end
end
xlabel( 'Torque[ N. m ]') ;ylabel( 'speed[ r/min ]') ;
title ( 'Mechanical characteristic for Separaterly Excited Motor with Different resist-
ances') ;
    disp( 'End')
```

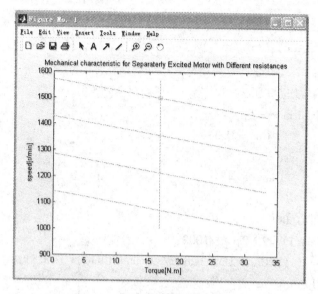

图 5.1   降压调速的机械特性曲线

2. 串电阻调速

分别将 3.6 Ω、7.2 Ω、10.8 Ω 的电阻串入电枢回路,编程绘制直流电动机的机械特性曲线。程序如下:

```
%%% Rated Value and Parameters of Soparately Excited DC Motor
Pn = 10 * 1e + 3;Un = 220;In = 12. 5;Nn = 1500;ra = 0. 8;%% unit:W,V,A,r/
min,ohm
% Calculate the flux and constants
Cefai = (Un-In * ra)/Nn;
Ctfai = 9. 55 * Cefai;
Tn = Ctfai * In    %% 额定电磁转矩
% four armature resistance values
Ra1 = 0. 0;Ra2 = 3. 6;Ra3 = 7. 2;Ra4 = 10. 8;
for m = 1 :4
    if m = = 1
        Ro = Ra1 ;
    elseif m = = 2
            Ro = Ra2 ;
        elseif m = = 3;
                Ro = Ra3 ;
            else
```

```
                    Ro = Ra4;
        end
        for i = 1:1000
            Tem(i) = 2 * Tn * i/1000;
            rpm(i) = Un/Cefai - (ra + Ro)/(Cefai * Ctfai) * Tem(i);
            TL(i) = Tn;
        end
        r = 1:Tn;
        plot(r,Nn,'-');
        plot(Tem,rpm,'-',TL,rpm,'-',Tn,Nn,'o')
        hold on;
    end
end
xlabel('Torque[N.m]');ylabel('speed[r/min]');
title('Mechanical characteristic for Separaterly Excited Motor with Different resist-
ances');
disp('End')
```

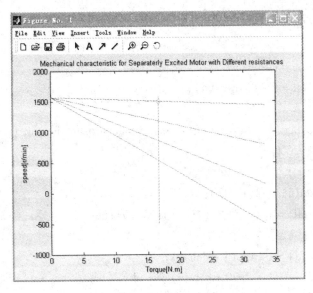

图 5.2 串电阻调速的机械特性曲线

例 6:变压器的外特性与效率特性

本项目有关数据见第 3 章例 3.5,编程绘制单相变压器带纯电阻负载和电感负载时的外特性和效率特性曲线。

仿真程序如下:

```
% Characteristics for the Transformer
% Rated Values and the experimental data for the Transformer with
Sn = 50e + 3; U1n = 6. 6e + 3; U2n = 230; p20 = 500; pk = 1486; f = 50;
% Calculate the Parameters for No-load and Short-circuit Experimental Data
rk75 = 26;
Xk = 29. 5;
I2n = Sn/U2n;
I1n = I2n * U2n/U1n;
rk75 = pk/I1n^2;
Uk = U1n * 0. 045;
Zk = Uk/I1n;
Xk = sqrt( Zk^2 - rk75^2) ;
% two frequency values
cosfai1 = 0. 8; cosfai2 = 1;
for m = 1:2
    if m = = 1
        cosfai = cosfai1;
        sinfai = sqrt( 1 - cosfai^2) ;
    else
        cosfai = cosfai2;
        sinfai = 1 - sqrt( cosfai) ;
    end
% Calculate the Output & Efficiency Characteristics for the Transformer
for i = 1:2000
    I2( i) = 1. 5 * i/2000 * I2n;
    beta( i) = I2( i)/I2n;
    detaU = beta( i) * ( I1n * rk75 * cosfai + I1n * Xk * sinfai )/U1n/sqrt
(3) ;
    U2( i) = U2n * ( 1 - detaU) ;
    eta( i) = 1 - ( p20 + beta( i)^2 * pk )/( beta( i) * Sn * cosfai + p20 + beta
( i)^2 * pk) ;
    end
    a = 224;
    subplot( 2,1,1) ;plot( I2,U2,' - ',I2,a,' - ') ;
    xlabel( 'I2[ A ]') ;ylabel( 'Voltage U2[ V ]') ;
```

```
        title('Output Characteristic');
        hold on;
        subplot(2,1,2);plot(I2,eta,'-');
        xlabel('I2[A]');ylabel('Efficiency eta[%]');
        title('Efficiency Characteristic');
        hold on;
end
disp('End');
```

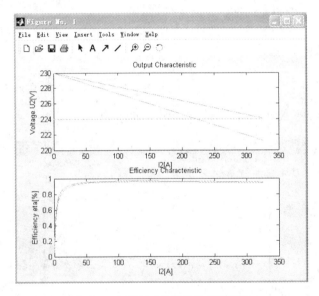

图 6.1　变压器的外特性和效率特性

例 7:绕线式异步电动机的机械特性

编程绘制第 5 章例题 5.1 的固有机械特性和转子串电阻人为机械特性曲线。绕线式异步电动机转子串入电阻后,最大转矩不变,而临界转差率与电阻成正比。

仿真程序如下:

```
% Touque-speed characteristic for an Asynchronous Motor
Pn = 60 * 1e + 3;Un = 380;n1 = 600;Nn = 577;I2n = 160;E2n = 253;Kt = 2.9;
Tn = 9.550 * Pn/Nn;
Tm = Kt * Tn;
sn = (n1 - Nn)/n1;
sm = sn * (Kt + sqrt(Kt^2 - 1));
r2 = sn * E2n/sqrt(3) * I2n;
sm2 = ((r2 + 2 * r2)/r2) * sm
```

```
for m = 1 :2
    if m = = 1
    smn = sm ;
    else smn = sm2 ;
    end
for i = 1 :800
s = i/800 ;
n( i) = n1 * ( 1 - s) ;
T( i) = ( 2 * Tm)/( ( s/smn) + ( smn/s) ) ;
end
plot( T, n, ' - ')
hold on
end
xlabel( 'Torque( N. m)') , ylabel( 'Speed( r/min)')
```

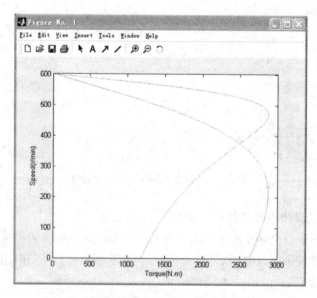

图 7.1　电动机固有特性和串电阻特性曲线

例 8:异步电动机变频调速的机械特性

异步电动机额定数据及相关参数见第 5 章例题 5. 2。

1. 基频以下调速(E_1/f_1 = 常数)

在变频过程中,若保持 E_1/f_1 = 常数,则能确保主磁通 Φ_m 不变,机械特性的硬度保持不变,换句话说,不同频率下的机械特性是平行的。下面对三相异步电动机在保持 E_1/f_1 = 常数情况下进行仿真。

仿真程序如下:

```
% Example
% Variable-speed by variable-frequency for asynchronous motor with
% E1/f1 = const
clc
clear
% Parameters for the asynchronous motor with 50 = Hz frequency, Y-connection
Pn = 330e + 3; U1n = 6000/sqrt(3); Nph = 3; poles = 24; fe0 = 50; nn = 240;
r1 = 2.8; r2p = 3.48; X10 = 12.25; X20p = 12.25; rm = 0; Xm0 = 154;
% Calculate rated slip rate
ns0 = 120 * fe0/poles;
sn = (ns0 - nn)/ns0;
% Calculate the rared E1n(or EMF)
Zeq1 = (rm + j * Xm0) * (r2p/sn + j * X20p)/((rm + j * Xm0) + (r2p/sn + j * X20p));
E1n = abs(U1n * Zeq1/(r1 + j * X10 + Zeq1))
Tn = 9.55 * Pn/nn;
% Four frequency values
fe1 = 50; fe2 = 40; fe3 = 30; fe4 = 20;
for m = 1:4
    if m = = 1
        f1 = fe1;
    elseif m = = 2
        f1 = fe2;
    elseif m = = 3
        f1 = fe3;
    else
        f1 = fe4;
    end
    % Calculate the synchronous speed
    ns = 120 * f1/poles;
    % Calculate the reactances and the voltage
    x1 = X10 * (f1/fe0);
    x2p = X20p * (f1/fe0);
    xm = Xm0 * (f1/fe0);
    E1 = E1n * (f1/fe0);
```

```
% Calculate the mechanical characteristic
for i = 1 : 1 : 2000
    s = i/2000;
    nr1 = ns * ( 1 - s );
    Tem1 = Nph * poles/( 4 * pi ) * ( E1/f1 )^2 * ( f1 * r2p/s/( ( r2p/s )^2 +
x2p^2 ) );
    nr( i ) = nr1;
    TemE( i ) = Tem1;
end
plot( Tn, nr, ' - ' );
plot( TemE, nr, ' - ' );
hold on;
end
xlabel( 'Torque[ N. m ]' ); ylabel( 'Speed[ r/min ]' );
title( 'Mechanical characteristic for asynchronous motor with E1/f1 = const' );
disp( 'End' );
```

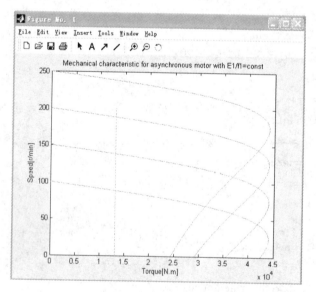

图 8.1　基频以下调速(E_1/f_1 = 常数)机械特性曲线

2. 基频以下调速(U_1/f_1 = 常数)

因为三相异步电动机的定子电势 E 难以直接测量,也就难以确保保持 E_1/f_1 = 常数。因此,对于实际调速系统,通常采用 U_1/f_1 = 常数代替保持 E_1/f_1 = 常数实现变频调速。在保持 U_1/f_1 = 常数,当 f_1 减小时,最大电磁转矩 Tm 将不再保持不变,而是有所降低。电动机参数同上,采用恒 U_1/f_1 控制在不同供电频率下($f_{1N}=50,40,30,20$ Hz)进行仿真。

仿真程序如下:

```
% Example
% Variable-speed by bariable-frequency for asynchronous motor with
% U1/f1 = const
clc
clear
% Parameters for the asynchronous motor with 50 = Hz frequency, Y-connection
Pn = 330e + 3;U1n = 6000/sqrt(3);Nph = 3;poles = 24;fe0 = 50;nn = 240;
r1 = 2.8;r2p = 3.48;X10 = 12.25;X20p = 12.25;
% Four frequency values
fe1 = 50;fe2 = 40;fe3 = 30;fe4 = 20;
for m = 1:4
    if m = = 1
        f1 = fe1
    elseif m = = 2
        f1 = fe2;
    elseif m = = 3
        f1 = fe3;
    else
        f1 = fe4;
    end
% Calculate the synchronous speed
ns = 120 * f1/poles;
% Calculate the reactances and the voltage
x1 = X10 * (f1/fe0);
x2p = X20p * (f1/fe0);
U1 = U1n * (f1/fe0);
Tn = 9.55 * Pn/nn;
% Calculate the mechanical characteristic
for i = 1:1:2000
    s = i/2000;
    nr1 = ns * (1 - s);
    Tem1 = Nph * poles/(4 * pi) * (U1/f1)^2 * (f1 * r2p/s/((r1 + r2p/s)^
2 + (x1 + x2p)^2));
```

```
            nr(i) = nr1;
            Tem(i) = Tem1;
        end
        plot(Tn,nr,'-');
        plot(Tem,nr,'-');
        hold on;
    end
xlabel('Torque[N.m]');ylabel('Speed[r/min]');
title('Mechanical characteristic for asynchronous motor with U1/f1 = const');
legend('f_1','f_2','f_3','f_4')
disp('End');
```

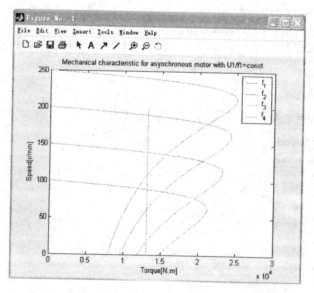

图 8.2　基频以下调速(U_1/f_1 = 常数)机械特性曲线

3. 基频以上变频调速

当定子频率超过基频时,受电机绕组绝缘耐压的限制,定子电压 U_1 无法进一步提高,只能维持额定值 U_N 不变。这样,随着电子频率 f_1 的上升,主磁通 Φ_m 必然下降,因而这种调速方式是一种弱磁性质的调速,与他励直流电动机弱磁升速类似。基频以上时,由于保持 $U_1 = U_N$,三相异步电动机最大转矩处的转速降与频率无关,即机械特性的硬度保持不变。现对一台三相异步电动机(电机额定参数同上),在不同的供电频率下(f_{1N} = 50,40,30,20 Hz)进行仿真。

仿真程序如下:

```
% Example
```

```
% Variable-speed by variable-frequency for asynchronous motor with U1 = U1 N
clc
clear
% Parameters for the asynchronous motor with 50 = Hz frequency, Y-connection
Pn = 330e + 3; U1n = 6000/sqrt(3); Nph = 3; poles = 24; fe0 = 50; nn = 240;
r1 = 2.8; r2p = 3.48; X10 = 12.25; X20p = 12.25;
% Four frequency values
fe1 = 50; fe2 = 60; fe3 = 70; fe4 = 80;
for m = 1:4
    if m = = 1
        f1 = fe1
    elseif m = = 2
        f1 = fe2;
    elseif m = = 3
        f1 = fe3;
    else
        f1 = fe4;
    end
    % Calculate the synchronous speed
    ns = 120 * f1/poles;
    % Calculate the reactances and the voltage
    x1 = X10 * (f1/fe0);
    x2p = X20p * (f1/fe0);
    U1 = U1n;
    Tn = 9.55 * Pn/nn;
    % Calculate the mechanical characteristic
    for i = 1:1:2000
        s = i/2000;
        nr1 = ns * (1 - s);
        Tem1 = Nph * poles/(4 * pi) * (U1/f1)^2 * (f1 * r2p/s/((r1 + r2p/s)^
2 + (x1 + x2p)^2));
        nr(i) = nr1;
        Tem(i) = Tem1;
    end
    plot(Tn, nr, ' - ');
    plot(Tem, nr, ' - ');
```

```
            hold on;
        end
xlabel('Torque[N. m]');ylabel('Speed[r/min]');
title('Mechanical characteristic for asynchronous motor with U1 = U1 N');
disp('End');
```

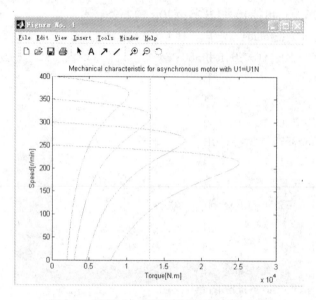

图8.3　基频以上变频调速的机械特性曲线

附录 C　自主研究性学习项目

一、目的与要求

本书是将"电机学"、"电力拖动基础"和"电气控制"中的最基本理论与相关实践应用知识有机融合而成。由于三部分内容多且覆盖面宽,考虑到专业基本要求、实际学时及篇幅等原因,有些内容如电力拖动系统的过渡过程、电机的发电运行及电机的保护等未涉及或论述较少。为拓宽学生的知识面,培养自学能力、应用知识能力,特精选了十几个既有很好的学习价值,又有一定实用性的相关课题,各校可结合具体的实验(实训)条件或借助 MATLAB 仿真软件,在教师指导下,鼓励学生自主选择相关课题,开展研究性学习。

基本要求:

①综合运用所学的理论与实践知识去独立完成一个课题的研究。

②查阅文献资料,培养学生独立分析和解决问题的能力。

③学会撰写课题研究报告或课题论文。

④注重严谨的科学态度、工程意识及创新能力的培养。

二、自主研究性学习课题

1. 电力拖动系统启动和制动停车过渡过程时间的分析计算。

2. 他励直流电动机励磁回路过渡过程分析研究。

3. 他励直流电动机电力拖动系统动态数学模型的构建。

4. 变压器空载合闸时冲击电流的分析研究。

5. 三相鼠笼异步电动机空载启动过程的分析研究。

6. 三相异步电动机能耗制动机械特性曲线的分析研究。

7. 三相异步电动机空载能耗制动过渡过程的能量损耗。

8. 三相鼠笼异步电动机定子断相过电流分析。

9. 三相异步电机发电运行的分析研究。

10. 分析谐波磁场产生的附加转矩及其对机械特性的影响。

11. 同步发电机并网过程的分析研究。

12. 开关磁阻电动机的学习与研究。

13. 磁浮列车电力拖动与控制的研究。

14. 电动机发热与冷却规律的研究。

15. 直流电机电枢绕组电感参数测定的分析研究。

16. 三相异步电动机效率测定的分析研究。

17. 电动机电子保护器的学习与研究。

18. 风力发电技术的学习与研究：

以上课题学习资料请登陆山东省精品课程《电机拖动与控制》网页 http://www.sdkdcj.net.cn:8082/tadjtd/，安排在"自学辅导"栏目中。

参考文献

［1］ 冯晓,刘忠恕.电机与电器控制[M].北京:机械工业出版社,2005.

［2］ 曹承志.电机、拖动与控制[M].北京:机械工业出版社,2000.

［3］ 刘锦波,张承慧,等.电机与拖动[M].北京:清华大学出版社,2006.

［4］ 顾绳谷.电机及拖动基础[M].北京:机械工业出版社,2008.

［5］ 谢桂林.电力拖动与控制[M].徐州:中国矿业大学出版社,2004.

［6］ 李光友,等.控制电机[M].北京:机械工业出版社,2008.

［7］ 袁世鹰,等.电机学[M].北京:煤炭工业出版社,1993.

［8］ 任礼维,等.电机与拖动基础[M].浙江:浙江大学出版社,1995.

［9］ 应崇实.电机及拖动基础[M].北京:机械工业出版社,1997.

［10］ 方承远.工厂电气控制技术[M].北京:机械工业出版社,2000.

［11］ 陈鼎宁.机械设备控制技术[M].北京:机械工业出版社,2004.

［12］ 邓星钟.机电传动控制[M].武汉:华中科技大学出版社,2006.

［13］ 王任祥.常用低压电器原理及控制技术[M].北京:机械工业出版社,2001.

［14］ 张勇.电机拖动与控制[M].北京:机械工业出版社,2001.

［15］ 芦新茹,张春芝.电机与拖动[M].北京:煤炭工业出版社,2005.

［16］ 许晓峰.电机及拖动[M].北京:高等教育出版社,2000.

［17］ 秦增煌.电工学[M].北京:高等教育出版社,1992.

［18］ 洪乃刚.电力电子和电机拖动控制系统的 MATLAB 仿真[M],北京:机械工业出版社,2006.

［19］ 许经鸾.电机学[M].徐州:中国矿业大学出版社,1997.

［20］ 王进野.电机变压器实习指导书[M].北京:煤炭工业出版社,1994.

教师（读者）反馈意见表

尊敬的任课老师和同学：

您好！

非常感谢您选用并阅读由王进野和张纪良两位教授主编、天津大学出版社出版的《电机拖动与控制》这本教材。请您对这门课程的建设以及本教材的编写思路和内容提出宝贵意见，以便我们补充、修订教材内容，使之更好地满足教学需要。恳请在百忙之中填写如下表格，并电邮或邮寄给本书主编或编辑。

任课教师或学生姓名		职称		职务	
任课教师信息	任课所在学校/系部				
	通信地址			邮编	
	手机		E-mail:		
使用本教材的专业			本教材年用量		册/年
对本教材的编写思路、内容设计以及是否符合教学要求的反馈意见					
与作者所在学校就教学改革和课程建设进行合作交流的具体想法和建议					
是否需要本教材配套的教学辅助资源			教学资源的形式		
对配套教学资源的建议					
选用本书作为教材的任课教师，请拨打电话或发邮件即可赠送电子教学课件					
本书主编王进野手机：13505389832			E-mail：jywsa@163.com		
本书编辑赵宏志手机：13043276802			E-mail：zhaohongzhi1958@126.com		